“十二五”职业教育国家规划教材（经全国职业教育教材审定委员会审定）

高等职业教育精品示范教材（信息安全系列）

计算机取证与司法鉴定

主　编　张　湛　武春岭

副主编　瞿　芳　邓　晶

中国水利水电出版社
www.waterpub.com.cn

内 容 提 要

本书针对信息安全产业实际和信息安全专业人才对计算机取证和司法鉴定技能的迫切需要，结合高职高专教学特点和计算机取证课程教学改革成果编写而成。

本书采用“项目牵引、任务驱动”的模式，全面系统地介绍了计算机取证和司法鉴定的基本理论以及实际案例调查的操作规程和技术运用。借鉴了国内高职高专教材编写的成功经验，强调理论以够用为度，以既相互独立又有所联系的计算机取证和司法鉴定的各个案例为主线，强调计算机取证调查技术的实际运用，可操作性强。

本书主要读者对象为计算机专业和法学专业的高职高专学生和本科学生，也可作为企业安全取证人员、行业信息安全管理人员的培训教材。

本书提供免费电子教案，读者可以从中国水利水电出版社网站以及万水书苑下载，网址为：http://www.waterpub.com.cn/softdown 或 http://www.wsbookshow.com/。

图书在版编目（CIP）数据

计算机取证与司法鉴定 / 张湛，武春岭主编. -- 北京 : 中国水利水电出版社，2014.9
“十二五”职业教育国家规划教材. 高等职业教育精品示范教材. 信息安全系列
ISBN 978-7-5170-2560-3

Ⅰ. ①计… Ⅱ. ①张… ②武… Ⅲ. ①计算机犯罪－证据－调查－高等职业教育教材－教材②计算机犯罪－司法鉴定－高等职业教育教材－教材 Ⅳ. ①D918

中国版本图书馆CIP数据核字(2014)第226328号

策划编辑：祝智敏　责任编辑：宋俊娥　加工编辑：夏雪丽　封面设计：李　佳

书　名	“十二五”职业教育国家规划教材（经全国职业教育教材审定委员会审定） 高等职业教育精品示范教材（信息安全系列） **计算机取证与司法鉴定**
作　者	主　编　张　湛　武春岭 副主编　瞿　芳　邓　晶
出版发行	中国水利水电出版社 （北京市海淀区玉渊潭南路 1 号 D 座　100038） 网址：www.waterpub.com.cn E-mail：mchannel@263.net（万水） sales@waterpub.com.cn 电话：（010）68367658（发行部）、82562819（万水）
经　售	北京科水图书销售中心（零售） 电话：（010）88383994、63202643、68545874 全国各地新华书店和相关出版物销售网点
排　版	北京万水电子信息有限公司
印　刷	北京蓝空印刷厂
规　格	184mm×240mm　16 开本　18.5 印张　406 千字
版　次	2014 年 9 月第 1 版　2014 年 9 月第 1 次印刷
印　数	0001—4000 册
定　价	38.00 元

高等职业教育精品示范教材（信息安全系列）

丛书编委会

序　言

随着信息技术和社会经济的快速发展，信息和信息系统成为现代社会极为重要的基础性资源。信息技术给人们的生产、生活带来巨大便利的同时，计算机病毒、黑客攻击等信息安全事故层出不穷，社会对于高素质技能型计算机网络技术和信息安全人才的需求日益旺盛。党的十八大明确指出“高度关注海洋、太空、网络空间安全”，信息安全被提到前所未有的高度。加快建设国家信息安全保障体系，确保我国的信息安全，已经上升为我国的国家战略。

发展我国信息安全技术与产业，对确保我国信息安全有着极为重要的意义。信息安全领域的快速发展，亟需大量的高素质人才。但与之不相匹配的是，在高等职业教育层次信息安全技术专业的教学中，还更多地存在着沿用本科专业教学模式和教材的现象，对于学生的职业能力和职业素养缺乏有针对性的培养。因此，在现代职业教育体系的建立过程中，培养大量的技术技能型信息安全专业人才成为我国高等职业教育领域的重要任务。

信息安全是计算机、通信、数学、物理、法律、管理等学科的交叉学科，涉及计算机、通信、网络安全、电子商务、电子政务、金融等众多领域的知识和技能。因此，探索信息安全专业的培养模式、课程设置和教学内容就成为信息安全人才培养的首要问题。高等职业教育信息安全与管理专业丛书编委会的众多专家、一线教师和企业技术人员，依据最新的专业教学目录和教学标准、结合就业实际需求，组织了以就业为导向的高等职业教育精品示范教材（信息安全系列）的编写工作。该系列教材由《网络安全产品调试与部署》、《网络安全系统集成》、《Web 开发与安全防范》、《数字身份认证技术》、《计算机取证与司法鉴定》、《操作系统安全（Linux）》、《网络安全攻防技术实训》、《大型数据库应用与安全》、《信息安全工程与管理》、《信息安全法规与标准》、《信息安全风险评估》等组成，在紧跟当代信息安全研究发展的同时，全面、系统、科学地培养信息安全类技术技能型人才。

本系列教材在组织规划的过程中，遵循以下几个基本原则：

（1）体现就业为导向、产学结合的发展道路。学科和专业同步加强，按企业需要、按岗位需求来对接培养内容。既能反映信息安全学科的发展趋势，又能结合信息安全专业教育的改革，且及时反映教学内容和教学体系的调整更新。

（2）采用项目驱动、案例引导的编写模式。打破传统的以学科体系设置课程体系、以知识点为核心的框架，更多地考虑学生所学知识与行业需求及相关岗位、岗位群的需求相一致，坚持“工作流程化”、“任务驱动式”，突出“走向职业化”的特点，努力培养学生的职业素养、职业能力，实现教学内容与实际工作的高仿真对接，真正以培养技术技能型人才为核心。

（3）专家和教师共建团队，优化编写队伍。由来自信息安全领域的行业专家、院校教师、企业技术人员组成编写队伍，跨区域、跨学校进行交叉研究、协调推进，把握行业发展和创新教材发展方向，融入信息安全专业的课程设置与教材内容。

（4）开发课程教学资源，推进专业信息化建设。从充分关注人才培养目标、专业结构布局等入手，开发补充性、更新性和延伸性教辅资料，开发网络课程、虚拟仿真实训平台、工作过程模拟软件、通用主题素材库以及名师讲义等多种形式的数字化教学资源，建立动态、共享的课程教材信息化资源库，服务于系统培养技术技能型人才。

信息安全类教材建设是提高信息安全专业技术技能型人才培养质量的关键环节，是深化职业教育教学改革的有效途径。为了促进现代职业教育体系的建设，使教材建设全面对接教学改革、行业需求，更好地服务区域经济和社会发展，我们殷切希望各位职教专家和老师提出建议，并加入到我们的编写队伍中来，共同打造信息安全领域的系列精品教材！

丛书编委会

2014 年 6 月

前　言

随着近20年信息技术和计算机网络技术的发展，特别是近年来云计算技术的普遍运用，公众的生活和工作已与计算机和信息网络紧密联系在一起。在这样的环境下，计算机犯罪或利用计算机工具的犯罪活动急剧增加，与计算机或电子证据相关的民事纠纷也越来越多，这使得涉及计算机取证的案例调查和司法实践的需求越来越迫切，社会迫切需要培养计算机取证和司法实践的专业职业人才。

计算机取证通常是一个需要严谨且训练有素的团队，历时数十小时甚至上百小时并利用各种工具认真发现、比对和归类的过程，也是一个小心翼翼进行证据保全和准备取证报告的过程，是一个既枯燥又有趣的充满挑战的过程。本书会深入介绍在计算机取证和司法鉴定的实施中，那些极其重要的不可忽略的部分。

一、结构

本书没有按部就班地介绍深奥枯燥的计算机取证理论，而是切合高等职业人才的培养特点，强调理论以够用为度，以既相互独立又有所联系的计算机取证和司法鉴定的案例为主线，分六个大的项目，从计算机取证准备和现场处理开始，依次论述 Windows 环境单机取证、非 Windows 环境的单机取证、原始证据的深入分析、网络取证和针对多媒体的取证六个计算机取证的重要领域和过程，全面系统地介绍了计算机取证和司法鉴定的基本理论以及实际案例调查的操作规程和技术运用，且每个项目均以实训和习题的形式配备大量来自工程实践的应用案例。全书立足于计算机取证调查技术的实际运用，可操作性强。本书具体内容和建议课时如下表所示。

章节序号	章节名称	子任务数量	理论课时	实践学时
1	计算机取证准备和现场处理	3	6	3
2	Windows 环境单机取证	5	6	6
3	非 Windows 环境的单机取证	2	5	6
4	原始证据的深入分析	2	6	9
5	在网络中进行取证	2	6	6
6	针对多媒体进行取证	3	5	4

每个项目名称本身就是一个大的学习任务，以“项目说明－项目任务－基础知识－项目分析－项目实施－应用实训－拓展练习”为主线，每个项目内容在涵盖基本理论知识的基础上，

以项目案例调查为实践落脚点，通过“项目说明和项目任务”让学生首先了解要解决的实际问题，激发学习兴趣；然后通过“基础知识”的学习，奠定相应的理论和技术基础；进而通过“项目分析”使学生明确具体项目的实施策略，并在“项目实施”中以项目任务为规划分步完成项目，体现学以致用；最后通过“应用实训”和“拓展练习”巩固学生学习成果，从而实现理实一体化的高效教学。整个内容结构步步为营、环环相扣，理论实践浑然天成，体现了任务驱动和“教学做”一体化的思想。

二、特色

1．实用——贴近企业

本书在编写过程中，查阅了大量国际一流计算机取证公司的产品技术和规范，并得到多家计算机取证产品公司的技术支持，内容取舍来源于企业需求，实用性高。

2．实效——理实一体

教材在编写过程中，以“项目引导、任务驱动”为思路，从项目案例的“项目说明和项目任务”入手，使学生通过真实的案例了解所学内容的实用价值，提高学生兴趣，然后展开“基础知识”的学习。通过“项目分析和项目实施”完成项目，并通过“应用实训和拓展练习”强化学生技能，体现了任务驱动和“教学做”一体化的思想，实效性高。

三、面向对象

本书主要面向计算机专业和法学专业的高职高专院校学生（建议教学学时为68学时，课堂讲授和取证实践学时各占一半），也可作为相关专业本科学生、企业信息安全人员、行业信息安全管理人员的培训教材；对于IT行业人士、司法鉴定人士、司法和执法工作者、律师以及法学理论研究者也具有良好的参考价值。

四、致谢

本书由重庆电子工程职业学院张湛、武春岭任主编，瞿芳、邓晶为副主编。张湛负责组织策划，并编写项目4和项目6，武春岭负责结构规划、统稿，并编写项目1，瞿芳负责编写项目2和项目3，邓晶负责编写项目5。在本书编写过程中，廖浩一、史海深和胡雨薇同学提供了大量的帮助，在此对他们表示感谢。

由于本书作者水平所限，书中错漏之处，敬请读者批评指正。作者邮箱：blacksnown@126.com。

编　者

2014年6月于重庆

目　录

1

计算机取证准备和现场处理

学习目标

- 理解计算机取证的概念和计算机取证的原则
- 了解计算机取证的法律程序
- 了解企业内部取证和司法取证的异同
- 掌握计算机取证前的程序准备和文档准备的方法
- 掌握计算机取证前的取证启动盘和取证工具箱的准备方法
- 掌握计算机取证现场的处理方法

项目说明

某公司一名部门经理 Adam 和一名技术骨干 Bob，在工作四年以后突然离职，并开办了另一家公司，新成立公司的业务范围与原公司几乎完全相同，从而导致原公司产品的销售量急剧减少。在发现这样的情况后，原公司的主管 Alice 怀疑这两名雇员在原公司工作期间就利用上班时间发展自己的私人业务，并窃取公司机密资料为新创办公司做准备，因此授权企业 IT 部门的调查人员 Tom 来调查这两名雇员的办公电脑和所有公司给予他们的存储介质，以便找到相关证据。

项目任务

Tom 接受这个取证任务后，应当首先完成三个任务：

1．在进入计算机取证现场之前分析案例性质，并根据案例性质进行计算机取证的程序和文档准备；

2．进行进入取证现场前的外围调查，并根据案例特点进行计算机取证的设备和工具准备；

3．在进入取证现场的时候对原始证据进行妥善处理。

基础知识

1.1　计算机取证调查和鉴定的概念

1.1.1　计算机取证和司法鉴定

计算机取证的权威性定义目前尚未完全统一，许多专业机构和学者均从不同的角度给出了计算机取证的定义。根据http://whatis.com的定义，“计算机取证是一种调查和分析技术，这种技术是用来从特定计算机设备中收集和保存证据，并向法庭出示该证据。计算机取证的目的是进行结构性调查并保存证据链，从而确切地找出在特定计算机设备上发生了什么，谁应为此负责。”；著名计算机取证专家 Judd Robbins 则认为“计算机取证不过是将计算机调查和分析技术应用于对潜在的、有法律效力的证据的确定与获取”；另一位专家 R C Mark 认为计算机取证是“从计算机中收集和发现证据的技术和工具”。

国内著名计算机取证专家麦永浩教授则根据计算机取证的发展状况给出了较为全面的定义：计算机取证（Computer Forensics）是研究如何对计算机犯罪的证据进行获取、保存、分析和出示的法律规范和科学技术。

司法鉴定是指在诉讼活动中，鉴定人运用科学技术或者专门知识对诉讼涉及的专门性问题进行鉴别和判断，并提供鉴定意见的活动。或者说，司法鉴定是指在诉讼过程中，对案件中的专门性问题，由司法机关或当事人委托法定鉴定单位，运用专业知识和技术，依照法定程序做出鉴别和判断的一种活动。

2005 年 2 月，全国人民代表大会常务委员会通过的《全国人民代表大会常务委员会关于司法鉴定管理问题的决定》规定，国家对从事下列司法鉴定业务的鉴定人和鉴定机构实行登记管理制度：

- 法医类鉴定；
- 物证类鉴定；
- 声像资料鉴定；
- 根据诉讼需要由国务院司法行政部门、最高人民法院、最高人民检察院确定的其他应当对鉴定人和鉴定机构实行登记管理的鉴定事项。

1.1.2　计算机取证调查和鉴定的业务范围

目前与计算机取证（Computer Forensics）相关的提法还有数字取证（Digital Forensics）以及电子取证（Electronic Forensics），严格地说，这两种提法和计算机取证是有一定区别的。

这种区别主要表现在取证调查针对的主体对象不同，计算机取证的主体对象是计算机系统内与案件有关的数据信息，数字取证的主体对象则是存在于各种电子设备中与案件有关的数字信息，电子取证的主体对象是所有与案件有关的电子信息。因此，严格地说，计算机取证包含于数字取证，数字取证包含于电子取证。但是由于目前计算机系统已经通过嵌入式系统的方式，在许多电子设备当中运行，因此在实际的技术运用中，通常我们所说的计算机取证涵盖了一定的数字取证和电子取证的内容。

计算机取证通常包含单机取证、网络取证、手机取证和多媒体取证等诸多方面。所谓单机取证主要指通过对单台或多台独立的计算机进行调查，从而获取、保存、分析和出示与案件相关的证据。而网络取证则不同，其主要针对的是计算机网络，调查的重点在于各种网络设备（服务器、路由器、防火墙、入侵检测系统等），也即主要是通过对各种网络行为的调查和分析，从而获取与案件相关的证据。手机取证的对象不仅包含各种手机，也包含各种智能数据终端（如 PDA、PAD 等），通过对各种数据终端的分析和调查，从而获取与案件相关的证据。多媒体取证包含的内容较广，其主要对象是各种多媒体文件（如文档、图像、音频、视频等），其主要业务范围包含多媒体版权鉴定、多媒体内容真假认证、多媒体中隐藏和嵌入隐秘信息的可能性和对隐藏的内容进行取证等。

司法鉴定通常包括：法医鉴定，即对与案件有关的尸体、人身、分泌物、排泄物、胃内物、毛发等进行鉴别和判断的活动；司法精神病鉴定，即对人是否患有精神病、有没有刑事责任能力进行鉴别和判断的活动；刑事技术鉴定，即对指纹、脚印、笔迹、弹痕等进行鉴别和判断的活动；会计鉴定，即对账目、表册、单据、发票、支票等书面材料进行鉴别和判断的活动；技术问题鉴定，即对涉及工业、交通、建筑等方面的科学技术进行鉴别和判断的活动等。

2007 年颁布实施的《司法鉴定程序通则》（中华人民共和国司法部令第 107 号）对我国司法鉴定的实施程序进行了详细规定。把司法鉴定的业务范围较为详细地划分为法医病理鉴定、法医临床鉴定、法医精神病鉴定、法医物证鉴定、法医毒物鉴定、文书鉴定、痕迹鉴定、微量鉴定、声像资料鉴定、计算机司法鉴定、环境监测司法鉴定、工程造价司法鉴定、产品质量司法鉴定、司法会计鉴定、知识产权司法鉴定、税务司法鉴定、农业司法鉴定、资产评估司法鉴定、建筑工程司法鉴定和枪弹痕迹司法鉴定。

其中“计算机司法鉴定”是指依法取得有关计算机司法鉴定资格的鉴定机构和鉴定人受司法机关或当事人委托，运用计算机理论和技术，对通过非法手段使计算机系统内数据的安全性、完整性或系统正常运行造成的危害行为及其程度等进行鉴定并提供鉴定结论的活动。而“声像资料鉴定”，是指运用物理学和计算机学的原理和技术，对录音带、录像带、磁盘、光盘、图片等载体上记录的声音、图像信息的真实性、完整性及其所反映的情况过程进行鉴定，并对记录的声音、图像中的语言、人体、物体做出种类或同一认定。

因此本书中所讲的司法鉴定，在涉及计算机文档、资料、信息等与计算机取证相关的司法鉴定时，应属于上述的计算机司法鉴定；在涉及多媒体内容认证等问题时，应属于声像资料鉴定。

通常计算机取证与司法鉴定的业务类型主要分为以下六类：

（1）存在性认定：认定在特定的存储媒介中存储有特定的信息。

（2）信息量认定：认定在特定媒介中存在的信息量的大小，例如对于制作或传播淫秽信息案件，通常需要认定淫秽信息的数量以及点击数量等。

（3）同一性认定：同一性认定或相似性认定分为两个方面，一方面是通过信息比对和统计分析，认定两个信息是否具有同一性或它们相似的程度，另一方面是通过对特定程序的对比分析，认定两个程序在功能上是否具有同一性或它们相似的程度，同一性分析常常在知识产权侵权案件中运用。

（4）来源认定：通过分析时间信息、生成方式、传播渠道等认定特定信息的最初来源，例如某张照片是否是某台特定的数码相机拍摄的，某个程序的源代码的作者是谁，网上某个谣言传播的源头等。

（5）功能认定：通过对特定程序的静态和动态分析，对该程序是否具有某种特定的功能进行认定，例如对程序代码是否具有盗窃信息、远程控制、自我复制、逻辑炸弹等恶意功能的认定。

（6）事件重构：通常包含四个方面：

- 对犯罪主体进行认定，例如通过对特定事件的分析，描绘嫌疑人的技术水平、行为习惯等；
- 对犯罪主观方面进行认定，也即嫌疑人的特定行为是主观故意的还是过失性的；
- 对犯罪客观方面进行认定，主要是分析认定何人在何时实施了何种行为等；
- 对犯罪客体进行认定，例如对于恶意网络攻击，通常需要对攻击的范围、规模进行认定，从而认定攻击造成的破坏程度。

1.1.3 计算机取证的发展状况

当前计算机技术的应用已经深入社会生活的方方面面，计算机技术成为一种犯罪手段，计算机信息成为犯罪目标人们也已经司空见惯，但是就计算机的根本性质而言，其仅仅是存储和处理证据的场所。

20 世纪 70 年代以来，计算机犯罪的数量一直在增长。最初由于计算机以大型机为主，因此计算机犯罪通常针对大型机，且常常发生在金融领域。最出名的案例就是发生在美国的“半分钱犯罪”，即计算机程序员修改了银行利息计息的程序，将所有不足一分钱的利息自动转入自己开设的账户中，从而在普通账户不易察觉的情况下获得巨额经济利益。

随着 20 世纪 80 年代个人计算机开始普及并逐渐进入社会经济的各个领域，众多操作系统也开始出现，如 Apple 公司的 Macintosh、PC-DOS、IBM-DOS 和 MS-DOS 等。针对各种操作系统的计算机取证的初期工具开始出现，但当时的工具大多采用 C 语言或汇编语言编写，只提供给特定的执法机构使用。

到 20 世纪 90 年代初期，出现了计算机取证的专业工具，IACIS（国际计算机调查专家协会）提供了对当时取证调查软件的培训，IRS（美国国税局）则制定了针对计算机取证搜查的方案。

随后，ASR Data 公司为 Macintosh 操作系统开发出第一款商用的计算机取证工具——Expert Witness，从而将计算机取证工具从执法机构的专用工具推向商用领域，使得计算机取证不仅仅用于调查计算机犯罪，也用于公司内部违规方面的调查。ASR Data 公司的合伙人之一后来离开该公司，开发了 EnCase 软件，该软件也成为目前最为流行的计算机取证工具之一。

随着计算机技术的持续发展，人们开发出越来越多的计算机取证软件，计算机取证领域也正在快速走向成熟。来自 SANS 研究院和 Guidance 等公司的资格认证计划专门培训计算机取证分析师。一些功能完全的取证软件包为计算机取证分析人员提供了技术支持和得到法庭证明的解决方案，如由 IRS 刑事调查局维护并仅限于执法部门使用的 iLook 软件、AccessData 公司的 FTK（Forensics Toolkit）软件、EnCase、NTI 套装、Coroners Toolkit（TCT）、针对苹果 MacOS 的 Mac Forensics Lab 取证分析软件等。

在这个领域共享知识和实践经验的计算机安全专家组成了一些组织机构，如由企业界和 FBI 建立的关键设施保护组织（www.infraGard.org），高科技犯罪调查协会（HTCIA）（http://htcia.asia/），计算机应急响应组织（CERT）（http://www.cert.org.cn）等。一些大学也正在从事计算机取证的研究和教学，在国际上较为知名的有美国卡内基-梅隆（Carnegie-Mellon）大学、加利福尼亚大学伯克利分校、宾夕法尼亚州立大学等。

当前计算机取证领域的新工具和新技术正不断涌现，在可预见的未来，由于数字信息的指数级增长，计算机取证领域将充满活力和引人注目。

1.1.4 计算机取证调查与个人隐私和公司秘密的保障

一般认为，计算机空间也是一个私密空间，当事人使用计算机等设备必然有一定的隐私，所以在美国等国家如果需要实施司法计算机搜查是需要申领搜查令的。在我国，进行司法计算机搜查是否需要申请令状，本质上需要在国家机关顺利开展侦查与公民生活不受打扰两方面进行利益权衡。

隐私权已然成为我国公民日常生活的一项基本人权。因此除法律特别规定的情形外，计算机搜查原则上必须以申请令状为前提。需要申请搜查令的计算机搜查应当至少满足三项基本条件。

（1）建立在正当理由的基础上，即申请令状的计算机取证调查人员必须有相当的证据表明，将能够从计算机硬盘等介质中寻找到涉案证据。

（2）由合格的司法人员签发，目前我国的搜查证是由侦查机关的负责人进行审查签发。

（3）详细描述搜查的地点和扣押的项目，这些都直接关系到搜查范围的确定。

另外，计算机搜查的措施不仅影响被调查者的权益，而且常常会妨碍网络服务商和其他公众的合法权益。例如，若被搜查的计算机系统是多人本地共享或远程共享的，那么其中常常除了存储被调查者的信息，也存储有其他无关人员的信息，这些信息往往关系到他人的隐私或商业秘密。因此如何在有效开展计算机搜查与避免侵犯他人合法权益之间达到平衡也是需要认真考虑的问题。

对于这一问题通常在实践中采用“必要性标准”进行判断，即取证调查人员根据取证时的具体情况判断计算机搜查过程中有无扣押他人电子信息的必要性。如果有必要则可以将他人的电子信息数据作为扣押的对象（例如扣押整个计算机系统和相关的存储介质等）；如果无必要性则通过复制方式仅仅对有关案情的电子信息进行扣押。而对于必要性的判断通常结合以下要素：

- 被调查者涉及案件的性质；
- 该电子数据作为证据的证明价值；
- 该电子数据受到篡改、删除的可能性；
- 该电子数据所有人的隐私和商业秘密的保护性质。

对于计算机信息司法鉴定的隐私保护问题，司法部2007年公布的《司法鉴定程序通则》第五条规定：“司法鉴定机构和司法鉴定人应当保守在执业活动中知悉的国家秘密、商业秘密，不得泄露个人隐私。未经委托人的同意，不得向其他人或组织提供与鉴定事项有关的信息，但法律、法规另有规定的除外”。这一条款，明确确定了我国司法鉴定的保密原则。在计算机证据、电子证据的鉴定过程中，除了需要提交鉴定书和有关附件数据，同时必须将鉴定过程中产生的其他中间数据进行销毁，从而更为安全地保护秘密和隐私。

1.1.5 计算机取证和司法鉴定的原则

计算机取证的主要目的就是获得可以证明案件事实或者可以证明案件事实的某些方面的电子信息，从而形成电子证据，进而在诉讼中运用于司法实践，或者在企业内部作为违规惩处的依据。计算机取证与司法鉴定是一门法学与计算机信息科学紧密结合的交叉学科，也是一门新兴的学科。

计算机取证与鉴定必须依托于科学原理及经过科学实践检验的方法。要求我们使用的工具、分析原理应当经过科学实践的检验，使用的技术原理应符合科学原理和相关法律要求。

计算机取证与鉴定包含发现、收集、固定、提取、分析、解释、证实、记录和描述电子信息和电子证据等多个步骤。计算机取证与鉴定过程是由多个环节构成的统一的技术体系。

证据是案件的核心和诉讼的关键，取证与司法鉴定是必经的司法过程，获取具有可采性的证据是取证与司法鉴定的主要目的，通过调查取证与鉴定人员进行具体的取证与司法鉴定行为来实现这一目的。以原则规范计算机取证与鉴定，是保证电子证据可采性的关键。由加拿大、法国、德国、英国、意大利、日本、俄罗斯、美国的计算机取证与鉴定研究人员组成的G8小组提出了六条关于计算机取证与鉴定的原则：

- 必须应用标准的取证与司法鉴定过程；
- 获取证据时所采用的任何方法都不能改变原始证据；
- 取证与司法鉴定人员必须经过专门培训；
- 完整地记录证据的获取、访问、存储或传输的过程，并妥善保存这些记录以备随时查阅；
- 每位保管电子证据的人员必须对其在该证据上的任何行为负责；
- 任何负责获取、访问、存储或传输电子证据的机构有责任遵循以上原则。

由于不同国家在法律、道德和意识形态上存在差异，取证与司法鉴定原则取决于不同的证据使用原则。不同的国家、组织根据自身的出发点，制定的取证与鉴定原则虽然不完全相同，但大体均为保证所获证据与案件事实的关联性、证据获取过程中各要素的合法性以及证据本身的客观性，这三个性质也是保证电子信息作为证据的三个核心性质。

为充分保证计算机取证所获得的电子证据满足关联性、合法性和客观性，计算机取证和鉴定的原则应包括以下四个方面。

（1）合法原则

计算机取证与司法鉴定不仅要保证取证与司法鉴定实体合法，还要保证取证与鉴定的程序合法。取证与鉴定活动的要件是指贯穿取证与鉴定活动全过程的四个要素，即主体、对象、手段和过程，只有保证这四个要素同时合法，才能保证获取的证据的合法性。

1）主体合法。

计算机取证与鉴定的主体指的是案件证据的提交者，随着在案件中承担举证责任的地位不同，计算机取证与鉴定的主体也会有所不同。我国《民事诉讼法》和《行政诉讼法》对取证主体没有严格的规定，加之电子证据的取证与司法鉴定方法的特殊性，因此取证与司法鉴定主体必须具有相应的资格，才能依法完成电子证据的发现、收集、保全等取证与鉴定活动。

电子证据的取证与司法鉴定的主体首先应当具备法定的取证与司法鉴定的资格，只有具备合法的调查取证与鉴定身份，才能执行相应的取证与鉴定活动。鉴于计算机取证与鉴定是一门技术性非常强的交叉科学，因而调查中聘请具有法定资格的计算机取证与鉴定专家协助调查是弥补此缺陷的有效方法。计算机取证与司法鉴定的主体应当包括合法的调查人员和具有法定资格的计算机取证与鉴定专家。

2）对象合法。

为保证所有人、权利人的隐私不被侵犯，计算机取证与鉴定的对象必须是已经受到攻击、被入侵的计算机系统，或者被利用来实施犯罪行为的计算机系统（如僵尸计算机系统、僵尸网络系统等），或者其他涉案的电子设备，只有那些被怀疑与案件事实有关联的信息（通常也是搜查证中所规定合法调查范围中的对象）才能作为被取证调查的对象。在企业计算机取证调查中，为了保证调查的对象合法，不涉及隐私权问题，往往需要在企业规章制度中做出对公司配备给职员使用的电子设备，在需要时可以进行调查取证的声明。在调查取证时，为保护与案件无关人员的权利，还需确定电子信息存储的位置、状态、方法等作为取证与鉴定的对象范围。电子证据通常存储在硬盘、光盘等大容量的存储介质中，必须在海量的数据中区分哪些是与证明案件事实有关联的信息，哪些是无关数据，哪些是犯罪者留下的记录和“痕迹”。对于与案件事实无关的数据，不能进行任意地取证，以免侵犯所有人或权利人的隐私权、商业秘密等合法的权益。

3）手段合法。

计算机取证与司法鉴定的手段主要包括物理取证和工具取证两种方式。物理取证是指取证与鉴定人员通过手工直接取证，而工具取证则是指通过特制的信息系统处理软硬件的工具进行取证。传统的物理取证要求取证人员符合技术操作规范，工具取证是针对电子证据的技术特性对物理取证的补充，不仅要符合物理取证的上述条件，取证所使用的工具和程序等必须通过国家有关主管部门的评测。

如果取证与司法鉴定的手段非法，势必导致所采集的电子证据可信度大为降低，因此在计算机取证与鉴定过程中不得采取窃录、非法定位、非法监听、非法搜查、非法扣押等措施和方法，不得使用未经审核验证合格的软硬件工具获取和验证电子证据。取证与司法鉴定活动的每个环节都应该遵循标准程序，采取的手段应该符合法律要求。

4）过程合法。

取证与司法鉴定过程中，应遵守以下规范：

- 在不对原有证物进行任何改动或损害的前提下获取证据，证明所获得的证据和原有的数据是相同的；
- 在不改变数据的前提下进行分析；
- 采用人证、书证和音像资料等传统证据形式验证电子证据的合法性，要坚持及时将可以转化的电子信息转换为书证；
- 要利用传统的音视频采集工具对取证与鉴定过程进行全程记录；
- 取证时应当至少两个合法取证人员同时在场取证；
- 整个取证与鉴定过程必须受到监督，以保证过程的合法性。

（2）无损原则

证据材料必须能够客观、真实地反映案件事实，才能成为有效的诉讼证据。我国诉讼法规定，在提交物证、书证时若提交原件确有困难，可提交复制品或副本。对于存储介质中的电子信息，基本上不存在直观可视的传统意义的“原件”，因此在当前的司法实践中使用的均是原始存储介质中电子信息的“克隆”形式。由于电子信息的复制技术不会造成信息内容的损失，同时可以保证信息在存储介质中的保存位置不变，因此只要复制的内容与原始存储介质中的内容完全相同，就应当将其视为与原件具有同等的法律效力。

但是，正因为电子证据对其存储、运行或操作环境具有较强的依赖性，对存储介质、系统环境的任何操作均可能改变电子信息的属性，例如打开嫌疑计算机或电子设备这样的操作，都会改变设备的系统日志信息，所以对于电子证据的计算机取证和鉴定需要特别注意“无损原则”。为防止由于对涉案的设备和系统的操作损毁潜在的电子证据，计算机取证和鉴定的整个过程均不能对取证和鉴定对象进行任何修改，以维护全部信息的完整状态，这也是保证所获取的电子证据具有客观性的基础。

通常，为了遵循“无损原则”，在实施计算机取证的初期阶段，收集存储介质中的原始电子证据时，就应当采用对位拷贝或镜像制作的硬软件工具（如各种硬盘对位拷贝机、FTK imager、En.exe 等）以字符流镜像的方式对存储介质中的所有数据信息进行备份（通常至少制作两份以上的备份），并且采用数字 Hash 签名等认证技术进行原始证据的固定，而在后续的分析、鉴定等环节中只对备份数据进行操作，从而有效地保证电子证据的客观性。

另外，在证据的保存环节，由于电子证据是以电、磁、光方式存储在存储介质中的，而在电磁介质中的电磁信息受外界磁场影响可能被消磁，DVD 和 CD 等光盘介质也有损坏的可能性，因此在保存收集到的电子证据时，应当采取远离高磁场、高温环境，避免静电、潮湿、灰尘和挤压等措施，以保证电子证据的客观完整状态。

（3）全面原则

全面取证与司法鉴定原则，是指调查人员在取证与鉴定过程中应尽可能全面地调查取证与鉴定，使得所获证据能够相互印证，从而形成完整的证据链。“全面取证原则”是保证电子证据客观性的一个重要方面，调查人员必须对案件形成并保持公正无偏的观点，避免对片面的调查结果轻易下结论，并且在整个调查取证和分析鉴定过程中排除一切自身和外界的偏见，对取证与鉴定的对象进行全面的取证调查和分析鉴定，用尽所有合理的线索，并考虑所有可用的事实，才能做出客观的结论。

另外，在诉讼案例中，通常利用单个电子证据诉讼定案的情况很少，案件往往包含多个用以诉讼的证据，每一个证据从不同的侧面与案件事实进行关联，例如在利用电子邮件进行诈骗的案例中，用户的账户和密码有助于确定嫌疑人；E-mail 邮件有助于认定诈骗信息；嫌疑人使用的计算机系统和邮件服务器系统的运行日志则有助于认定作案时间，而一系列不同层面的电子证据就组成了一条完整的证据链以证明案件的全部事实。

现代信息技术环境下，往往取证和鉴定对象存在着海量的信息，如果在调查取证和分析鉴定的过程中，调查人员忽视了一些细微的数据信息，就可能导致证据链的逻辑性不严密，从而影响最终诉讼过程，甚至可能导致错误的分析判断结论。因而在进行计算机取证与鉴定时，一定要认真分析电子证据的来源并进行全方位、多角度的取证与鉴定，在确保证据与案件事实关联的基础上，将所获取的一切电子证据和其他类型证据，进行相互印证和分析，排除逻辑矛盾，最终组成严密和完整的证据链。

（4）及时原则

由于电子证据的实时性和自动性，在电子证据的类别中，有相当大一部分电子证据是在信息系统运行过程中自动和实时生成的，而系统在经过一段时间的运行以后，很可能会造成信息系统的变化（诸如网络审计记录、系统日志、进程通信信息等潜在的电子证据就会随之而发生变化），导致这些数据信息不能再如实反映案件的事实。因而电子证据的获取具有一定的时效性，当调查人员确定取证对象后，应尽早搜集证据，保证其没有受到任何破坏和损失。从电子数据的形成到原始电子证据的获取，相隔的时间越久，越容易引起电子数据的变化。例如，IP 地址经常被用来确定涉案计算机设备的方位，但这种“网络号码”却不会像身份证号一样与所有者存在固定的标识关系，在网络攻击的案件取证中，当某一计算机连接网络后被分配了一个 IP 地址，该计算机退出网络后，此 IP 地址极有可能被分配给新连接网络的其他计算机。因此，及时取证与司法鉴定可以保证电子数据作为证据的客观性，维持电子数据与案件事实的关联性。

1.1.6 计算机取证的实施过程

作为计算机取证人员的任务就是从取证对象（通常是嫌疑人的计算机）中搜集证据，并确定是否犯罪或违反公司制度。若搜集的证据显示其已涉及犯罪或已违反公司制度，那么就有必要开始准备对案件进行调查，也即开始收集一些可以在法庭上或公司的听证会上提供的证据。为了在一起计算机取证案例中收集证据，调查人员需要对被怀疑的计算机和电子设备进行调查，并将所收集的证据进行固定保存和归档，以便需要时进行证据显示和接受质证。在开始进行调查前，必须遵守被认可的程序过程来为案件做准备并实施取证，以便保障所获得证据的关联性、合法性和客观性。通过系统和规范的过程来处理每一起案件，就能够彻底评估证据并记录取证过程或证据监管过程，即从受理案件开始，到找到这些电子证据，并最终结案或者向法庭提供证据的整个取证过程。

通常可以将计算机取证的实施过程分为案件受理、取证准备、处理现场、搜集和固定证据、证据保存、证据分析、报告生成、证据归档和证据显示与质证。

（1）案件受理

受理案件是调查人员了解案件基本情况和发现证据的重要途径，是调查的起点，也是依法开展工作的前提和基础。因此受理案件可以算是展开计算机取证与鉴定工作的最初阶段。

调查人员在受理案件时，要详细记录案情，全面地了解与案件事实相关的潜在电子证据的情况，如涉案的计算机系统、打印机等电子设备的情况，尤其是 IP 地址、域名、网络运行状况、设备的运维管理情况、当事人的信息技术水平和虚拟现场。在受理案件时，不一定以上种种情况都能够全部了解地一清二楚，但是这样的了解应当尽可能得详细，从而使调查人员可以进行有针对性的取证准备工作。

在本章的案例中，当主管 Alice 将调查 Adam 和 Bob 的案件委托给调查人员后，调查人员至少应当在受理这个案件时了解以下情况或做以下工作：

1）制作一式两份（或两份以上）书面的计算机取证调查委托书，明确委托人（公司主管 Alice）和调查责任人、调查取证的范围和对象、根据公司何种规章制度进行调查等情况，并且委托人和受托的调查人员均应当签章，作为取证调查的依据，这样既明确了取证调查的范围，同时也使得调查人员避免了诸如隐私权侵犯等方面的纠纷。

2）从委托人 Alice 或者设备管理人员处了解本次调查取证的对象情况，如 Adam 和 Bob 分别使用何种计算机，是什么样的操作系统，他们所处的网段是什么，有没有固定的 IP 地址，他们的计算机硬盘是什么型号，容量多大，他们分别使用何种打印机，公司有没有保存配备给他们的 USB 盘、存储卡，容量多大，他们是否具有公司配给的其他电子设备等。

3）从被调查人 Adam 和 Bob 曾经的同事处了解两个人的技术水平如何，有什么样的工作习惯，技术偏向于什么方面等。

（2）取证准备

当调查人员受理了一起案件，了解了案件的基本情况后，就进入了取证调查的准备阶段。当为一个案件做准备时，通常应当考虑进行如下工作。

1）对案件类型进行初步估计：通过在案件受理阶段调查人员从委托人和其他相关人员处了解到的情况，初步估计案件调查的性质和范围，如案件是网络取证还是主机取证，是否已经扣押了取证对象（计算机、各种存储设备以及其他电子设备），取证的现场是局限在一处还是分散在多处，是否需要查看其他现场。

2）确定案件调查取证的初步方案：根据在受理阶段了解的信息，制定出调查该案件的行动纲要。例如在企业委托调查中，如果被调查人员是一名在职的雇员，并且委托人希望不公开调查，那么就要考虑是否可以在工作时间搜查取证该雇员的计算机，或者应当等到下班后或周末进行。思考，如果在引导案例中 Bob 的计算机采用的是 Linux 系统，而 Adam 的计算机采用的是 Win7 系统，那么是否需要制定不同的方案并准备不同的设备和工具。

3）制定详细的方案：通过列出需要采取的步骤的详细清单来细化行动纲要，并估计每一步需要的时间，这样的方案可以帮助调查人员在调查取证过程中不会偏离主要目的。

4）确定风险并在方案中使得风险最小化：列举出在类似案件中通常会遇到的问题，例如如果 Adam 具备丰富的计算机知识，他就很有可能已经设定了某种登录策略，当有人试图修改登录密码时，该登录策略就会关闭计算机或覆盖硬盘中的某些数据。这类问题的清单通常也叫标准风险评估；思考并验证标准风险评估中的问题，如何才能将风险最小化，并补充完善方案，在开始恢复数据前，应当对原始介质多做几个备份，以保证从硬盘进行数据恢复过程中，尽量减少原始证据数据改变的风险。

5）准备调查取证工具：根据所确定的方案，有针对性地准备调查取证的硬件设备和软件工具，特别是现场取证的工具，如数码相机或摄像机、现场勘验录音设备、硬盘拷贝机、数据终端取证设备、取证启动 USB 盘或光盘、镜像制作原件等。如果遇见不熟悉的情况，调查人员应当对方案进行预先的测试（例如在虚拟机上安装取证对象计算机上的操作系统，并熟悉其相关系统设置等）。

（3）处理现场

对于调查现场的处理，通常我们分为现场确认、现场保护、现场记录、证据搜集和远程调查等部分。

1）现场确认：计算机取证调查人员要涉足到比传统调查员更广泛的取证现场。确认犯罪现场并不容易，需要详细调查才可能了解到该从何处入手。计算的远程性和证据的分散性给调查员带来了诸多的挑战，包括：现场可能是分散的、现场可能难以进入，甚至可能不存在一个确切的物理犯罪现场。

2）现场保护：要求调查人员保证当前确认的现场中各部件的物理和逻辑安全性。在保存证据、减少潜在的证据损毁且保护案件所需数据的工作中，物理安全是最基本的，但是对于计算机取证人员，保证所有电子设备的物理安全还仅仅是整个任务的一部分，取证调查人员必须同时保证设备中数据的逻辑安全。保证数据逻辑安全的最佳方法就是及时地进行取证副本的制作。

3）现场记录：现场记录是整个计算机取证过程中一个重要的方面，在处理现场前必须记录下整个现场的情况。通常现场记录需要两个调查人员完成，一个执行现场的所有处理，另一个专门负责现场记录。在采取现场处理行动前，需要对现场所有情况进行记录，可以采用现场录像、照相、录音描述、图形绘制等多种记录方式。对于计算机取证调查，通常需要记录计算机屏幕内容、网络连接情况、外围设备连接情况等。

4）证据搜集：通常在现场获得的未加分析（或仅进行初步分析）的证据称为原始证据，在现场进行原始证据搜集时，通常分为原始的物理证据和原始的数字证据两类。现场物理证据的处理工作最好分配给那些受过专门训练的人员来做。一般都应先处理物理证据，然后再处理数字证据，除非有理由认为数字证据的延后处理会造成证据破坏或者丢失。各类电子设备除了保存着数字证据外，也是物理证据的载体。处理犯罪现场的数字证据是计算机调查员的职责所在。在对所有 IT 设备进行了物理处理后，计算机调查人员就着手负责打包和处理所有电子器件，通常在断开任何连接前，要给连接计算机的所有电缆和电子设备贴上标签。然后，在日志本中也应记录电缆的连接情况，以便为以后的重组工作提供参考。在所有电缆都被贴上标签后，就可以拔掉电源插头来关闭计算机了（通常不要使用计算机的关机按钮）。对便携式计算机而言，应拆掉电池，然后拔电源插头。断电后，从计算机上移除每一根电缆，并依次收纳到证据包里。在电缆收完之后，所有包含数字逻辑内容或者对静电敏感的物品都放置在防静电包中。防静电包也要放到证据包里，然后密封。外围设备、存储介质和其他电子产品，同样也要在放入证据包之前，先放入防静电包里。

5）远程调查：当数字证据的搜集难以进入，甚至没有一个确信的物理犯罪现场时，计算机调查员可以在法律许可的范围内执行远程调查，从而搜集原始证据。远程调查对调查员而言非常重要，它由无需直接了解嫌疑人就能进行的各种信息收集和分析行动组成。所采取的行动取决于潜在嫌疑人的谨慎度和技能。远程调查可能涉及探查指定系统，也可能需要收集其他信息进行现场取证的准备。只要不会引起警惕，应该收集任何可能减少现场处理和获取次数的信息。远程调查的典型方法是获取任何嫌疑人不会意识到，或者不会事先访问和分析的日志文件。同样，对嫌疑人系统进行物理监视或轻量级的网络探查（如执行 traceroute、ping 等）可以了解嫌疑系统的位置、配置和类型情况。

（4）搜集和固定证据

对于计算机犯罪，通常需要收集的证据资料主要来自涉案计算机系统、网络管理者与ISP商（网络服务提供商）。系统、网络管理者与ISP商的配合，是计算机犯罪调查成功的重要因素。在此期间，主要注意收集计算机审核记录（使用者账号、IP地址、起止及使用时间等）、登录资料（申请账号时填写的姓名、联络电话、地址等）、犯罪事实资料，即证明该犯罪事实存在的数据资料（文本、屏幕界面、原始程序等）。

搜集的各种信息可以进行深入的研究，分析案件是属于何种犯罪类型，了解犯罪嫌疑人的职业身份、动机目的和犯罪手法等。例如计算机系统日志文件能产生审计痕迹，记录下重要的网络活动，包括使用者进入计算机的时间，所取用的资料、档案、程序，进行过哪些操作，何时离开系统以及哪些行为被拒绝等操作。依据这些“电子痕迹”，就可以找出何人在何时做了何事，使用者来自系统内部还是外部。

通常较为专业的计算机犯罪，嫌疑人在作案后可能会彻底删除或者混淆和隐藏证据以掩盖犯罪行为，且计算机系统中的某些事件（如正在进行的文件修改、已经发生的进程中断、内部进程通信和内存的使用情况等）或许不会在被攻击的系统中留下事后线索。因而需要实时取证分析，或对现场获取的原始证据进行深入分析，以获取全面充分的证据，支持调查人员得出具有较强确定性的结论。在证据收集过程中，收集与案件事实直接相关的数据信息的同时，不能忽视诸如数码相片的数字信息证据、网络环境参数、各硬件之间的连接情况等细节信息的搜集。

由于电子证据的相对易删改性，根据无损取证与鉴定原则，调查人员应对原始存储介质进行备份，以保证电子证据的客观真实性。同时分析过程中获取的证据信息也应当进行及时的备份，以免日后对证据的可采性滋生争议。对于证据信息的固定，通常采用数字签名（Hash认证）和时间戳等方式来保证所获取的电子证据的客观性。

（5）证据保存

由于通常多数案例可能调查和定案时间较长，而电子证据受环境影响较大，因此应用适当的储存介质进行原始的镜像备份，且放置保存环境应当慎重选择。证据从最初收集，到其可能成为呈堂证供，以及在后续的保存归档过程中，对每一份证据的位置和经手人都应进行全程的记录，形成保管链，并维护和妥善保存该保管链。

电子证据内容实质是电磁信号，极为脆弱，如经消磁即无法恢复，因此搬运、保管电子证据时不应靠近磁性物品，防止被磁化，提取的磁性存储介质必须妥善地保存在纸袋或纸盒内，置于防碰撞的位置，不可只进行简单的塑料袋封存；对于计算机和磁性存储介质，不应放置在安有无线电收发设备的汽车内，不能放置于温度过高或过低的环境中；另外如磁带或磁盘等存储介质如果发霉或潮湿，就会难以读取其存储的记录内容，因而应将电子证据放置在防潮、干燥的地方；对获取的电子证据采用严格的安全措施进行保护，任何调取情况均进行记录，尽量利用原始证据的备份进行分析，除非必要原始证据本身不要离开保存环境，非相关人员不准操作存放电子证据的设备；不可轻易删除或修改与证据无关的文件，以免引起有价值的证据文件永久丢失。

（6）证据分析

在进行电子证据的分析以前，必须先将证据资料备份以完整保存证据，尤其是应将硬盘、USB盘、闪存、数字终端的内存、数码相机的存储卡等存储介质进行镜像备份，即“克隆”，在分析过程中，必要时还应重新制作备份证据材料。分析电子证据时应对备份资料进行非破坏性分析，即通过一定的数据恢复方法将嫌疑人删除、修改、隐藏的证据尽可能地恢复，在恢复出来的文件资料中分析查找线索或证据。

（7）报告生成

计算机取证和鉴定的调查者在取证调查的最后，需要通过书写报告来传达计算机取证鉴定或取证调查的结果。报告需在法庭或一个行政预审会上提出证据作为证词，除了陈述事实之外，报告也可表明专家的意见。目前，不少专业的计算机取证软件具有报告生成的功能，能够自动地记录和整理取证调查分析过程中的操作、时间、证据来源（原始证据）、证据来源验证信息、证据信息、证据信息的Hash码、案件调查者等，但是使用这些自动生成的报告时，应当根据具体需要呈堂和提交的要求，人工进行仔细整理和认真检查。

对于涉及计算机取证的调查案件，通常法院要求专家证人呈递书面报告，尽管报告的要求在具体细节上不尽相同，但是报告内容必须明确而没有歧义。因此，计算机取证调查的人员，必须通过报告解释他的调查和发现。此报告必须包括所有的意见、根据和达成意见所需考虑的所有信息。报告也必须包括相应的展示，例如照片或者图表等。

同时，调查和鉴定人员应该为任一笔录证词的通知或传票保留一份复件以备查阅，并且建立一个计算机取证和鉴定的档案，其中至少包含案件的类型、判决权、时间日期、案件的数量（法庭案件文件的数量）等，并且应当总结自己证词的关键点作为参考，当然如果能得到证词的抄本也应当保留一份复件。

（8）证据归档

在取证调查和分析的最后，调查人员应当整理计算机取证与鉴定的结果并进行分类归档保存，以供法庭作为诉讼证据，主要包括对涉案电子设备的检查结果；涉及计算机犯罪的日期和时间、硬盘的分区情况、操作系统和版本；使用取证与司法监定技术时，数据信息和操作系统的完整性、计算机病毒评估情况、文件种类、软件许可证以及对电子证据的分析结果和评估报告等所有相关信息。

尤其值得注意的是，在计算机取证与司法鉴定的过程中，为保证证据的可信度，必须对计算机取证和鉴定各个步骤的情况进行完全的记录、归档，包括搜集证据的时间、地点、人员、方法以及理由等，以使证据经得起法庭的质询。

（9）证据显示与质证

质证是指在法庭审判过程中由案件的当事人及其代理人，就法庭上所出示的证据采取辨认、质疑、说明、辩论等形式进行对质核实，以确认其证明力的诉讼活动。

无论是企业内部的计算机取证调查，还是涉及司法诉讼的计算机取证和鉴定，调查中获得的任何证据都必须按照在法庭进行出示的标准进行准备。毕竟企业内部案件的调查人员也不能预料案件是否最终会走向司法诉讼，而这样的例子并不鲜见。因此调查人员所获得的证据应当接受法官、当事人及其代理人的质询，直至无异议才能成为判定案件事实的证据。

计算机证据也必须在法庭上显示，但是由于计算机证据的特殊性，使得计算机证据在法庭上进行显示及质询与传统证据有很大的不同。计算机证据有很大一部分是以电磁或光的形式记载的，因此这些证据的显示通常需要借助特定的设备，并且在显示过程中需要设定特定的环境。

1.2 计算机取证调查人员

1.2.1 计算机取证和鉴定人员的要求

计算机取证和司法鉴定包含针对各种计算机主机的取证与鉴定、针对手机与个人数据终端及其他电子设备的取证与鉴定、针对各种网络设备以及网络行为的取证与鉴定、针对多媒体资源的取证与鉴定等诸多方面。

一个想要具有计算机取证资质的机构，其首要因素是人，然后是过程和工具。许多想在计算机取证领域取得资质的公司却颠倒了先后次序，先在企业级软件和实验室硬件上花费了大量资金。当硬件条件完备后，现有职员再开始围绕新买的工具开发各种程序。最后，为了更好地发挥它们的性能，公司开始寻找拥有资质或经验的人。这一切其实是本末倒置的！

获得取证资质的更有效方法是从人员开始。应该聘用一位有经验的主考官来指导现有职员，引进补充人员，然后建立符合取证要求的取证程序。要找到一位有资质的人才，必须按以下步骤行事：

（1）要求可信的信息安全人力资源部门推荐优秀人才。

（2）关注著名机构中知识渊博的人才群体，如关键设施保护组织（InfraGard）和高科技犯罪调查协会（HTCIA）等，因为这些组织已经确认了其成员的背景或情况证明。

（3）聘用有直接调查经验的人员。

（4）仔细评估人员所获得的各种资质证书，如 CISSP、CISA、SANS 和 EnCase 等。

（5）假定候选人站在法庭证人席上，他们是否能作为专家应对司法审查。

当一个成功的候选人被授权运作计算机安全事件响应组后，首要任务是制定调查制度以及相关的程序。最起码该制度要包括以下内容：

（1）在什么情况下，谁将被授权进行调查？

（2）批准调查需要什么样的监督？

（3）怎样职能交叉地进行调查？

（4）哪些情节和事实是本次调查的凭证？

（5）如何处理调查结果？如何执行惩罚程序？

该制度规定了小组的运作结构、角色、责任以及调查范围。接下来制定调查中各方面的程序，规定谁执行特定的调查行动，常规程序必须包含哪些步骤，以及如何确认这些步骤。常规程序包含证据处理和保管链、获得取证或制作副本、应急事件通信、常规分析活动（邮件文件、文件系统、日志文件等）、引入第三方的交接条款、证据保存程序等内容。

司法鉴定人，是指由司法机关、仲裁机构或当事人聘请，运用专门知识或技能，对案件中某些专业性较强的问题进行鉴别或者判定的人员。我国实行司法鉴定人执业资格证书制度。

鉴定人的职业资格证书是鉴定人员从事司法鉴定活动的法律凭证。鉴定人的准入需要满足司法鉴定执业资格证书所必备的基本条件。

（1）具备下列条件之一的人员，可以申请登记从事司法鉴定业务：

- 具有与所申请从事的司法鉴定业务相关的高级专业技术职称；
- 具有与所申请从事的司法鉴定业务相关的专业执业资格或者高等院校相关专业本科以上学历，从事相关工作五年以上；
- 具有与所申请从事的司法鉴定业务相关工作十年以上经历，具有较强的专业技能。

因故意犯罪或者职务过失犯罪受过刑事处罚的，受过开除公职处分的以及被撤销鉴定人登记的人员，不得从事司法鉴定业务。

（2）鉴定人应当隶属于一个鉴定机构，从而从事司法鉴定业务。鉴定人从事司法鉴定业务，由所在鉴定机构统一接受委托。根据法律规定，如果鉴定人是案件的当事人或者当事人的近亲属，或者鉴定人担任过这一案件的证人、辩护人、诉讼代理人，以及鉴定人本人或近亲属与案件有利害关系，可能影响鉴定的公正性时，鉴定人应当主动回避，当事人也可以提出回避申请。

（3）司法鉴定实行鉴定人负责制度。鉴定人是中立的第三者，不受机关职能和行政主管的约束制约，也不应受权、钱、情的干扰。鉴定人应当独立进行鉴定，对鉴定意见负责并在鉴定书上签名或者盖章。鉴定意见虽是一种重要证据，对于证明案件事实有重大作用，但由于鉴定人的鉴定活动总是受到主观和客观多种因素的影响，这些因素必将或多或少地影响鉴定意见的准确性。鉴定意见所反映的案件事实与实际发生过的案件事实可能有出入甚至相互冲突，鉴定人对客体的认识虽然是建立在对客体科学分析基础上的并具有客观性，但是其对客体的解读是凭借自身对科学技术法则的认识和自身的经验，又带有一定的主观性，因此不同鉴定人，对同一鉴材鉴定时可能产生不同意见。正是由于这样的原因，法律规定多人参加的鉴定，对鉴定结果有不同意见时，应当一一注明。司法鉴定属于一种个人行为，而不是集体行为；某一专家一旦经法定程序被确定为案件的鉴定人，就应当亲自实施具体的鉴定活动，亲自在鉴定意见上签字，并亲自接受法庭的传唤或者控辩双方的申请，在法庭上出庭作证。

（4）司法鉴定人是一种诉讼参与人，享有下列权利：

- 了解、查阅与鉴定事项有关的情况和资料，询问与鉴定事项有关的当事人、证人等；
- 要求鉴定委托人无偿提供鉴定所需要的鉴材、样本；
- 进行鉴定所必需的检验、检查和模拟实验；

- 拒绝接受不合法、不具备鉴定条件或者超出登记的执业类别的鉴定委托。

（5）司法鉴定人作为诉讼参与人，也享有下列义务：

- 受所在司法鉴定机构指派按照规定时限独立完成鉴定工作，并出具鉴定意见；
- 对鉴定意见负责；
- 依法回避；
- 妥善保管送鉴的鉴材、样本和资料；
- 保守在执业活动中知悉的国家秘密、商业秘密和个人隐私；
- 依法出庭作证，回答与鉴定有关的询问；
- 自觉接受司法行政机关的管理和监督、检查；
- 参加司法鉴定岗前培训和继续教育；
- 法律、法规规定的其他义务。

（6）作为一个司法鉴定人的法律责任。

司法鉴定人若违反法定或约定的义务，应受到相应的法律制裁。司法鉴定人的法律责任同律师、会计师、医师等的法律责任相同，属于专家责任。其责任事件的产生，可能是主动积极的作为，也可能是消极的不作为。法定义务通常是由民法、刑法、行政法、诉讼法、证据法分别加以规定的。约定义务通常是司法鉴定人与委托人之间在法定义务之外依法协商补充确定的，符合法律规定的约束。

1）刑事责任，是由于司法鉴定人违反刑法规定、构成犯罪所应承担的刑事法律责任。主要表现为：主观上故意弄虚作假、隐匿事实真相，客观上作出虚假鉴定意见；故意泄露应当保守的国家秘密；故意索贿、受贿，以及其他违反法律法规构成犯罪的行为。在我国，司法鉴定人刑事犯罪的主要表现形式为伪证罪、受贿罪，国外还存在藐视法庭罪。

2）民事责任，是司法鉴定人违反司法鉴定委托协议内容或不履行鉴定义务而侵害了当事人民事权利所应承担的民事法律后果。违约或侵权主要表现为：没有按期、按委托要求完成鉴定任务，给当事人造成直接经济损失或给诉讼活动造成影响；没有依法接受监督、申请回避，从而带来严重后果；没有保守商业秘密或个人隐私，给当事人带来经济损失或造成精神伤害；没有认真接收、退还和妥善保管鉴材导致鉴材遗失、变质、毁损；没有充分理由而拒绝或延期鉴定的；没有适当理由拒绝合法传唤或不按期出庭作证。对于民事责任的处罚通常是，司法鉴定人违法执业或因过错给委托人造成的损失，首先由其所隶属的司法鉴定机构承担赔偿责任，再由司法鉴定机构对责任人进行追偿。

3）行政责任，是因司法鉴定人违反行政法规所应承担的行政法律责任。主要表现为：故意拖延鉴定时限，给诉讼活动造成了不良影响和损失；过失造成鉴定资料遗失、毁坏、污染、变质、变形、内容失真等内容与形式方面的变化，从而影响资料的完整性、真实性，使鉴材丧失鉴定条件；泄露案内秘密，造成不良后果，以及其他违反法律法规的行为。通常出现行政责任时的处罚为警告、责令改正、没收违法所得、罚款、责令停业、暂扣或者吊销执业证等。

1.2.2 企业内部调查取证人员与司法取证和鉴定人员的异同

计算机取证调查可以分为两个大类，一类是企业内部调查，即企业雇佣个人或公司对其内部违规行为和事件进行调查；另一类则是司法取证和鉴定，也即政府部门中涉及到负责犯罪调查和起诉的政府机构，对犯罪行为和事件进行调查取证和鉴定，通常司法取证和鉴定的结果是进行是否起诉和呈堂质证的选择，而企业内部调查则往往不一定非要进行司法诉讼的选择。但是，无论是企业内部调查取证人员还是司法取证和鉴定人员，他们在工作时都同样需要遵循严格的司法取证的合法程序。即使是进行企业内部调查取证，在调查之初，取证人员是无法预料案件最终是否会引起一场司法诉讼的，并且就算调查结束后仅仅进行企业内部惩罚，并没有引起司法诉讼，但是也不能保证几年后，是否会重新进入司法诉讼（这样的例子并不鲜见，特别是在因为侵权而导致员工离职的案件中），所以调查所获得的证据也必须按照司法流程进行归档和管理。

司法取证和鉴定人员与企业内部调查取证人员的相异之处在于，司法取证和鉴定人员进行计算机取证调查的主要目的是对嫌疑人进行是否有罪的判定，也即证明案件事实是否进行司法起诉。但是，企业内部调查取证人员为私营企业展开计算机调查时，调查人员应当务必使企业因调查而受到的影响减为最小。因为企业通常将重点放在正常运作和盈利上，所以在私营企业环境下，多数时候应把阻止非法行为以及将企业的损失和破坏降到最小这样的目的放在第一位，把调查与对嫌疑人的拘捕放在第二位。当然，如果在调查过程中发现涉及刑事犯罪等行为，就应当申请进入司法调查活动了。

在企业内部调查中，管理人员通常希望尽量减少或消除诉讼，因为处理民事、行政等诉讼的费用常常较为昂贵。如果在调查中发现使用被调查计算机设备的任何人可能从事严重违法行为，调查人员必须报请司法取证的介入，但是在这个时候，由于所调查计算机往往含有企业的一些商业机密，因此企业内部调查人员应当考虑如何把企业因司法取证介入而带来的商业机密信息的损失降到最低。

1.2.3 计算机取证人员的职业道德

作为一名计算机调查与取证分析员，职业道德是非常重要的，因为它决定着调查人员的诚信度。职业道德包括道德、品行和行为准则。作为一名专业人士，必须时刻展现出高水平的道德行为。为了达到这一点，在调查过程中，调查人员必须做到客观保密，还必须丰富自身的技术知识以及不断完善自己。我们在观看一些现代犯罪诉讼的影视剧时，常常可以看到律师是如何提问证人的。调查人员自身的品行往往是对方律师关注的问题，因此应保证这些方面不应当受到别人的谴责。

保持客观性也就意味着调查人员必须对案件形成并保持公正无偏见的观点。要避免对调查结果轻易下结论，应直到用尽所有合理线索并考虑所有可用的事实后再做出对结论的判断。调查人员的最终职责是找到支持诉讼的证据或为被告洗清罪行。在所有调查中，都必须排除外界偏见，保持实情调查的完整性。例如，如果你受雇于一名律师，那么就不要让该律师的观点左右你的调查结果。调查人员的名誉和长期的职业生涯都取决于客观地对待所有事物。

调查人员必须对案件保密以保持调查的诚信度，保证只与有必要了解案件的人讨论案件。如果需要其他专业人士的建议，就只与他们讨论与案件相关的术语和犯罪行为，但不要涉及案件细节。在被指定为证人，或在律师和法院的指导下要求发布报告之前，调查人员必须对所展开的调查保密。

在企业环境中，保密是尤为重要的，特别是在处理因在上班时间利用公司计算机开办家庭企业而被停职的雇员这样的案件时。公司和雇员先前签订的协约很可能有这样的规定：公司在不提供救济金或失业补助的条件下解雇职员时，也不应提供不利于职员的介绍信。如果向其他人透露案件的细节以及该名雇员的姓名，那调查人员受雇的公司就可能因为违反协约而被起诉。

在有些情况下，公司内部调查的案件会演变成严重的刑事案件。由于法律体系的原因，也许要经过很多年该案件才会得到审判。如果有调查人员向别人谈论了该案件的数字证据，那么该案件可能因为在审判前受到公众注意而受到干扰。在调查人员协助律师调查时，调查人员只能与律师或与律师合作队伍中的其他成员讨论案件，与除此之外的其他人讨论案件都应该征得律师的同意。

除了保持客观保密的态度外，计算机取证调查人员还应通过不断的训练提高自己的职业素质。计算机调查与取证领域在不断地变化，调查人员应时刻与发生在计算机硬件与软件、网络及取证工具领域内的最新技术变化保持同步，积极学习能运用在案件中的最新调查技术。为扩展职业能力，调查人员应参加一些研讨会、协会以及由软件生产商为其产品开设的课程。

除了接受教育和培训外，成为专业组织机构的会员也可以丰富调查人员的资历。此类组织经常提供培训的机会及交流计算机调查领域内最新的技术发展与趋势。同时，还应该密切关注计算机取证领域新的书籍和论文的出版情况，尽可能多地阅读关于计算机调查与取证方面的书籍。

作为一名计算机调查取证专家，周围的人期望你能在政府部门及私有企业调查领域都达到较高水平，并希望调查人员能永远诚实、正直。因此，调查人员必须在生活的方方面面都做到高度自律，任何轻率的行为都可能让调查人员在今后的工作中陷入困境，在法庭上作证时给对方律师留下质疑调查人员工作结果的可乘之机。

1.3　电子取证相关工作基本程序

1.3.1　电子取证的基本程序

我国的电子取证程序的构建同样应遵循传统证据调查提取的原则、步骤，但由于电子证据自身的物理特性和技术特征，又决定了电子取证与传统的调查取证必定有所区别。我国的电子取证程序可以概括为四个环节：

电子取证准备阶段：主要任务包括对电子取证的技术和设备的研发、取证人员的培训和选择、取证前信息收集、取证设备和器材选择、取证计划制定等。

电子证据收集保全阶段：主要任务是为实验室分析做准备，包括对物理空间中电子证据的收集与保全，也包括对虚拟空间中电子证据的收集与保全，既包括对计算机主机与其他电子设备的临场取证，也包括网络下载等远程取证。

电子证据检验分析阶段：电子取证的主要实施活动集中在证据分析实验室，对收集保全阶段的所得进行深入细致的分析和检验。

电子证据提交阶段：对取证结果进行汇总提交，主要任务是根据检验分析结果制作电子证据鉴定书、勘察检验笔录及其他书面报告。

1.3.2 计算机调查的程序

司法实践中，传统搜查已经形成了基本的程序：侦查人员通常要手持搜查证，强行进入某一个空间，搜索到有关的犯罪物品，妥善扣押之后离开。而对于计算机搜查应该怎么做，目前尚未有统一的规范。美国司法部联邦调查局将之总结为四种可供选择的方案，用作参考：

（1）在现场直接搜查计算机，查找到具体电子文件后打印成复制件予以保存；

（2）在现场直接搜查计算机，查找到具体电子文件后进行电子复制予以保存；

（3）在现场对计算机硬盘等存储介质进行完全复制，而后进行现场外检验；

（4）在现场扣押计算机硬盘等存储介质，完全取走进行现场外检验。

相比而言，以上方案各有优劣。第一种方案最为快捷和简便，任何略懂计算机基本知识的警察都能做到，同时，它对网络空间所造成的负面影响也最小，如从电子商务网络中打印电子文件不会影响商务活动的进行；不过，这一方案会损失大量有证据意义的电子信息，包括电子文件的日期、时间戳、路径、历史、添注等元数据。第二种方案比较简单和便捷，也获取到了元数据，不过受限于现场搜查的时间，要做到不遗漏任何电子文件是不可能的，再者，现场开机分析与复制容易改变电子文件的时间属性等信息。第三种方案克服了前两者的局限性，一方面完全复制涵盖对存储介质中元数据、系统文件与被删除文件等所有数据的复制，能保证原始数据的完整性，另一方面复制的方法采用比特级的镜像复制，能确保原始数据的每个比特都被精确地复制下来。不过，由于第三种方案耗时较长，而且将原始介质和电子数据留在了现场，只是在复制件上进行了检验，所以，也不为实务人员所认同。第四种方案既扣押了原始介质，又建立了精确的镜像复制，事后只在复制件上离线分析，并以原件加以验证，因而最能为司法人员和技术专家所接受，被称为“最佳选择”。目前在司法实践中，普遍采用第四种方案作为计算机搜查的基本程序。

1.3.3 计算机现场勘验的程序

在实施具体的勘验之前，需要明确三大原则：

- 固定和收集电子证据的措施应当确保这些证据的完整性；
- 实施勘验的人员必须经过专门的培训；
- 与电子证据的扣押、检验、贮存和运输相关的活动都应当进行记录、保存，以便接受后续审查。

计算机现场勘验的基本程序可概括如下：

（1）现场保护

任何现场勘验都离不开有效的现场保护，现场保护是现场勘验的第一步，其一般任务是，封存目标计算机系统并避免发生任何数据破坏或病毒感染，绘制计算机犯罪现场图、网络拓扑图等，在移动或拆卸任何设备之前都要拍照存档，为今后模拟和还原犯罪现场提供直接依据。保护人员赶赴现场后，通常应进行两方面工作：

1）封锁现场，进行人、机、物品之间的隔离。将现场所有人员迅速带离现场，并立即检查他们随身携带的物品，重点是书面记录、通讯工具、磁卡类可以读写的卡片、磁介质（软盘、光盘等）。有关人员在滞留检查期间，不能与外界进行联系。

2）加强现场保护。迅速看管配电室，避免发生突然断电导致系统运行中的各种数据丢失；看管现场以及现场周围的各种电信终端设施（例如传真机、调制解调器等），检查现场及周围有没有强磁场和可以产生强磁场的物品，妥善保管各种磁介质，避免被各种磁场消磁。

（2）现场勘验

现场勘验分为单机勘验和网络勘验两种。单机勘验是对单一计算机及相关设备的现场勘验，其勘验现场是封闭的计算机系统，有关证据主要分散于计算机的存储介质中，不涉及网络。单机勘验需要注意以下原则：

1）初步巡视物理现场后，确定中心现场和勘验范围，确定物理空间的勘验顺序。确定中心现场的方法是，以发现问题的计算机为中心，根据计算机系统日志或审计记录以及现场发现的其他相关信息，充分考虑犯罪嫌疑人等当事人的动机、手段以及计算机知识水平，对整个案件进行综合、全面的分析；勘验顺序可选择从中心到外围或者从外围到中心的顺序，根据已掌握的案件事实，将计算机所在的场所确定为勘验重点。

2）勘验单机的存储介质前，先用照相、录像、绘图、笔录方式对原始现场情况进行记录，对显示器屏幕上的图像、文字也应用照相、录像等方式来记录。特别是对于计算机本身及其相对于其他物品的位置、每根线的连接方式和方向，应尽可能准确地标明，贴上标号。

3）扣押数据存储介质或者通过镜像复制电子数据。对于需要扣押的存储介质，必须在关闭后方能进行位置移动，否则便可能破坏电子证据。在扣押电子证据后应将其妥善地保管在纸袋、纸盆中以防静电，而在运输过程中则应防止其接近强磁物体，特别注意不要靠近汽车上的无线电设备，注意温度、湿度、防尘。如果扣押存储介质不方便，可以在现场进行妥当的数据复制。要用自备的、无毒的操作系统开机，记录被检查机器的时间设置，记下与实际时间的差别；因要保证在拷贝过程中数据保持一致，应采用镜像复制的方式，使磁盘里的隐藏信息、坏簇信息得以完全复制；若发现数据已经遭到破坏或删改，则可以使用专门设备读取磁盘中残留的数据；对复制件进行数字签名，保持它的完整性和真实性；将复制过程中使用的软件、复制过程、时间、地点、操作人记录下来，形成技术报告，以备庭审对质；最后，对硬盘、软盘、光盘等写保护，防止不当修改。

4）勘验中注意技术手段与普通现场勘验手段相结合，以发现与犯罪有关的传统痕迹物证，如指纹、足迹、工具痕迹、DNA 生物证据等。注意了解电脑的机种、型号、操作系统的版本与性能等，发现计算机设备有无不正确的损失等情况，检查计算机系统通信线路是否正常等；注意寻找电脑附近的纸张，垃圾桶里的物品，如其中的纸条可能写有电话号码、密码口令等；注意查看电脑的外围设备，如数码相机、扫描仪，若发现与犯罪有关应当予以扣押。

5）勘验中注意取得系统管理员的配合，邀请两名与案件无关、为人公正的人做见证人，侦查人员应制作现场勘验笔录，记录计算机犯罪案件现场勘验的情况，为诉讼提供证据。

网络勘验与单机勘验不同，网络的互联性和开放性使网上犯罪更难被侦破。在世界的任何地方，从网络上的任何一个节点进入网络，都可对网络上其他任何一个节点上的计算机系统实施犯罪。在这些案件中现场勘验的对象是虚拟的网络现场。网络现场导致电子证据分布广泛，从而给侦查造成障碍，同时电子证据分布的这种分散性恰恰也给侦查带来了一定优势。正是由于这种分散性，被调查者很难完全破坏掉所有的电子证据。保留在其他不同位置的电子证据仍有可能相互印证，构成一个完整的证据链。

（3）提取电子证据

无论是在单机勘验还是网络勘验中，调查人员都要有效地提取各种电子证据，以便用于实验室分析。一般来说，提取电子证据时可以采用以下步骤和方法：

1）记录和封存。记录和封存的对象主要是：各种数据、计算机软硬件、各种输入和输出设备、调制解调器、各种操作手册、各种连接线，同时还要注意提取计算机附近遗留的可能写有计算机指令的纸片等。记录时应注意：

- 必须提交有关提取电子证据过程的文字说明材料，并注意提取证据涉及到的硬盘等存储介质上具体文件的存储位置、文件名、文件后缀等细节；
- 所提取的电子证据来源必须与原始计算机和备份硬、软盘的编号一致；
- 要确定作案时间，注意计算机信息网络的主机时间和以北京时间表示的实际作案时间之间的差异。

2）初步分析。分析计算机的类型、采用的操作系统是否为多操作系统、有无隐藏的分区；有无可疑外设；有无远程控制、特洛伊木马及当前计算机系统的环境。特别注意开机、关机环节，避免正在运行的进程数据丢失或存在不可逆转的删除程序。

3）备份。利用同规格的软盘、硬盘、光盘、MO 盘等介质对系统中的相关数据、系统日志文件等进行复制备份。备份数目原则上应为两份。备份当中应注意的问题是：对于磁介质中所有的数据按照其物理存放格式进行全盘复制，而不是简单地拷贝文件。

4）辨析数据。通过比较的方法，并运用数据分析技术对存储于系统中的大量数据进行分析，从中分辨出与犯罪有关的、反映案件客观事实的数据证据。在查找到相应证据后，应先确定其在计算机中存放的位置并摄像拍照。此后，将证据显示在计算机显示器上再进行摄像拍照。

（4）实验室分析

实验室分析是计算机勘验的核心和关键，其内容包括：分析计算机的类型、采用的操作系统是否为多操作系统、有无隐藏的分区；有无可疑外设；有无远程控制、木马程序及当前计算机系统的网络环境；分析在磁盘的特殊区域中发现的所有相关数据；利用磁盘存储空闲空间的数据分析技术进行数据恢复，获得文件被增、删、改、复制前的痕迹；通过将收集的程序、数据和备份与当前运行的程序数据进行对比，从中发现篡改痕迹等。

需要注意的是，分析过程的开关机阶段，应尽可能避免正在运行的进程数据丢失或存在不可逆转的删除过程。

（5）报告提交

计算机现场勘验和取证分析的所得和过程情况，最后均应作为报告提交，并给出必需的证明。对能够证明犯罪的电子证据，要转化为直观的证据，如鉴定结论。同时，在许多情况下，对已作为物证的物品也要进行鉴定。例如涉案的一些信息存储介质（如USB盘、存储卡、光盘和磁盘等）由于存储的信息内容不能直接呈现，也要通过鉴定来证明其与犯罪事实有关，才能发挥有效的证明作用。

1.4 企业内部取证调查和司法取证调查

1.4.1 针对私营企业内部取证现场的取证调查

私人或企业调查一般涉及私营企业和律师，这些律师主要处理违反公司制度和诸如不当解聘的诉讼争端。为私营企业展开计算机调查时，调查人员务必使企业因调查而受到的影响减为最小。因为企业通常将重点放在正常运作和盈利上，所以在私营企业环境下，多数时候应把阻止非法行为以及将企业的损失和破坏降到最小这样的目的放在第一位，把调查与对嫌疑人的拘捕放在第二位。当然，如果在调查过程中，发现涉及刑事犯罪等行为，就应当申请进入司法调查活动了。

（1）制定企业制度

公司尽量避免诉讼的方法之一就是建立和维护好员工能够轻易理解并遵守的规章制度，最重要的就是要建立员工合理使用公司计算机及网络的规章制度。企业制度为公司展开内部调查提供授权原则，该授权原则声明了谁有权展开调查，谁能够拥有证据和接触证据。

完善的企业制度规定计算机调查和取证审查员有权展开调查。同时企业制度也说明了公司对待雇员们的态度是公平客观的，所有调查都遵循相应的步骤。如果没有明确的企业制度，公司就会处于被现有或以前员工起诉的危险之中。

（2）设置警示标语

私营企业和组织避免诉讼的另一个方法就是，在该企业组织的计算机上明确显示警示标语。当有计算机连接到企业网络、虚拟专用网络时，就会出现警示标语，它告知终端用户（终端用户就是使用计算机工作站执行日常任务而非系统管理员）本企业有权随意检查计算机系统及网络流量。如果不明确声明该项权利，当雇员访问公司计算机系统和网络时就存在虚拟隐私权的可能。有了这个虚拟隐私权，雇员们会认为他们在工作时传送消息的行为是受到保护的，就好像通过邮政机构发送信件是受到保护的一样。

警示标语为展开调查提供了便利。通过显示强有力、措辞严谨的警示标语，企业组织就有了在必要时对公司内部进行计算机取证调查的权利。

计算机系统的用户包括雇员与访客，雇员可以访问企业内部网络，而访客一般只能访问主网络。企业可以采用两种警示标语：一种针对内部雇员的访问（企业内部网访问），另一种针对外部访客的访问（互联网访问）。下面的列表推荐了应该在两种警示标语中出现的条款。在采用这些警示标语之前，应与公司的法律部门探讨是否需要进一步为工作区域或部门另外添加一些必要的合法警示标语。

根据企业机构的类型，可以在企业内部网中采用包含以下内容的警示标语：

- 访问本系统和网络是受限的；
- 使用本系统和网络仅限于公务往来；
- 雇主在任何时候都可对系统和网络进行监控；
- 使用本系统意味着同意雇主的监控；
- 未授权用户或非法用户访问本系统或网络将会受到惩罚和起诉。

当一个访问者通过互联网尝试登录公司系统时，可以显示包含以下内容的警示标语：

- 本系统属于XX公司；
- 本系统仅限于授权用户使用，未经许可访问本系统属违法行为，违法者将被起诉；
- 所有活动、软件、网络流量和通信将受到监控。

作为一名企业内部取证调查的计算机调查人员，应确保所显示的是完善的警示标语。如果没有警示标语，调查人员的调查权利可能会与被调查者以及其他用户的隐私权发生冲突，同时法院也可能做出不利于公司利益的判罚。

在实际的诉讼案件中，警示标语一直至关重要，因为这些标语决定了该系统用户对于存储在系统中的信息是没有隐私权的。警示标语还有一个好处就是，在诉讼时它是一个比制度手册更易提交的证据。

企业在计算机取证调查时应当建立授权条例。除了用警示标语向用户声明公司所有者的权利外，还应指定有权展开调查的授权调查员。

获得授权的调查人员在私营企业中展开计算机调查与在政府部门展开司法调查没有太大区别。在司法调查过程中，调查人员搜寻证据以支持刑事诉讼。在私营企业调查过程中，调查人员搜查证据是为了支持对滥用公司财产行为的诉讼，但有些案件可能会涉及刑事诉讼。在企业环境中有三种情况较为普遍，即滥用或误用公司财产、滥用 E-mail、滥用 Internet。

私营企业内部的计算机调查大多涉及对计算机财产的滥用。一般来说，这种滥用是指雇员违反公司制度。对滥用计算机的投诉主要集中在雇员滥用 E-mail 和 Internet，也可能包括其他计算机资源，比如为谋取个人利益而使用公司软件制造产品。

E-mail 调查范围包括某人出于个人目的过分使用公司邮件系统，或者使用 E-mail 威胁攻击他人。一些最为普遍的 E-mail 滥用涉及发送攻击性信息和色情信息。

除了 E-mail 和一般的滥用外，计算机调查员还要调查 Internet 滥用。雇员对 Internet 资源的滥用包括雇员过分使用 Internet，如整天上网，还有在工作时浏览色情图片等。

Internet 滥用的一种极端行为是在网上浏览非法黄色图片，在大多数的审判中，浏览色情图片属于非法行为，计算机调查员必须运用高水平的专业知识来处理这种行为。在后面的章节中，你将会学习到对此类问题展开调查的步骤和过程。通过执行相应的企业制度，公司可以将它的责任过失降到最小。计算机调查人员的职责是帮助行政部门证实并纠正企业内部的计算机滥用问题。确保能够区别出公司内的滥用问题与潜在的犯罪问题。滥用问题违反了企业制度，而犯罪问题涉及商业间谍、挪用公款和其他行为，一些内部滥用行为也要负刑事或民事责任。正因为任何一起民事调查都可能会转化为刑事调查，所以调查人员必须以高度安全和负责的态度对待所有收集到的证据。

同样表面上对私营企业的调查可能只涉及民事而非刑事案件，但随着分析的进展，调查人员也可能会发现刑事案件的存在。出于这个可能，调查人员必须谨记在详尽研究民法或刑法体系后再展开工作。

在民间调查代理人或企业调查代理人将证据提交给执法机构时，企业通常要遵守银盘原则，即警官是执法部门的代理人，而企业调查人员的职责是将公司的风险降到最低。由于诉讼费用通常很昂贵，所以在收集到证据以后，一般以最低调的方式惩罚犯罪的雇员或者干脆就不追究了。然而，当调查人员发现了一起涉及第三方受害人的刑事案件时，无论从法律还是道德的角度，调查人员都有义务将这些证据交给执法部门。

许多公司制度都对个人财产和公司财产进行了区分，其中比较难区分的是 PDA 与个人笔记本电脑。假定有位雇员购买了一台 iPad 并将它连接到公司计算机上，当她用从邮件系统中拷贝下来的信息同步 iPad 上的信息时，又将 iPad 上的信息拷贝到公司网络上。因为这些数据存在于公司网络上，那么 iPad 中的这些信息是属于公司还是属于该雇员呢？

或者假定公司将 iPad 作为年终奖金的一部分发给雇员，那么公司拥有此 iPad 的所有权吗？当雇员将个人笔记本电脑带入公司并连接到公司的网络上时，同样的问题出现了。应该采取什么样的制度呢？随着计算机越来越深入人们的日常生活，这些问题是调查人员将经常碰到的。如何看待这些问题目前仍然存在争议，而公司也应建立明确的制度以解决这些问题。当然最安全的做法是不允许任何私人装置连到公司的资源上，从而限制了混淆个人信息与公司信息的可能性。

在企业内部调查中，调查员常需要在没有实验室和计算机保持不间断工作的条件下，在现场展开数字调查。例如需要调查某公司内部涉及侵害公司权利的雇员，该雇员利用公司服务器向外提供某些有利于个人的收费服务，然后将这些钱存入自己的账户。网络服务器和一些关键的网络设备中很可能记录下了某些重要的数字证据，但是如果针对网络服务器和关键网络设备进行中断服务的离线调查，即使在非常短的时间内使网络系统离线，都可能导致对公司利益造成更大的损失，调查员当然不能使用这种方法来获取证据；取而代之的是，他们获得磁盘镜像和其他信息时，始终使网络系统尽可能地保持在线状态。

1.4.2 针对执法犯罪现场的取证调查

在展开司法计算机取证调查时，调查人员必须熟悉与计算机犯罪相关的市、县、自治州、省以及国家法律，包括标准的法律程序和如何对刑事立案。在刑事案件中，嫌疑人通常是由于诸如盗窃、谋杀或强奸等犯罪行为而被审判。为了确定是否存在计算机犯罪，调查员可以提出诸如犯罪的工具是什么，仅仅是非法入侵吗，这是一起偷盗、入室盗窃还是故意破坏行为，罪犯是通过网络跟踪或电子邮件攻击侵犯他人权利的吗等问题。

目前，许多严重的罪行中大都涉及计算机，最为臭名昭著的是那些猥亵未成年人的案件。将数字图像存储在硬盘、USB 盘、各种存储卡及其他存储介质中，并流传到 Internet 上。毒品走私犯也常常会将交易信息记录在他们的计算机或平板电脑上。在各种经济犯罪的调查中，往往能够在嫌疑人的计算机或电子设备中搜索到有价值的信息。这些电子信息是非常有用的，因为它能帮助执法部门证明嫌疑人的罪行，帮助找到毒品供应者、其他同犯等。在追踪案件中，存储在计算机上被删除的电子邮件、数字图片和其他数字证据都可以帮助处理案件。

在对可能违法的罪行展开调查时，调查者应遵守的法律程序取决于当地法律标准、取证法则以及当地的习俗。但是总的来说，刑事案件需遵循三个步骤：投诉、调查和起诉。某人投诉，专家对投诉进行调查，在原告的帮助下收集证据并立案。如果犯罪已经发生，则在法庭上审判案件。

一起刑事案件开始于有人找到非法行为的证据或亲眼目睹了非法行为。目击者或受害者向执法部门投诉。基于事件或犯罪行为，原告做出控告罪行或推测罪行的控诉。由警官或警员询问原告，并书写一份关于犯罪的报告。执法机构对报告进行处理，并决定是否开始调查。

在展开调查时，执法部门要考虑保护公众的利益。但不是每一个优秀的警官都是一名计算机专家，通常根据对计算机取证调查知识的了解，可以将调查人员分为三个级别。

一级：在现场获取和查封数字证据，该工作通常由经过简单培训的第一响应的现场调查人员或警官执行。

二级：负责管理高科技调查，指导调查员搜索目标，熟悉计算机专业术语以及熟悉能够从数字证据中恢复什么，不能恢复什么。该工作通常由指派的专职计算机调查人员来处理。

三级：接受过数字证据恢复培训的专业人士，通常由数据恢复专家或计算机取证专家执行。

负责某案件的调查员，要清楚参与本案的所有警官和其他调查人员的专业特长级别。一开始要估计好案件的范围，包括操作系统环境、硬件和辅助设备，然后确定哪些资源可以用来处理证据。例如，确定是否有合适的工具收集分析证据，是否需要召集其他专家协助收集处理证据。在收集到所需的资源后，调查人员的任务就是委派、收集和处理与控诉相关的信息。

当所调查的案件立案后，应将以上搜集的信息交给控诉人。当使用了所有已知可用的方法从被封查的证据中提取信息时，调查人员的工作就进入报告撰写阶段，接下来必须将收集到的证据写成报告交给控诉人。

项目分析

在本章的案例中，某公司的前部门经理 Adam 和技术骨干 Bob，被主管 Alice 怀疑对公司有侵权行为，因此委托计算机取证调查人员 Tom 进行调查。那么 Tom 在接受 Alice 的委托进行调查之初，应当确认这样的计算机取证调查是否合法，是否侵犯了被调查者以及相关人员的隐私权等问题。

从项目说明中可以了解到这样的取证调查应当是针对企业内部的调查。企业内部的计算机取证调查与司法取证鉴定不同，调查者首先必须确保获得进行计算机取证调查的授权。在本章引导案例中，如果 Tom 被公司主管 Alice 委托进行针对 Adam 和 Bob 的关于公司侵权案件的调查，那么 Tom 必须得到书面的委托授权书，从而明确界定调查性质、调查范围等要素。

当 Alice 决定对 Adam 和 Bob 的侵权嫌疑进行调查时，必须首先明确这样的调查是否合法，是否会侵犯 Adam 和 Bob 的隐私权。企业通常需要通过制定和发布合适的制度，提醒雇员注意并遵守这些制度以防止和处理犯罪行为。在 1.4.1 节“针对私营企业内部取证现场的取证调查”中，对于这一方面进行了有益的建议，即公司尽量避免诉讼的方法之一就是建立和维护好员工能够轻易理解并遵守的规章制度，其中最重要的就是要建立员工合理使用公司计算机及网络的规章制度。已建立好的企业制度为公司展开内部调查提供授权原则，该授权原则声明了谁有权展开调查，谁能够拥有证据和接触证据。

当 Alice 主管的公司具有这样的规章制度和明确的警示标语，同时经过咨询公司法务部门确定可以在必要的时候行使这样的权利，即确定对于 Adam 和 Bob 的侵权嫌疑进行调查是合法的时，可以采用两种方式进行调查，一种是委托专业的第三方计算机取证调查机构或公司进行调查，另一种是委托公司内部的计算机安全人员进行调查取证。无论采用哪种方式，都必须对调查者进行授权。

当然，由于本章案例中公司本身的安全人员就具有计算机取证调查的能力，因此我们从项目说明中可以了解到，Alice 是委托 IT 部门的调查人员 Tom 来调查这两名雇员的办公电脑和所有公司给予他们的存储介质，以便找到相关证据。并且这个案例的性质实质上是调查 Adam 和 Bob 是否侵犯了公司的权益，也即这是一个公司内部的侵权调查案例。

项目实施

1.5　任务一：计算机取证的程序和文档准备

1.5.1　计算机取证调查授权书的准备

调查者 Tom 是 Alice 主管公司的计算机安全人员，那么当 Alice 要求他进行调查时，Tom 首先应当要求 Alice 作为公司的代表，以公司的名义出具书面的调查委托书，明确调查的目的、案件的性质、调查的范围、调查的时间等要素。如果，Alice 仅仅是口头要求 Tom 进行调查，那么作为调查者 Tom 应当明确拒绝，否则在调查过程中如果 Adam 和 Bob 对 Tom 进行侵犯隐私权的起诉，Tom 将很可能自己承担法律责任。

计算机调查的委托确认书的形式和格式，根据各地的具体情况可以有多种样式，但是无论哪种样式，确认授权书必须至少明确以下内容：

- 委托人（法人）（签章）
- 委托人代表（签字）
- 受托人（法人或个人）（签章）
- 调查对象（范围）
- 调查目的
- 调查时间

以下是 Alice 委托 Tom 进行计算机取证的委托确认书的例子：

计算机取证调查委托确认书

甲方：XXX 公司　　　　　　　　　　乙方：Tom（身份证号）

一、服务内容

甲方委托乙方采用乙方掌握的相应技术，在客观公正的前提下，对甲方前员工 Adam（身份证号）和 Bob（身份证号）关于在甲方工作期间是否侵犯甲方权利事宜进行计算机取证调查。

二、调查对象

甲方前员工 Adam（身份证号）和 Bob（身份证号）在甲方工作期间，由甲方因工作需要，配置的计算机、笔记本、智能手机、USB 盘、存储卡、打印机、及其他存储和办公设备。

三、调查目的

对甲方前员工 Adam（身份证号）和 Bob（身份证号）在甲方工作期间，是否违反甲方相关规章制度，侵犯甲方权利的事宜进行调查取证。

四、调查时间

乙方应在 2013 年 9 月 1 日至 2013 年 12 月 1 日期间进行调查，并出具调查取证报告和相关文档。

五、甲方权利和义务

1．甲方允许乙方在调查时间内，对符合调查范围的调查对象进行调查取证，并在调查期间为乙方提供协助；

2．在调查期间，甲方不得干涉乙方的调查取证工作；

3．若乙方的调查范围和调查时间及调查目的超出本确认书，甲方有权终止本调查。

六、乙方权利和义务

1．乙方在调查时间内，对符合调查范围的调查对象进行调查取证；

2．乙方应在调查时间结束前向甲方出具书面的调查报告和相关文档，并签字确认；

3．若甲方在调查期间，不当干涉乙方的本项调查取证工作，乙方有权终止本调查。

七、保密条款

甲方允许乙方对调查范围内的所有设备和数据进行调查，乙方保证调查过程的所有信息以及调查中获取的一切信息的保密性。

八、免责条款

甲方明知委托乙方进行取证调查时，有可能发生数据丢失和设备损坏，乙方不承担甲方的介质、数据、设备损坏的责任及由于甲方的介质、数据、设备损坏所导致或引发的任何连带责任，包括数据丢失，免除保修义务、商业损失、民事侵权或其他永久性损失及由此协议引起的偶发性、后续性、间接性损失。

九、不可预计的情况

甲方和乙方承认，本协议因以下情况而终止，双方互不承担违约责任：

- 不可抗力影响包括不限于洪水、水灾、罢工、战争、骚乱等；
- 若调查取证进行时，发现本调查必须转入刑事司法调查。

十、法律适用与争议解决

本协议适用中华人民共和国法律。

凡因本协议引起的争议，首先由双方协商解决：协商不成时，任何一方均可向乙方所在地法律提起诉讼。

十一、附件

本协议附件如下，与本协议具有同等效力：

《关于公司前员工 Adam 和 Bob 曾分配使用设备清单》

《关于公司前员工 Adam 和 Bob 曾分配使用网络地址及端口清单》

十二、协议生效

当一方收到另一方传真或以其他方式传递的含有双方签字及协议内容的文件，该协议立即生效。签字表明双方已完全阅读以上的条款，并且已同意该条款，且认可乙方由此所承担的有限责任。如果协议中的任何一条条款与中国法律抵触，该条款失效，但其他条款仍然保持有效。

甲方（法人）（签章）： 乙方（签章）：

甲方经办人（签字）：

电话： 电话：

日期： 日期：

1.5.2 评估案件的性质

当计算机取证调查人员接受委托进行调查时，调查人员应当首先初步评估案件的性质。本案件是涉及司法调查取证，还是仅仅是企业内部违章的调查；本调查的可能结果是将会引起企业内部惩处、引起民事诉讼、引起行政诉讼、还是引起刑事诉讼。同时在调查过程中，也应当根据调查的进行，不断评估案件的性质，必要时需要请求他人或其他机构的协助。在一些案例中，企业内部的调查取证最终发展成需要司法机构介入的计算机取证，这样的例子并不鲜见。

在本章案例中，Tom 签署了委托确认书，接受了案件调查取证的委托，就应当确定案件调查的需求，评估和鉴别出所调查案件的类型。这样做也就意味着 Tom 应当系统地概括出案件的细节，包括该案件的性质、可用证据的类型和证据的所处位置。

Tom 被委托调查公司前雇员 Adam 和 Bob，他们被怀疑在上班时间，使用公司计算机和公司资源开办个人公司。通常，公司主管 Alice 已经封存了 Adam 和 Bob 离职前上交的所有的存储介质，这些介质中可能含有与该案件有关的证据和线索。通过和 Adam 与 Bob 的前同事的谈话，Tom 了解到有关该案件的一些资料。这时 Tom 可以按照下列步骤对该案件进行评估。

（1）案情：雇员利用公司计算机和其他资源开办个人公司；

（2）案件性质：雇员滥用公司资源侵权案件；

（3）详细的案件描述：怀疑 Adam 和 Bob 在上班时间，利用公司分配的计算机和其他设备，以及其掌握的公司资源开办了个人公司。他们的个人公司可能包括为客户注册域名以及在本地因特网服务供应商（ISP）那里建立网站；

（4）证据类型：计算机硬盘、笔记本、USB 盘、存储卡、智能手机等；

（5）操作系统：Adam 使用 Microsoft Windows XP；Bob 使用 Linux；

（6）已知磁盘存储格式：FAT32、NTFS、ext3；

（7）证据所在位置：计算机硬盘、笔记本、USB 盘等是公司主管 Alice 从 Adam 和 Bob 上交并封存的设备保全站内获得的。

同事向 Alice 投诉说，Adam 和 Bob 花费了大量时间在他们自己的公司运作上，以至于没有完成分派给他们的工作任务。公司制度明确声明公司计算机等财产在任何时候都由公司主管监控，雇员在操作公司计算机系统时没有隐私权。

基于这些细节，Tom 可以确定出该案件的调查需求。现在，Tom 已经知道该案件的性质是前雇员滥用计算机等资源，并且正在寻找证据以证明该雇员在上班时间，使用雇主配备的设备开办个人公司。根据 Alice 提供的需调查设备，Tom 应寻找任何与网站、ISP 或域名相关的信息。同时，获知 Adam 和 Bob 的计算机操作系统分别为 Windows XP 和 Linux，存储介质使用的是 FAT32、NTFS 以及 ext3 文件系统。为了复制存储介质并获取已删除和隐藏的文件，需要使用可靠的计算机取证工具，例如 EnCase、X-Ways Forensics 或者 FTK。由于正常启动需调查取证的计算机往往会损坏原始证据（例如改变系统登录日志等），因此，大多数的计算机取证实验室都有可以双重引导的计算机，或者使用取证引导光盘或 USB 盘来对新的计算机进行启动，这两种方式都允许调查人员启动到 MS-DOS 命令行提示符下，从而对计算机进行无损取证。调查人员也可以不改变原计算机任何信息的方式，启动到类似于 WinPE 这样的环境下，利用一些基于 GUI 的工具（如 Accessdata 公司提供的一个免费工具——FTK Imager 或者 Guidance Software 公司的 EnCase）进行取证，并创建取证盘镜像和检查证据。在后续章节中，将会介绍如何创建适合自己的取证引导盘。

Tom 接受委托的这个案件基本性质较为明确，就是从 Alice 扣押的设备中收集证据数据，从而证实或否决对 Adam 和 Bob 的怀疑，即他们是否在工作时间使用公司配备的设备和资源开办个人公司。被调查者仅仅只是被怀疑滥用公司资源，所以 Tom 调查所获取的证据也可能是证明其无罪的，也就是说这些证据趋向于或有助于证明 Adam 和 Bob 是无罪的。Tom 在所有搜索事实的过程中，必须始终保持公正无偏的观点。如果 Tom 的评估系统准确，就更有可能得到可靠的结果。

1.5.3 确定计算机取证调查的边界

在进行计算机取证调查时，往往需要明确调查的边界问题，在司法取证调查中，这个边界就是搜查取证中明确的范围，而在企业内部调查中，必须按照委托确认书中的调查范围确认边界。如果在调查过程中发现有必要扩大取证搜索的范围，那么必须重新进行取证对象和范围的申请。例如，如果委托确认书明确搜索某个办公室的所有数字设备，但是在调查过程中，取证人员发现一台重要的计算机通过网线连接到另一个办公室，并且有进入另一个办公室进行取证调查的必要，那么调查人员必须明确进入另一个办公室进行搜索已经超出了取证的边界，需要重新提出正当的理由，申请新的搜查证或对委托确认书的内容进行扩展，而这样的活动往往可能造成取证的延误，使得调查行动更为困难。因此，在取证调查之初，调查人员就必须认真思考如何申请有利于案件调查的搜查证，或者如何在委托确认书中明确取证的范围，对案件调查更为有利。

计算机调查员要涉足到比传统调查员更广泛的取证现场。不少案例中确认取证现场并不容易，需要详细调查才可能了解到该从何处入手。计算的远程性和证据的分散性给调查员带来了诸多的挑战，在取证中调查人员往往会发现以下情况：

（1）现场可能是分散的，包含多个服务器机房、办公室及弱电室。调查员必须确定哪些证据场所是需要进行物理保护的真正现场（比如嫌疑人的办公室），哪些场所是藏匿了逻辑证据且需要分析和逻辑保护的现场（比如远程的路由器）。

（2）现场可能难以进入。物理犯罪现场可能位于其他机构、私人住所，甚至在另外一个国家。为了成功地进行调查，在物理或逻辑地进入现场前，必须得到法院的许可、签证和协作。

（3）可能不存在一个确切的物理犯罪现场。无线技术的出现可能导致无法查实个人的物理场所。一个使用便携式计算机的公司职员可以在家或在公司使用同一台机器采取行动，而采取行动的地点可能决定了企业是否有检查的许可权力。

当确定了取证现场后，调查员一般还会根据案件调查的性质，考虑以下一些问题来寻找证据可能所处的位置：

- 这次攻击的目标机是哪一台？
- 发动这次攻击或做坏事的嫌疑人在哪里？
- 访问数据存放在哪里？
- 嫌疑人访问过哪些路由器/防火墙/交换机？
- 嫌疑人使用过哪些打印机？
- 嫌疑人使用过哪些文件服务器？
- 嫌疑人使用过哪些 FTP 服务器？
- 嫌疑人有一台以上的计算机吗？它们都放在哪里？
- 嫌疑人是否使用了代理服务器？
- 嫌疑人是否使用了 DHCP 服务器？
- 嫌疑人是否还有外围设备（PDA、iPad、手机、数码相机或者 USB 盘等）？

在调查过程中，证据的潜在位置会发生改变。例如，在分析嫌疑人的计算机时，调查员可能发现它与公司服务器有 FTP 连接。对该服务器的日志检查结果可能会显示该嫌疑人另外使用过完全不同的系统来连接该服务器。

物理犯罪现场最可能的位置就是嫌疑人最先发起数字连接的实际场所。它可能是一间办公室、一处住所，甚至是一辆交通工具，是建立和保护物理现场的最佳候选场所。

目标机、日志服务器和网络设备都可能被作为逻辑现场处理。为了确定以物理现场还是逻辑现场来处理，计算机取证的调查人员应考虑两个问题：

（1）除了数字证据之外，是否可能有物理证据存在？

（2）如果不把它作为物理现场，会不会导致数字证据丢失、损坏或者毁灭？

如果有任何一个答案为“是”，就应当首先作为物理现场进行处理。

1.5.4 准备计算机取证的证据管理表单

取证的首要准则就是保存好证据，即证据不能遭到篡改或损害。在本章案例中，曾经配备给 Adam 和 Bob 的设备已经被他们在离职时上交，并被保存在 IT 设备保管处，所以调查人员 Tom 要到保管处管理人员处去拿证据。Tom 跟该部门主管 Alice 谈话时，Alice 证实这些设备从 Adam 和 Bob 上交后，以及从他们的办公桌上没收来之后，就一直被锁在保管处的一个安全柜里。请记住，即使这是一桩违反公司制度的事件，许多类似案件也由于不能证明证据链的完整或证据的完整性遭到破坏而被迫搁浅。当这种事情发生时，可能就是证据遭到了破坏。

为了给证据补充资料，Tom 需要记录下这些取证对象设备的详细情况，包括其是由何人在何时得到的，由何人在何时因何种原因使用等可以追溯的信息。为了帮助自己记录下使用原始证据以及取证备份证据的使用情况，调查人员可以制作和使用证据管理表单来进行一目了然的证据管理。

调查人员可根据其案件性质和调查员所属于执法部门还是企业内部人员等因素来制作一份证据管理表单。这份表格应该容易阅读和使用，它可以包含一条或多条证据信息。根据证据调查的行政管理需要，调查人员可以考虑制作单一证据表格（每一条证据放在一个独立的页面上）和多证据表格。

如果有必要，应说明如何填写证据管理表单。清晰易读的说明能够帮助使用者在填写表格时不出错，同时也保证了每个人对证据的定义是一样的。证据管理表单的标准化可以保证全部调查的可靠性，并避免将证据混淆或弄错。证据管理表单至少应当包含以下内容：

（1）表题

例如：XX 公司侵权调查证据表（可容纳 X 条证据）。

（2）案件编号

（3）调查机构

（4）调查员（签字）

（5）案件性质

（6）每个证据的获取细节

1）每个证据的编号；

2）每个证据的名称；

3）每个证据的厂商名；

4）每个证据的型号（序列号）；

5）每个证据的获取地点；

6）每个证据的取证人（签字）；

7）每个证据的获取日期时间；

8）每个证据的封存证据容器编号；

9）每个证据的照片编号；

10）每个证据封存容器的照片编号。

（7）证据调查取用处理细节

1）每个证据的编号；

2）每个证据的处理性质（备份、呈堂）；

3）每个证据的处理日期时间；

4）每个证据的处理人（签字）；

5）每个证据再次封存时的照片编号和容器编号。

（8）页码（第 X 页，共 X 页）

下面是 Tom 为本章案例的调查设计的证据管理表单。

表 1.1　证据管理表单例举

<table>
<tr><td colspan="10">XX 公司侵权调查证据管理表（可容纳 5 条证据）</td></tr>
<tr><td>案件编号</td><td>Q-1301</td><td>调查机构</td><td colspan="3">XX 公司 IT 安全部</td><td>案件性质</td><td>公司侵权</td><td>调查人</td><td>Tom</td></tr>
<tr><td colspan="10">原始证据获取细节</td></tr>
<tr><td>编号</td><td>名称</td><td>厂商</td><td>型号（序列号）</td><td>获取地点</td><td>获取时间</td><td>封存容器编号</td><td>物件照片编号</td><td>容器照片编号</td><td>取证人（签字）</td></tr>
<tr><td>Q1301-1</td><td>计算机硬盘</td><td>希捷</td><td>XXX</td><td>XX 公司 IT 设备保管处</td><td>2013/9/22 17:15</td><td>Q1301R1</td><td>Q1301Z1</td><td>Q1301RZ1</td><td>Tom</td></tr>
<tr><td></td><td></td><td></td><td></td><td></td><td></td><td></td><td></td><td></td><td></td></tr>
<tr><td></td><td></td><td></td><td></td><td></td><td></td><td></td><td></td><td></td><td></td></tr>
<tr><td></td><td></td><td></td><td></td><td></td><td></td><td></td><td></td><td></td><td></td></tr>
<tr><td></td><td></td><td></td><td></td><td></td><td></td><td></td><td></td><td></td><td></td></tr>
<tr><td colspan="10">证据调查取用处理细节</td></tr>
<tr><td>编号</td><td>处理性质</td><td>处理时间</td><td colspan="2">再次封存容器编号</td><td colspan="2">再次封存照片编号</td><td colspan="2">再次封存容器照片编号</td><td>处理人（签字）</td></tr>
<tr><td>Q1301-1</td><td>备份</td><td>2013/9/22 20:03</td><td colspan="2">Q1301R1-2</td><td colspan="2">Q1301Z1-1</td><td colspan="2">Q1301RZ1-1</td><td>Tom</td></tr>
<tr><td></td><td></td><td></td><td colspan="2"></td><td colspan="2"></td><td colspan="2"></td><td></td></tr>
<tr><td></td><td></td><td></td><td colspan="2"></td><td colspan="2"></td><td colspan="2"></td><td></td></tr>
<tr><td></td><td></td><td></td><td colspan="2"></td><td colspan="2"></td><td colspan="2"></td><td></td></tr>
<tr><td></td><td></td><td></td><td colspan="2"></td><td colspan="2"></td><td colspan="2"></td><td></td></tr>
<tr><td></td><td></td><td></td><td colspan="2"></td><td colspan="2"></td><td colspan="2"></td><td></td></tr>
</table>

1.6 任务二：计算机取证的硬软件准备

1.6.1 了解取证案件的需求

在实施取证之前，调查人员应详细分析案件的性质、取证的对象和范围等信息，同时在工作许可的前提下尽量通过外围的工作了解取证对象的详细情况，以及了解被调查者的工作习惯等方面的情况。对待取证调查案件和被调查者了解越充分，就越清楚该案件的侧重点在何处，需要进行哪些工作，需要准备何种硬件取证设备和软件取证工具，只有充分了解取证案件的需求，才能够有效地制定取证工作的计划，有针对性地准备现场取证的工具，有效并无损地保护取证现场并获取原始证据，高效地进行深入的取证调查分析。

在本章案例中，调查人员 Tom 需针对公司前雇员 Adam 和 Bob 的侵权嫌疑进行取证调查，进行取证调查前 Tom 应当考虑并了解诸如以下各方面的问题。

（1）受托案件的性质

调查公司前雇员 Adam 和 Bob 是否有违反公司制度的侵权行为，由于 Adam 和 Bob 已经离职并开办个人公司，因此对受托案件的调查很可能不会导致利用公司的奖惩制度进行内部处理，而是导致是否进行民事诉讼的判断。

（2）受托案件的取证范围

主要集中在 Adam 和 Bob 离职前上交公司的电子设备（办公计算机、笔记本、USB 盘、各种存储卡、智能手机、打印机等），但是随着案件调查的进行，如果有必要，有可能针对公司网络关键设备（如公司服务器、防火墙、入侵检测系统等）中的信息进行调查取证。

（3）调查的目的

调查 Adam 和 Bob 时重点主要集中在三个方面：

1）是否利用公司配备的设备，在上班时间开办私人业务；

2）是否利用公司办公网络进行私人业务的运行；

3）是否窃取了自身权限以外的公司机密资料。

调查目的清楚后，在深入分析时就应当分别重点关注以下内容：

1）被调查设备中是否存在与私人业务有关的文档，这些文档的创建时间，创建这些文档的系统登录者身份以及登录时间等；

2）特定登录者的网络使用记录，浏览器记录，电子邮件和邮件服务器使用记录，特定网络设备日志文档等；

3）Adam 和 Bob 的设备中是否出现公司秘密文档，这些文档的秘密级别是否超出其获取权限，这些文档的产生时间和对应时间的系统登录者身份等。

（4）被调查者的个人信息、专业方向、技术程度、工作甚至生活习惯

对被调查者的这些信息越了解，越能够使得调查取证工作事半功倍。这些信息的了解使

得 Tom 可以初步评估取证调查的难度。

当 Tom 通过公司人事部门了解到 Adam 和 Bob 的身份证号码、出生年月等个人信息时，Tom 就可在一些需要对加密文件解密时，以此为字典进行密码分析。

当 Tom 从 Adam 与 Bob 的上级和同事处了解到 Adam 一直从事市场营销，而 Bob 具有软件工程背景时，就可估计出 Adam 的设备中被删除信息的恢复可能较容易，但 Bob 方面可能不太容易，需要一些较为专业的工具。

（5）取证对象是主机取证还是网络取证

当了解到取证对象属于主机取证时，调查人员就需要考虑是否可以停机，准备合适的硬盘取证复制机对原始证据硬盘进行对位精确拷贝；如果必须启动被调查的计算机，那么就需要考虑准备取证专用的引导软盘、光盘或 USB 盘，并准备相应的镜像制作工具（如 EnCase 提供的在 DOS 环境下运行的 En.exe，或者图形界面的 FTK Imager）。

当了解到取证对象属于网络取证时，调查人员就需要考虑如何在不影响公司正常业务的情况下，以什么样的工具和方式，在什么样的物理或逻辑环境中，及时获取所需信息。

（6）被取证计算机的操作系统环境

Tom 在调查前了解到 Adam 的计算机使用的是 Windows XP 操作系统，而 Bob 的计算机使用的是 Linux 操作系统，因此在后续的取证准备工作中，可能针对 Adam 计算机的取证时，要准备基于 Windows 环境的取证软件工具，例如 EnCase 或 X-Ways Forensics 等，并且将会准备注册表分析工具；而针对 Bob 计算机进行取证调查时，Tom 可能要准备诸如 SMART 这样的基于 UNIX/Linux 的取证工具，且将会准备一些 Linux 日志分析的脚本程序。

（7）被取证存储设备的文件格式

当 Tom 在调查前了解到取证的对象计算机采用 Windows XP 操作系统时，可以进一步了解和预测 Adam 使用的其他存储设备（如 USB 盘、存储卡等）很可能会采用 FAT32 和 NTFS 文件系统，并为此准备进行数据恢复的工具；

而当 Tom 了解到取证的对象计算机采用 Linux 操作系统（如 Red Hat Linux 或 Ubuntu 等）时，就可能进一步了解或预料到针对 Bob 的计算机进行调查分析时，很可能会遇见 ext3 之类的文件系统，从而为此进行数据恢复的准备。

1.6.2 规划取证调查

当 Tom 明确了对受托案件的需求后，就可以对整个取证调查进行规划，并制定调查计划了。同时，Tom 还确定出了所需证据的类型，现在可以明确一下收集证据、建立证据链以及展开取证分析的详细步骤了。这些步骤是为调查而制定的最基本的计划，它们说明 Tom 在什么时候应该干什么。为了调查本案，Tom 大致需要按照如下的步骤进行。

- 从 Alice 提供的保管处管理人员那里拿到需调查的设备；
- 确定原始证据的形式并建立证据链表格；
- 将原始证据送到计算机取证实验室；

- 将原始证据安全地存放在经认可的安全容器中；
- 准备好取证工作站；
- 从安全证据容器中取出原始证据；
- 对原始证据进行取证备份；
- 将原始证据放回到安全容器中；
- 用计算机取证工具处理原始证据备份盘或备份镜像；
- 恢复原始证据备份或镜像中已删除的信息；
- 进行注册表关键信息和系统日志信息的提取与分析；
- 设定针对本案的关键字列表，并按照这个列表进行数据搜索；
- 提取数字证据信息并进行证据固定（如进行 Hash 签名认证，并设立时间戳等）；
- 分析所有获得的证据信息是否充分，是否有歧义，是否能够构成逻辑严密的证据链从而证明案件事实；
- 如果需要，补充调查取证；
- 撰写取证调查报告，且证据归档保存。

当 Tom 接收需要调查的设备时，其接收的计算机硬盘、USB 盘等可以存储数据信息的设备中，可能含有需要进一步搜索的数字证据，而这些设备通常称为原始证据。由于计算机证据的脆弱性，在对原始证据进行封存时，应采用经认可的安全容器，这些容器应该是一个上了锁且耐火、防潮湿和防电磁的柜子，并放置于限制进入的小房间。限制进入的意思是说只有 Tom 和其他授权人员可以打开此证据容器。

1.6.3　制作干净的启动盘

在开展计算机取证调查时，调查人员必须牢记取证的目的是寻找与案件事实有关的电子信息，为保证电子信息的客观性，不能在复制或检查数据时改动原始证据（如一个 USB 盘或一个计算机硬盘等）的任何数据。当调查人员具有取证拷贝机和写保护接口时，可以对待取证复制的计算机硬盘进行精确复制（即物理上的位流复制），将原始证据复制到另一张结构相同的硬盘上，或者制作取证需要的精确硬盘镜像。但是，取证人员必须在进行案件取证准备时，考虑到进入现场时，有可能需要启动取证对象计算机，并进行其硬盘数据的复制和分析。

通常情况下，无论怎样启动计算机，即使采用包含系统文件的启动软盘、光盘或 USB 盘来启动，启动时都会访问被启动计算机硬盘上的文件。当启动进程访问硬盘上的文件时，就会改变文件的日期、时间等标记，从而破坏取证调查，违反了无损取证与鉴定的原则。因此一个合格的计算机取证调查人员，在进行案件取证准备时，通常都会依据案件的情况准备一张取证引导软盘、USB 盘或光盘，这样的启动盘是经过专门配置的，可以使得调查人员在开机时，启动进程不修改硬盘上的任何文件，从而完整无损地将取证对象计算机硬盘中的数据信息保存下来，并且后续可以制作原始证据的精确备份。由于目前多数取证对象计算机已经不含软盘驱动器，因此传统的启动软盘适用范围较小。

在本章案例中，取证调查员 Tom 通过前期的调查，发现 Adam 的办公计算机采用的是 Windows 系统，具有光盘驱动器，而 Bob 的办公笔记本计算机采用的是 Linux 系统，没有光盘驱动器，但是具有 USB 插口，因此考虑到取证的需要，在准备取证工具时，决定针对 Adam 的办公计算机制作取证启动引导光盘，并且将其引导至 Windows 系列的环境下；而针对 Bob 的办公笔记本计算机制作取证引导 USB 盘，并且将其引导至 Linux 系列的环境下。

（1）制作 WinFE 取证启动光盘

WinFE（Windows Forensics Environment）是利用 WinPE（Windows Pre-Installed Environment）的基本制作方法，并修改启动时会影响被启动计算机硬盘数据的某些方面，从而得到的一种用于计算机取证的启动引导环境。

制作前 Tom 准备了如下设备和工具：

1）Windows XP/Vista/7 环境的计算机，并安装 Microsoft .NET Framework 2.0 和 Microsoft XML Core Services 6.0；

2）光盘刻录机和待刻录光盘；

3）从 www.microsoft.com 下载 Windows Automated Installation Kit (AIK)

根据待取证对象性质准备的取证工具和取证设备驱动程序

第一步：安装 AIK，如图 1.1 所示。

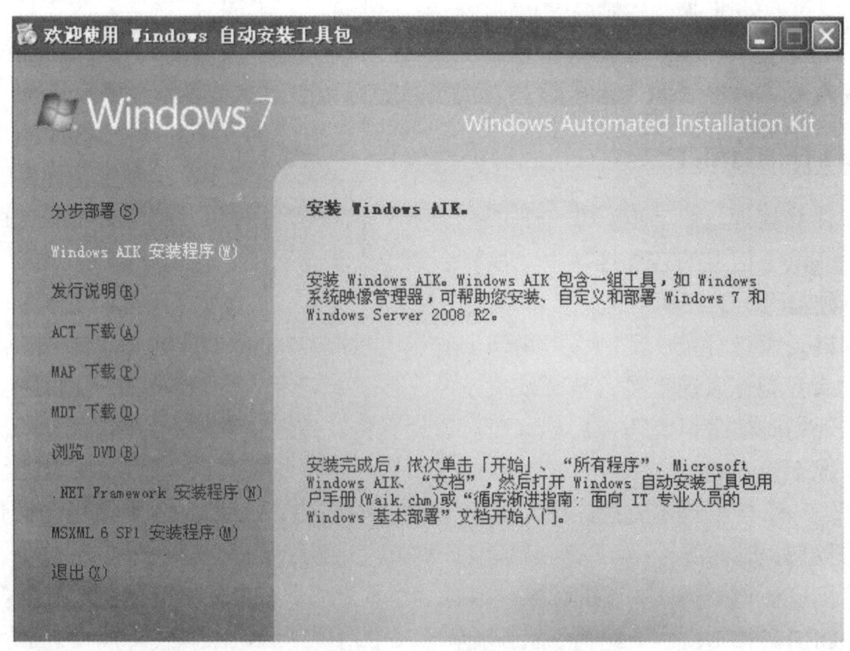

图 1.1　AIK 安装界面

第二步：以管理员身份运行 AIK command line，拷贝 WinPE 文件到 WinFE 文件夹“copype.cmd x86 C:\WinFE”，如图 1.2 所示。也可使用 amd64 或 ia64 替换 x86。

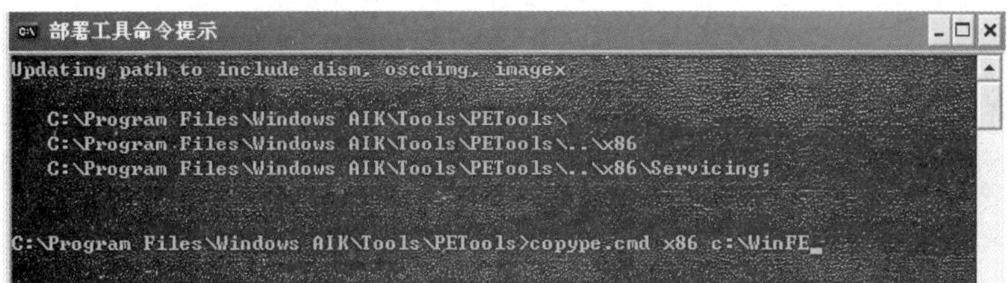

图 1.2　利用 AIK 命令行拷贝生成 WinFE 文件夹

第三步：boot.wim 镜像制作。在制作 ISO 镜像之前，首先需要修改.wim 镜像，因此需要两个.wim 镜像文件：WinFE\ISO\sources\boot.wim 和 WinFE\winpe.wim。boot.wim 是最终制作 ISO 的资源，winpe.wim 和 boot.wim 均可以作为最终的 ISO 资源，如果要使用 winpe.wim 或者没有 boot.wim，那么需要拷贝 winpe.wim 到 WinFE\ISO\sources\目录并重命名为 boot.wim。

通过 AIK 命令行制作 WinFE 安装镜像"imagex /mountrw C:\winFE\ISO\sources\boot.wim 1 C:\WinFE\mount"，如图 1.3 所示。

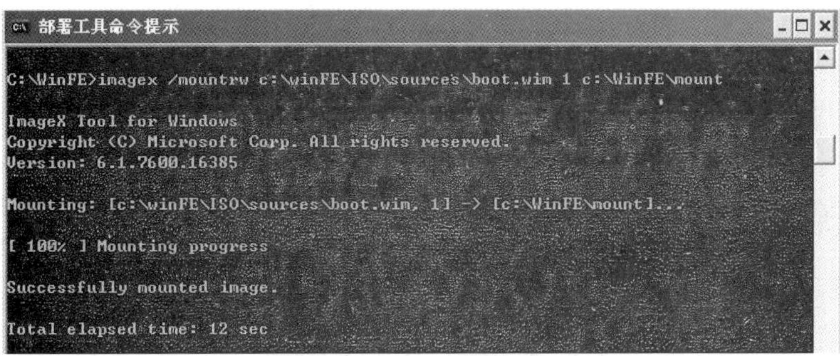

图 1.3　利用 AIK 命令行生成 WinFE 安装镜像

第四步：使用 RegEdit 加载 WinFE 的 SYSTEM 文件"C:\winfe\mount\Windows\System32\config\SYSTEM"，加载位置为"HKEY_LOCAL_MACHINE"，命名为"WinFE"，如图 1.4 所示。

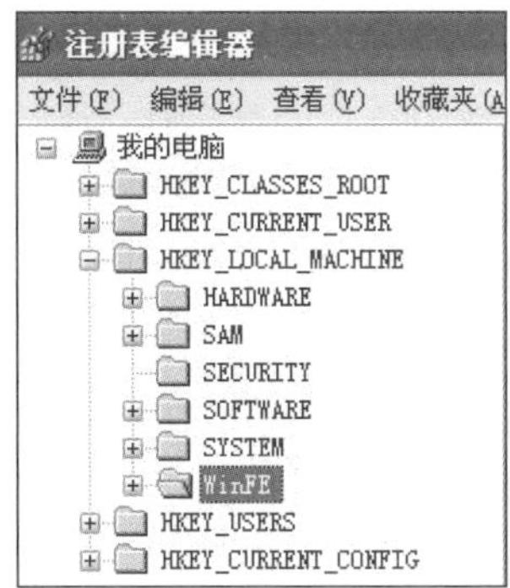

图 1.4　在注册表编辑器中加载待修改 SYSTEM 文件

在 HKEY_LOCAL_MACHINE\WinFE\ControlSet001\services\mountmgr 下创建 DWORD(32)项，命名为 NoAutoMount，修改值为 1，如图 1.5 所示。

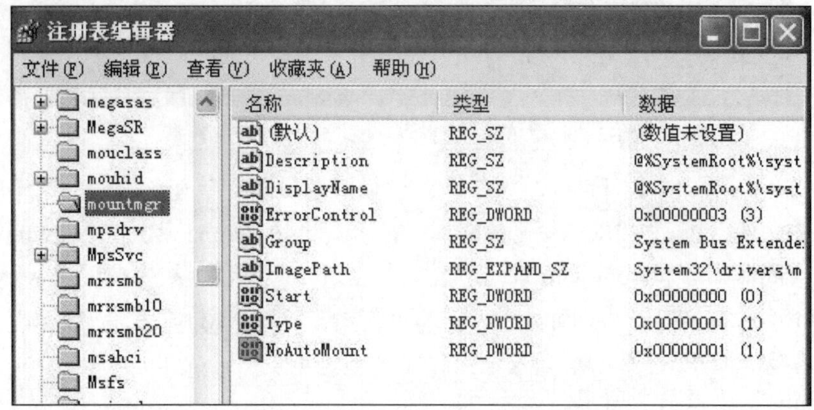

图 1.5 创建 NoAutoMount 项

第五步：修改镜像安装文件。使用 RegEdit 修改 WinFE 启动方式，在 HKEY_LOCAL_MACHINE\WinFE\ControlSet001\services\partmgr\Parameters 中修改 SanPolicy 项的 DWORD 值为 3，如图 1.6 所示。

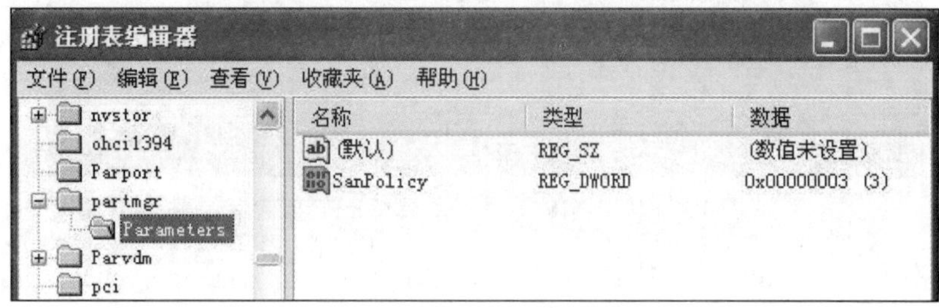

图 1.6 修改 SanPolicy 项

修改完成后从注册表中卸载 WinFE 项。

第六步：加载取证工具，将取证所需工具拷贝到 WinFE\mount\Program Files 目录中。

第七步：加载特殊驱动程序。通用设备的驱动在 WinFE 中已经加载，如果需要特殊的取证硬件设备，按照以下方式加载到 WinFE 的启动光盘镜像中：将 AIK 命令行的当前目录位置修改为 WinFE，执行命令“peimg.exe /inf=C:\drivers*.inf C:\winFE\mount\Windows”，其中“C:\drivers”目录中存放的是特殊的取证硬件设备的驱动程序。

第八步：将以上修改加载入 WinFE 的启动镜像 boot.wim，在 AIK 命令行中使用命令“imagex.exe /unmount /commit C:\winFE\mount”。

第九步：在 C:\WinFE\ISO\boot 目录中删除 bootfix.bin，如图 1.7 所示。目的是防止启动时发出警告信息“press any key to boot from cd”。

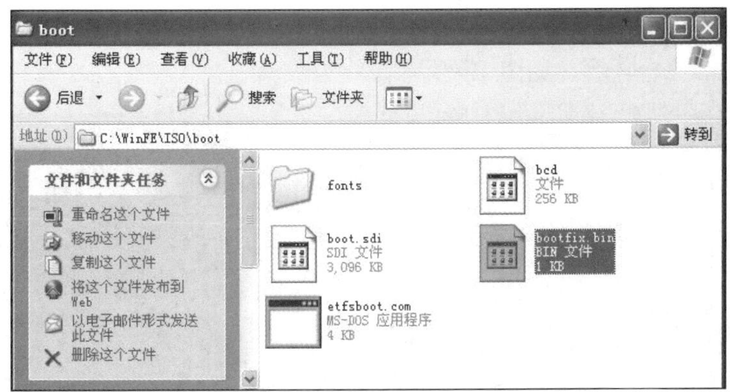

图 1.7 删除 bootfix.bin 文件

第十步：利用 AIK 命令行创建 ISO 镜像，即在 AIK 命令行中输入“oscdimg -n -m -o –bC:\WinFE\etfsboot.com C:\WinFE\ISO C:\WinFE\WinFE.iso”，如图 1.8 所示。

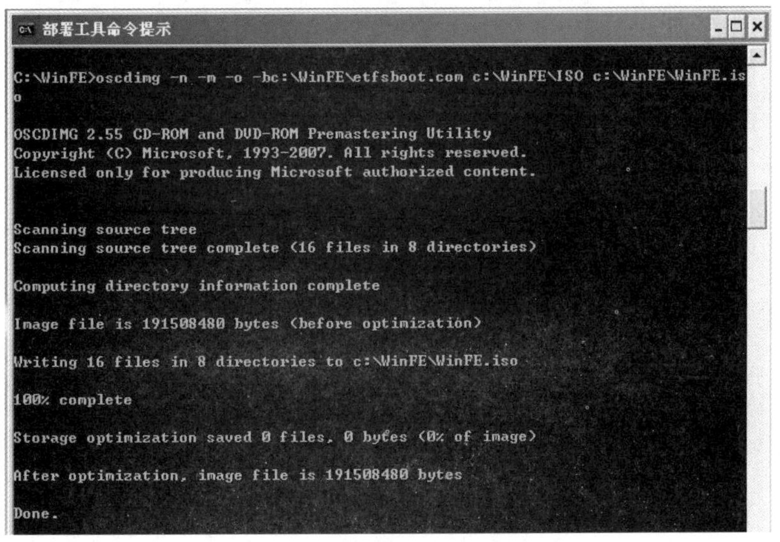

图 1.8 创建 WinFE 的 ISO 镜像文件

第十一步：将刚刚创建的，在 C:\WinFE 目录中的 WinFE.iso 刻录成 WinFE 启动光盘。

（2）利用 Paladin 制作取证启动 USB 盘

在取证中使用满足无损取证要求的启动 USB 盘是一个不错的选择，取证启动 U 盘可以利用 Paladin 平台来制作。Paladin 是 SUMURI 公司基于 Ubuntu 操作系统为计算机取证开发的一个现场取证平台，目前的版本为 Paladin4。

Tom 就利用 Paladin 这个免费的平台来制作取证启动引导的 USB 盘。

第一步：在 http://www.sumuri.com/下载免费版的 Paladin4 的 ISO 文件，并刻录为 DVD 盘；准备一张至少 2G 的 USB 和一台计算机。

第二步：将计算机设置为光驱引导的模式，并利用 Paladin4 的 DVD 引导系统，系统引导成功后进入 Paladin 平台环境，如图 1.9 所示。

图 1.9　Paladin4 平台环境

第三步：插入准备好的 USB 盘，打开桌面上的 Paladin Toolbox，选择 Disk Manager 栏，并选择准备好的 USB 盘，如图 1.10 所示。

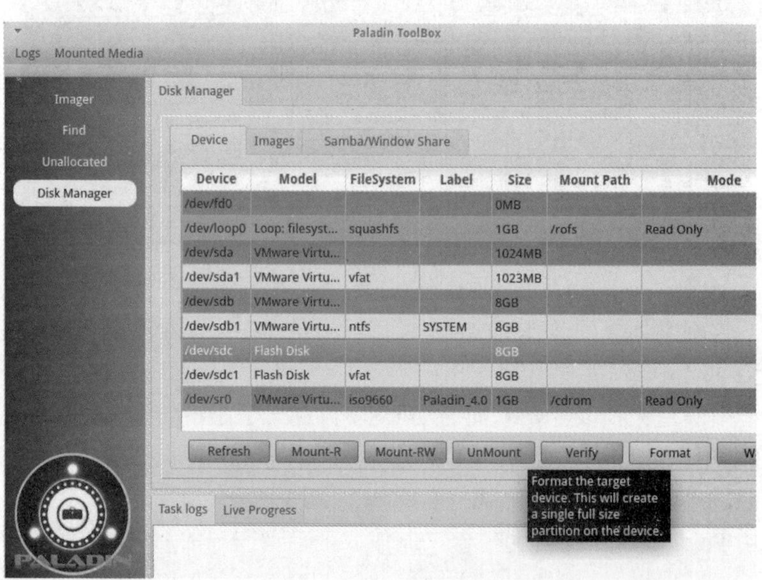

图 1.10　利用 Paladin Toolbox 格式化 USB 盘

选择带格式化 USB 盘的文件系统格式为 vFat 或者 NTFS，并输入卷标“PALADIN”，如图 1.11 所示。格式化完成后暂时移除 USB 盘。

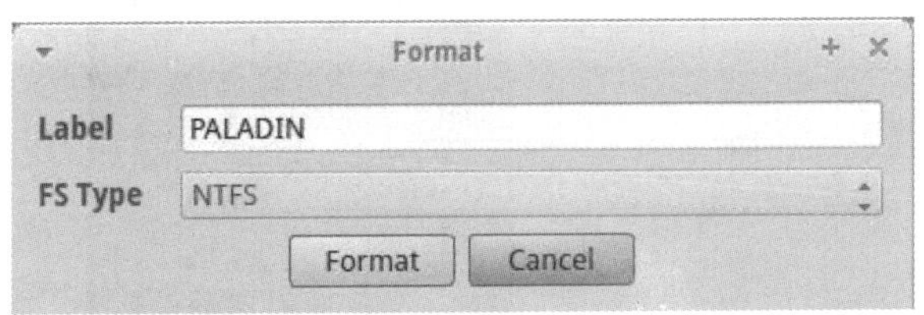

图 1.11 选择 USB 盘文件系统格式

第四步：打开终端（在桌面的底部可以找到快捷图标），如图 1.12 所示。

图 1.12 在 Paladin4 桌面打开终端

输入 shell 命令“sudo rm /etc/udev/rules.d/50-writeblocker.rules”，如图 1.13 所示，执行后关闭终端窗口。

图 1.13 在终端中输入 shell 命令

第五步：插入刚才格式化后的 USB 盘，在 Paladin 平台环境的菜单中执行 System→Startup Disk Creator 命令，如图 1.14 所示。

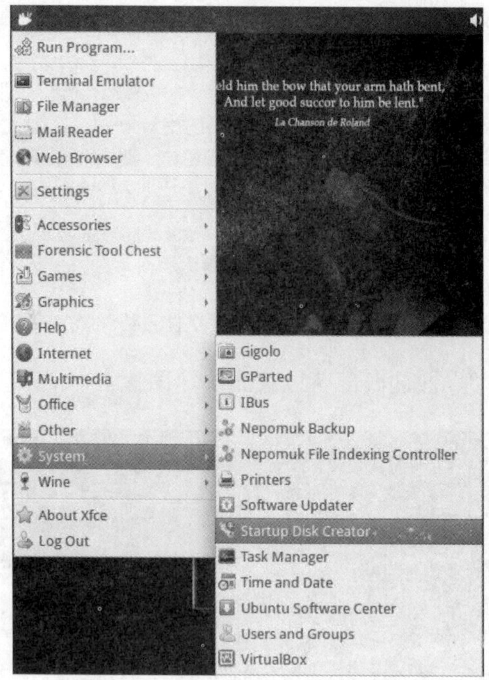

图 1.14　打开启动 USB 盘制作工具

在随之打开的界面中确认制作时的“源”为用来启动计算机的 Paladin DVD，“目的”为刚刚格式化的、卷标为“PALADIN”的 USB 盘，如图 1.15 所示。

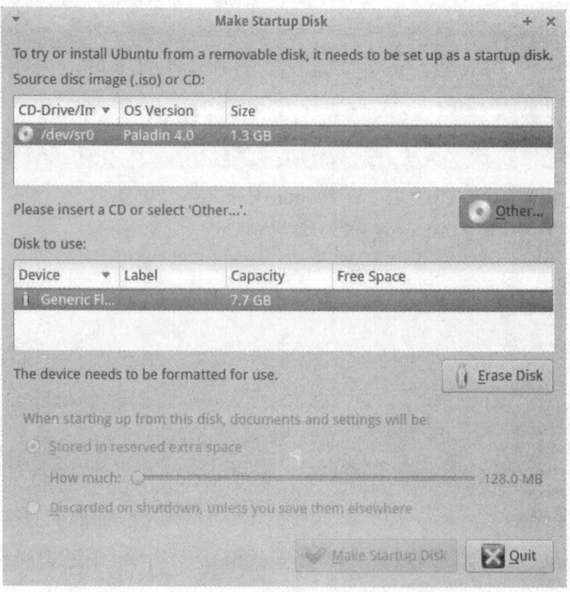

图 1.15　Startup Disk Creator 界面

项目 1

在目的盘栏的下面单击 Erase Disk 按钮，操作完成后在界面下部选择 Discarded on shutdown, unless you save them elsewhere”单选按钮，见图 1.16。

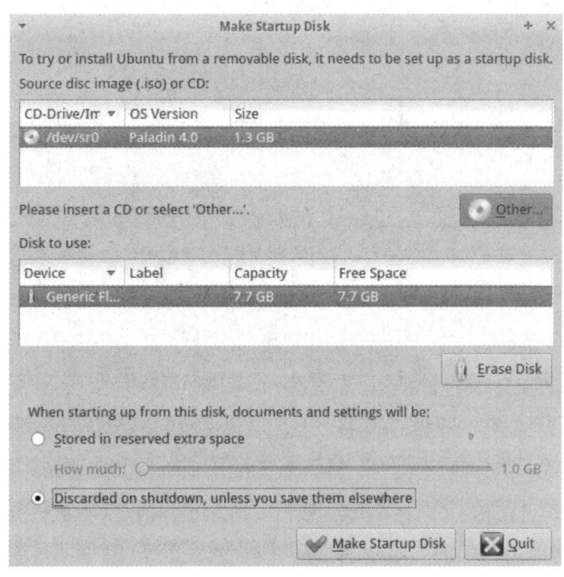

图 1.16 Startup Disk Creator 确认后的界面

单击 Make Startup Disk 按钮开始制作取证的 Paladin USB 盘，制作完成后就得到了一张取证使用的 Paladin 启动 USB 盘，取证调查人员可以根据需调查的案件情况，在该 USB 盘中准备一些有针对性的取证和分析工具。

第六步：验证刚刚制作的 Paladin 取证启动 USB 盘。将计算机设置为 USB 盘引导，并插入 Paladin 取证启动 USB 盘，启动计算机。在启动的过程中可以设置工作语言，见图 1.17。

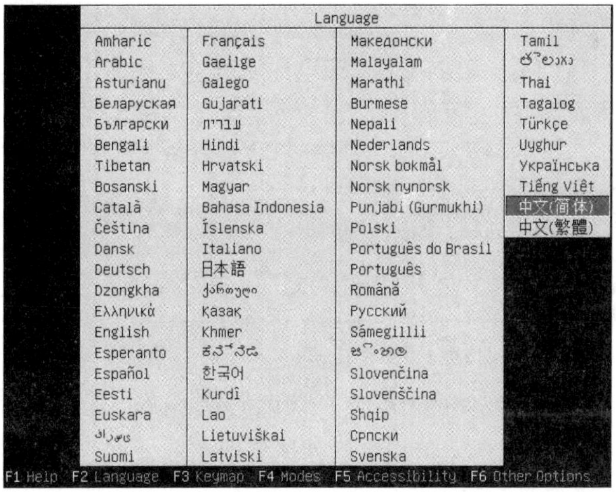

图 1.17 利用 Paladin USB 盘启动时设置工作语言

在启动时的询问界面中选择 Sumuri Paladin Live Session，见图 1.18。

图 1.18　Paladin USB 盘启动时的任务询问界面

启动成功后，进入了由取证启动 USB 盘引导的 Paladin4 的工作环境平台，界面和利用 Paladin DVD 引导系统的界面相同，见图 1.19。

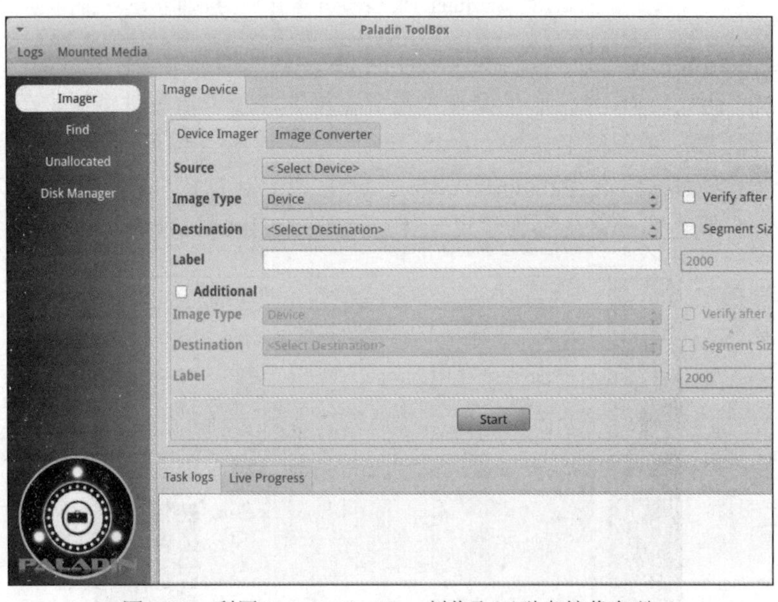

图 1.19　利用 Paladin Toolbox 制作取证磁盘镜像备份

在现场取证时，可以利用 Paladin4 桌面上的 Paladin Toolbox，针对被启动的计算机硬盘等设备制作取证镜像，如图 1.19 所示，也可以使用其他在取证准备时针对案件特性、由调查人员拷贝到 Paladin 取证启动 USB 盘中的工具进行取证调查。

1.6.4 建立现场取证工具箱

当取证调查人员对案件初始情况进行了仔细的分析和了解，并对取证所需进行了充足的准备后，就可以进入取证现场进行取证调查，在进入现场前应仔细检查和准备自己的现场取证工具箱。案件现场的物理证据需要有合适的设备来采集。如果指纹分析师没有指纹工具包、DNA 采集专家没有药签，那么他们处理现场的能力会严重受限。同样，没有基本的现场取证工具箱，计算机取证分析人员也会在现场取证时遇到重重困难。

计算机证据的处理工具可能不尽相同。有的案件需要现场进行及时的取证，如很多网络攻击的案件，这时计算机取证调查人员需要用到一个功能齐全的移动实验室。但大多数取证调查时，往往是现场的第一响应取证人员收集所有的原始证据，进而在取证工作实验室中，再对原始证据进行深入分析和调查。证据收集工具包的复杂程度与被调查案件的性质和需求有关，但是在任何一个取证响应包中至少应该包括下列工具：

- 橡胶手套：可防止工作人员在现场到处留下指纹；
- 安全封条：企业计算机取证分析师可能需要较长时间的工作，往往没有专人协助保护现场，因此需要把某区域警戒起来作为物理现场的一部分。通常印着“禁止通行”的黄色封条，足以完成非执法性质的工作；
- 证据标签：可准备收集证据专用的标签，也可以准备一些醒目的通用标签，但这些标签必须是防篡改的，通常包含两个组成部分，一个贴在证据上，另一个由取证调查人员保管；
- 电缆扎带：当现场电缆较多或遇到不能把标签粘到一份证据上的情况时，几根普通的塑料电缆扎带就显得很重要；
- 断线钳：现场取证时往往遇到便携式计算机上锁的问题，如果取证时间宝贵，那么用一组断线钳快速切开那些便宜的电缆锁，就显得很必要；
- 油性记号笔：当在光盘、证据标签或类似表面上写字时，一支油性记号笔是较为实用的书写工具，其非常适合在那些光滑的表面写字；
- 防静电包和证据包：防静电包可以防止计算机设备受到环境或分析师产生的静电干扰。证据包是防篡改的，应带有可拆卸的证据标签。应准备不同尺寸的证据包，小到能放各种存储卡，大到能放便携式计算机。
- 数码相机：任何带时间戳的数码相机都能满足要求，但为了工作方便，最好找一个带微距拍摄功能的相机或镜头，来拍摄网络连接、网络组件以及电缆的近照；
- 取证记录本：在企业调查取证时，任何带页码、不能随意撕页的本子都比较合适，其效果和专门的取证记录本没有什么大的差别；
- 个人计算机工具包：这是一个重要环节，应准备大容量的个人计算机包来容纳所有需要现场拆开的计算机元件，当然各种拆卸工具（例如梅花型螺丝刀）也应齐备；
- 取证便携式计算机、硬盘和适配器：这些设备应根据案件性质安装相应的取证分析软件工具，有利于进行现场的分析调查；

- 取证启动U盘和光盘：可在需要时在现场进行计算机系统取证引导启动；
- 存储介质取证备份工具：可以是硬盘取证拷贝机、写保护接口等硬件设备，也可以是存储介质取证镜像的制作软件工具。这些工具可以在必要时对现场原始证据进行取证备份。

1.6.5 准备取证所需设备和工具

计算机取证机构的首要因素是人，然后才是制度过程和工具设备。因为只有首先确定了具有资质和技术能力的人员，才能围绕其选择适用的设备与工具。计算机取证的工具设备较多，主要分为硬件设备和软件工具两类。

（1）计算机取证的常用硬件设备

计算机取证的常用硬件设备主要包括硬盘取证复制设备、手机和移动设备取证复制设备以及综合取证硬件系统等。

1）Talon-E 硬盘取证复制机。

Talon-E 硬盘取证复制机是由美国 Logicube 公司生产的高性能硬盘司法取证复制机，该设备支持将一块 IDE 或 SATA 硬盘同时取证到两块 IDE 或 SATA 硬盘中，单工位复制速度可达 7GB/分钟，总速度可达 14GB/分钟，同时支持免拆机取证功能，无需对嫌疑计算机中的硬盘进行拆卸，直接通过 USB 或 e-SATA 接口获取嫌疑数据，见图 1.20。

2）Solo-4 硬盘取证复制机。

Solo-4 是一款高性能的硬盘取证复制机，该设备支持同时对两块 IDE、SATA、SCSI、SAS 硬盘以及 USB 移动存储设备进行取证，单工位复制速度可达 6GB/分钟，总速度可达 12GB/分钟，内嵌 RAID 功能模块，支持对 RAID 硬盘进行取证，同时支持免拆机取证功能，无需对嫌疑计算机中的硬盘进行拆卸，直接通过 USB 或网络接口获取嫌疑数据，见图 1.21。

3）UltraKit III 写保护接口箱。

UltraKit III 写保护接口箱是一款集 IDE、SATA、SAS、SCSI、USB 及存储卡等各种介质写保护功能于一身的便携式勘查箱，嫌疑存储介质通过其与计算机相连，可确保对嫌疑数据不会产生任何篡改，确保司法有效性，见图 1.22。

图 1.20 Talon-E 硬盘取证复制机

图 1.21 Solo-4 硬盘取证复制机

图 1.22 UltraKit III 写保护接口箱

4）雷神综合取证勘察箱。

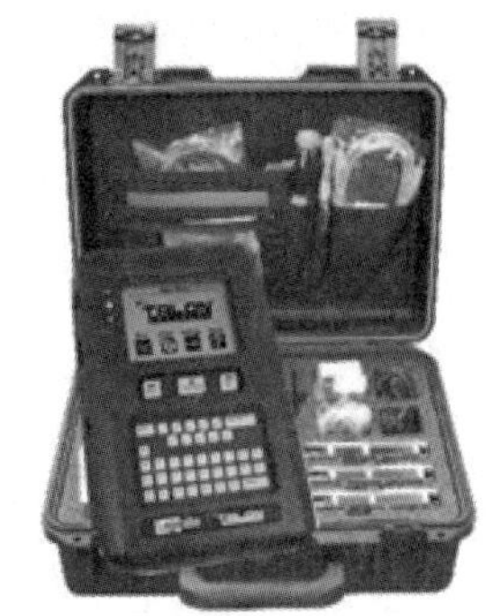
图 1.23　雷神综合取证勘察箱

北京天宇宁科技有限公司利用 Talon 硬盘拷贝机为核心，开发的雷神综合取证勘察箱针对电子证据的获取、固定目的而专门设计，适用于海量移动存储设备、单机取证、在线取证、苹果机取证、实时登录等各种不同需求而设计，是一种集成的综合现场勘察取证平台，实现了专业化和高效率的取证要求，确保数据的可靠性和完整性。功能上满足了各种硬盘的高速获取，各种存储设备的安全只读，不同状态计算机的灵活取证，不同系统计算机的跨平台支持，见图 1.23。

区别于嵌入计算机方式的取证勘察箱，该系统解决了其体积庞大、不稳定、不易升级的问题。不同的组件可以方便地与各种品牌计算机配合使用，增强了系统中各个单独设备的灵活性。

（2）计算机取证的常用软件工具

计算机取证的常用软件工具很多，许多开源的免费工具都可以达到取证的目的，但是这一类工具的使用需要具备较为深厚的计算机数据恢复、数据搜索和网络安全等方面的专业知识，并对计算机取证的法律程序等有较为专业的认识。另外也有不少机构和企业开发出一些集成的综合计算机取证软件工具，提供给司法取证鉴定和企业调查人员使用，较为知名的主要有 EnCase、FTK、X-Ways Forensics、MacForensicsLab、SMART 等。

1）EnCase Forensic。

EnCase Forensic 是 Guidance Software 公司开发的，运行于 Windows 平台的专业计算机取证软件工具（见图 1.24）。众多执法部门、政府部门、军队和司法调查员依靠 EnCase 司法取证工具进行计算机案件的调查。由于 EnCase 司法取证工具由犯罪司法专家参与开发，因此在法庭上得到广泛认可。其强大的数据搜索和处理能力为调查人员节省了调查时间，调查员能够在 EnCase 获取硬盘或其他数字媒介的同时查看数据。一旦镜像文件创建完成，调查员就可以同时进行搜索和分析多块硬盘和其他数字证据，其具有使用关键词搜索、Hash 值分析、文件签名分析、特殊文件过滤器和复合过滤器等功能。

图 1.24　EnCase Forensic

EnCase 内嵌 Enscript 编程器，编程语言基于 Java 和 C++。调查人员可以根据自己日常工作的需要，编制脚本程序，自动进行搜索和分析，也可以借鉴其他取证人员编写的脚本程序，加快自己的调查进度。

其新的 x64 位版本对性能进行了改进、增强了多线程能力，并能够更有效地利用内存资源进行快速搜索和分析。

EnCase 具有报告自动生成功能，其生成的详细报告可以显示特殊文件、文件夹、逻辑和物理磁盘、案件的信息，显示获取镜像、磁盘结构、文件夹目录、书签文件和镜像。报告可以

RTF 和 HTML 格式导出。

2）Forensic Toolkit（FTK）。

FTK 司法分析工具由 Accessdata 公司开发，是运行于 Windows 环境的，世界上公认的计算机取证调查的高效工具，其功能较为强大、界面友好、操作使用较为简单（见图 1.25）。

图 1.25　Forensic Toolkit

FTK 将创建镜像、查看注册表、破解加密文件、调查分析案件和生成报告一体化，可恢复多种加密文件类型的密码，并可利用网络中闲置的 CPU 资源破解密码和进行字典攻击。其完全支持 Unicode 编码，可以在搜索、显示和报告中正确显示 Unicode 支持的所有语言的数据。FTK 具有较强的数据挖掘和过滤功能，可以通过设置特殊标准（如文件大小、数据类型和像素大小等）缩小不相关数据的数量，提高分析效率。

FTK 集成大量的浏览器和多媒体播放器，在分析的过程中便于直接查看可疑数据，且其支持多种常用的文件系统格式和进行高级邮件分析。FTK 集成 Oracle 数据库，支持超大数据量和复杂数据的分析；具有多线程处理能力，并可以基于 Oracle 的搜索功能，进行 DT 搜索和正则表达式的二进制搜索。

FTK 的报告生成功能较强，创建详细报告可以 HTML 和 PDF 格式导出，并可以直接链接到相应的原始证据信息。

3）X-Ways Forensics。

X-Ways Forensics 是 WinHex 的法政版本，其为计算机取证分析人员提供了一个功能强大的综合取证分析环境。可在 Windows XP/2003/Vista/2008/7/8 等操作系统下运行，且支持 32/64 位环境。其可与 WinHex 软件紧密结合，且可作为 WinHex 取证版本单独购买。X-Ways Forensics 包含 WinHex 软件的所有基本功能和一些新增的特有功能，如：磁盘克隆和镜像功能（可以司法认可的取证方式进行数据获取）；可检查 RAW 原始数据镜像文件中的完整目录结构，支持分段保存镜像文件；支持 FAT、NTFS、Ext2/3、CDFS 和 UDF 等文件结构；内置对 RAID0、RAID5 和动态磁盘的处理和恢复；可察看并获取物理 RAM 和虚拟内存中的运行进程；多种文件哈希值计算方法（CRC32、MD5、SHA-1、SHA-256 等）以及报告自动生成功能。

4）MacForensicsLab。

MacForensicsLab 是一款运行于 MacOS 的计算机取证分析工具。MacForensicsLab 可帮助专业取证人员找到并恢复删除的和嵌入的数据以及磁盘交换空间和未分配空间中的数据，并可预览和导出这些数据，并帮助调查员从中找到重要的证据信息。

MacForensicsLab 可对缩略图或预览的图像进行自动过滤，通过肤色图片、图像、文件大小快速查找可疑数据。当调查员需要处理上万个图片、照片时，此种技术可极大地缩短手工处理图像数据的时间。对于调查中发现的重要文件，可进行标记，以便后期进行深入的分析。

该软件的关键词搜索和分类功能适用于各种不同的语言，且同时包含了 MD5、SHA-1 和 SHA-256 校验，可帮助调查员在整个磁盘、文件夹或特定文件中查找所关注的内容。分类功能可根据哈希列表匹配句型，查找数据中可能包含的信用卡账号或社会保险号。

审计是 MacForensicsLab 极具特色的一个功能，可对苹果 MacOS 系统中的用户配置信息和各种痕迹、记录进行自动分析，有效地将特定计算机和特定行为进行关联，快速发现嫌疑人使用过什么、做了些什么。

对于破损的硬盘或其他类型的破损存储介质，MacForensicsLab 能够通过独特的分段获取和数据回读技术获取到尽可能多的数据。镜像文件具有分段哈希功能，可在获取镜像过程中同时创建第二个备份镜像，大大降低了调查人员在创建镜像过程中的时间消耗。

通过 SQL 数据库服务器，MacForensicsLab 能支持多调查员同时访问并处理相同案件。分析过程中，每一步操作、每一个发现都被记录在日志中，这些数据可在分析过程中随时导出为标准的和自定义的 HTML 格式报告。

5）SMART。

SMART 是一个运行于 Linux 环境下，专门为计算机取证调查人员和信息安全人士设计并定制的一个专业取证工具。SMART 软件根据执法部门、相关行业的实际需求出发，将所有需求和功能集成在一个完整的软件内，使用户能够利用其高效地完成工作。该软件占用系统资源少，运行稳定，处理速度快，并可以确保案件数据安全性，很难被病毒和木马入侵。SMART 的主要客户群为：计算机取证人员、数据恢复专家、灾难恢复行业人士、信息安全人士、企业内部安全调查人员等。SMART 是 Linux 环境下一个较为知名的计算机取证工具。

1.7 任务三：进入取证现场

1.7.1 处理一个主要的取证现场

在进入现场实施司法取证时，调查人员需要根据搜查令的规定确立取证的对象范围，并按照相应的法律规程进行取证。实施公司内部调查时，也应根据调查委托书的描述确认取证现场的范围。若在调查取证实施中出现任何问题，调查人员通常可以向熟悉当地法律法规的法律顾问或其他技术专家进行咨询。

调查人员在处理现场时，应习惯记录笔记，将取证调查的活动存档以备后续调查参考或作为勘验记录提交，笔记的内容包括到达现场的日期和时间、遇到什么人以及执行每一件重要任务的摘录，并且时常更新笔记的内容。

要保护现场，就要用实用的方法确保只有被授权的人才可以接近取证调查的区域。因此调查人员所保护的区域的划分应比必须要保护的区域大，并在区域内确保没有任何干扰。对任何好奇的旁观者或记者，取证人员要保持专业的态度，不要提供有关调查或案件的任何信息，并且阻止他们进入现场。将所有没有进行现场调查且对现场调查没有帮助的人撤走。

由于计算机数据的易失性，在进入现场后的第一件事就是尽快检查现场每台计算机的状态，确定被调查计算机处于开启状态还是关闭状态。如果计算机是关闭状态，可以稍后处理；如果计算机处于开启状态，需要判断是否需要立刻切断电源，以确保可疑计算机的数据不会损失。

使用摄像机或照相机从现场全局场景着手进行记录，然后用特写镜头记录现场的各个细节。在记录每台计算机设备或其他设备的背部接线之前，将数字或字符标签贴在每根电缆和连接线上，这有助于识别哪根电缆或连接线连到哪个插座或接口上，从而为重新恢复现场场景提供帮助。

记录现场计算机等设备周围的区域，包括地板、屋顶、门窗和所有靠近设备的地方的情况。查看桌子和写字台的下侧以检查是否有东西捆在下面。如果现场有天花板的人工吊顶，也应查看和记录该区域。在拍摄时，保持慢慢拍摄或缩放相机镜头，使视频图像尽量清晰，且坚持为拍摄的所有镜头编写记录卡。并在完成对现场的拍摄或拍照后，勾画出取证现场的草图。

当调查人员处理从现场计算机和其他设备上复制的数据时，应记录下对这些数据进行处理的每一个细节，从而在需要的时候用这些记录在原告和其他律师的报告中解释你的行为。

在对现场进行完整记录后，打包并标记原始证据。如果案件的性质不允许调查人员查封计算机，那么对该计算机的磁盘制作至少两份相同的精确拷贝。在数据提取期间或在收集完原始证据后，查找涉及本次案件取证调查的所有有价值信息（例如登录口令、密码短语、个人身份确认号码等），收集尽可能多的有关被调查设备使用者的个人信息，这些信息往往对后续调查有很大的价值。

收集所有与调查有关的文档和媒介，通常包含和设备硬件（外围设备）有关的文档、和软件（操作系统软件和应用程序）有关的文档、所有存储介质以及所有文档、手册、打印资料和手写笔记等。

1.7.2　保护现场的数字证据

调查人员在取证现场获取的证据取决于案件的性质。通常进入现场后，如果可能，应查封取证区域中的整台计算机、所有外设和存储介质，以确保没有遗忘被取证系统所支持的必需组件，因为在通常情况下，很难在第一时间就预测出哪些组件可能对系统的操作产生关键的影响。

调查人员在进入现场获取数字证据前和进入现场的第一时间，应注意以下几个问题：

（1）需要事故现场区域中的整台计算机、所有外设以及存储介质吗？把查封的计算机或存储介质运送到取证实验室的过程中，需要采取特殊的保护措施吗？

（2）当到达现场控制数字证据时，被取证计算机是开着的吗？是否需要立即采取措施保护易失性证据？

（3）被调查者在取证现场吗？有无可能已经完全毁坏或部分损坏了被取证计算机和存储

介质？取证时是否需要将被调查者和待取证计算机分离开？

当在现场发现一台处于开启状态的计算机时，首先应判断该计算机是否正在毁坏原始证据（例如正处于格式化硬盘，粉碎文件等状态），如果处于这样的状态，那么为了尽可能保护原始证据，应立即切断该计算机的电源。通常不要采用正常关机的方式，或者采用按下开\关机按钮的方式来关闭系统，而应直接采用切断电源的方式，以免掉入被调查者预先设置的陷阱。

如果判断出开机状态的计算机没有处于毁坏原始证据的状态，那么就应当利用相机逐一拍下屏幕中的内容，并利用专业工具保存该计算机的内存数据，从而避免关机后丢失这些可能是非常重要的证据信息。

使用静物或视频照相机记录犯罪或事故现场，确定拍下所有电缆和连接线的特写镜头。

电子信息的存储介质较传统物证更敏感，容易损坏、更改或毁坏，因此当调查取证人员在现场获取、运输和拷贝证据信息时，必须全面考虑任何可能违背无损取证原则的因素，从而保证证据信息的客观性。

1.7.3　分类数字证据

调查取证人员在确定现场的原始证据已经得到妥善保护后，需要把在现场发现的证据按目录分类存档，目的是为了保护数据信息的完整性，因此调查取证人员必须在收集证据和为证据分类时避免修改证据。

首先，定位需要检查并收集的计算机组件。

如果计算机关闭，那么就可以遵循以下的原则为数字证据分类并保护证据的完整性：

（1）鉴别该计算机的类型，比如是否是一台 Windows PC 或笔记本、一台 UNIX/Linux 工作站或一个 Macintosh。如果该计算机处于关闭状态，就不要在没有取证引导光盘或 U 盘的情况下，贸然开启它，因为目前使用普遍的操作系统通常将文件重写作为启动过程的一个环节，从而会破坏原始证据的完整性。

（2）使用相机拍下所有电缆和连接线的细节情况，然后用证据标签标记每一条电缆或连接线，并和现场照片对应记录。

（3）尽量减少现场取证的人员数量，并由专人负责收集并记录现场原始证据的所有情况。

（4）在收集到的所有原始证据上贴上标签，并在标签上标明当前的日期、时间、序号、构造标识和样式，并且该证据收集者在标签上签名。

（5）对收集的证据保留两份独立的记录，用作备用检查。

（6）必要时对取证现场进行监控。

如果待调查取证的计算机处于开启状态，那么还应执行以下附加步骤：

（1）判断该计算机是否正处于毁坏数据的操作，若是，那么立即切断其电源。

（2）拷贝所有屏幕上的应用数据信息（最好使用相机拍摄）。

（3）对该计算机内存信息进行备份。

（4）安全关机。

取证人员在现场必须判断是否有充裕的时间，或是否有必要在现场制作存储介质（硬盘、USB 盘、各种存储卡等）的精确取证备份。如果需要，可按照以下方式进行。

（1）使用取证拷贝机制作该存储介质的硬盘精确备份，或者使用取证启动光盘或 U 盘引导系统，并制作存储介质的精确备份镜像。

（2）验证所做备份的完整性。通常制作精确取证备份的硬软件工具可以自动验证，如果没有该功能，可以手动采用 Hash 码制作工具（例如 MD5sum 等）进行验证。

取证调查人员从取证现场中收集原始数字证据后，将它运送到取证实验室，这个实验室应当是一个可以受到控制的环境，可以确保数字证据的安全性和完整性。在任何调查性的工作中，都要保证在工作时记录下取证分析人员的活动和发现。取证人员应当坚持用日志记录其在处理证据时所采取的步骤，从而在有必要重复这些步骤时，可以再现同样的结果。

除了保证验证工作的进行，取证人员的日志记录也要作为一种调查的参考，甚至作为一种证据进行提交。

1.7.4 处理和管理数字证据

调查人员在实验室工作时，必须像在取证现场收集原始证据时所做的那样，维护数字证据的完整性。首要任务就是要保护磁盘数据。如果还有存储介质没有用取证备份制作工具制作精确的备份，那么调查人员就必须首先创建两份精确备份并存档；如果所有存储介质都已经制作了取证精确备份，那么就必须妥善保存这些备份或备份镜像。

存储介质的两份取证备份制作完成后，应妥善保管原始的存储介质和其中的一份备份，而采用另一份备份进行后续的分析工作。

在维护数据信息的完整性方面，目前已经开发了各种获取数据信息唯一标识的方法。首要的方法就是采用 Hash 码的方式，例如 MD5 码或者 SHA-1 等。Hash 码是一个将文件转变成唯一的十六进制码或散列值的数字签名算法。如果数据信息发生了变化，哪怕只是一个 bit，重新生成的 Hash 码均会不同，因此 Hash 码常常作为鉴别数据信息完整性的重要工具。

在处理或分析一个文件之前，调查人员可以使用软件工具生成文件的一个 Hash 数字签名。在处理完该文件后，可以用同样的方式生成另外一个 Hash 数字散列。如果它和原始的散列相同，就可以确凿证实取证所获数字证据的完整性。

1.7.5 存储数字证据

在监管数字证据时，取证调查人员应考虑如何以及在什么类型的媒介上保存它，还要考虑用什么类型的证据容器监管它。用来存储数字证据的介质通常取决于证据需要保存的时间。

保存证据的理想介质是 CD 或 DVD。这些介质有很长的寿命，但将数据烧录其中要花很长的时间。调查人员也可以使用高品质的磁盘来保留证据数据，但对应的容器就需要慎重考虑防电磁的功能。

通常取证调查人员，不会只依赖于一种介质存储的方法来保留证据，一定要为数据信息制作两份备份以防数据丢失。如可行，也可以考虑使用不同的取证镜像工具创建两个单独的精确备份的镜像。

调查取证人员必须持续维持数字证据监管链，以使其在法庭上或以仲裁的方式被采纳。因此需要严格限制其他人靠近取证实验室及证据存储区域。当取证实验室为了进行某些操作而开放时，被授权的人员必须保持该区域在持续的监视下。当实验室关门时，至少应有两个安保人员保护所有的证据存储柜和实验器材。

实验室应该有一个为所有来访者准备的签到册。对于证据存储容器来说，大多数实验室都会为每一个容器配备一个日志，该日志在容器打开和关闭的时候都由一位授权的人员来专门维护。在设立保留期间时，要考虑法律规定的限制判决效力的最大时间以及申诉期的截止日期。每一份证据的日志文件（证据监管表格）应当含有对每个处理过该证据人的相关记载。

对于司法取证调查，取证调查人员保管证据的时间取决于犯罪的级别，有些情况下，可能要永久地保留证据。如果对保管期不清楚，可以咨询当地的法律部门，以确保没有违反规定。对于私营部门或公司内部调查，证据保管期的确定，需要和公司的法律部门（通常是法律顾问）保持一致，而该部门有责任为此制定相应的标准和制度。

在为证据存档时，要使用证据管理表单（如表 1.1），由于提取数据的技术和方法经常发生变化，因此应及时修正证据管理表单的形式，以确保跟进这些变化。

证据管理表单起着鉴别证据、鉴别处理证据者、列出处理证据的日期和时间的作用。在确定这些内容后，调查取证人员可以将其他必要信息加入到表格中，比如列出 MD5 或 SHA-1 散列值。

由于计算机取证的原始证据通常都是电子元件组成的，因此在使用证据容器时，应当考虑容器在防潮、高温和防电磁等方面的性能。

应用实训

1.1 案例：假设若林环科有限公司高管 Leon 怀疑公司销售部主管 Monica 违反公司制度在网上出售客户信息资料，因此委托公司信息管理部技术人员 Miller 进行调查。

任务：

- 以 Miller 的名义草拟该案件的委托确认书；
- 设计该案例调查中需要使用的证据管理表单。

1.2 实验环境：安装 Windows XP 版本以上操作系统的计算机一台，Windows AIK 安装光盘一张，空白光盘一张，光盘刻录机一台。

任务：

- 安装 Windows AIK；
- 制作一个 WinFE 取证启动光盘；
- 利用 WinFE 取证启动光盘启动计算机，验证该取证启动光盘。

1.3 实验环境：计算机一台，Paladin4 光盘一张，2GB 以上 U 盘一个。

任务：

- 利用 Paladin4 光盘启动计算机；
- 使用 Paladin4 制作一张取证启动 U 盘；
- 利用所制作的取证启动 U 盘启动该计算机进行验证。

拓展练习

1.1 什么是计算机取证？什么是计算机司法鉴定？

1.2 计算机取证与司法鉴定的业务类型主要分为哪几类？

1.3 计算机取证与鉴定应遵循何种原则？

1.4 简述合法性原则的四大要素。

1.5 计算机取证的实施包含哪些基本过程？

1.6 简述企业内部调查的计算机取证人员和司法部门计算机取证人员的异同。

1.7 简述计算机取证人员应具备什么样的职业道德。

1.8 简述计算机现场勘验的基本程序。

1.9 简述在取证准备阶段应从哪些方面对案件进行评估。

1.10 作为私人企业的高管，应从公司制度方面进行什么样的规定，以保障必要时对公司员工使用的计算机进行取证调查的合法性？

1.11 在确定计算机取证调查的对象和边界时，应当考虑哪些主要内容？

1.12 现场取证工具箱中应当包含哪些工具？

1.13 为了保护取证现场，在进入现场获取数字证据之前和进入现场之初，取证调查人员应当了解哪些基本情况？

2

Windows 环境单机取证

学习目标

- 理解电子证据的概念和特点
- 了解电子证据的法律地位
- 了解 Windows 系统的引导过程
- 了解 FAT32 和 NTFS 文件系统结构
- 掌握 Windows 环境下易失性证据的固定方法和磁盘取证镜像的制作方法
- 掌握 Windows 环境注册表取证调查方法
- 掌握 Windows 环境重要文件目录和日志调查方法
- 掌握 Windows 环境常用进程和网络痕迹调查方法

项目说明

在项目 1 的案例中，某公司主管 Alice 怀疑部门经理 Adam 对公司有侵权行为，因此委托计算机取证调查人员 Tom 进行调查。Tom 通过对案件的了解和取证的准备以及现场的勘察，了解到被调查者 Adam 使用的办公计算机采用 Windows XP 的操作系统，且其 USB 盘和存储卡等也采用 Microsoft 的文件结构。那么 Tom 如何针对 Adam 的计算机进行计算机取证调查呢？

项目任务

Tom 接受这个取证任务后，应当首先完成五项工作：

1．在计算机取证现场固定原始证据；
2．对取证目标系统的注册表进行分析；
3．分析取证目标系统的重要文件和目录；
4．调查取证目标系统的重要日志；
5．调查取证目标系统的常用进程和网络痕迹。

基础知识

2.1 电子证据的概念和法律定位

2.1.1 电子证据的概念

运用计算机取证技术获得的证据，主要有计算机证据（Computer Evidence）、网络证据（Network Evidence）、数字证据（Digital Evidence）、电子证据（Electronic Evidence）等几种表述，这些表述均涉及了基于计算机取证而获得的某些特定类别的证据。

近年来，国内多数学者更为认同“电子证据”这一法律术语并加以界定，认为电子证据即以电子形式存在的，并用作证据使用的一切材料和派生物。目前许多国家和国际组织在司法实践中采用电子证据术语，进而制定相应法律法规。如联合国的《电子商务示范法》、美国的《统一电子交易法》与《全球电子商务框架》、欧盟的《电子商务动议》、英国的《电子通信法案》、加拿大的《统一电子证据法》等均在司法实践中采用“Electronic Evidence”一词进行表述。

当前我们所提及的电子证据主要表现为电子邮件、电子交易记录、计算机中的文件信息、网络设备中的日志记录信息、手机和各种数据终端中的信息资料、数码相机和摄像机中的图像和视频资料等。无论哪种形式的电子证据，其产生、存储、传输和处理的各环节均是以电子信息技术为基础的。因此就目前的技术水平而言，可以采用广义的法律定义方式将电子证据界定为：“一切由信息技术形成的，用以证明案件事实的数据信息，即广义上的电子信息。”

2.1.2 电子证据、计算机证据和数字证据的异同

目前各国司法界对于由现代信息技术衍生出的新型证据有“电子证据”、“计算机证据”、“网络证据”、“数字证据”等数种表述，在有些场合几种术语存在混用的情况，但无论是这几种术语的外延还是内涵，都是有一定的区别的，在很多情况下可以相提但是不能并论。

（1）计算机证据（Computer Evidence）

目前人们对计算机证据的定义基本上可以概括为“计算机系统运行过程中产生的或存储的，以其所记录内容来证明案件事实的电、磁或光信息”。计算机证据既包含各种电子文档（如

Office 系列文档)、电子合同文本、图像和音视频文件等，同时也包含计算机系统本身运行的各种信息记录，如系统日志、应用程序日志、磁盘分区表信息、Windows 系列操作系统的注册表信息等。这些信息可以打印或绘制成书面形式展示，或者可以通过屏幕显示或音视频播放等其他表现形式展示。这些证据的产生、处理或存储等均依赖于计算机系统，与计算机系统的运行有着密切的联系。

（2）网络证据（Network Evidence）

随着网络相关案例的日益增加，在司法实践或新闻评论中经常出现"网络证据"这一术语。而网络证据通常是指在计算机网络系统运行环境中产生和出现的，用以证明案件事实的数据信息，包含特定设备 IP 地址相关信息、域名相关信息、特定网络设备（如防火墙、入侵检测系统等）的日志信息、E-mail（电子邮件）的各种相关信息、网络论坛或 BBS（电子公告板）记录信息、网络聊天记录信息、电子数据交换（Electronic Data Interchange，EDI）信息等。

（3）数字证据（Digital Evidence）

数字证据通常指表现为数字形式（即非模拟形式）的，用以证明案件事实的数据信息。数字证据信息通常是以二进制的 0、1 代码进行存储和传输，并以离散的方式进行处理，需要时再转化为文本、图像、音频、视频等形式以便人们感知，因此数字技术性是数字信息区别于其他信息的本质特征。

比较以上定义，我们可以看出虽然"电子证据"、"计算机证据"、"网络证据"、"数字证据"在许多方面均和计算机取证技术所获得的证据信息有密切关联，但是各有不同的侧重点。

网络证据，重点指的是在计算机网络系统运行中产生的，与网络相关的用以证明案件事实的证据信息。

计算机证据，重点指的是一切与计算机系统相关的，用以证明案件事实的证据信息。很明显，如果我们把网络系统作为整个计算机系统的一部分的话，那么计算机证据的定义是包含了网络证据的。

而数字证据的重点是区别于模拟证据而存在的，例如一段视频如果是存储在传统的录像带上，那么就不属于数字证据，但是同样的一段视频如果是存储在计算机硬盘中的，那么就应当属于数字证据。由于数字证据信息并不都是计算机系统产生和处理的，因此可以认为数字证据是包含了计算机证据的。

由于电子证据是一切由信息技术形成的，用以证明案件事实的数据信息，既包含数字信息又包含模拟信息，因此电子证据相较计算机证据、网络证据和数字证据，其内涵是最大的。几种证据的关系应当如下：

$$\text{网络证据} \subset \text{计算机证据} \subset \text{数据证据} \subset \text{电子证据}$$

由于本书中涉及的证据信息均是与计算机取证和司法鉴定相关的证据信息，因此除非特别说明，在本书中计算机证据、数字证据和电子证据的含义相同。

2.1.3 电子证据的特点

虽然电子证据作为证据的基本功能与传统证据是一致的，均在于证明案件的事实但是作为一种与信息技术密不可分的新型证据，电子证据同时具有一些与传统证据不同的物理特性和技术特征。

（1）电子证据的物理特性

电子证据是由信息技术或电子设备生成、用以证明案件事实的数据信息，其实质是电、磁、光信息，因而电子证据本身的物理特性有别于传统证据的主要特征，其物理特性主要表现为以下几点。

1）记录方式特殊。

记录方式特殊是电子证据与其他传统证据相区别的本质特性。书证、物证等传统证据以文字、图形、实物状态等形式记录证明案件的内容，电子证据则不同，其起证明作用的内容是模拟电子信号或数字电子信号，是通过信息技术将所要记录的信息按一定规律转化为电磁场的变化，再以某种方式记录下来而形成的电子信息。

2）传输通道特殊。

书证、物证等传统证据通常是在物理空间中以实物形式传递，但信息技术的发展，使得本质是电磁信号的电子证据是以人不可感知的方式在电磁场中或光纤通道中进行传播。

3）存储性质特殊。

电子证据必须在特殊的存储介质中存储，离不开芯片、硬盘、U 盘、光盘、存储卡等专门用以保存电、磁、光信息的存储介质，而书证保存在纸张等可以书写的物质上，证人证言以记忆的方式显示出来，物证的载体通常是各种物理的物质或痕迹。电子证据的电、磁、光载体的容量是传统介质无法比拟的，例如一张光盘就可以存储数百 MB 到几个 GB 的信息，因此电子证据往往隐藏于海量的与所证事实无关的电子信息中。还有，物证会因周围环境的变化而影响自身的某种属性；书证容易损毁或出现笔误；证人证言往往带有主观性，且易被误传、误导、误记；但是电子证据由于存储介质的特殊性，使其可以长期无损存储及随时复制，随时可以精确重现。

4）感知方式特殊。

电子证据的实质通常是电磁信息，这样的信息无法像传统书证、物证等证据形式那样可以用笔墨直接书写或呈现为有形的物体。电子证据在存储和传输状态时，人们不能通过读、听、看等形式直接感知，除非具有相应的显示、播放等电子设备和配套的软件，才能将电子证据信息呈现出来，使人们了解其内涵。

（2）电子证据的技术特征

电子证据的实质是由电、磁、光信号形成的记录案件事实的电子信息，具有明显的物理特性，现代信息技术是电子证据赖以存在的基础。因此，较之传统证据，电子证据具有以下明显的技术特点。

1）相对易删改性。

传统证据如果经过改动，通常较易察觉，如修改书证所载的内容，可通过查验笔迹、辨别印章等方法发现痕迹，因而嫌疑人目前很少对书证进行修改，因此不易删改性被认为是传统书证的一个特点。而对于电子证据而言，具备一定的信息技术，故意或无意中的不当使用完全可能修改证据信息的文件内容、IP 地址等数据。由此部分学者认为，相较传统书证，电子证据更易被伪造或篡改，致使电子证据在法律上的不确定性与不可靠性大大增加，即认为电子证据具有“易删改性”。但是随着信息技术和电子技术的发展，电子证据信息的删改常常可以通过许多技术手段和方法检测出来，例如若对于一个 Word 文档进行了删改，那么操作者在进行时会在计算机系统的某些区域以及文档本身的一些地方记录下这次删改的时间、修改的位置等等操作痕迹；再如若对一张数码照片中的一些内容信息进行了修改，这些操作也同样会留下相应的痕迹，现在的技术手段已经可以鉴定出一张数码照片中的内容信息是否经过篡改，甚至可以鉴定出哪些地方经过了篡改，因此技术的发展使得电子证据的易删改性大大降低。而且随着 Hash 认证和时间戳等技术的发展，如果一个电子证据信息一旦被发现并固定，则将始终保持其原始状态，因而也可以说电子证据相较传统证据更具有安全性和稳定性，电子证据的易删改性是相对的。

2）分散性和隐蔽性。

由于电子证据本质是电磁信息，无论其存储介质是计算机的内存、光盘还是各种存储卡，其记录的证明案件事实的内容都不能直接展现，不像传统证据具有直观可见性。计算机的系统信息、计算机入侵者留下的“电子痕迹”等电子证据隐藏于计算机内部的特定存储区域，用普通的证据收集方法不易发现，从而又增加了电子证据的隐蔽性。信息社会是个虚拟世界，互联网就是张无形的电子网，能够证明犯罪事实的电子信息通常不分地域或国界地散布在互联网的众多网站、服务器、终端用户的各种设备中，因此电子证据具有非常强的分散性和隐蔽性。

3）实时性和自动性。

计算机网络技术形成的数据信息，如描述计算机运行状态、网络流量监测信息、防火墙状态的计算机系统环境、网络运行数据等是电子证据的主要类型。由于计算机存储程序、自动执行的工作原理，使得很多数据信息由计算机系统根据程序的运行自动生成。例如嫌疑人在入侵网络时，计算机系统会自动记录其入侵行为的某些操作数据（如 IP 地址、系统访问时间等）并保存一定的时间，即使是由数码相机、数码摄像机等电子设备生成的数据信息，其衍生的用以证明案件事实的附加信息（如数码相片生成的时间、相片的大小、标题等 EXIF 信息）也是在操作电子设备过程中自动、实时生成的。由于数据传输的高速率，电子证据都是实时形成的。若不存在故意或无意的操作不当，电子证据一经形成将始终保持最初的原始状态，并能长期无损保存、反复使用。因此，电子证据具有传统证据无法比拟的自动性和客观的实时性。

4）多样性、复合性。

由于对电子证据的定义、外延非常宽泛，因而电子证据既包括了传统的视听资料，又包括了计算机数据以及电话、传真等通信数据，类型多样。电子证据的内容也不拘一种，既可以是单独的媒体形式（如打印在纸上的字符，显示器上输出的视频、图像，音频设备播放的声音等），也可以是字符、声音、图像、视频等多媒体的复合形式，使得电子证据可以单独或综合地以文本、图形、音频、视频等多媒体的形式展现，较之传统证据能够更加生动形象地反映案件事实。通过先进的科学技术手段，可将与案件有关的图像、声音、符号、文字和其他数据信息，甚至案件发生的实际状况直观地再现出来，利用这些电子证据重构犯罪过程。而传统证据除视听资料外，基本上都是单一的媒体形式。

2.1.4 电子证据的可采性问题

所谓可采性问题是指，电子证据能不能进行具有法律效力的采集，或者说按照某种规定的程序或原则采集的电子信息能否在法庭上作为证据提交。近年来的司法实践中，已经形成一种共识，即如果能够保证电子信息作为证据的三个核心性质——关联性、合法性和客观性，则电子证据和传统证据一样具有可采性。

（1）电子证据的关联性

关联性是证据与案件事实之间客观存在的联系。证据是为了证明某一案件事实，若信息与待证事实间没有关联性，则不能成为证据。因此，关联性是信息能否成为证据的前提。电子信息能否被采纳为电子证据，能否成为诉讼和定案的依据，一个重要因素就是其是否与案件事实的某些方面具有实质的关联性。

（2）电子证据的合法性

证据的合法性是指取证的主体、对象、手段、过程四要素均遵守法律规定，并且证据的生成、获取、归档、存储和出示的各个环节也应当合法，应当足以保障证据的真实性，从而采集的证据才能为法庭接纳。因此合法性是信息能否成为证据的法律保障。电子信息能否成为合法的电子证据，能否为法庭采纳，其采集的合法性尤为重要。

（3）电子证据的客观性

证据的客观性是指采集的证据必须真实、可靠，没有被剪辑和篡改，只有客观的证据才能反映待证事实的真实性。因此客观性是信息能否成为证据的事实基础。电子信息很难表现为传统意义上直观的“原件”，但是目前很多国家的法律规定，若电子证据从采集到出示、存档的全过程，其内容均未改变，则认可其所具有的客观性。

2.1.5 电子证据与我国传统的七大证据的关系

传统司法实践中，在我国三大诉讼法（刑事诉讼法、民事诉讼法和行政诉讼法）中，均将诉讼证据划分为书证、物证、视听资料、当事人陈述、证人证言、鉴定结论以及勘验笔录七大证据，并为这七大证据设立了各自的证据规则。

1）书证：指以其内容来证明待证事实有关情况的文字材料。

2）物证：指能够以其外部特征、物质属性、所处位置以及状态证明案件真实情况的各种客观存在的物品、物质或痕迹。

3）视听资料：指以录音磁带、录像带、电影胶片或电子计算机相关设备存储的作为证明案件事实的音响、活动影像和图形。

4）当事人陈述：指诉讼当事人就案件事实向法庭所作的陈述。

5）证人证言：指证人就其所感知的案件情况向法庭所作的陈述。

6）鉴定结论：鉴定人对案件中需解决的专门性问题进行鉴定后作出的结论。

7）勘验笔录：是法庭指派的勘验人员对案件诉讼标的物和有关证据，经现场勘验、调查所作的记录。可采用文字、拍照、录像、绘图或制作模型等形式。

虽然电子证据作为证据的基本功能与传统证据是一致的，均在于证明案件的事实。但是作为一种与信息技术密不可分的新型证据，电子证据同时具有如前所述的，与传统证据不同的物理特性和技术特征。

电子证据出现后随着社会发展，发挥了越来越重要的社会、法律作用，对证据原有划分体系造成了一定影响，因此电子证据的法律定位问题一直以来是学术界的争论焦点之一，主要有“书证说”、“混合证据说”、“视听资料说”等观点。

（1）电子证据与传统书证

近年来电子商务在社会生活中占据了越来越重要的地位，国外商务法律界普遍存在“电子证据就是书证”的观点，即应将电子证据视为书证，以传统书证的司法实践规则对电子证据进行规制。

电子证据与传统书证对案件所起的证明作用虽然相同，但二者依附的载体与证明机制具有明显的差异，对电子证据在司法实践中的应用产生了巨大影响，因此不能将电子证据与传统书证等同看待，主要原因在于：

1）不同类型的电子证据无法全部并入传统书证。

电子证据除了“书证说”中认为可归为书证的数据电文外，还包括诸如 IP 地址、数码相片、音视频等多种类型，其中音视频信息根本无法通过纸张等有形形式表现，无法将这些类型的电子证据纳入书证的范畴。如果将电子证据归入书证，势必会将通话录音、音视频文件等类型的电子证据排除在书证之外。

2）司法实践中的证据提交方通常很难提供传统证据学理论中要求的电子证据的原件形式。

我国《最高人民法院关于执行<中华人民共和国刑事诉讼法>若干问题的解释》第 53 条规定：“书证应提交原件”、“收集、调取的书证应当是原件……”。传统证据学理论对于证据的原件要求通常存在一种认识趋向，即原件内容是可以直接被感知的。电子证据最原始的形式是存储在磁盘等介质上的电磁信息，人们无法通过器官直接感知，必须借助某种设备或工具进行认读，并以打印、屏幕显示等形式展示给法庭，而此种形式很难说就是传统意义上的“原件”。尤其有些电子信息，若脱离了原始电子环境，就无法展现并被人感知。虽然信息技术的日益进步，必定会促进技术的发展以解决电子证据的原件直接感知难题，但目前也不能忽视电子证据的不可见性而直接将电子证据并入书证。

（2）电子证据与物证等其他几种传统证据

持“混合证据说”的学者们认为，传统证据都具有书面形式，因此建议在不影响“证据分为物证、书证、视听资料、证人证言、当事人陈述、鉴定结论与勘验检查笔录”的划分体制的基础上，将电子证据并入现有的七类证据中，形成电子物证、电子书证、电子视听资料、电子的证人证言、电子的当事人陈述、电子鉴定结论以及电子勘验检查笔录等七小类。

由于电子证据是在犯罪过程中形成，记录案件发生的时间、状态、过程等情况，反映案件的实际状态，与书证、证人证言、当事人陈述、鉴定结论、勘验检查笔录的电子形式有本质区别。因此，此种划分方法混淆了各类证据的特性，且还需在采集、鉴别等方面为电子证据制定一些新的规则，扰乱了现有证据规则，造成立法的难度及规则运用的不便。

（3）电子证据与视听资料

持“视听资料说”的学者认为应将计算机存储的资料等电子证据归属于视听资料之中，这种观点不似“书证说”那样将国外立法判例作为借鉴，而是希望将电子证据这种新型的证据吸收进原有的证据法中，维持原划分体系的稳定性，减轻重新立法的难度。

传统的视听资料，是指“可听到声音或看到图像的录音、录像，以及电子计算机存储的数据和材料，又称音像资料”。人们的直观印象是：视听资料与电子证据均须借助于电子技术存储或显示信息。二者存在形式相似，外延似乎相同。但证明能力较弱的传统视听资料在诉讼中一般不能成为独立定案的依据，必须结合案件其他证据加以使用，而在电子商务交易、网络论坛等各种活动中，往往只存在电子合同、电子数据交换、电子的聊天记录等数字形式的电子证据，没有其他类型的证据。如果简单地将电子证据归属于传统的视听资料之列，有可能使案件因没有其他可采性强、可以独立定案的证据而无法诉讼，这也是争论是否能够将电子证据简单归结为传统的视听资料类的关键原因。

因此要将电子证据归结为传统的视听资料类证据，就存在着提高视听资料类证据的证明力问题。鉴于这样的问题存在，我国在 2012 年 12 月 19 日颁布，并于 2013 年 1 月 1 日正式实施的《公安机关办理行政案件程序规定》（公安部令第 125 号）对七大证据类别的规定进行了调整，如第四章第二十三条规定：“可以用于证明案件事实的材料，都是证据。公安机关办理行政案件的证据包括：（一）物证；（二）书证；（三）被侵害人陈述和其他证人证言；（四）违法嫌疑人的陈述和申辩；（五）鉴定意见；（六）勘验、检查、辨认笔录，现场笔录；（七）视听资料、电子数据。证据必须经过查证属实，才能作为定案的根据。”即将电子证据与视听资料合并为新的证据类别，并做出相应的规定。又如第二十八条规定：“书证的副本、复制件，视听资料、电子数据的复制件，物证的照片、录像，应当附有关制作过程及原件、原物存放处的文字说明，并由制作人和物品持有人或者持有单位有关人员签名。”第九十五条规定：“……对可以作为证据使用的录音带、录像带、电子数据存储介质，在扣押时应当予以检查，记明案由、内容以及录取和复制的时间、地点等，并妥为保管。”

近年来，电子证据在司法实践中愈加重要，而且已经成为打击网络犯罪的核心证据，能否在虚拟的网络空间、海量的电子信息中获取有用的证据信息，保证电子证据的有效可采集性，是计算机取证实施中面临的重大挑战。

2.1.6　电子证据与直接证据和间接证据的关系

证据可分为直接证据和间接证据两种形式，并且具有不同的证明力。

（1）直接证据

所谓直接证据是指，单独直接证明案件主要事实的证据。在我国的司法体系中，直接证据主要有：当事人陈述、能够直接证明案件事实的证人证言、能够直接证明案件事实的书证、能够再现案件发生经过的某些视听资料（如还原交通肇事经过的监控录像等）、在案件发生的当时被查获的能够直接证明嫌疑人犯罪事实的赃款、赃物等、在一些特殊情况下的物证（如查获嫌疑人随身携带的枪支、炸药、毒品等）。

直接证据的作用不言而喻，即为单独直接证明案件的主要事实，其特点为：

1）对案件主要事实的证明关系具有直接性，其与被证事实间的联系是直截了当的，且不需要借助其他证据就可以直接证明案件主要事实。这也是直接证据和间接证据最根本的不同。

2）收集和审查较困难。直接证据通常搜集的来源较窄，在一些案例中很难获取甚至完全无法取得直接证据。

3）易假失真。通常情况下，直接证据大多表现为言词证据（如当事人陈述、证人证言），这些证据往往容易受到诸多主观和客观因素的影响，从而出现虚假和失真。并且这种证据稳定性较差，常常出现翻供的情况。

由于直接证据能够直接证明案件的主要事实，因此这类证据的证明力较强，但是正是由于直接证据有着单独直接证明案件主要事实的特点，因此获取和运用这类证据时必须非常慎重，认真鉴别证据的真实性和可信性。

（2）间接证据

间接证据是指不能单独直接证明，但能与其他证据结合证明案件主要事实的证据，其在英美法系的证据理论中又被称为“情况证据”。间接证据虽然不能认定案件事实，但在案件调查中往往起到非常重要的作用，其作用主要有：

1）先导作用：间接证据往往是发现其他间接证据甚至直接证据的先导。

2）印证作用：在判断直接证据的真实性时，使用间接证据来印证直接证据的可信程度是一种常用的印证手段。

3）证据链作用：在某些案件调查中，即使无法获取任何直接证据，但若干间接证据能够形成严密逻辑关系的证据锁链，也可作为案件的事实证明并定案。

间接证据的特点主要为：

1）依赖性：单独的间接证据并没有独立的证明作用，因此必须依赖于其他证据，才能证明案件事实。

2）关联性：间接证据往往仅能证明案件事实的某些局部、某些侧面和个别情节，只有将众多局部证据相互关联才能证明案件事实。

3）排他性：在组成证据链时，各个间接证据所证明的情节应当相互一致，不能出现矛盾的情况，并且必须排除其他的可能性，才能证明唯一的案件事实。

4）证明过程复杂：由于间接证据不能单独证明案件事实，而必须组成逻辑严密并具有排他性的证据链才能证明案件事实，因此相较直接证据，间接证据的证明过程涉及到严格的逻辑推理和判断，其证明案件事实的分析过程较为复杂。

（3）电子证据与直接证据和间接证据的关系

根据证据理论以及直接证据和间接证据的特点，直接证据的证明力高于间接证据。但是，直接证据和间接证据也是相对的，间接证据与直接证据对于同一证明事实，其性质是固定的，但对于不同的证明对象，它们是可以相互转化的。

通常情况下，在案件调查取证中，电子证据属于间接证据，但是不能一概而论，在某些案件中电子证据具备成为直接证据的条件。例如我国《合同法》已经将传统的书面合同形式扩展到数据电文的合同，不管合同采用什么样的载体（无论是书面还是电磁形式），只要可以有形地表现所载内容，就可以视为符合法律对“书面”的要求，即在这样的情况下电子合同是可以作为直接证据的。

电子证据属于间接证据还是直接证据常常只能根据案件性质以及案件调查的客观情况具体考虑，通过对电子证据与待证案件事实关联程度的分析，决定电子证据证明力的大小。但是，无论电子证据表现为直接证据还是间接证据，均必须遵守证据理论的一般规则。

2.2 Windows/DOS 取证基础

当前多数个人计算机使用微软的操作系统平台，所以计算机取证调查人员应通过掌握微软的系列文件系统来了解 Windows 和 DOS 操作系统下，计算机存储文件的方式。尤其是引导过程、FAT 系列和 NTFS 的相关知识。操作系统存储文件的方式决定了隐藏数据的位置。当以取证调查为目的检查一台计算机时，就需要找到这些隐藏位置，检查是否隐含了能作为犯罪或违规证据的文件或文件片段。

2.2.1 主引导记录 MBR

了解 Windows/DOS 的系统硬件引导过程，可以使计算机取证人员得知硬盘所使用分区方案的来龙去脉。引导过程本身是完成从硬件到软件的转换工作，掌握其细节可使调查员洞悉多分区和多操作系统的调查案例。

引导过程起始于计算机加电。按下电源按钮后将 PS_ON 信号送到供电装置，由它打开主板电源。计算机加电后，CPU 进行基本初始化，然后读取系统 BIOS，找到第一条执行指令所在位置。执行第一条指令，进行加电自检，确认硬件和 RAM 正常，转回 BIOS 中寻找引导设备。

引导设备的位置从 RAM 中读取。若是硬盘，BIOS 会读第一扇区，即 MBR（通常位于 0 柱面 0 磁头 1 扇区）来获取当前分区信息。找到引导分区后，加载该分区中引导扇区跳转指令，把 CPU 指引到要执行的第一条操作系统代码位置。

在 Windows NT/2000/XP 中，第一条要运行的指令是位于 NTLDR 文件中的 bootstrap 代码。NTLDR 提供了对系统所有 RAM 进行寻址及读写文件系统的功能。从根目录中读取 Boot.ini 文件，以决定要加载操作系统的位置。双引导系统的计算机，会有菜单供选择要启动的操作系统。如果加载的是 Windows NT/2000/XP，就会从根目录中运行 NTDetect.exe 程序来检测当前的硬件。

随后 NTLDR 加载 Ntoskrnl.exe 和 Hal.dll 两个内核文件，为引导操作系统内核做准备。这些文件位于%SystemRoot%/System32 目录（SystemRoot 指系统根目录）中，是后续系统运行的基础。然后读取注册表，加载相关硬件配置信息和所有必要设备驱动程序。

接着执行控制权转交给 Ntoskrnl.exe 文件，由它完成引导序列。执行 Smss.exe（会话管理器），启动用户会话。执行 Winlogon .exe 文件开始登录进程，执行 lsass.cxc（本地安全管理子系统）程序，最后出现用户登录提示。

在 Windows 9x 中，则加载 IO.SYS 和 MSDOS.SYS，而不是 NTLDR。为了提供基本的配置信息，先执行 config.sys 和 autoexec.bat 文件，然后将控制权转交给 Windows 内核（win386.exe）。在 win386.exe 接管前，系统一直工作在 DOS 操作系统下。

win386.exe 文件读取注册表，并为基本的系统硬件加载必要的设备驱动。接着加载系统字体、基本的显示系统、显示驱动程序，最后执行桌面程序和所有启动时要执行的其他相关程序。

在利用计算机硬盘引导系统时，BIOS 会读取 MBR 以获取分区信息。MBR 是位于磁盘最前边的一段引导代码。负责磁盘操作系统对磁盘进行读写时分区合法性的判别、分区引导信息的定位。这一扇区由磁盘操作系统在对硬盘进行初始化时产生，承担着不同于磁盘上其他普通存储空间的特殊管理职能，作为管理整个磁盘空间的一个特殊空间，它不属于磁盘上的任何分区，因而分区空间内的格式化命令 FORMAT. COM 不能清除 MBR 的任何信息。MBR 共占 512 字节，由三个部分组成：

1）主引导程序占 446 字节，用于硬盘启动时将系统控制转给用户指定的并在分区表中登记了的某个操作系统；

2）磁盘分区表（DPT，Disk Partition Table），由四个分区表构成（每个 16 字节），负责说明磁盘上的分区情况；

3）结束标志（占 2 字节）其值为 AA55H，由于存储时低位在前高位在后，即调查工具中看上去是 55AAH。

早期的 MBR 仅仅规定了一个硬盘不能超过 4 个分区，随着大容量磁盘的发展，当前常采用虚拟 MBR 来突破这样的限制。所谓虚拟 MBR，就是让主 MBR 在定义分区的时候，将多余的容量定义为扩展分区，指定该扩展分区的起止位置，根据起始位置指向的硬盘某一个扇区，作为下一个分区表项，接着在该扇区继续定义分区。即如果只有一个分区，就定义该分区，然后结束；如果不止一个分区，就定义一个基本分区和一个扩展分区，扩展分区再指向下一个分区描述扇区，在该扇区按上述原则继续定义分区，直至分区定义结束。这些用以描述分区的扇区形成一个"分区链"，通过这个分区链，就可以描述所有的分区。

如果硬盘只有一个主分区，即将整个硬盘作为一个逻辑盘 C，则分区命令只在硬盘的 0 柱面 0 磁头 1 扇区上建立 MBR；如果硬盘被划分成多个分区，则除了建立 MBR 之外，还在扩展分区的每个逻辑盘起始扇区上都建立一个扩展 MBR（Extended MBR，EBR），每个 EBR 用于扩展分区上的一个逻辑盘。因此扩展分区的第一个扇区不是用于一个逻辑盘的引导，而是指向一个扩展分区表，即第一个 EBR。逻辑盘引导扇区的起点应为 EBR 的下一个磁道的 1 扇区。

因为 MBR 控制引导过程，所以它通常是病毒感染的对象，也是某些被调查者为达到隐藏信息的目的进行修改的一个重要地方。当病毒或人为原因损坏或修改了某个磁盘的 MBR 时，为了正确引导该磁盘，计算机调查人员可能就需要恢复 MBR。存储介质的数据恢复是计算机取证调查人员的一项重要工作，多数计算机取证的软件工具（如 X-Ways Forensics、EnCase、FTK 等）都具有对取证镜像进行一定的数据恢复的功能，调查人员也常常使用 WinHex 之类的工具进行手动的数据恢复。由于在大多数关于数据恢复的专门书籍和教材中对这一方面都有较为详细的描述，因此在本书中仅仅简略描述一些基本过程和取证数据恢复中应注意的重要原则。

对 MBR 可能相当简单，也可能极为复杂，这取决于损坏的类型以及当前分区的类型或数目。

数据恢复操作的前提是数据不能被二次破坏和覆盖。对于 MBR 的恢复，通常可以采用以下方式：

1）使用 WinHex 等工具搜索驱动器上引导扇区结束标记 55AAH，记录该位置的开始磁头号、扇区号和柱面号。

2）通过询问当事人或证人，或者根据 DBR 的结构判断分区类型，并记录分区类型符（如 FAT32 的分区类型符为 0BH）。

3）通过重复搜索找到下一个唯一的引导扇区起始点，将其和先前已找到的值进行比较。引导扇区的副本可能在同一个分区上。

4）找到引导扇区的起始点，并记录紧挨起始点之前的磁头号、扇区号、柱面号。

5）计算扇区数：（结束位置-起始位置）÷512。

6）计算偏移量：将引导扇区起始位置减去 MBR 分区表的起始位置。

7）重复寻找其他存在的分区。

8）将找到的信息直接输入到 MBR 分区表的正确位置。

当在取证分析中发现一个原封不动的已删除分区时，取证调查员就需要使用十六进制编辑器来浏览这个可疑的已删除分区的引导扇区。除非使用了专业的安全擦除工具，否则删除分区时只是将该分区的 MBR 清零。通过重建 MBR，就可以访问该分区来进行取证分析。即使不能访问，也可以使用十六进制编辑器来搜索未分配空间，以便寻找文本碎片和其他残留数据。

2.2.2 FAT 文件结构

FAT 是微软最早为软盘设计的文件结构。FAT 在 Windows NT/2000 之前被用作最常用的文件系统。FAT 有 3 个版本，FAT12、FAT16 和 FAT32，以及一个被称为虚拟文件分配表 VFAT

的变种。

1）FAT12：专门用于软盘，在存储容量上有局限性，用于最大容量小于 16MB 的驱动器；

2）FAT16：为处理大容量磁盘，微软提出 FAT16，其支持最大存储容量小于 2GB 的磁盘分区；

3）FAT32：当磁盘容量超过 2GB 后，微软提出了 FAT32，目前 FAT32 仍然被广泛使用于 Windows 9x/Me/2000/XP 等系列。

FAT（File Allocation Table）文件系统大致将硬盘数据分为五大部分：

- MBR（Master Boot Record）——主引导记录区
- DBR（DOS Boot Record）——操作系统引导记录区
- FAT（File Allocation Table）——文件分配表区
- FDT（File Directory Table）——文件目录表区（也称 DIR 区）
- DATA——数据区

（1）操作系统引导记录区（DBR）

磁盘引导时 MBR 首先从硬盘装入内存，随后由 MBR 将 DBR 装入内存。DBR 位于 0 柱面 1 磁头 1 扇区，其逻辑扇区号为 0。DBR 包含 DOS 引导程序和本分区参数记录表（BIOS Parameter Block，BPB），BPB 十分重要，由此可算出逻辑地址与物理地址。以上仅以 DOS（FAT16）为例，虽然 FAT16 已不常见，但 0 磁道 1 柱面 1 扇区这个位置仍起着类似的作用，所以准确地说 DBR 应该改称为 OBR（OS Boot Record）即操作系统引导扇区，Windows XP 的 OBR（FAT32 或 NTFS）就是在 DOS 的 DBR 基础逐步演变而来的。OBR（DBR）是由高级格式化程序产生的。

每个逻辑磁盘的 0 扇区为 BOOT 分区，共 512 个字节，主要完成记录该分区参数和系统引导的工作，由五个部分组成：

- 跳转指令占 2 个字节；
- 厂商标识和系统版本号占 8 字节；
- BPB 占 52 字节（FAT16）或 80 字节（FAT32）；
- DOS 引导程序占 448 字节或 420 字节；
- 结束标志占两个字节——“55AAH”。

在取证恢复时，调查人员通常会在需要恢复 DBR 信息时，首先查找保留扇区，因为其是由操作系统指定的，被保留用作引导的扇区总数（通常保留 32 扇区），并且除了本身的 BOOT 占用一个扇区外，常在第六扇区对 BOOT 扇区的内容进行备份。因此当 BOOT 内容损坏或被人为损坏而不能正确引导时，可以使用第六个扇区的内容覆盖第一扇区，进行修复。

（2）文件分配表区（FAT）

文件分配表（File Allocation Table，FAT）记录的是磁盘中每个簇的使用情况，其大小由本分区的大小及文件分配单元大小决定。由于 FAT 对于文件管理非常重要，一开始设计者们就为它做了一个备份，所以有两个 FAT，一直延续到现在。

FAT 主要有三大功能：表明磁盘类型、表明一个文件所占用的各簇的簇链分配情况、标出可用簇和坏簇（簇项中写入 FFF7H）。在取证调查时，若发现标明坏簇的情况时，应当判断相应的簇是真的坏簇，还是利用这样的方式在隐藏信息。

当操作系统或应用程序将数据写入磁盘时，必须在磁盘上找到相应的可以利用的扇区；反过来，要将数据从磁盘中读出时，也要在磁盘上找到已经存储了相应数据的扇区的地址，文件分配表就是记录扇区地址的。

因为磁盘的扇区非常多，如果将每个扇区都记录在 FAT 中必然会导致 FAT 体积的庞大，查找时效率会低下，为了解决这个问题，采用将扇区分组的方法，这个分组的过程称为扇区的分簇。当使用了一个新格式化的逻辑驱动器时，文件数据存放的簇号是连续的，使用一段时间后，由于经常对文件进行删除、复制和修改等重要操作，每个文件的簇号就不一定连续了，为了确保取文件时能够检索到所有连续或不连续的扇区地址，文件分配表采用了“簇链”的记录方式。

当需要从磁盘上读取一个文件时，首先从文件目录表（FDT）中找到该文件的目录登记项。继而从目录登记项的有关字段，查到分配给该文件的第一个簇号（在 FAT 里查），根据第一个簇号可以计算出两组数据：一组数据记录了文件在数据区（DATA）里的第一簇扇区的首地址，第一簇扇区的首地址是开始，数据是连续存放的，连续存放多少个扇区由分区格式和分区大小决定；另一组数据指出了 FAT 表内簇登记项的地址，如果其值是结束标志 FFFFH（FAT16 格式）或 FFFFFF0FH（FAT32 格式）说明文件至此结束。如果不是结束标志，则该登记项的值为第二个簇号，据此又可以计算出两组数据，继而确定文件在数据区里第二簇扇区首地址和 FAT 内第二个簇登记项的地址。

继续重复上面的过程，就可以得到 DATA 区里全部数据，以及文件在 FAT 表里所有簇登记项的地址。

当需要在硬盘上建立文件时，首先顺序检索 FAT 表，找到第一个可用簇，可用簇登记项的地址为 0000H（FAT16 格式）或 00000000H（FAT32 格式），将该簇作为起始簇，写入文件目录表（FDT）相关登记项的起始簇字段中，然后继续检索后面的可用簇，找到后将其写入第一个可用簇项内。按照此过程进行下去，将满足文件长度所需的簇全部找到。使每一个簇项的值指向下一个所需簇项，在最后的簇登记项内写入结束标志 FFFFH 或 FFFFFF0FH，于是一条能够检索整个文件的“簇链”就形成了。

当需要对一个文件进行扩展时，先检索 FAT 表，找到一个可用簇。将簇项的内容置为结束标志，并将文件原来的最后簇项改为指向此可用簇，依此类推，直到满足文件扩展要求。

当删除文件时，除了将目录登记项的第一个字节改为“E5H”，还要在 FAT 表的“簇链”中将对应的簇项全部清零，这些被清零的簇项又可以供给其他的文件使用，在删除文件结束以后，目录登记项的其他字段仍然保存完好，只是文件名的第一个字节变成了“E5H”，并且文件存储在扇区中的所有数据依然存在簇项内。只要 FAT 表中被清零的簇项没有被新的文件使用，就可以运行相关的软件来恢复被删除的文件。

硬盘的系统信息被破坏时，一般情况下 FAT 被破坏的可能性较小，特别是第二个 FAT 表一般能够保存完好，因为第二个 FAT 表很少受到应用程序的访问。每个 FAT 表的前两个字节都是“F8FFH”，因此数据恢复时，常常通过查找第二个 FAT 表来修复第一个 FAT 表。

（3）文件目录表区（FDT）

FDT 常常也被称为 DIR 区，是操作系统为了管理磁盘上的目录和文件，在特定的扇区上建立的一个文件目录表，也称为根目录 FDT。FAT16 格式的 FDT 表占用 32 个扇区，扇区地址紧跟在第二个 FAT 后。FAT32 分区格式没有固定的 FDT 表，在第二个 FAT 表之后就是数据区 DATA。

两种分区格式都使用一个长 32 字节的“目录登记项”来说明目录或文件的有关特性，FAT16 的目录登记项放在 FDT 里，由于 FAT32 没有 FDT，所以其目录登记项放在数据区里。

（4）DATA 数据区

数据（DATA）区为存放各种数据文件信息的区域，数据区里所有的扇区都划分为以簇为单位的逻辑结构，每一个簇在 FAT 区（文件分配表）里都有相应的簇登记项与之对应。

（5）FAT16 与 FAT32

由于计算机文件存储对硬盘的容量要求越来越大，因此 FAT32 作为对 FAT16 的改进，被广泛接受。两个文件系统的差别并不太大，主要区别为：

1）FAT32 的逻辑盘空间依次为 BOOT、FAT 和 DATA 区，而没有 FDT 区；

2）FAT32 的 BOOT 区使用三个扇区并保留 29 个扇区，即共占用 32 个扇区，FAT16 通常仅占用一个扇区；

3）FAT32 在 FAT 区中采用 32 位表示簇号，结束标识为 FFFFFF0FH，而 FAT16 采用 16 位表示簇号，结束标识为 FFFFH；

4）FAT32 一簇对应 8 个逻辑相邻的扇区，能管理的逻辑盘容量上限为 16TB；

5）FAT32 取消了 FDT 区，将根目录（ROOT）区改为根目录文件，而 FAT16 的根目录区区域和大小固定，使得根目录下的文件最多为 512 个；

6）FAT32 的目录项仍然占用 32 个字节，但 FAT16 目录项中的 10 个保留字节均有了新的定义。

2.2.3 NTFS 文件结构

随着以 NT 为内核的 Windows 2000/XP/Vista/7 的普及，很多个人用户开始使用 NTFS。NTFS 也是以簇为单位来存储数据文件，但 NTFS 中簇的大小并不依赖于磁盘或分区的大小。簇尺寸的缩小不但降低了磁盘空间的浪费，还减少了产生磁盘碎片的可能。NTFS 支持文件加密管理功能，可为用户提供更高层次的安全保证。Windows NT/2000/2003/2008/XP/Vista/7/8 以上的 Windows 版本能识别 NTFS 系统，Windows 9x/Me 以及 DOS 等操作系统都不能直接支持、识别 NTFS 格式的磁盘，访问 NTFS 文件系统时需要依靠特殊工具。

NTFS 文件系统有一个简单而又强大的设计思想。简言之，卷上的所有东西都是一个文件，所有东西都是文件的一个属性，包括数据属性、安全属性、文件名属性等。

NTFS 卷上分配的每个扇区均属于某个文件，甚至文件系统的元数据（即描述文件系统自身的信息）也是一个文件的一部分。

（1）NTFS 与 FAT 比较

与 FAT16 和 FAT32 相比，NTFS 文件系统功能更强大。Windows 2000 以上家族中包括 NTFS 5.0，支持各种新功能（如活动目录功能，这项功能是域、用户账户和其他重要安全功能所必需的）。

FAT16 和 FAT32 相似，差别只是 FAT32 比 FAT16 更适合较大磁盘应用。NTFS 则是一种最适合大磁盘使用的文件系统。NTFS 和 FAT 的比较如表 2.1 所示。

表 2.1　NTFS 与 FAT 的比较

比较标准	NTFS5.0	NTFS	FAT32	FAT16
操作系统	Win2000/XP 以上	WinNT 以上	Win9x 以上	DOS 和 Windows 所有版本
限制				
最大卷容量	2TB	2TB	2TB	2GB
每卷最多文件数	几乎无限制	几乎无限制	几乎无限制	65000
最大文件大小	仅受卷大小限制	仅受卷大小限制	4GB	2GB
最大簇号	几乎无限制	几乎无限制	268435456	65535
最大文件名长度	最多 255 字符	最多 255 字符	最多 255 字符	标准版为 8.3 格式，扩展后最多 255 字符
文件系统特征				
Unicode 文件名	Unicode 字符集	Unicode 字符集	系统字符集	系统字符集
系统记录镜像	MFT 镜像文件	MFT 镜像文件	FAT2 备份	FAT2 备份
引导扇区位置	第一和最后一个扇区	第一和最后一个扇区	第一扇区	第一扇区
文件属性	标准的和用户自定义	标准的和用户自定义	标准集合	标准集合
替换流	支持	支持	不支持	不支持
压缩	支持	支持	不支持	不支持
加密	支持	不支持	不支持	不支持
对象权限	支持	支持	不支持	不支持
磁盘配额	支持	不支持	不支持	不支持
稀疏文件	支持	不支持	不支持	不支持
重解析点	支持	不支持	不支持	不支持
卷挂载点	支持	不支持	不支持	不支持

续表

总体性能				
内置安全性	是	是	否	否
可恢复性	是	是	否	否
性能	小卷低大卷高	小卷低大卷高	小卷高大卷低	小卷高大卷低
磁盘空间利用效率	最大化	最大化	平均	对大卷最小
容错性	最大化	最大化	最小	平均

（2）NTFS 的 DBR

NTFS 的 DBR 的物理扇区位置为 0 柱面 1 磁头 1 扇区，其与 FAT32 的 DBR 作用相同，由 MBR 得到 DBR，再由 DBR 引导操作系统。NTFS 的引导扇区完成引导和定义分区参数，FAT 分区中，即使文件不正确，而 BOOT 记录正常，分区会显示没有错误，和 FAT 分区不同，NTFS 分区的 BOOT 记录不是分区正确与否的充分条件，后面的 MFT 中的系统记录必须正常，该分区才能正常访问。

当格式化一个 NTFS 卷时，格式化程序分配开始的 16 个扇区给引导扇区和自举代码，其格式如表 2.2 所示。

表 2.2　NTFS 的引导扇区

字节偏移	字段长度	字段名
0x00	3 字节	Jump 指令
0x03	8 字节	OEM ID
0x0B	25 字节	BPB
0x24	48 字节	扩展的 BPB
0x54	426 字节	自举代码
0x01FE	字	引导扇区结束标记

在 NTFS 卷上，BPB（BIOS 参数块）后的数据字段构成扩展 BPB。启动过程中，这些字段中的数据可以使 NTLDR 程序找到主文件表 MFT。在 NTFS 卷上，MFT 不会放在特定的预定义扇区上（和 FAT16/32 不同），因此如果 MFT 通常的位置有坏扇区，它可以移动。但是，如果数据遭到破坏，MFT 无法定位，则操作系统就认为该卷未格式化。

若一个 NTFS 的卷提示未格式化，那么有可能 MFT 并没有被破坏，有时可以根据 BPB 各个字段的意思来重建 BPB。

Windows 2000 操作系统的一个 NTFS 卷格式化后的引导扇区分为三节：

- 字节 0x00～0x0A 是 jump 指令和 OEM ID；
- 字节 0x0B～0x53 是 BPB 和扩展 BPB；

- 剩余的代码是自举代码和扇区结束标记。

表 2.3 描述了一个 NTFS 卷上 BPB 和扩展 BPB 的字段。字段和它们在 FAT16、FAT32 卷上一样，开始于 0x0B、0x0D、0x15、0x18、0x1A 和 0x1C。示例值对应一个磁盘例子的数据。

表 2.3　NTFS 卷上的 BPB

字节偏移	字段长度	示例值	字段名
0x0B	WORD	0x0002	每扇区字节数
0x0D	BYTE	0x08	每簇扇区数
0x0E	WORD	0x0000	保留扇区
0x10	3 BYTE	0x000000	总是 0
0x13	WORD	0x0000	NTFS 未使用
0x15	BYTE	0xF8	介质描述
0x16	WORD	0x0000	总是 0
0x18	WORD	0x3F00	每磁道扇区数
0x1A	WORD	0xFF00	磁头数
0x1C	DWORD	0x3F000000	隐含扇区
0x20	DWORD	0x00000000	NTFS 未使用
0x24	DWORD	0x80008000	NTFS 未使用
0x28	LONGLONG	0x4AF57F0000000000	扇区总数
0x30	LONGLONG	0x0400000000000000	$MFT 的起始逻辑簇号
0x38	LONGLONG	0x54FF070000000000	$MFTMirr 的起始逻辑簇号
0x40	DWORD	0xF6000000	每个文件记录段的簇数
0x44	DWORD	0x01000000	每个索引块的簇数
0x48	LONGLONG	0x14A51B74C91B741C	卷序列号
0x50	DWORD	0x00000000	校验和

（3）NTFS 的主文件表 MFT

NTFS 卷上的每个文件表达成一个称为主文件表（Master File Table，MFT）的特殊文件的一个记录。在 MFT 中，NTFS 保留了开头的 16 个记录用于保存特殊信息。

MFT 中的第一个记录是 MFT 的自我描述，紧跟其后的第二个记录是 MFT 镜像文件。如果第一个记录$MFT 被破坏了，则 NTFS 就读出第二个记录找到 MFT 的镜像文件$MFTMirr，镜像文件的第一个记录和 MFT 的第一个记录完全相同。MFT 和 MFT 镜像文件的位置记录在引导扇区中，引导扇区的一个副本放在逻辑磁盘的中间或末尾；第三个记录是日志文件，用于文件恢复；第四个记录是卷文件；第五个记录是属性定义表；第六个记录是根目录；第七个记录是位图文件；第八个记录是引导文件；第九个记录是坏簇文件；第十个记录是安全文件；第

11 个记录是大写文件；第 12～15 个记录分别是扩展元数据目录、重解析点文件、变更日志文件、配额管理文件和对象 ID 文件；第 16～23 个记录是系统保留用作将来需要时扩展的记录；第 24 个及之后的记录用于卷上的每个文件和目录（NTFS 视目录也为文件）。

MFT 中的文件记录大小一般是固定的，不管簇的大小是多少，均为 1KB。文件记录在 MFT 文件记录数组中物理上是连续的，且从 0 开始编号，所以 NTFS 是预定义文件系统。

MFT 仅供系统本身组织和架构文件系统使用，所有记录在 NTFS 中称为元数据或者元文件，这些文件的文件名均以“$”符号起始，它们是存储在卷上，支持文件系统格式管理的数据，不能被应用程序访问，只能为系统提供服务，因此 dir 命令无法列出这些元文件，但可使用诸如 NFI 这样的工具显示元文件。

元数据文件是系统驱动程序管理卷所必需的，Windows 2000/XP 等操作系统给每个分区赋予一个盘符并不表示该分区包含有系统可以识别的文件系统格式，如果主文件表损坏，那么该分区在 OS 下是无法读取的。为了使分区能够在 OS 下被识别，就必须首先建立 OS 可识别的文件系统格式即主文件表，这个过程可通过高级格式化该分区来完成。

Windows 系统以簇号来定位文件在磁盘上的存储位置，在 FAT 格式的文件系统中，有关簇号的指针包含在 FAT 表中，在 NTFS 中，有关簇号的指针则包含在$MFT 及$MFTMirr 文件中。NTFS 使用逻辑簇号（Logical Cluster Number，LCN）和虚拟簇号（Virtual Cluster Number，VCN）来对簇进行定位。LCN 是对整个卷中所有的簇从头到尾所进行的简单编号。用卷因子乘以 LCN，NTFS 就能够得到卷上的物理字节偏移量，从而得到物理磁盘地址。VCN 则是对属于特定文件的簇从头到尾进行编号，以便于引用文件中的数据。VCN 可以映射成 LCN，而不必要求在物理上连续。NTFS 文件按照簇分配。簇的大小必须是物理扇区整数倍，而且总是 2 的 n 次幂，具体见表 2.4。

表 2.4 NTFS 的簇分配

卷大小	每簇的扇区	缺省的簇大小
小于等于 512MB	1	512B
513MB～1GB	2	1KB
1GB～2GB	4	2KB
大于等于 2GB	8	4KB

从表 2.4 可知，无论驱动器多大，NTFS 簇的大小不会超过 4KB。NTFS 中文件通过 MFT 确定其在磁盘上的位置。MFT 是一个数据库，由一系列文件记录组成。卷中每一个文件都有一个文件记录，其中第一个文件记录称作基本文件记录，里面存储有其他扩展文件记录的信息。NTFS 卷上的每个文件都各有一个唯一的 64 位的文件引用号（文件索引号）。文件引用号由两部分组成：文件号和文件顺序号。文件号 48 位，对应该文件在 MFT 中的位置；文件顺序号随着文件记录的重用而增加。

NTFS 目录只是一个简单的文件名和文件引用号的索引。如果目录的属性列表小于一个记录长，那么该目录所有信息存储在 MFT 的记录中，否则大于一个记录长的使用 B+树结构进行管理。

MFT 的基本文件记录中有一指针，指向一个存储非常驻的索引缓冲，包括该目录下所有下一级子目录和文件的外部簇。FAT 文件系统的簇号指针在 FAT 表中，而 NTFS 的簇号指针包含在$MFT 和$MFTMirr 文件中。

NTFS 管理的原则：磁盘上任何对象都作为文件管理，而文件则通过主文件表 MFT 来定位。NTFS 把磁盘分成了两大部分，其中大约 12%分配给了 MFT，以满足其不断增长的文件数量。为了保持 MFT 元文件的连续性，MFT 对这 12%的空间享有独占权，余下的 88%的空间被分配用来存储文件。调查人员检测的剩余磁盘空间则包含了所有的物理剩余空间（MFT 剩余空间也包含在里面）。

MFT 空间的使用机制可以这样来描述：当文件耗尽了存储空间时，Windows 操作系统会简单地减少 MFT 空间，并把它分配给文件存储。当有剩余空间时，这些空间又会重新被划分给 MFT。

通常 NTFS 访问卷的过程：当 NTFS 访问某个卷时，首先“装载”该卷，NTFS 会查看引导文件，找到 MFT 的物理磁盘地址；然后 NTFS 从文件记录的数据属性中获得 VCN 到 LCN 的映射信息，并存储在内存中，这个映射信息定位了 MFT 的运行在磁盘上的位置；最后 NTFS 再打开几个元数据文件的 MFT 记录，并打开这些文件。如需要恢复，NTFS 就会开始执行它的文件系统恢复操作。在 NTFS 打开了剩余的元数据文件后，用户就可以开始访问该卷。

NTFS 的元文件和 DBR 参数关系：NTFS 把磁盘上的对象都看作是文件。因此 DBR 和元文件在 NTFS 中都是文件。与 FAT32 文件系统相同，NTFS 文件系统的分区或卷的切入点是 DBR。NTFS 中 DBR 是本分区的第一个扇区的内容。第一个扇区 DBR 是一个文件，也是$BOOT 文件的第一个扇区。$MFT 也是文件，记录$MFT 文件信息的是它本身。$MFT 的文件记录第一项是$MFT，第 8 项是$BOOT。

系统通过 DBR 找到$MFT，然后由$MFT 定位和确定$BOOT。在所有的 NTFS 分区中，$BOOT 占用前 16 个扇区。引导分区中$BOOT 的代码量一般占用 7 个扇区（0～6 扇区），后面为空，这些代码是系统引导代码。引导分区和非引导分区的 1～6 扇区内容一致，区别是第 0 个扇区。如果启动分区的$BOOT 文件损坏，可以用其他分区的$BOOT 文件恢复。

NTFS 将文件作为属性/属性值的集合来处理，这一点与其他文件系统不同。文件数据就是未命名属性的值，其他文件属性包括文件名、文件拥有者、文件时间标记等。每个属性由单个的流组成。严格地说，NTFS 并不对文件进行操作，而只是对属性流进行读写。NTFS 提供对属性流的各种操作：创建、删除、读取（字节范围）以及写入（字节范围）。读写操作一般是针对文件的未命名属性的，对于已命名的属性则可以通过已命名的数据流句法来进行操作。

NTFS 目录只是一个简单的文件名和文件引用号的索引。如果目录的属性列表小于一个记录长，那么该目录所有信息存储在 MFT 的记录中，否则大于一个记录长的使用 B+树结构进行管理。

NTFS 中文件和目录的属性分为常驻属性与非常驻属性。当一个文件很小时，其所有属性和属性值可存放在 MFT 的文件记录中，这些属性值能直接存放在 MFT 中的属性称为常驻属性。有些属性总是常驻的，这样 NTFS 才可以确定其他非常驻属性。例如，标准信息属性和根索引就总是常驻属性。每个属性都是以一个标准头开始的，在头中包含该属性的信息和 NTFS 通常用来管理属性的信息。该头总是常驻的，并记录着对应的属性值是否常驻、对于常驻属性头中还包含着属性值的偏移量和属性值的长度。如果属性值能直接存放在 MFT 中，那么 NTFS 对它的访问时间就将大大缩短。NTFS 只需访问磁盘一次，就可立即获得数据；而不必像 FAT 文件系统那样，先在 FAT 表中查找文件，再读出连续分配的单元，最后找到文件的数据。小文件或小目录的所有属性，均可以在 MFT 中常驻。大文件或大目录的所有属性，就不可能都常驻在 MFT 中。

如果一个属性太大而不能存放在只有 1KB 的 MFT 文件记录中，那么 NTFS 将从 MFT 之外分配区域。这些区域可用来存储非常驻属性值。若以后属性值又增加，NTFS 将会再分配一个区域，以便用来存储额外的数据。这些存储在 MFT 之外的区域而不是存储在 MFT 文件记录中的属性称为非常驻属性。NTFS 决定了一个属性是常驻还是非常驻的，而属性值的位置对访问它的进程而言是透明的。

项目分析

在本章的案例中，计算机取证调查人员 Tom 得到委托授权，对某公司部门经理 Adam 使用的办公计算机进行计算机调查，Tom 通过对案件的了解和取证的准备以及现场的勘察，了解到被调查者 Adam 使用的办公计算机采用 Windows XP 的操作系统，且其 USB 盘和存储卡等也采用 Microsoft 的文件结构。由此 Tom 可以了解到这样的取证调查应当是针对 Windows 环境的单机调查取证。

Tom 在进行了前期的取证调查（如项目 1 所述）后，明确针对 Adam 的办公计算机进行调查时需要首先获取和固定原始证据，即对 Adam 的办公计算机硬盘和所有公司配给其使用的 USB 盘和存储卡制作取证镜像备份，以便日后在取证实验室针对这些原始证据进行深入的分析。由于每一次的取证镜像制作和对取证对象磁盘的每一次搜索和分析都会增加原始证据损坏的可能性，而原始证据的损坏往往意味着取证调查工作失败，因此 Tom 准备在制作取证镜像备份时，对每一个取证对象存储设备制作两份取证镜像备份，一份镜像备份用于取证实验室的深入分析，而另一份镜像备份则用于存档保存。这样，如果因为种种原因，用于取证实验室深入分析的镜像备份发生了损坏，就可以直接利用存档保存的另一份镜像备份再次制作更多的备份，从而尽量减少原始证据损坏的可能性。

Tom 考虑到如果进入取证现场时取证目标系统处于开机并正常运行状态（即没有处于文件或目录删除、磁盘格式化等），需要在关机前对易失性证据进行获取和固定，而取证目标系统（即 Adam 的办公计算机）是运行在 Windows 环境，因此需要准备易失性证据获取工具包，以便快速获取和固定易失性证据。

另外，Tom 准备在取证实验室深入分析原始证据镜像备份前，首先对取证目标系统的注册表、重要文件和目录、重要日志、常用进程和网络痕迹等这些最容易获取证据和线索的方面进行初步的调查。

项目实施

2.3 任务一：在 Windows 环境下进行原始证据取证复制

2.3.1 现场取证复制前的考虑

（1）确定最好的原始证据数据提取方法

通常取证调查人员可以通过 3 种方式从磁盘驱动器中提取原始证据数据：

1）创建对位精确备份的磁盘——镜像文件；

2）制作对位精确拷贝的磁盘——磁盘副本；

3）创建文件或目录的稀疏数据副本。

创建对位精确备份的磁盘——镜像文件是最常用的数据提取方法，它为调查工作提供了较高的机动性。使用这种方法，能为一个嫌疑人的磁盘驱动器制作一个或多个取证备份。在深入分析时，可以利用取证备份文件将源磁盘按比特拷贝到另一个磁盘。除了重建源磁盘外，还可以使用许多的取证分析工具（如 EnCase、FTK、X-Ways Forensics 等）读取调查人员创建的常见取证镜像文件。

如果现场条件允许，取证人员可以考虑制作对位精确拷贝的磁盘——磁盘副本。这样的操作需要计算机硬盘取证复制机（如 Talon-E、Solo-4 等）配合写保护接口箱（如 UltraKit III 等）进行制作，在进行这项操作时，通常取证人员还应准备与被复制磁盘结构相同或相似的备份磁盘。当对一个嫌疑人磁盘驱动器进行对位精确拷贝时，从一个大容量磁盘中复制所有原始数字证据会花费大量时间。如果调查人员在现场时间有限，可考虑使用稀疏数据拷贝的方法为重要的文件或目录创建精确取证副本。为确定在调查中使用哪一种数据提取方法，应考虑源磁盘驱动器的大小，源磁盘驱动器是留作证据还是要物归原主，有多少时间进行数据提取，以及证据被存储的位置等多种因素。

如果在民事诉讼中，当调查人员遇到无法保留源证据磁盘驱动器并且必须把它归还给物主的情况时，就需要确定如何更快更可靠地提取数据。在很多情况下，取证调查人员往往仅有一次机会来提取数据，因此应使用可靠的取证工具制作合乎取证要求的副本。根据项目说明和项目分析，Tom 决定采用第一种方式，即制作磁盘的取证镜像文件备份的方式来提取和固定原始证据数据。

（2）考虑取证分析中意外事故对证据信息的损坏

由于电子数据的相对脆弱性，取证人员需要采取一些预防措施来保护原始数字证据的无损性。通常取证调查人员都会在进入现场前认真检查其数据提取备份的制作工具，因为在一些情况下，如果软件或硬件不能工作或在数据提取过程中出错，往往没有补救的机会。

最常见也是最耗时的技术是创建与原始证据完全相同的副本。许多计算机调查员在时间和现场状况允许的情况下，都会针对原始证据磁盘的信息制作两份精确取证备份，并验证这两份备份的正确性。如果在后续的工作中证据的第一个副本因为种种原因出错了，那么就可以利用制作的第二份备份，精确复制出新的拷贝，而不用重新启封原始的磁盘。因为每对原始磁盘多做一次操作，就会多增加一次损坏原始证据的可能，并且在有些情况下，重新获取原始磁盘并制作新的取证备份也是条件不允许的。如果条件允许，调查人员通常采用两个不同的工具（如 FTK imager 和 X-Ways Forensics）来分别获取这两个副本。

如项目分析所述，Tom 准备在制作取证镜像备份时，对每一个取证对象存储设备制作两份取证镜像备份，一份镜像备份用于取证实验室的深入分析，而另一份镜像备份则用于存档保存，从而尽量减少原始证据损坏的可能性。

数据提取所关心的另一个问题是证据所处的环境。在处理一个案件犯罪现场时，要考虑可能来自外界危险物质的干扰，并注意以下问题：

- 证据所处的位置是否有足够的电源？
- 证据所处的位置是否有足够的光线，需不需要强光灯、闪光灯或其他类型的照明设施？
- 证据所处的位置是不是太温暖、太冷或太潮湿？
- 证据所处的位置是否有或者可能会产生强电磁的环境？

2.3.2 易失性证据的获取

在计算机取证中，一般对系统进行取证分析时，首先需要关闭系统，然后对硬盘进行取证精确备份以做深入分析。但一旦关机，有些重要的易失性证据信息就会消失。所谓易失性证据，通常指存在于被取证计算机的寄存器、缓存或内存中，主要包括网络连接情况、正处于运行进程状态等关机后就会全部丢失且不可能恢复的证据信息。易失性证据主要包括：

- 系统日期和时间；
- 最近运行的进程列表；
- 最近打开的套接字列表；
- 在打开的套接字上进行监听的应用程序；
- 当前登录的用户列表；
- 当前或最近与本系统建立连接的其他系统列表。

对 Windows 系统进行初始响应前，取证调查人员首先应创建初始响应工具包，目前在 Windows 环境下常用的初始响应工具有以下几种：

- cmd.exe：WinNT/2000 等的命令行工具；
- systeminfo：列出系统基本信息；
- ipconfig：列出系统网络配置信息；
- psservice：列出系统当前的服务信息；
- psloggedon：显示所有本地和远程连接用户；
- pslist：列出被取证系统上正运行的所有进程；
- netstat：列出监听端口和对应的当前连接；
- arp：显示最后一分钟内与被取证系统进行通信的其他系统 MAC 地址；
- nbtstat：列出最近十分钟内的 NetBIOS 连接；
- fport：列出打开 TCP/IP 端口的所有进程；
- MD5sum：为一个给定的文件创建 MD5 的 Hash 码；
- doskey：为打开的 cmd.exe 命令行程序显示其历史命令的列表；
- netcat：在取证工作计算机和被取证计算机之间创建通信信道。

调查人员在系统关机前，可使用这些初始响应的工具进行现场易失性证据的收集，为了保证取证的顺利进行，调查人员必须使用安全的命令行解释程序。由于被取证系统的命令行 shell 可能被修改，调查人员不能相信它的输出，因此在现场进行易失性证据收集时，必须使用自己确认可信的命令行解释程序。

易失性证据收集过程中，为保证无损取证原则，不能将收集的数据存放在被取证计算机硬盘上。因此取证调查人员常采用两种方式保存，一种是采用网络通信方式，即利用 netcat 等工具将收集到的数据信息传送到取证人员的计算机中；另一种是取证人员准备专用取证存储介质（USB 盘、存储卡等），将数据存储在其中。

在做好以上工作后，取证调查人员运行初始响应工具包中的工具来收集易失性证据。取证调查人员在收集易失性证据时，通常将很多必须的操作合并成一个批处理文件，然后利用脚本文件的运行自动获取易失性证据。案件性质不同，初始响应工具包中脚本文件的编写也有差异，下面是一个在 Windows 上进行响应处理的批处理文件脚本的例子：

```
time /t >> .\evidence\evidence.txt
date /t >> .\evidence\evidence.txt
systeminfo >> .\evidence\evidence.txt
ipconfig >> .\evidence\evidence.txt
psloggedon /t >> .\evidence\evidence.txt
netstat -an >> .\evidence\evidence.txt
fport >> .\evidence\evidence.txt
pslist >> .\evidence\evidence.txt
psservice >> .\evidence\evidence.txt
nbtstat -c >> .\evidence\evidence.txt
```

```
time /t >> .\evidence\evidence.txt
date /t >> .\evidence\evidence.txt
doskey /history >> .\evidence\evidence.txt
cd .\evidence
md5sum *.txt > hash.txt
```

一些计算机取证工具软件，具有抓取被取证计算机内存数据并做成一个取证备份镜像的功能，这样的镜像可以在现场取证后进行深入的分析。AccessDate 公司开发的 FTK 套件中有一款典型的 Windows 环境下用于计算机取证的数据提取与备份工具——FTK Imager，就有这样的功能。启动 FTK Imager，在菜单中选择 File→Capture Memory…，如图 2.1 所示。

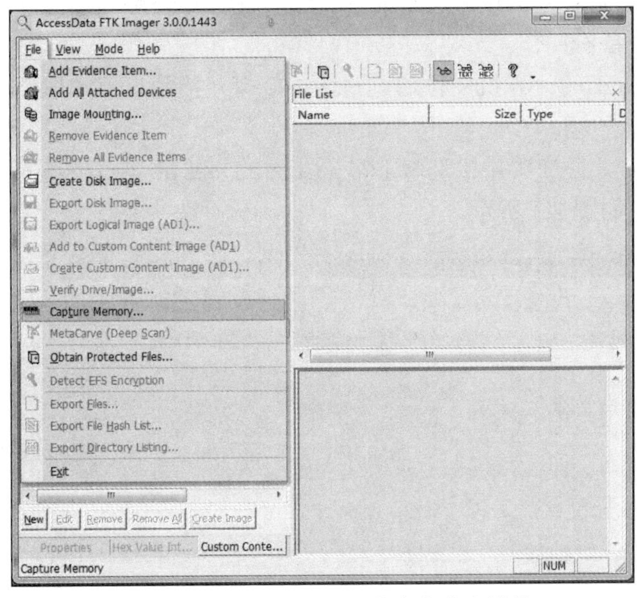

图 2.1　开启 FTK Imager 的内存获取模块

在随后出现的内存获取对话框中设定内存镜像存放路径，在镜像文件名下单击 Capture Memory 按钮即可获取完整的内存数据，如图 2.2 所示。

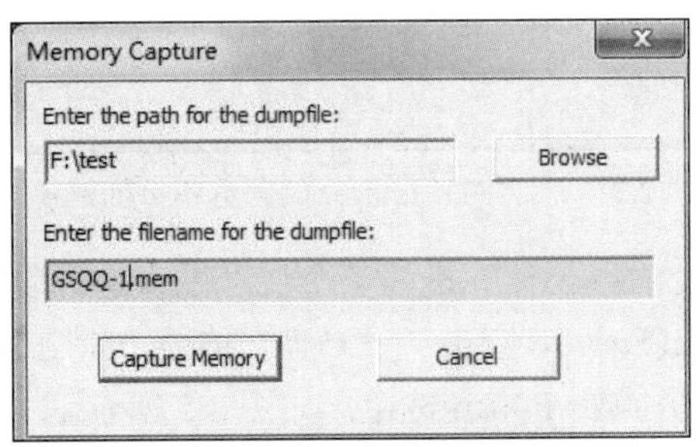

图 2.2　内存获取对话框

2.3.3 利用 FTK Imager 进行取证复制

与许多 Windows 平台下的取证备份制作工具一样，FTK Imager 需要取证人员使用一个写保护控制接口设备，将其位于取证工作站和原始证据驱动器之间，连接取证对象磁盘（或其他存储介质），以确保在进行取证备份时，不会被不知名的进程污染原始证据，保证证据的客观性。

FTK Imager 能够为原始证据磁盘制作精确的取证镜像备份，使取证人员从一个逻辑分区或一个物理分区中获取取证副本。调查人员可以定义每个镜像文件的卷大小，将所保存的镜像分割为多个大小适合的卷。

调查人员 Tom 在调查 Adam 的计算机系统时，决定首先利用 FTK Imager，根据以下步骤进行数据提取和取证备份制作。

Tom 首先将 Adam 的计算机硬盘通过写保护接口连接到自己的取证工作站，并将取证工作站引导到 Windows 环境。

启动 FTK Imager，并在菜单中选择 File→Create Disk Image…，从而开启 FTK Imager 的磁盘备份创建模块，如图 2.3 所示。

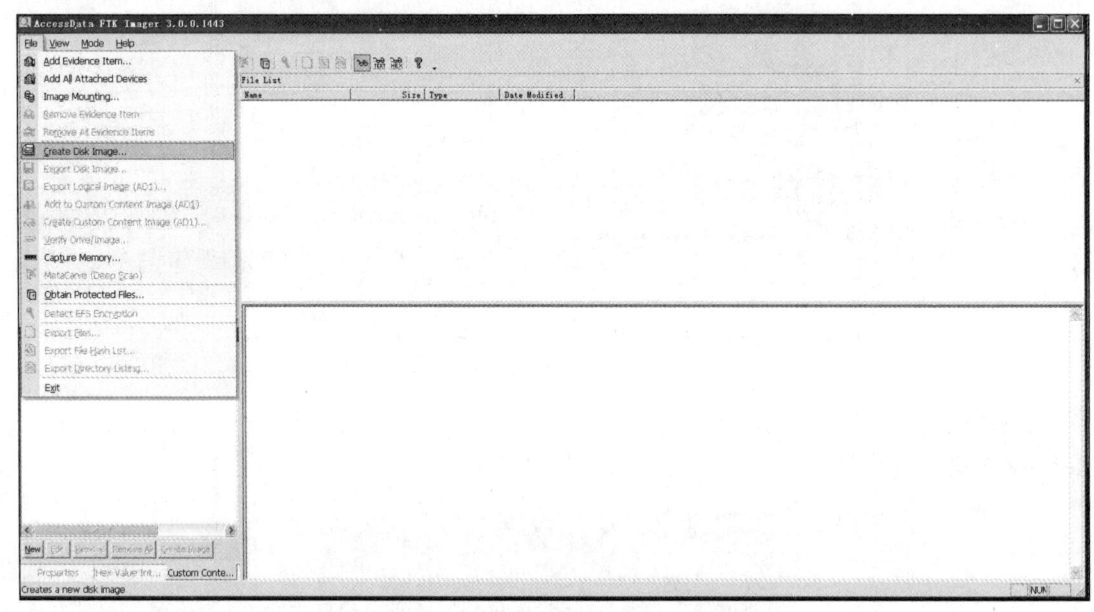

图 2.3 开启 FTK Imager 的磁盘备份创建模块

由于 Tom 需要对 Adam 的办公计算机的整个物理硬盘进行复制，因此在随后出现的选择备份源对话框中选择 Physical Drive，点击“下一步”按钮，如图 2.4 所示，并在随后的对话框中选择 Adam 的物理磁盘，并点击 Finish 按钮，如图 2.5 所示。

项目 2

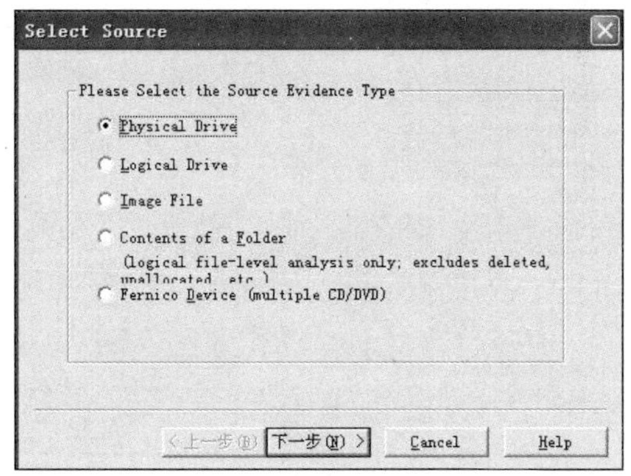

图 2.4　备份源选择界面

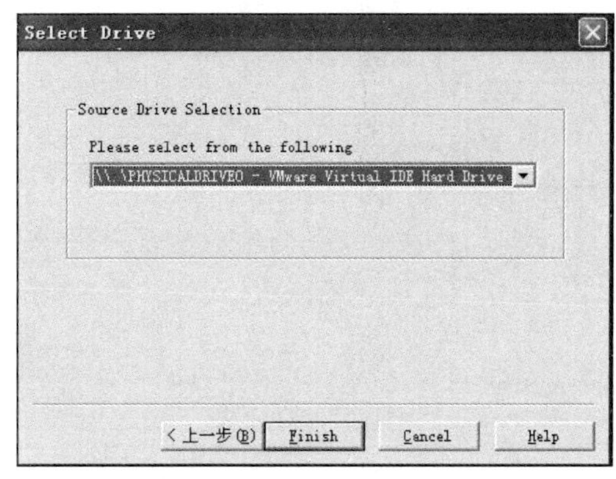

图 2.5　物理磁盘源选择界面

随后进入镜像创建界面，点击 Add...按钮选择镜像的创建目的地，如图 2.6 所示。

在随后出现的镜像格式对话框中选择适当的镜像格式，共有四种格式：Raw(dd)、SMART、E01 和 AFF。其中 Raw 格式是原始镜像格式，可以被几乎所有的磁盘镜像分析软件读取，E01 格式是著名的 EnCase 取证软件提供的一种标准取证镜像格式，绝大多数的 Windows 平台取证分析工具都支持这种格式。为了以后的工作方便，Tom 选择将 Adam 的办公计算机硬盘备份制作成 E01 的格式，并点击“下一步”按钮，如图 2.7 所示。

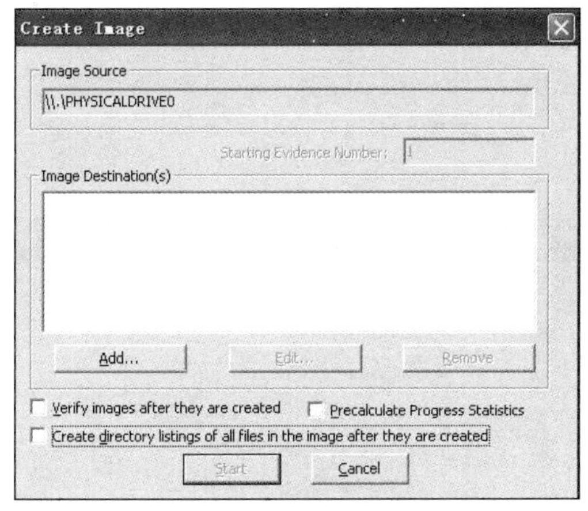

图 2.6　镜像创建界面

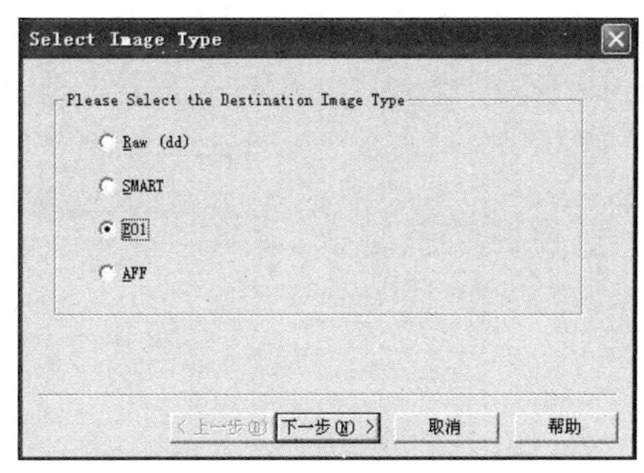

图 2.7　镜像格式选择界面

在随后出现的证据信息输入界面中，Tom 在 Case Number 栏输入案件编号“GSQQ-1”，Evidence Number 栏输入 Adam 的办公计算机硬盘的证据编号“GSQQ-1-Adam-1”，在 Examiner 栏输入自己的名字“Tom”，在 Notes 栏输入对该原始证据的简单描述“This is Adam's office-computer disk.”，并点击“下一步”按钮，如图 2.8 所示。

在随后出现的镜像目的对话框中，Tom 选择镜像存储的目的文件夹、镜像文件名、镜像文件分块长度、压缩率，以及是否对镜像文件加密的选项，并点击 Finish 按钮，如图 2.9 所示。

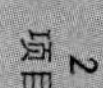

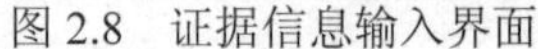

图 2.8　证据信息输入界面

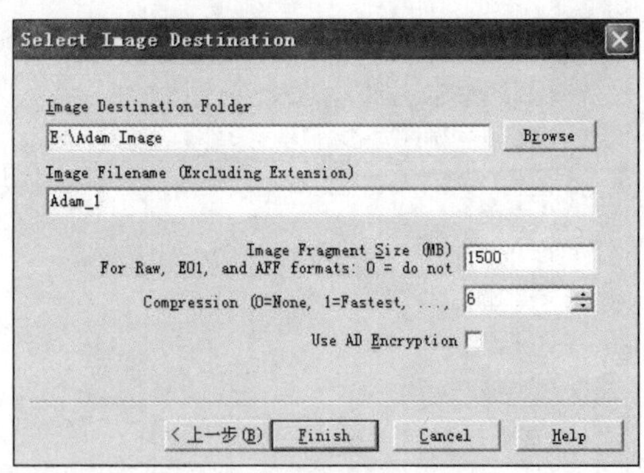

图 2.9　镜像目的对话框

当以上设置结束后，FTK Imager 返回了镜像创建界面，并在镜像目的栏添加了刚才设置的镜像目的。Tom 为了保证镜像创建成功，在镜像创建界面下部勾选 Verify images after they are created 复选框，以便在镜像制作完成后自动进行是否制作成功的验证。为了进一步方便分析 Adam 的办公计算机磁盘，Tom 勾选了 Precalculate Progress Statistics 和 Create directory listings of all files in the image after they are created 复选框，使得该镜像在创建后自动进行基本参数的统计分析，并将磁盘内所有目录和文件（包含处于已删除状态的）的基本情况信息列出，以便分析者进行初步的搜索，如图 2.10 所示。

当镜像创建界面设置完成后，Tom 点击 Start 按钮，FTK Imager 开始根据 Tom 的设置创建 Adam 的办公计算机磁盘的取证镜像，如图 2.11 所示。

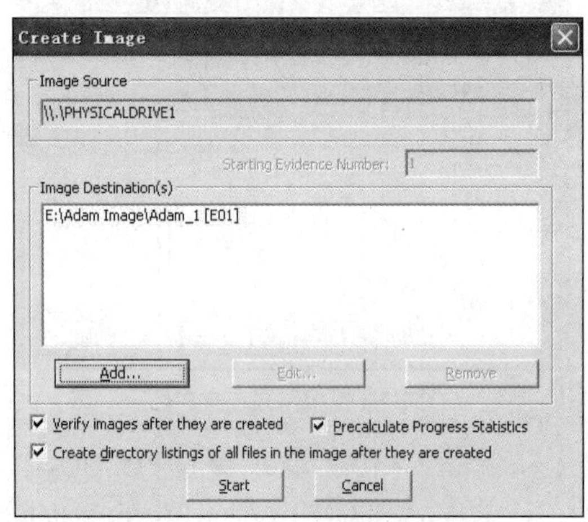

图 2.10　完成设置的镜像创建界面

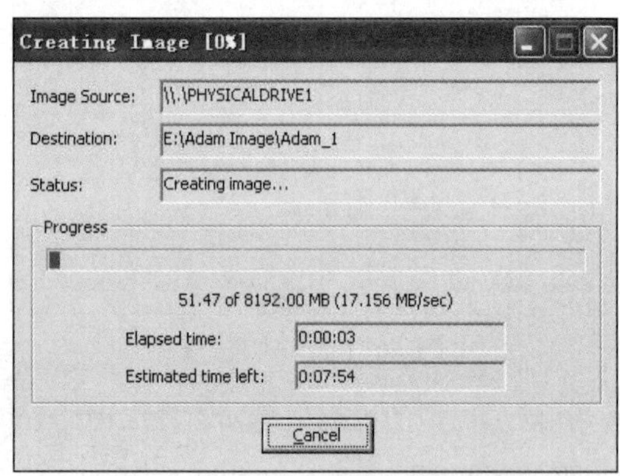

图 2.11　FTK Imager 进行取证镜像制作

镜像制作完成后，FTK Imager 根据 Tom 的要求，自动进行镜像验证，如图 2.12 所示。

验证完成后，FTK Imager 给出验证结果，如图 2.13 所示。在验证结果中，利用 MD5 和 SHA-1 两种 Hash 码给出镜像是否成功的验证。

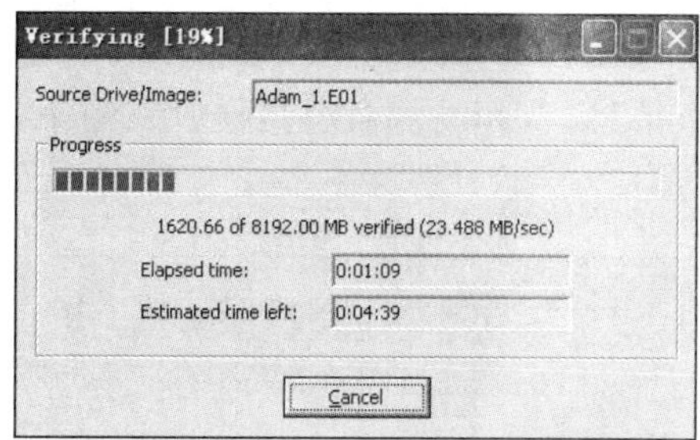

图 2.12　FTK Imager 进行取证镜像验证

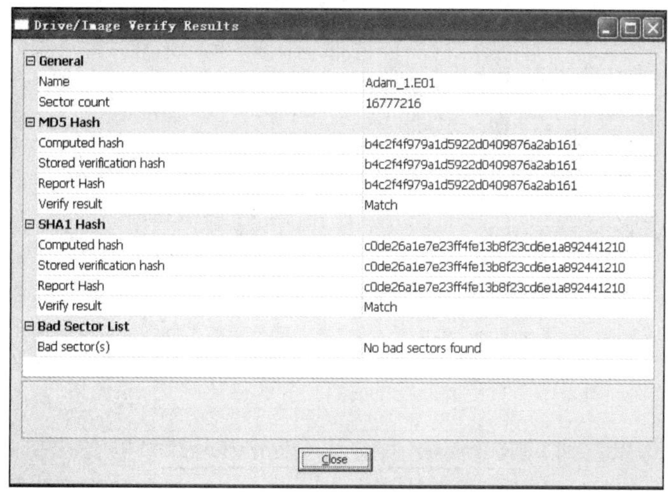

图 2.13　FTK Imager 的取证镜像验证结果

从图 2.13 中，Tom 了解到他已成功针对 Adam 的办公计算机磁盘进行了一次取证精确备份。此时 Tom 查看镜像目的文件夹“Adam Image”发现，文件夹中存储了六个文件，如图 2.14 所示，其中“Adam_1.E01”、“Adam_1.E02”、“Adam_1.E03”和“Adam_1.E04”四个文件就是 FTK Imager 按照 Tom 的镜像文件长度要求生成的 Adam 办公计算机磁盘取证镜像文件，当将这四个文件放置在一个目录时，只需要使用取证分析软件工具加载“Adam_1.E01”文件，其余三个文件可以自动调入。

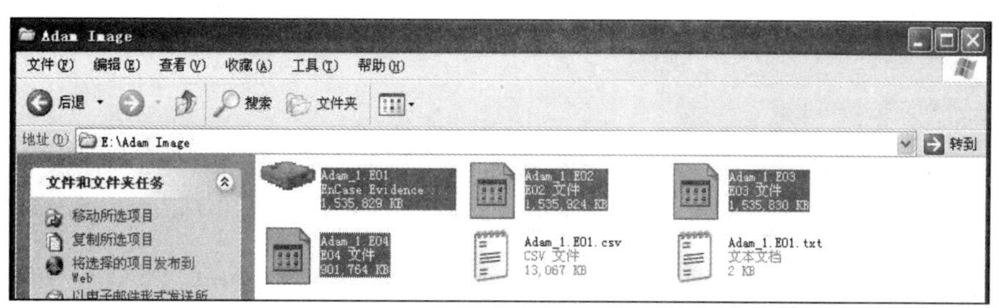

图 2.14　FTK Imager 进行取证镜像制作后生成的文件

"Adam_1.E01.csv"文件就是 FTK Imager 对 Adam 办公计算机磁盘进行初步搜索后记录的该磁盘中文件和目录的基本信息，Tom 在后期可以使用 Microsoft Excel 等工具打开，并进行浏览和搜索，如图 2.15 所示。

	A	B	C	D	E	F	G
1	Filename	Full Path	Size	Created	Modified	Accessed	Is Deleted
2	[root]	Partition 1\SYSTE	160	2010-Jan-	2013-Oct-	2013-Oct-02	no
3	[unallocate	Partition 1\SYSTE	0				no
4	[orphan]	Partition 1\SYSTE	0				no
5	file systen	Partition 1\SYSTE	2048				no
6	backup boot	Partition 1\SYSTE	512				no
7	$I30	Partition 1\SYSTE	8192	2010-Jan-	2013-Oct-	2013-Oct-02	no
8	$AttrDef	Partition 1\SYSTE	2560	2010-Jan-	2010-Jan-	2010-Jan-30	no
9	$BadClus	Partition 1\SYSTE	0	2010-Jan-	2010-Jan-	2010-Jan-30	no
10	$Bitmap	Partition 1\SYSTE	262064	2010-Jan-	2010-Jan-	2010-Jan-30	no
11	$Boot	Partition 1\SYSTE	8192	2010-Jan-	2010-Jan-	2010-Jan-30	no
12	$Extend	Partition 1\SYSTE	344	2010-Jan-	2010-Jan-	2010-Jan-30	no
13	$LogFile	Partition 1\SYSTE	45006848	2010-Jan-	2010-Jan-	2010-Jan-30	no
14	$MFT	Partition 1\SYSTE	24166400	2010-Jan-	2010-Jan-	2010-Jan-30	no
15	$MFTMirr	Partition 1\SYSTE	4096	2010-Jan-	2010-Jan-	2010-Jan-30	no
16	$Secure	Partition 1\SYSTE	168	2010-Jan-	2010-Jan-	2010-Jan-30	no
17	$UpCase	Partition 1\SYSTE	131072	2010-Jan-	2010-Jan-	2010-Jan-30	no
18	$Volume	Partition 1\SYSTE	0	2010-Jan-	2010-Jan-	2010-Jan-30	no
19	2013-07-11_	Partition 1\SYSTE	32408600	2013-Aug-	2013-Aug-	2013-Oct-02	no
20	AUTOEXEC.BA	Partition 1\SYSTE	0	2010-Jan-	2010-Jan-	2010-Jan-30	no
21	bdc	Partition 1\SYSTE	632	2012-Oct-	2013-Sep-	2013-Oct-02	no
22	boot.ini	Partition 1\SYSTE	211	2010-Jan-	2010-Jan-	2013-Sep-28	no
23	bootfont.bi	Partition 1\SYSTE	322730	2005-May-	2005-May-	2010-Jan-30	no
24	CONFIG.SYS	Partition 1\SYSTE	0	2010-Jan-	2010-Jan-	2010-Jan-30	no
25	bootex.log	Partition 1\SYSTE	4414	2013-Sep-	2013-Sep-	2013-Sep-30	yes
26	Adam Image	Partition 1\SYSTE	48	2013-Oct-	2013-Oct-	2013-Oct-02	yes
27	Documents a	Partition 1\SYSTE	56	2010-Jan-	2010-Jan-	2013-Oct-02	no

图 2.15　FTK Imager 的磁盘文件和目录初步分析结果

从图 2.15 中，可以看到 FTK Imager 列出了 Adam 办公计算机磁盘中所有文件和目录（包含处于已删除状态）的基本信息，如文件名、路径、大小、创建和修改时间、目前状态等。并且将$MFT 等系统元文件也一一列举出来了。

"Adam_1.E01.txt"文件即为该取证镜像的制作记录，其内容如下：

```
Created By AccessData® FTK® Imager 3.0.0.1443 101008

Case Information:
Acquired using: ADI3.0.0.1443
Case Number: GSQQ-1
Evidence Number: GSQQ-1-Adam-1
Unique Description:
Examiner: Tom
Notes: This is Adam's office-computer disk

--------------------------------------------------------------

Information for E:\Adam Image\Adam_1:

Physical Evidentiary Item (Source) Information:
[Drive Geometry]
 Cylinders: 1,044
 Tracks per Cylinder: 255
```

```
   Sectors per Track: 63
   Bytes per Sector: 512
   Sector Count: 16,777,216
  [Physical Drive Information]
   Drive Model: VMware Virtual IDE Hard Drive
   Drive Serial Number: 3131303030303030303030303030303030303130
   Drive Interface Type: IDE
   Source data size: 8192 MB
   Sector count:      16777216
  [Computed Hashes]
   MD5 checksum:      b4c2f4f979a1d5922d0409876a2ab161
   SHA1 checksum:     c0de26a1e7e23ff4fe13b8f23cd6e1a892441210

  Image Information:
   Acquisition started:    Wed Oct 02 15:42:02 2013
   Acquisition finished:   Wed Oct 02 15:51:18 2013
   Segment list:
    E:\Adam Image\Adam_1.E01
    E:\Adam Image\Adam_1.E02
    E:\Adam Image\Adam_1.E03
    E:\Adam Image\Adam_1.E04

  Image Verification Results:
   Verification started:   Wed Oct 02 15:51:20 2013
   Verification finished: Wed Oct 02 15:56:03 2013
   MD5 checksum:      b4c2f4f979a1d5922d0409876a2ab161 : verified
   SHA1 checksum:     c0de26a1e7e23ff4fe13b8f23cd6e1a892441210 : verified
```

从上可以看出，该文件记录了 Tom 在制作前输入的证据信息、制作镜像和验证镜像的 MD5 与 SHA-1 两种 Hash 验证情况，以及其他基本情况。Tom 这时可以利用 FTK Imager 加载刚刚制作的镜像文件，查看该镜像，如图 2.16 所示。

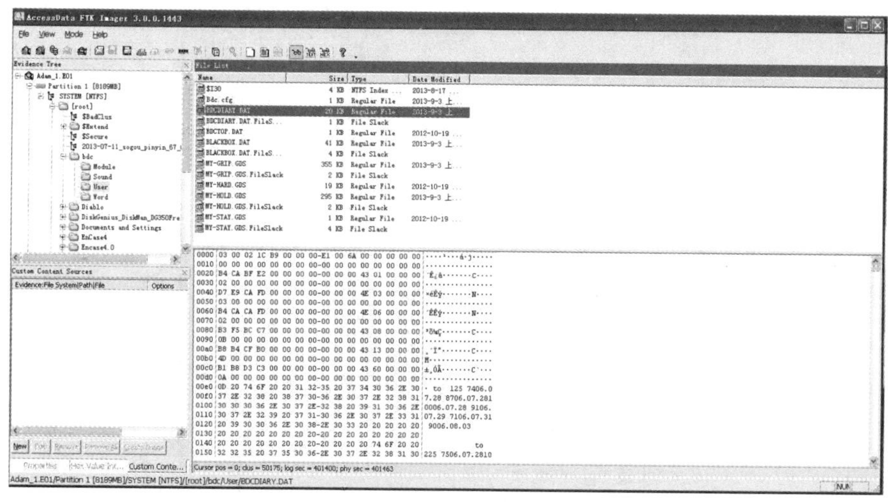

图 2.16　在 FTK Imager 中加载磁盘镜像文件

2.3.4 利用 X–Ways Forensics 进行取证复制

X-Ways Forensics 取证软件也被称为 WinHex 的法政版，具有较强的十六进制磁盘取证分析功能和磁盘取证镜像的复制功能。在本项目案例中，调查人员 Tom 在调查 Adam 的计算机系统时，虽然利用 FTK Imager 制作了取证副本，但为了原始证据的安全性考虑，Tom 根据以下步骤，利用 X-Ways Forensics 制作了第二份取证备份。

由于 Adam 的计算机硬盘已经通过写保护接口连接到 Tom 的取证工作站，并保证工作站已经引导到 Windows 环境，因此 Tom 直接启动 X-Ways Forensics，并在 Case Data 栏的菜单中选择 File→Create New Case，如图 2.17 所示。

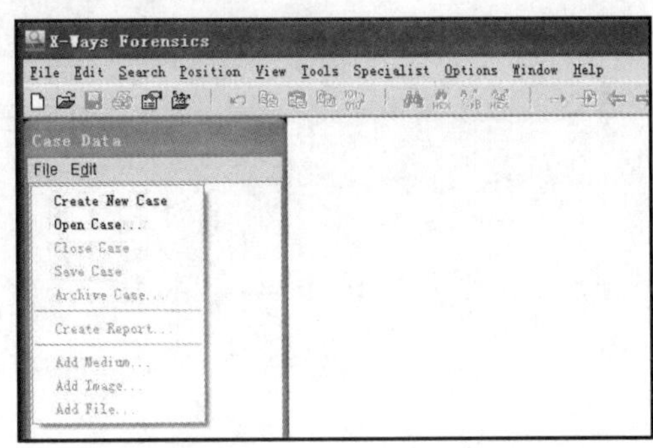

图 2.17 X-Ways Forensics 中创建新案例

Tom 在随后出现的案件数据对话框中，输入案件编号、案件描述、调查员、机构地址等辅助信息（案件名称应使用英文或数字，以避免案例日志和报告中无法出现屏幕快照图片的情况），如图 2.18 所示。

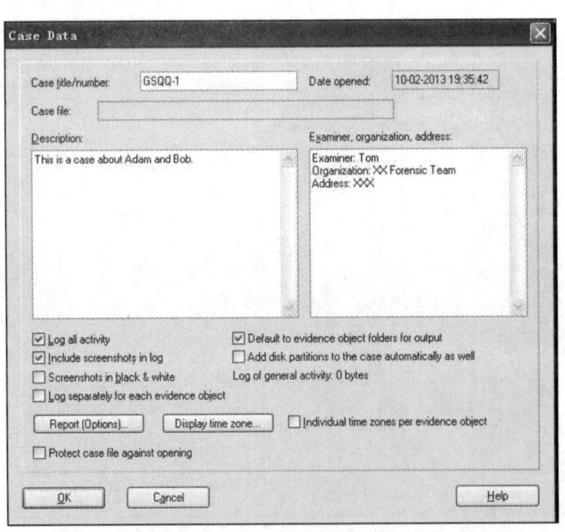

图 2.18 输入案件数据

为保障数据分析中显示的时间正确，点击 Display time zone…按钮，并在随后出现的时区选择对话框中选择正确的时区，如图 2.19 所示（案件创建日期将由 X-Ways Forensics 依据系统时钟自动创建，因此创建案例前应确保当前取证工作计算机系统时间设置准确）。

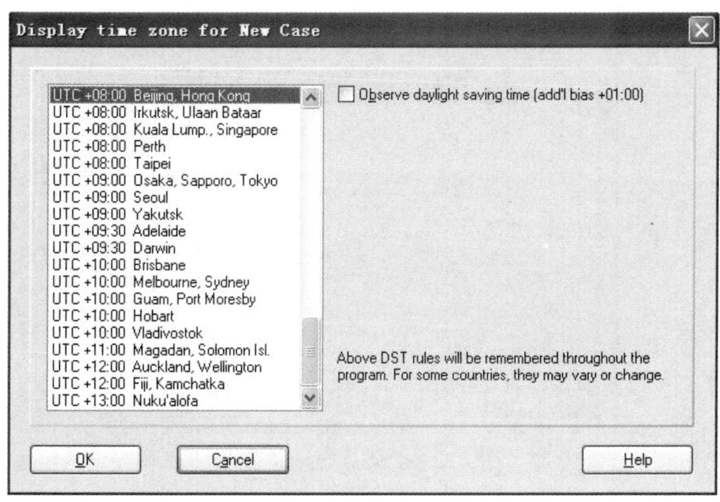

图 2.19　X-Ways Forensics 的时区选择对话框

新案例创建完成后，在 Case Data 栏出现了刚刚创建的案例，如图 2.20 所示。

随后 Tom 在 Case Data 栏中选择 File→Add Medium，添加用来取记的 Adam 办公计算机硬盘，如图 2.21 所示。

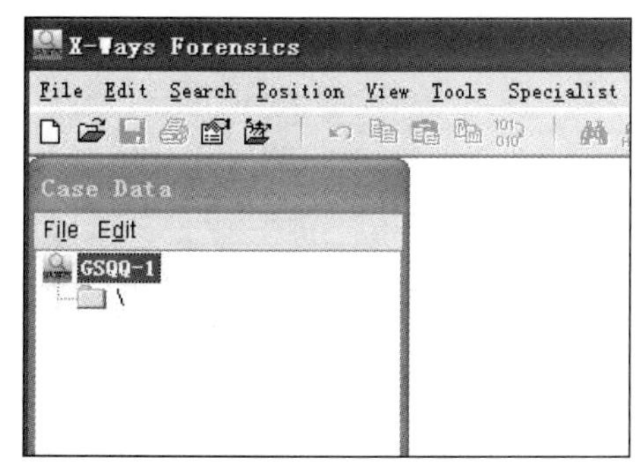

图 2.20　X-Ways Forensics 创建的新案例 GSQQ-1

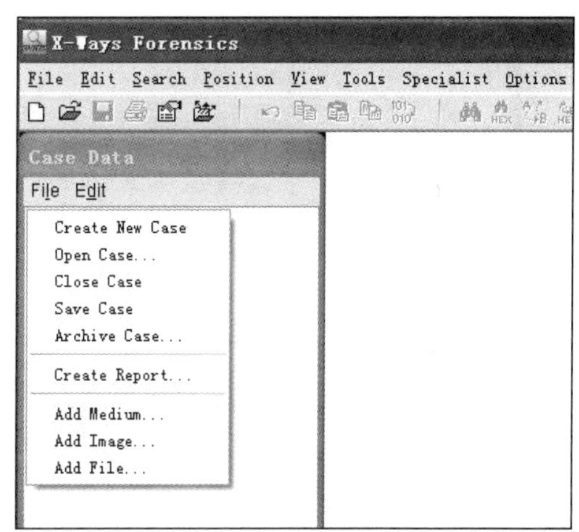

图 2.21　为案例 GSQQ-1 加载取证复制源磁盘

在随后出现的磁盘介质选择对话框中选择需要复制的源物理磁盘，如图 2.22 所示。磁盘加载后，出现该磁盘的结构分析，如图 2.23 所示。

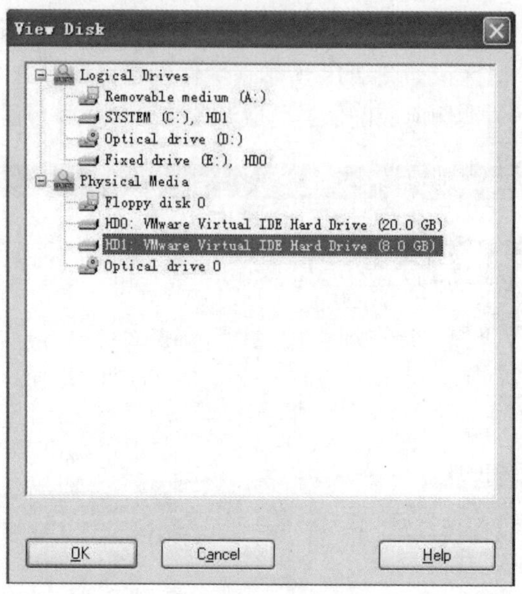

图 2.22 源磁盘选择对话框

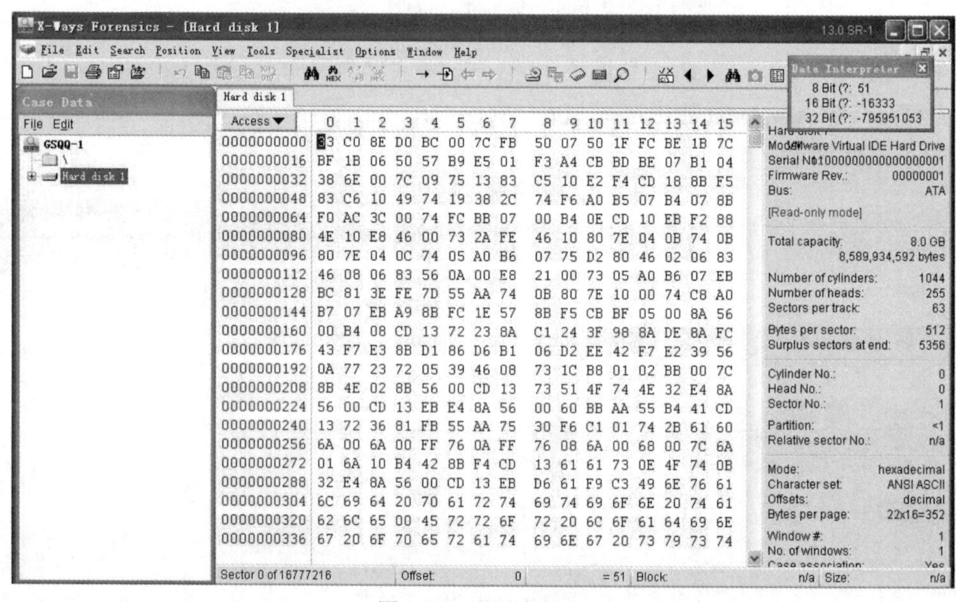

图 2.23 源磁盘加载

Tom 在加载了源物理磁盘后，又在 X-Ways Forensics 的菜单中选择 File→Create Disk Image…，开始制作该源磁盘的取证复制镜像，如图 2.24 所示。

随后 Tom 在磁盘镜像创建对话框中选择镜像文件格式为“E01”、确定镜像文件名和存放路径、镜像描述、计算 Hash 码的格式“SHA-1”，以及镜像文件长度等信息，如图 2.25 所示。

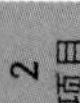

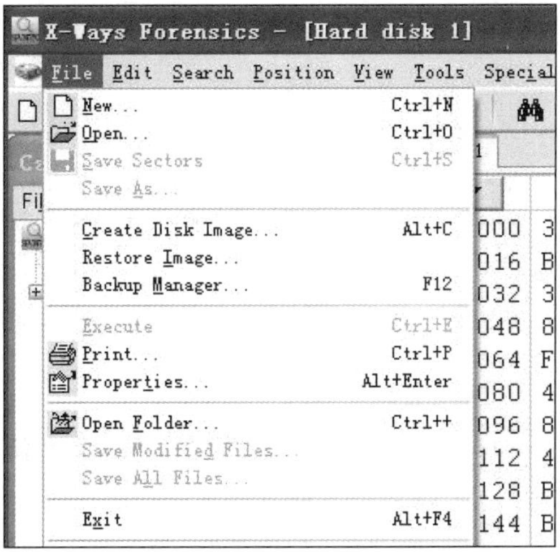

图 2.24　源磁盘取证镜像制作

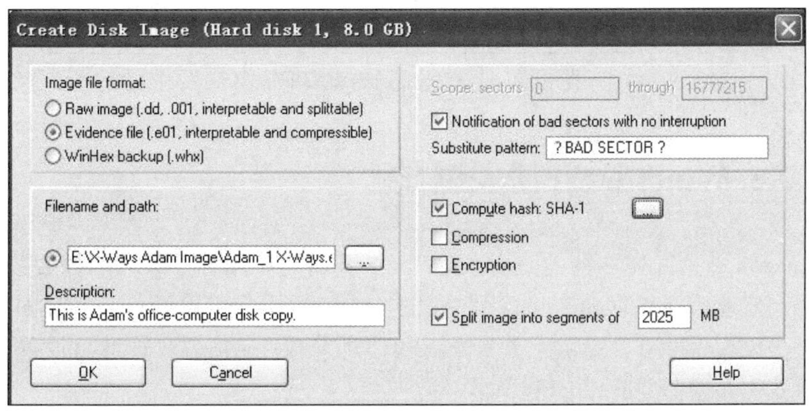

图 2.25　磁盘取证镜像创建对话框

在点击 OK 按钮后，X-Ways Forensics 开始为 Adam 的办公计算机磁盘制作取证备份镜像，如图 2.26 所示，镜像制作完成后出现提醒对话框，如图 2.27 所示，并且出现该镜像 Hash 码的计算结果，如图 2.28 所示。

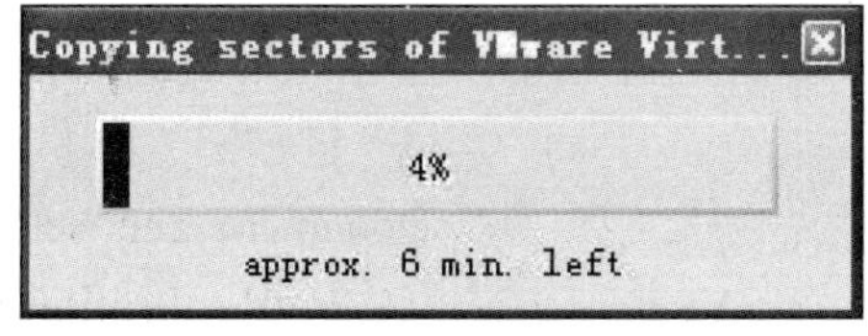

图 2.26　磁盘镜像制作进度条

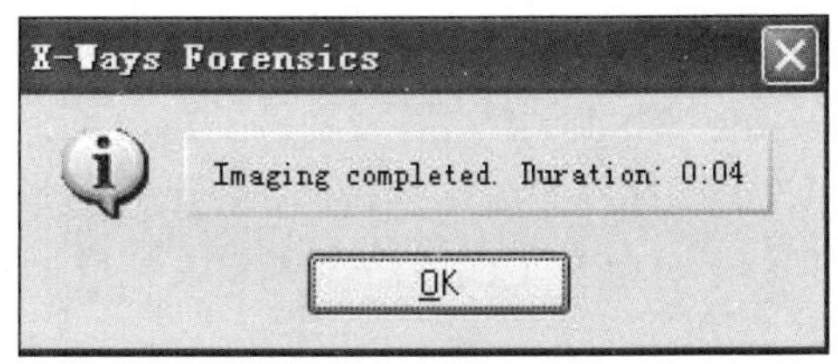

图 2.27　磁盘镜像创建完成

SHA-1 (160 bit)

Hash of source data:

6D95E8A0AEEA7676B22E1330D0AFC16F3CFD3BDB

Close

图 2.28　磁盘取证镜像 Hash 码计算结果

在该镜像的目的文件夹中，存储了分卷存放的 Adam 办公计算机磁盘的取证镜像，如图 2.29 所示。

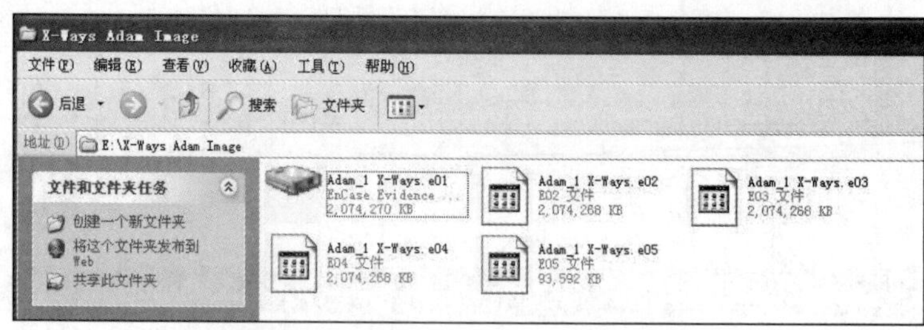

图 2.29　制作完成的磁盘取证镜像

2.4　任务二：Windows 注册表调查

微软 Windows 系列操作系统的注册表是为 OS 和特定应用程序设置的核心数据库。OS 的系统配置和用户定制信息被存储在一系列的层次结构中，用户可以通过公共界面访问它们。对于计算机调查员来说，注册表提供了大量丰富的信息来源，包括各种计算机设置，以及从识别安装软件到寻找网站密码等行动的信息。

从调查的角度来看，注册表中包含了有价值的证据信息。调查人员可以使用注册表编辑器程序查阅和搜索注册表，查找可能包含证据线索的条目。例如调查人员可以使用注册表来确认最后被访问的文件和外部设备、所有安装程序注册表中保存的信息、访问过的网址、最近访问的文件等，因此计算机取证调查员应深入了解所有 Windows 系统的注册表。

2.4.1　注册表基础

标准 Windows 注册表文件的位置随操作系统版本的不同而有所变化，在 Windows NT/2000/XP/2003 等系统中默认的注册表文件位置如下：

（1）HKEY_CURRENT_USER：位于用户配置文件目录下，即 Document and settings\Profilename\NTUser.dat（Win 2000/XP/2003 等），或者%SYSTEMROOT%\Profiles\Profilename\NTUser.dat（Win NT）。

（2）HKEY_CURRENT_CONFIG：取自 HKEY_LOCAL_MACHINE\SYSTEM 文件。

（3）HKEY_CLASSES_ROOT：取自 HKEY_LOCAL_USER 和 HKEY_LOCAL_MACHINE\SOFTWARE 文件。

（4）HKEY_ LOCAL_ MACHINE\

- HARDWARE：Windows 启动时建立的一个动态键；
- SAM：%SYSTEMROOT%\System32\config\SAM；
- SECURITY：%SYSTEMROOT%\System32\config\SECURITY；
- SOFTWARE：%SYSTEMROOT%\System32\config\SOFTWARE；
- SYSTEM：%SYSTEMROOT%\System32\config\SYSTEM；
- HKEY_USERS：从个人用户配置文件 NTUser.dat 建立的文件。

在 Windows 9x 系统中默认注册表文件位置如下：

（1）HKEY_ CURRENT_ USER：%SYSTEMROOT%\Profiles\Profilename\User.dat；

（2）HKEY_ CURRENT_ CONFIG：取自 System.dat；

（3）HKFY_ CLASSES_ ROOT：取自 System.dat；

（4）HKEY_ LOCAL_ MACHINE：%SYSTEMROOT%\System.dat；

（5）HKEY_ USERS：从个人用户配置文件 User.dat 建立的文件；

（6）HKEY_ DYN_ DATA：系统启动时动态产生。

除了默认文件位置，注册表 Hive（指一组键，包含子键、键值和数据，是保存或加载注册表数据的单位）文件或其数据也可能位于其他位置。除查找 Hive 文件外，在下面这些位置也可能找到同样的信息：

（1）System.alt：在 Windows NT/2000 中，该文件是系统文件和相关注册表 Hive 的备份，其作为标准文件存储在相同的目录中。

（2）*.sav：系统在最初建立时，SAV 文件是原始注册表文件的一个副本。其虽然不包括系统建立后加入的其他信息，但可以提供如安装软件版本、安装日期和时间等方面的线索。SAV 文件作为标准文件存储在相同的目录中。

（3）%SYSTEMROOT%\Sysbackup\：Windows 9x 系列 OS 把注册表文件的备份存储在以 rb00n.cab 命名的 CAB 存档文件中。文件名中的“n”是备份号码，利用“extract/e rb00n.cab”命令可提取信息，浏览在特定时期内的注册表备份。

（4）%SYSTEMROOT%\Repair\：在基于 Windows NT 的系统中，初装系统的初始注册表文件的备份位于该目录。

（5）%SYSTEMROOT%\Repair\Regback：用户在基于 Windows NT 的系统上创建一个紧急修复盘时，注册表文件的备份就放在该目录。

（6）C:\System Volume Information\restore_{xxx-xxx}\RPnn\：在 Windows XP 及其以后的系统中，任何系统还原点都有注册表信息。搜索各种不同的_restore 目录和相关的 RPnn 目录，可以找到有如下标记的文件：_REGISTRY_USER_DEFAULT、_REGISTRY_MACHINE_SECURITY、_REGISTRY_MACHINE_SOFTWARE、_REGISTRY_MACHINE_SYSTEM、

_REGISTRY_MACHINE_SAM。这些文件中的每一个都可以还原为各自的注册表文件，只要把它们的名称改为与初始名称一致即可（例如将_REGISTRY_MACHINE_SYSTEM 变为SYSTEM）。

Windows 注册表是一个有层次结构的数据库，它以一种独有的文件格式存储配置信息。这个文件由一组有组织的 Hive 组成，它形成了注册表的基本结构。在每个 Hive 下有一列键，每个键都有一个键名或多个键名/键值对和子键。所有的键都位于五个根键下。

（1）HEKY_CLASSES_ROOT：存储文件关联信息（联系文件扩展名及其应用程序）和微软的组件对象模型信息。这个键实际是一个指向 HEKY_LOCAL_MACHINE\SOFTWARE\Classes 的指针。在 Windows XP/2003 中，也包含了来自 HEKY_CURRENT_USER\SOFTWARE\Classes 的信息。

（2）HEKY_CURRENT_USER：存储特定用户的信息，如配置文件细节、应用程序使用信息以及用户因特网活动细节。其和 HEKY_LOCAL_MACHINE 键是计算机取证调查人员最为关注的两个键。这个键实际上是一个指向 HEKY_USERS\SID 的指针，而 SID 是当前登录用户的唯一安全标识。

（3）HEKY_LOCAL_MACHINE：存储系统硬件、软件和安全设置，是计算机取证调查人员最为关注的两个键之一。

（4）HEKY_USERS：存储所有系统用户的全部配置信息。由键 HEKY_CURRENT_USER 指定的当前用户在取证调查中通常是最为重要的。

（5）HEKY_CURRENT_CONFIG：存储当前硬件配置的所有信息。这个键实际上是一个指向 HEKY_LOCAL_MACHINE\SYSTEM\CurrentControlSet\Hardware Profiles\xx 的指针，其中 xx 是列出的当前配置文件信息。

通常主要是通过 Windows 注册表编辑器（可在“运行”中以 Regedit 命令打开）对注册表进行访问。注册表编辑器提供了许多计算机调查感兴趣的功能。最主要的功能就是调查取证人员可以利用其浏览和搜索被调查计算机的相关信息，调查取证人员也可以利用其导出注册表信息，然后使用软件工具进行深入分析。

2.4.2 计算机取证调查中关注的常规键

一些注册表键值在不同性质的计算机取证调查和鉴定中都要被检查。这些键包括基本的系统信息（例如谁使用了该系统、安装了什么应用软件等）以及关键系统领域信息（例如安装了什么硬件、装载了哪些驱动器等）。取证调查中应当关注的常规注册表键如下：

- HKCR*：提供与文件扩展名相关联的应用程序句柄名。通过查找一个应用程序的句柄名可以得到相关的执行程序。当遇到未知或有异常的文件扩展名时，利用其可追踪到相应的执行程序。
- HKCU\Control Panel*：存储了所有控制面板设置。若需要调查某特定控制面板设置就需要检查此键。

- HKCU\Network*：列出持久映射的驱动器，每个 Network 下的驱动器字母代表一个系统映射的驱动器。
- HKCU\Printers\DevModePerUser\：显示当前被系统定义的打印机（包括网络打印机）。
- HKCU\Volatile Environment：存储当前会话的环境变量（Windows XP/2000）。
- HKCU\Software*与 HKLM\Software*：指向安装在系统中的软件。被删除或卸载之后软件常常会遗留带有用户设置或机器设置的注册表键，这在取证调查中通常是很有价值的。
- HKCU\Software\Microsoft\Internet Account Manager\Accounts*：在编号的子目录存储 Outlook Express 邮箱账户的设置信息，如 SMTP、POP3 服务器和当前的用户名、邮箱地址等。
- HKCU\Software\Microsoft\NTBackup：在日志文件子键中提供最近一次 NT 系列软件上进行备份的细节。调查人员可以通过此处了解存储介质存在时间段。
- HKCU\Software\Microsoft\Windows\CurrentVersion\Explorer\Computer Descriptions：缓存用户浏览的服务器注释。
- HKCU\Software\Microsoft\Windows NT\CurrentVersion\Devices 和 Printer Ports 与 Windows，以及 HKLM\Software\Microsoft\Windows NT\CurrentVersion\Print\Printers：列出基于 NT 系统当前安装的打印机。
- HKLM\Hardware\Devicemap\Scsi\：列出系统（NT）上连接 SCSI 和 IDE 总线的外围设备，包括 CD-ROM、硬盘等。
- HKLM\Network\Logon\：列出给定系统（Windows 9x）中出现在启动屏幕上的不同登录配置文件。
- HKLM\SAM\SAM\Domains\Account\：在各自 Names 子键目录下列出用户名和组名（假设基于 NT 系统，具有浏览 SAM 键的权限）。
- HKLM\Software\Microsoft\Updates\：在 Windows XP/2003 系统下列出安装的更新及其日期。调查人员可以用来排除感染病毒或蠕虫，或了解系统定期安全更新的模式。
- HKLM\Software\Microsoft\Windows\CurrentVersion\Uninstall：在子键下列出所有安装过的程序，有时已卸载程序会在此处留有残迹，便于调查员查找。
- HKLM\Software\Microsoft\Windows NT\CurrentVersion\Network Cards：列出系统（NT）中系统识别的网卡，之前移除的网卡也有可能被列出。
- HKLM\System\CurrentControlSet\Control\ComputerName：列出由用户指定的计算机名。
- HKLM\System\CurrentControlSet\Control\Print\Printers：列出安装的打印机信息。
- HKLM\System\CurrentControlSet\Control\TimeZone Information：显示计算机的时区设置，这为调查用户所在的国家或地区提供了线索。
- HKLM\System\CurrentControlSet\Enum：列出安装过的硬件信息。

- HKLM\System\CurrentControlSet\Enum\USBSTOR：列出连接过系统的所有 USB 存储设备。
- HKLM\System\CurrentControlSet\Services：列出当前已安装的所有服务，其中 Start 键值为 2 时代表自启动，为 3 时代表手动启动。
- HKLM\System\MountedDevices：列出系统装载过的驱动器字母和卷名。

另外，在 Windows 系统中，微软使用 SID（安全标识符）将计算机系统的资源和用户账号进行联系。SID 位于 HKLM\SOFTWARE\Microsoft\Windows NT\CurrentVersion\Profilelist 中。

SID 常用于计算机调查中。SID 用于唯一标识一个用户账号或一个组，通过在驱动器中查找特定用户的 SID，可以找到该用户创建的文件或与之相关的配置文件信息。同样，执行 SID 的逆向查询，就能确定与某个给定的 SID 相关联的用户名。

SID 在远程访问一个域时也能起到标识的作用，在用户第一次成功登录服务器后，拥有服务器唯一数字序列的 SID 就被存储在登录工作站的注册表中，SID 可以作为一种数字指纹来证明一个远程系统登录了服务器并访问了一个域。

特别是当一个用户账号被删除时，相关的 SID 仍然保留在注册表中，调查人员仍然可以据此分析和追踪。

2.4.3 取证调查时注册表中关注的文件夹位置

通常在计算机取证调查中，调查人员感兴趣的文件最可能存放的位置是系统的关键文件夹。这些文件包括 My Document（My Music、My Picture）、Startup、Recent、Internet（Cache、History、Favorites 和 Cookies）以及 temp 等文件夹。这些文件夹在系统中都有默认位置，但是计算机取证调查人员的调查对象除了普通的计算机使用者，也有很多具有计算机专业知识的使用者，这些使用者往往通过修改注册表的设置，更改这些文件夹的位置。这样的改变在注册表的相应键项中通常会有反映，因此通过分析注册表可以确定这些文件夹的位置，使得调查进度得以提高，反映这些文件夹位置的注册表键如下。

（1）HKCU\Environment\Tmp&Temp：识别提供 Windows temp 目录位置环境变量。Temp 目录中存放着许多文件的备份信息。

（2）HKCU\Software\Microsoft\Windows\Current Version\Explorer\Shell Folders*：该处列出了系统用户改变了的特定文件夹位置，如 My Document、Recent 和 Startup 等。在取证调查时，调查人员需要确定文件夹的内容，以及确定与这个文件夹相关联的是什么。

（3）HKLM\Software\Microsoft\Windows\Current Version\Explorer\Shell Folders*：包含所有用户使用的文件夹的链接，这里也可以反映出重新定位后替换的目录的位置。

（4）HKLM\System\CurrentControlSet\Control\Hivelist：利用该处调查人员可以确定注册表 Hive 文件的位置（Windows XP/2003 等）。

计算机取证调查中，确定一个系统近期使用的文件、目录和程序通常是非常重要的。因为如果能够证明某人打开、保存或查找了一个特定文件，通常就可以证明嫌疑人知道这个文件的存在，当然如果进一步发现了与这个特定文件有关的“另存为”列表，甚至常常可以证明嫌疑人创建了这个文件。有时嫌疑人会在观看了某个特定的文件后将其删除，但是除非采用特殊的技术手段将该文件清除干净，否则这个文件的名字仍可能出现在注册表的 Most Recently Used（MRU）键中，以下列出了许多 MRU 都包含的子键以及 MRUList 键。

- HKCU\Software\Microsoft\Internet Explorer\TypedURLs：列出键入 IE 地址栏的任何 URL 地址，包括本地链接。由于这些 URL 都是由用户键入的（而不是被恶意软件生成的），因此就能够用于反驳那些把原因推给恶意软件的申辩。
- HKCU\Software\Microsoft\Windows\Current Version\Applets\Wordpad\Recent File List：列出最近在写字板中打开的文件。
- HKCU\Software\Microsoft\Windows\Current Version\Applets\Paint\Recent File List：列出最近在画图中打开的文件。
- HKCU\Software\Microsoft\Windows\Current Version\Explorer\RunMRU：列出最近在“运行”框中键入的条目（不显示在命令行中直接运行的程序），此处可能会列出嫌疑人运行之后删除的程序。
- HKCU\Software\Microsoft\Windows\Current Version\Explorer\RecentDocs*：在子键下按照特定扩展名列出资源管理器最近打开的文档。该处与“开始”菜单的最近使用文档是分离的，通过对此处的搜索，可以找到用户最近打开的文件。
- HKCU\Software\Microsoft\Windows\Current Version\Explorer\StreamMRU：存储最近使用文件窗口的大小和位置。虽然这些信息看起来并不十分重要，但是调查人员通过这些窗口相关联的文件名往往可以证明，某些特定的文件存在于被调查系统中，并且被打开过。特别是这个键很少被特别留意地清除（由于该处的文件名常常附加有其他字符，因此如果仅仅在注册表编辑器中使用简单的文本查找方法是不能发现并清除掉的）。
- HKCU\Software\Microsoft\Windows\Current Version\Explorer\ComDlg32\LastVisitedMRU：列出某特定的程序最近打开的文件夹。如果能够证明一个应用程序使用了哪些目录，就可以表明用户知道这些目录和其中文件的存在。
- HKCU\Software\Microsoft\Windows\Current Version\Explorer\ComDlg32\OpenSaveMRU：列出最近从一个普通对话框打开的文件，并按扩展名分组。如果调查人员发现此处存在特定的文件，就可以证明用户是有意将其打开，并进行使用、浏览或修改的（Windows NT 无效）。
- HKCU\Software\Microsoft\MediaPlayer\Player\RecentFilelist：显示最近被 Media Player 媒体播放器打开的文件。
- HKCU\Software\Microsoft\MSPaper\Recent File List：列出所有最近用 Windows 图片和传真查看器打开的图像或传真。
- HKCU\Software\Microsoft\Search Asistant\ACMru 或者 HKCU\Software\Microsoft\

Windows\CurrentVersion\Explorer\Doc Find Spec MRU：包含最近从搜索对话框键入的条目。

- HKCU\Software\Microsoft\Office\版本号\Common\OpenFind*：列出 Office 程序中最近打开和保存的文件名和路径。
- HKCU\Software\Microsoft\Windows\CurrentVersion\Explorer\Map Network Drive MRU：列出系统最近映射的网络驱动器。

除了微软使用的 MRU 列表外，其他已安装的应用程序也可能有自己的最近使用键，这些键大多数位于 HKEY CURRENT USER\Software\AppName 的层次结构下。

2.4.3 取证调查时注册表中关注的自启动项

间谍软件、病毒以及其他恶意代码为了在系统重启后继续感染计算机，通常会更改系统设置，使得他们在系统启动时自动运行；另外，对自启动项目的调查也可以了解用户经常打开的文件有哪些。Windows 注册表中有很多地方都记载了自动启动运行的项目，其中最为常用的位置如下：

（1）HKCU\SOFTWARE\Microsoft\Windows\CurrentVersion\Run\：列出特定用户设置为下次登录时运行的软件。

（2）HKLM\SOFTWARE\Microsoft\Windows\CurrentVersion\Run\：列出每次系统登录时自动执行的项目。

（3）HKLM\SOFTWARE\Microsoft\Windows\CurrentVersion\RunOnce\：列出设置为执行一次就从注册表中删除的可执行文件。它常常被含两部分的安装引导程序使用，这些程序在两个部分中间需要重启。恶意软件可使用这个键，其方式是在键里面安置一个指向恶意代码的链接，然后在自动移除之后把它放回去。

（4）HKLM\SOFTWARE\Microsoft\Windows\CurrentVersion\RunOnceEx\：列出设置为执行一次接着就从注册表中删除的可执行文件。通常在 Windows XP 系统中用于无人看管的系统安装。恶意代码使用 RunOnceEx 的方式与 RunOnce 相同。

（5）HKCU\SOFTWARE\Microsoft\Windows\CurrentVersion\RunServices\与 RunServicesOnce 以及 HKLM\SOFTWARE\Microsoft\Windows\CurrentVersion\RunServices\与 RunServicesOnce：列出在启动时只运行一次（RunServicesOnce）或每次启动都自动运行（RunServices）的服务。这些键能用于在用户登录之前触发可执行程序。

（6）HKCU\SOFTWARE\Microsoft\Windows NT\CurrentVersion\Windows\load：一个较为隐蔽的与自启动有关的键，其不要求创建新的子键。

（7）HKCU\SOFTWARE\Microsoft\Windows\CurrentVersion\Policies\Explorer\Run 和 HKLM\SOFTWARE\Microsoft\Windows\CurrentVersion\Policies\Explorer\Run：列出允许用户登录时自动运行的与资源管理器相关的程序（在 HKCU 下只和某个特定用户相关，而在 HKLM 下则适用于所有用户）。

（8）HKCU\SOFTWARE\Microsoft\WindowsNT\CurrentVersion\Winlogon\Userinit：此处含有正常的可执行程序 userinit.exe，但也能包含其他被逗号分隔的程序名。由于通常正常程序并不使用这个键，所以除了 userinit.exe 之外的其他条目都应调查。

（9）HKLM\SOFTWARE\Microsoft\Windows\CurrentVersion\Explorer\SharedTaskScheduler：列出基于 Windows NT 的系统启动时要运行的任务列表。

2.4.5　注册表取证调查的方法

调查人员在进行计算机取证调查时，可以利用各种注册表查看、搜索和提取工具，在无损取证的原则下，对目标系统的注册表相关项进行深入分析，并提取相应的信息，固定为电子证据信息。

以本项目案例为例，Tom 在调查 Adam 的办公计算机时，对系统的注册表较为关注两个方面，一是这个系统每次登录时自动执行了哪些项目；另一个是最近一次在这个系统的“运行”框中键入过哪些命令。因此 Tom 需要分别调查 HKLM\SOFTWARE\Microsoft\Windows\CurrentVersion\Run\项和 HKCU\SOFTWARE\Microsoft\Windows\Current Version\Explorer\RunMRU 项的内容，并将这些内容固定。Tom 可以采用以下做法，如图 2.30 所示。

（1）打开一个可信任的 CMD.exe，并在存储取证信息的介质盘中创建名为“AdamHives”的目录。

（2）使用 reg 命令将注册表中感兴趣的两个项的内容输出并存储在“AdamHives”目录中。Tom 分别使用了“reg export HKEY_LOCAL_MACHINE\SOFTWARE\Microsoft\Windows\CurrentVersion\Run h:\AdamHives\Run.reg”和“reg export HKEY_CURRENT_USER\SOFTWARE\Microsoft\Windows\CurrentVersion\Explorer\RunMRU　h:\AdamHives\RunMRU.reg”，分别将需要提取的信息输出到以“Run.reg”和“RunMRU.reg”命名的两个文件中。

（3）使用 MD5sum 工具，利用命令“MD5sum *.reg > Hash.txt”，对刚刚提取的“Run.reg”和“RunMRU.reg”两个文件计算 MD5 的 Hash 码，固定证据。

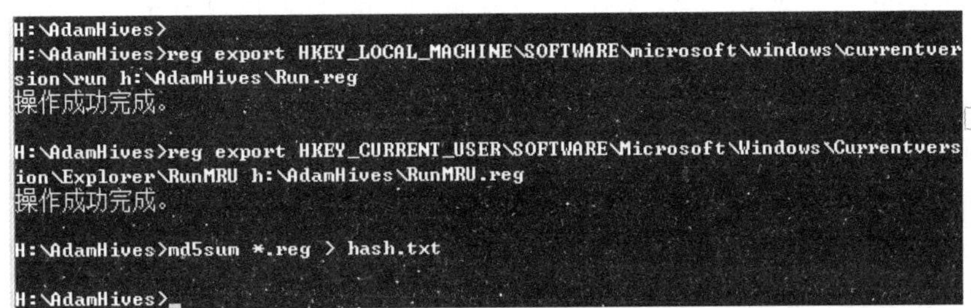

图 2.30　提取注册表中相应信息

执行完成后，在“AdamHives”目录中分别产生了“Run.reg”、“RunMRU.reg”和“Hash.txt”三个文件，其中“Run.reg”中即是 Adam 的办公计算机系统每次登录时自动执行的项目信息，如下：

```
Windows Registry Editor Version 5.00

[HKEY_LOCAL_MACHINE\SOFTWARE\microsoft\windows\currentversion\run]
"IgfxTray"="C:\\Windows\\system32\\igfxtray.exe"
"HotKeysCmds"="C:\\Windows\\system32\\hkcmd.exe"
"Persistence"="C:\\Windows\\system32\\igfxpers.exe"
```

“RunMRU.reg”中即为最近一次在 Adam 的办公计算机系统的“运行”框中键入过的命令信息，如下：

```
Windows Registry Editor Version 5.00

[HKEY_CURRENT_USER\SOFTWARE\Microsoft\Windows\Currentversion\Explorer\RunMRU]
"a"="msconfig\\1"
"MRUList"="dbeac"
"b"="cmd\\1"
"c"="net share\\1"
"d"="regedit\\1"
"e"="reg\\1"
```

“Hash.txt”中则记录了“Run.reg”和“RunMRU.reg”文件的 MD5 散列值，如下：

```
615bae01943e276ed64a901732499b32 *Run.reg
0417b0603682ea62f76444c8ce31ac87 *RunMRU.reg
```

Tom 也可以利用一些计算机取证的集成分析工具，对 Adam 办公计算机系统的注册表进行深入的搜索和分析。例如，Tom 可以利用 EnCase 软件，将一份 Adam 办公计算机系统磁盘的备份镜像装载入其为本次调查建立的案例中，然后利用 EnCase 的工具来对这份镜像进行深入分析，并且可以利用 EnCase 的脚本编写功能，预先编写注册表分析的脚本，以加快分析的进度。EnCase 的脚本运用是 EnCase 工具的高级应用，调查人员必须对目标系统以及 EnCase 软件本身非常熟悉，才能编写出合格的脚本应用。当然调查人员也可以借用别人已经编写的脚本，但在应用之前必须仔细测试。在本案例中，Tom 为了加快注册表分析的进度，借用了经过仔细测试的脚本应用，该脚本的作用是在目标系统注册表中搜索特定的关键字，并将结果存储到一个文本文件中。

Tom 按照以下方式操作：首先将制作完成的 Adam 办公计算机系统的磁盘镜像加载到 EnCase 中，加载完成后 EnCase 自动完成对镜像完整性的验证。

当镜像通过完整性验证后，Tom 调出案例的 Scripts 项，并双击“读注册表（2000）”脚本，此时在 EnCase 工具栏出现 Run 图标，点击该图标运行脚本，如图 2.31 所示。

由于 Tom 对 Adam 的办公计算机系统每次登录时自动执行了哪些项目这样的问题感兴趣，因此 Tom 在随后弹出的搜索对话框的搜索栏内填入“run”，然后选择好提取信息的存放目录并开始搜索，如图 2.32 所示。

经过搜索后，EnCase 在存放目录中产生一个命名为“Reg_run”的文本文件，其中记载了 Adam 办公计算机系统注册表中与“run”有关的搜索结果，这些信息中就含有系统每次登录时自动执行了哪些项目的数据，节录如下。

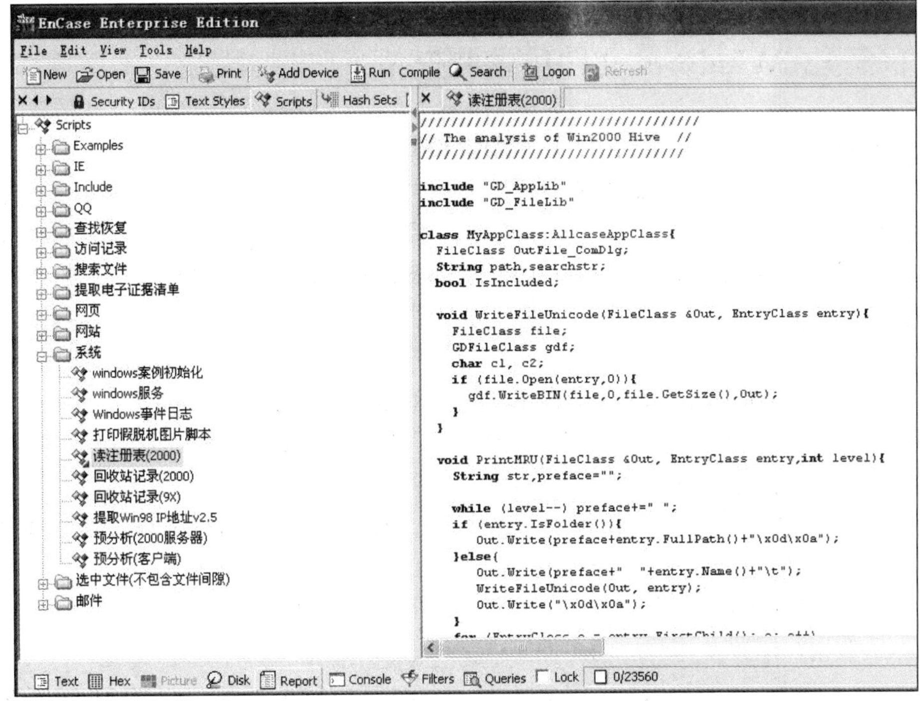

图 2.31　EnCase 脚本运行界面

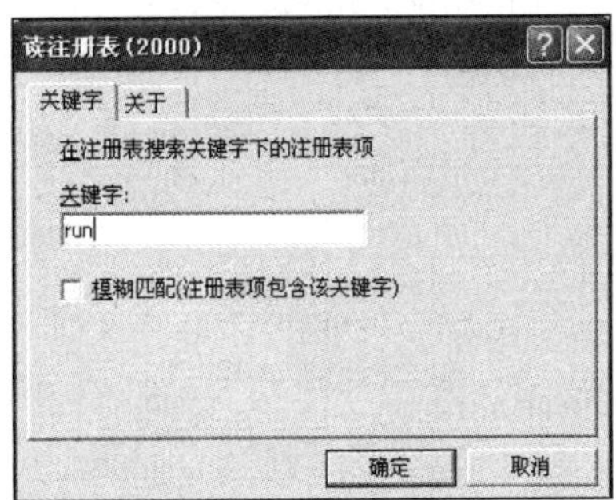

图 2.32　EnCase 注册表搜索脚本对话框

```
……
Case 1\untitled\C\WINDOWS\system32\config\software
$$$PROTO.HIV\Microsoft\Windows\CurrentVersion\Run
    IMJPMIG8.1——"C:\WINDOWS\IME\imjp8_1\IMJPMIG.EXE" /Spoil /RemAdvDef /Migration32
    PHIME2002ASync——C:\WINDOWS\system32\IME\TINTLGNT\TINTSETP.EXE /SYNC
    PHIME2002A——C:\WINDOWS\system32\IME\TINTLGNT\TINTSETP.EXE /IMEName
    VMware Tools——"C:\Program Files\VMware\VMware Tools\VMwareTray.exe"
    VMware User Process——"C:\Program Files\VMware\VMware Tools\VMwareUser.exe"
$$$PROTO.HIV\Microsoft\Windows NT\CurrentVersion\Terminal Server\Install\Software\Microsoft\Windows\CurrentVersion\Run
    (Default)
……
```

2.5 任务三：Windows 文件目录调查

了解被调查的 Windows 系列中，那些与取证调查有关的关键文件信息存放在何处，以及了解系统目录结构，是对被取证系统进行逻辑分析的基础。不同版本 Windows 操作系统的目录结构有差异，且关键系统文件的命名也不尽相同。Tom 的取证调查目标系统采用的是 Windows XP 环境，因此下面以 Windows NT/2000/XP 为主讨论这些文件和目录的默认位置。

2.5.1 自启动目录和文件

Windows 有许多地方可以让程序在启动时自动运行。除了之前详细介绍的标准注册表的各个位置外，还有许多其他可以自动启动应用程序之处，主要包括：

（1）个人用户配置文件下的启动文件夹

- C:\Documents and Settings\登录用户名\Start Menu\Programs\Startup（Win2000/XP/2003 下默认）。
- %SYSTEMROOT%\Profiles\登录用户名\Start Menu\Programs\（WinNT）。

（2）所有用户配置文体的启动文件夹

- C:\Documents and Settings\All User\Start Menu\Programs\Startup（Win2000/XP/2003）。
- %SYSTEMROOT%\Profiles\All Users\Start Menu\Programs\（WinNT）。
- %SYSTEMROOT%\Start Menu\Programs\（Win9x）。

（3）DOS 程序和驱动程序自动加载之处

- C:\autoexec.bat。
- C:\config.sys。

（4）Windows 自动开始文件

- %SYSTEMROOT%\winstart.bat。
- %SYSTEMROOT%\wininit.ini。

（5）Windows 的配置文件

- %SYSTEMROOT%\win.ini（在“windows”键的 load 和 run 下列出）。
- %SYSTEMROOT%\system.ini（在“boot”键的 shell 和 scrnsave.exe 下列出）。

（6）DOS 模式启动文件（Win9x）：%SYSTEMROOT%\dosstart.bat。

（7）16 位应用程序的应用环境文件（WinNT 系列）

- %SYSTEMROOT%\System32\autoexec.nt。
- %SYSTEMROOT%\System32\config.nt。

（8）Windows 服务：服务列表中任何有自启动类型的服务。

除以上位置外，应用程序可能自动启动的方式还有：从其他应用程序启动、从其他应用程序快捷方式启动、通过组件控制（例如 IE 浏览器中的程序）启动。为更容易地浏览大多数自动运行的程序，Sysinternals 公司提供了 Autoruns 程序，该程序可以自动列出一个系统的绝大部分自动启动信息，如图 2.33 所示。Autoruns 的命令行版本“autorunsc”也可用于系统联机的取证分析。

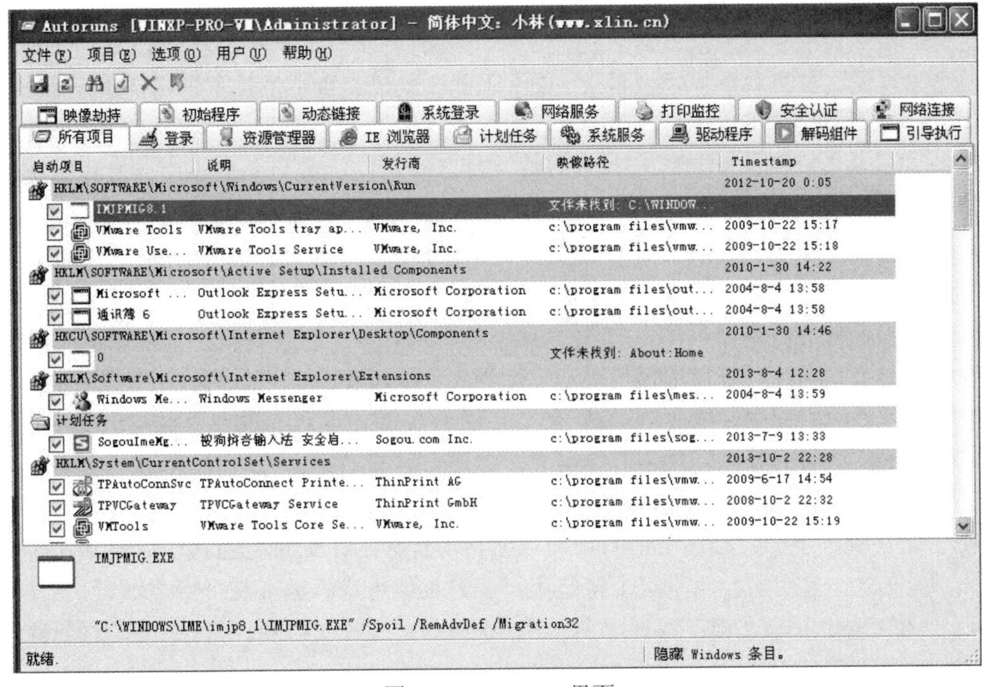

图 2.33　Autoruns 界面

2.5.2　Windows 系统中的重要目录

除了自启动目录外，调查分析人员通常还会关注另外一些重要的目录。由于 WinNT/2000 系统的目录和文件结构，不同于在 Win9x 系统中使用的 MS-DOS 目录和文件结构，并且各种不同的工作站版本和服务器版本的系统间的文件和目录结构也存在一些细微差别(服务器版本中一般包含了一些额外的文件，但是和工作站版本拥有相同的基本结构)，并且每一个调查对象对特定目录都可能会有一些修改，因此调查取证人员在对系统中的重要目录和文件进行分析时，需要考虑多方面的因素，进行全面取证。尽管如此，取证调查人员仍然是首先关注这些重要目录和文件的默认位置。

（1）主目录：通常创建在操作系统所在分区的根目录中。

（2）Documents and Settings：该目录的子目录下存放着单个用户的配置文件信息，对应特定账户，其中存储了用户的应用设置、桌面信息、文件和其他细节信息（WinNT 下位于%SYSTEMROOT%/profiles）。

（3）Inetpub：该处各子目录下存储了系统因特网信息服务（IIS）的层次结构。

（4）Program Files：该目录是在系统中安装应用软件的默认位置。

（5）Recycler：回收站管理程序在每个驱动器上都创建了回收站文件夹，同时为每个在该驱动器上删除文件的用户建立了单独的子文件夹，且以该用户的 SID（安全标识符）为标记。

（6）System volume information：具有隐藏属性的系统目录，提供系统在还原点处的信息。由于这些还原点可能包含了一些碎片信息，甚至可能是安全账户管理器（SAM）信息，同时这里也是黑客们比较喜欢放置隐藏目录之处，因此在取证调查中虽然不常用，但仍然具有一定价值（WinNT 系统没有这个目录）。

（7）Temp：在 Win NT 系统中，创建在根目录下的 Temp 目录用于存储操作系统和应用程序的临时文件。

（8）WINNT 或 Windows：该目录是安装 Windows 系统主要文件的操作系统目录，其子目录中的许多信息都是取证调查人员提取和分析的目标。

以上这些主要的目录结构中，有不少取证调查人员感兴趣的下级子目录，下面给出一些常用的关键目录。当然这些目录仅仅是众多取证案例中证据信息可能存在的位置中的一部分，并且被调查者和应用程序可能会创建自己的目录结构，重命名已有的目录结构，或者使用这些目录结构中不常访问的分支目录来存储信息，以避开调查取证。

（1）在 Documents and Settings 目录下

- All Users\桌面：存储了所有用户以图标形式显示在桌面上的共享项目，其同个人配置文件一起用于表明是某个特定用户还是其他用户添加了某个特定项目。
- All Users\共享文档：存储了所有用户共享的文档，一些应用程序也在这个目录下创建个人用户的子目录。
- All Users\开始菜单：存储了在系统开始菜单中显示的共享项目，在程序和启动子目录中包含了文件的快捷方式，它们在用户登录时自动启动。
- Default User：存储默认配置文件，在系统中添加一个账户时，将其复制到一个个人配置文件中。
- 用户名\Application Data：容纳每个用户个人配置应用程序的数据，配置文件、日志文件和通用数据可能存储于该目录的子目录中。
- 用户名\Cookies：容纳特定用户的个人 Cookies 文本文件。
- 用户名\Favorites：容纳特定用户的 IE 收藏夹。
- 用户名\Local Settings\Application Data：容纳系统特定用户的一些应用程序数据。
- 用户名\Local Settings\History：容纳特定用户的 IE 浏览历史记录。
- 用户名\Local Settings\Temp：存储特定用户使用系统时创建的临时文件和用 IE 浏览器下载的用于临时目的的文件。
- 用户名\Local Settings\Temporary Internet Files：存储特定用户的 IE 浏览器的缓存文件。
- 用户名\My Documents：作为所有特定用户创建文档的默认存储位置。My Pictures 和 My Music 也位于其子目录下，这是取证调查人员进行分析工作的最普遍位置之一。

- 用户名\Nethood：存储了所有网络邻居的快捷方式，这个位置揭示了某特定用户知道和访问过的某个特定的网络计算机。
- 用户名\Printhood：列出某特定用户所有已安装的打印机。
- 用户名\Recent：列出特定用户最近打开过的项目，是取证调查中首先要关注的位置之一。
- 用户名\SendTo：列出特定用户使用鼠标右键菜单的“发送到”功能时的项目，此处常常存放了可移动驱动器（移动硬盘、U 盘、存储卡等）和 CD\DVD 刻录软件安装项的快捷方式。
- 用户名\Start Menu：列出特定用户安装的应用程序（不包含所有用户共享的应用程序）。

（2）在 Inetpub 目录下

- ftproot：此处是 IIS FTP 服务器文件的默认位置。
- mailroot：此处是 IIS SMTP 服务器文件的默认位置。
- wwwroot：此处是 IIS Web 服务器文件的默认位置。

（3）在%SYSTEMROOT%目录下

- $NtUninstallxxx$：显示安装的各种补丁文件，此目录的数据可用于证明应用某个补丁后，在一个时间点是否可能出现感染。
- Addins：列出每个安装在本地的 ActiveX 控件文件。通过此处的调查可能得到最近使用 ActiveX 的情况。此处也是恶意代码常常出现之地。
- DownLoaded installations 和 installer：存储微软的 MSI 安装程序，有些程序的安装文件甚至在删除以后也仍然存在于此处的子目录中。
- DownLoaded Program Files：存储 IE 的插件程序。在调查中，如果某个特定网站需要进行特殊的下载，那么此处就可能是检查系统是否访问了这个特定网站的潜在位置。
- Driver Cache：存储系统用过的特定驱动文件。如果在此处找到某个 USB 设备的.sys 文件，那么就表明有个特定的 USB 驱动器连接过计算机。
- Offline Web Pages：列出被存储下来供 IE 浏览器离线浏览的 Web 页面。
- Profiles：列出 WinNT 或 NT 系列的系统中和 Documents and Settings 层次结构相同的项目。
- Repair：存储注册表文件的备份文件，此处也是存储 SAM 信息的重要位置。
- System32：存储基本系统文件，受感染的系统文件可能在此目录下。
- System32\config：存储注册表文件和事件日志文件，此处是取证分析人员经常访问的目录。
- System32\Drives：由驱动程序引用（如驱动程序缓存文件夹），此处信息指明系统已安装的特定设备。
- System32\Drives\Etc：存储 hosts 和 lmhost 文件，这两个文件提供了本地主机名解析服务，在 DNS 和 WINS 查找之前被执行。

- System32\Spool\Printers：列出打印池文件，其中包括已打印和打印失败的文件。
- Tasks：列出系统任务管理器中所有计划任务，有时任务管理器被攻击者用于提升权限和设置逻辑炸弹。
- Temp：此目录可能存放着取证调查人员感兴趣的许多数据项，包括日志文件、临时文件和其他各种文件。如果是针对特定用户，那么临时目录默认是：Documents and Settings\用户名\Local Settings\Temp。

Win9x 系统中默认的系统根目录是“Windows”目录，其 Program File 目录的功能和其他 Windows 系统版本不同。由于 Win9x 最初是作为一个单用户系统来设计的，所以没有加入配置文件的概念。因此在初始安装时，不存在 Documents and Settings 的目录结构。在默认安装下，My Documents 目录是存储用户主要信息的地方。同样，临时因特网文件和其他数据是直接存储在%SYSTEMROOT%文件夹中，而不是存储在个人配置文件中。

如果在 Win9x 系统中添加了其他用户账户，OS 会为每个添加的账户创建一个包含桌面、文档、应用程序和因特网文件的配置目录结构。该目录结构存储在“%SYSTEMROOT%\Profiles\用户名”下。

在 Win9x 系统中，打印信息保存在%SYSTEMROOT%\Spool\Printers 之中。临时文件目录保存在%SYSTEMROOT%\Temp 中。System32 目录结构不包含详细的配置信息，没有系统卷信息文件夹，主要的注册文件被简化，并直接保存在%SYSTEMROOT%\directory 之中。

2.5.3 Windows 系统中的重要系统文件

在 Windows 系统中也存在一些对于计算机取证调查来说重要的系统文件，这些文件包含了取证分析中所需的许多有价值的信息，主要情况如下。

- Thumbs.db：WinXP/2003 中，所有以缩略图方式显示内容的目录会把当前和过去的图片和影片的小型副本缓存到 thumbs.db 中。取证分析的软件工具（EnCase 等）可以读取这些文件来提取文件名称及图片内容。
- Index.dat：该文件处于个人配置文件子目录中，对 Internet 浏览历史进行分类保存。
- Autoexec.bat：处于根目录中，用于启动老版本系统的批处理文件，在 Win95 之后的版本则只有一个 PATH 声明。
- BOOL.ini：处于根目录中，保存 Windows 处理的多引导信息，包括默认的引导设备。
- Config.sys：处于根目录中，旧版本系统的配置文件，包含了驱动软件加载指令。目前的 Windows 版本不再使用这个文件。
- Pagefile.sys：处于根目录中，用于系统从内存中换出未使用的数据到本地驱动器，以便保留内存空间供程序使用。因此，经常可在这个文件中找到程序碎片信息，甚至那些从未存储到磁盘的信息也可能会在此处找到。这也是取证调查人员在 Windows 计算机中查找文本字符串时最有用的文件之一。

- Hiberfil.sys：处于根目录中，存储了休眠模式的配置信息，主要包含整个 RAM 的内容，和 Pagefile.sys 文件一样，对这个文件进行文本搜索对于调查取证有很大用途。
- NTUser.dat：处于 Documents and Settings\用户名目录中，HKEY_Current_User 注册表 Hive 的信息存储在每个用户的主配置文件夹中。这个默认用户的目录包含了新用户的基本 Hive 文件。注册表文件的.log 版存储了会话中对这些文件的改变，.sav 文件是在系统安装时创建的备份文件，根据其日期戳可以确认系统在何时被初始建立。
- Default：处于%SYSTEMROOT%\System32\Config 目录中，HKEY_User 缺省配置文件存储在该文件中。
- Sam：处于%SYSTEMROOT%\System32\Config 目录中，HKEY_Local_Machine\SAM 注册表 Hive 信息存储在这里，用于 Windows 账户管理。
- Security：处于%SYSTEMROOT%\System32\Config 目录中，HKEY_Local_Machine\Security 注册表 Hive 信息存储在此，用于网络安全管理。
- Software：处于%SYSTEMROOT%\System32\Config 目录中，来自 HKEY_Local_Machine\software 的任何软件的特殊设置都存储在这个文件中。
- System：处于%SYSTEMROOT%\System32\Config 目录中，HKEY_Current_Config 注册表 Hive 信息存储在此处。
- AppEvent.evt：处于%SYSTEMROOT%\System32\Config 目录中，此处存放应用程序事件日志文件信息和安全事件日志文件信息。
- Hosts：处于%SYSTEMROOT%\System32\Drivers\Etc 目录中，此处存储了 DNS 主机名到 IP 地址的映射。
- LMHosts：处于%SYSTEMROOT%\System32\Drivers\Etc 目录中，此处存储了 NetBIOS 主机名到 IP 地址的映射。
- System.ini：处于%SYSTEMROOT%目录中，提供驱动程序信息，随着 Windows 系统的升级，此文件中的一些功能已经被注册表替代。
- Win.ini：处于%SYSTEMROOT%目录中，提供 OS 与应用程序的相关信息，随着 Windows 系统的升级，此文件中的一些功能同样已被注册表替代。

Win9x 系统中总体性文件较少，其文件的安全模式也没有后期版本复杂，虽然这会导致系统运行的安全性欠佳，但反过来却使得针对其进行取证调查分析更为容易。Win9x 系统由于不存在基于缩略图方式的查看方式，所以没有 thumbs.db 文件（WinMe 除外）。系统分页文件（交换文件，Win386.swp）位于%SYSTEMROOT%\directory 目录下。注册表信息仅存储在 3 个文件之中，其中%SYSTEMROOT%\System.dat 存储了系统级注册信息，而%SYSTEMROOT%\User.dat 存储了用户级注册信息，如果系统有多个用户存在，那么该文件存储于个人配置文件中；Hosts 和 LMHosts 文件位于%SYSTEMROOT%\directory 目录中；由于 Win9x 系统不存在事件查看器，因此没有事件查看日志。

2.6 任务四：Windows 日志调查

无论哪种操作系统，取证调查人员都对系统的各种日志文件感兴趣（如果 OS 有日志功能，并在运行中使用该功能）。在取证目标计算机中通常存在两种日志，一种是系统产生的日志，另一种则是各种应用程序产生的日志。Windows 系统的日志有两个区域是取证调查人员最为关注的，一个是包含系统、应用程序和安全事件的标准日志库（事件日志），另一个是关键的因特网服务器日志文件（HTTP、FTP 和 SMTP）。事件日志的细节内容可清晰地显示特定用户在系统中做了什么，或者系统自动做了什么。而分析因特网服务器日志文件则可以揭示什么样的远程活动在系统上试图或成功执行。

2.6.1 事件日志的调查

事件日志中保留着 Windows 系统中关键日志事件的详细资料，包括应用程序日志（存储单个应用程序信息）、系统日志（保存系统事件详细资料）和安全日志（保存有关登录、退出及其他安全活动记录）三个部分。

查看事件日志的标准机制是使用事件查看器（可通过运行“eventvwr”启动，见图 2.34），其使用 MMC 界面来显示远程和本地的日志信息。事件查看器能够导入其他系统的 EVT 文件进行浏览，并且日志文件格式在各 WinNT 系列版本间通用，取证者在必要的时候也可以通过本地的事件查看器连接到其他计算机，并以管理员权限远程浏览日志文件。

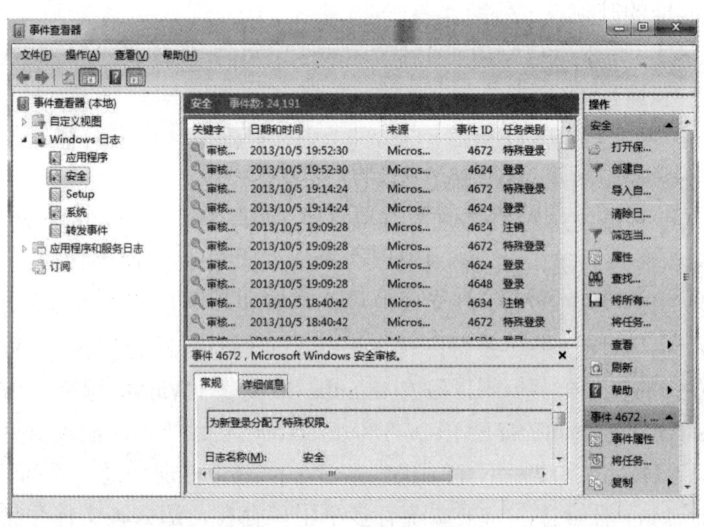

图 2.34 事件查看器界面

取证调查者可以通过选择事件查看器的“查看→筛选”功能对打开的事件日志进行筛选，限定特定日志文件仅显示与特定事件类型或时间段相关的内容。

取证调查者也可以利用事件查看器的导出功能，将日志内容导出并存储。导出日志信息时可以事件查看器格式导出也可以文本格式导出。为了存储日志文件，且防止直接复制一个打开的 EVT 文件时文件损坏，通常选择“操作→另存日志文件”的方式导出，且采用 EVT 格式，或选择“操作→导出列表”的方式导出。

（1）恢复损坏的事件日志

当从一个运行的系统（特别是公司调查时服务器的系统）上复制事件日志时，通常取证人员没有停止事件日志服务的条件，因为停止服务去创建一个取证副本可能会引起系统重新启动，并且在这期间发生的任何活动都不会被记录，从而可能给公司带来极大的损失。但是当事件日志开启运行时，Windows 将文件标记为打开，直接复制会导致文件损坏，这种损坏的文件在取证人员的计算机中无法正常打开，遇见这样的情况时，可以通过以下步骤，利用 Windows 系统的日志自我修复功能来修复复制的文件。

1）从目标系统的%SYSTEMROOT%\System32\config 目录中复制事件日志，创建一个符合取证要求的拷贝（只读且做 Hash 码固定）；

2）启动一个干净的 WinXP 分析机（可在取证计算机中启动一个虚拟机）；

3）打开分析机的服务管理程序，将事件日志服务的启动属性改变为不可用；

4）重新启动该分析机（需要在重启后以可靠的方式真正停止服务，重启也对分析机的日志文件进行了解锁，允许为它们重新命名）；

5）重命名分析机上的 AppEvent.evt、SysEvent.evt 和 SecEvent.evt 文件；

6）复制作为证据的 EVT 文件到分析机的%SYSTEMROOT\System32\config 目录中；

7）打开分析机上的服务管理程序，将事件日志服务的启动属性改变为自动；

8）重启分析机并运行事件查看器，这些日志就会被系统自动修复。

这样，事件日志可以被查看，且系统不再认为它们是损坏文件，会被作为正常的事件日志进行分析。虽然其中可能会有新系统（分析机的系统）产生的内容，但这些内容完全可以根据时间和系统名的不同，从取证目标系统的日志中区分出来。损坏的日志副本保留有原来的日志记录副本。修复的日志文件成为一个工作的副本，取证人员只要恰当记录了得到最后结果的所有操作过程，将修复的日志文件副本导出就可以作为法庭上的证据。

（2）应用程序日志

应用程序日志是由各个应用程序使用的。Windows 系统允许第三方软件通过系统 API 来记录应用程序事件。许多防病毒软件和安装程序使用了这样的功能。从取证分析人员的观点来看，应用程序日志可以帮助完成下列常见任务：

1）确认软件的安装。在使用了微软安装程序的情况下，一个特定软件包的安装是通过事件 ID 11707（成功）和 11708（不成功）来表示的，而事件 ID 11724 表明一个软件被卸载。通过查看这些 ID 的事件，可发现特定软件安装或试图安装的时间，以及卸载的时间。

2）确认和排除病毒感染。多数防病毒软件在检测到一个病毒时，会产生一个 ID 5 的事件。例如在取证中，若嫌疑人声称某个事件不是自己的主观行为，而是病毒造成的，那么通过查看防病毒软件的事件资料，可能显示出在他声称病毒发作时，防病毒软件正在运行，且在那个时刻没有产生报警。

3）启动和关闭防火墙。在 WinXP 系统中，当用户第一次在一个特定的会话中打开系统安全中心服务时，会把日志记录到事件查看器中。这个服务的启动可以表明一个用户的打开、停止或改变 WinXP 防火墙设置等操作。

4）检查黑客的攻击企图。一部分黑客攻击利用了缓冲区溢出或类似漏洞进行。在应用程序日志中，ID 为 1000～1004 的事件为有错误的应用程序，且可以提供对应的应用程序漏洞被利用的线索（当该应用程序有相关的网络监听器或界面时）。事件 ID 4097 也可能意味着类似的活动。

应用程序日志事件往往依赖于在特定系统中安装的具体应用程序，以及它们是否独立使用事件日志服务。但是，就算一个应用程序没有使用事件日志服务，其仍可能使用了自己私有的本地日志文件，或者利用私有本地日志对系统日志进行补充。因此为了遵循全面取证和鉴定的原则，取证调查人员除了检查特定应用程序的日志之外，通常还要检查它们是否具有私有的本地日志目录。

（3）系统日志

系统日志可以捕获由系统自身产生的事件。任何自动执行的操作，或直接利用 OS 功能的用户驱动操作都将被记入日志中，包括软硬件安装、打印作业和网络层事件等。计算机取证调查人员应关注的系统事件与案件的性质以及被调查者的抗辩有关，常用的事件如下：

1）事件日志启动与停止。事件 ID 6005 和 6006 分别代表事件日志服务的启动与停止。在有些情况下，被调查者会利用停止事件日志服务来隐藏其操作，当然停止服务的原因也可能是系统关闭，调查人员可以在关闭服务事件最临近的地方查找事件 ID 为 6008 和 6009 的事件，可以确认是否为合法关闭。

2）系统关闭与重启。事件 ID 6008 表示系统的一次意外关闭，6009 则和系统重启相关联。当调查人员在事件 ID 6006 后不远处发现 6009 事件时，通常可以得出此为系统原因的认识。事件 ID 1074 显示引起系统关闭的进程，而 1076（Win2003）则显示系统关闭的原因。

3）检测黑客的攻击企图。应用程序日志中的事件相似，在系统日志中的事件 ID 26 可以表示一个成功的缓冲区溢出攻击。事件 ID 1001 表示执行一次存储器转储，且会列出转储文件的位置。

4）服务包更新与安装。显示在特定时间被安装的特殊补丁，可用来排除应用程序被病毒感染或被恶意软件利用的可能性。事件 ID 19 显示一个自动补丁已成功安装。事件 ID 4377 显示特定热补丁包的安装。

5）登录失败。网络登录失败。事件 ID 100 表示对一个已知账户的验证失败，在调查中如果发现一系列这样的事件，则很可能是特定用户在猜测密码或使用穷举等破解工具。

6）机器信息改变。事件 ID 6011 表示系统名称改变。当调查一个特定计算机的名称时，如果发现名称与现存信息不匹配，调查人员就应查找这个事件 ID。

7）打印。如果一台被取证目标计算机为打印服务器，则打印的作业和它们的来源会作为事件 ID 10 列出。虽然事件查看器不会显示请求打印的源，但会显示请求者的用户名。

（4）安全日志

从取证调查人员的角度来说，安全日志是所有日志的基础。那些登录、注销、尝试连接和改变策略的关键事件，都会在安全日志中反映出来。然而 Windows 系统的安全日志默认是关闭的，需要被组或本地策略激活才可使用。但是在很多大型的企业和正规的部门，为了支持后期的安全事件调查和追溯，通常在本地（或组）策略下的审核策略中要求他们的计算机系统至少激活以下几个策略。

- 审核账户登录事件（成功、失败）；
- 审核账户管理（成功、失败）；
- 审核登录事件（成功、失败）；
- 审核策略改变（成功、失败）；
- 审核特权使用（成功、失败）。

而这几个主要的安全事件类在调查中占了待分析安全事件的绝大部分。对调查工作而言，最重要的是登录和注销事件，这两个事件对于证实是什么人在特定时间于被取证系统上执行了某个操作是非常必要的。成功登录和失败登录对于每一个调查都是有关的，而其他的安全事件则根据案件的性质不同，对某些具体的调查有帮助。以下介绍一些常用的安全事件。

1）成功登录和注销事件

成功登录事件用于揭示何人执行了某个特定操作。交互式的登录事件通过事件 ID 528 来描述，其为登录类型的一个子类。以下列出调查取证人员关注的几种关键的登录类型。

- ID 2：类型为本地，交互地本地登录到本机；
- ID 3：类型为网络，通过网络连接到一台计算机；
- ID 7：类型为解锁，为利用 Ctrl+Alt+Del 组合键或屏幕保护方式锁定的计算机解锁；
- ID 10：类型为 RDC，利用远程桌面或终端服务进行连接；
- ID 11：类型为缓存，当域控制器不可用时，使用缓存的用户凭证进行本地登录。

注销事件是调查人员感兴趣的事件，其揭示了某个用户连接的时间段。由于有一些强行注销事件（如掉电）不会被记录，所以注销的时间可靠性较低。但是调查取证人员可以根据某个特定时间段所缺少的日志条目计算出故障事件的时间。注销事件以 ID 551 为用户启动注销的开始，以 ID 538 为事件的结束。

除了注销事件外，远程桌面连接事件类型也可根据连接类型来界定。事件 ID 683 表示断开连接，ID 682 表示重新连接。

2）登录失败事件

登录失败是判定是否有人在系统上进行密码猜测或暴力攻击的最好证据信息之一。这些失败的尝试按照不同的失败原因被记录下来：

- 用户名或密码错误的：事件 ID 529，可能是一个黑客攻击企图；

- 账户不可用、到期或被锁（事件 ID 分别为 531、532 和 539，可能因为密码共享或有不满企图的前雇员造成）；
- 越权访问资源（事件 ID 533，可能是用户试图访问未授权资源）。

当然造成登录失败通常是由于正常原因（如用户忘记密码、自动工具配置错误、CapsLock 键被意外按下、NumLock 键没有打开等）。但是如果登录失败事件出现的数量偏多且集中出现，或者来自相同源的多个账户名出现登录失败的情况，这时调查人员就需要特别注意。

3）改变策略

审核策略的改变（特别是取消特定事件的审核）往往揭示了黑客攻击的企图。审核策略改变的事件 ID 为 612。在事件 ID 612 之前的条目若显示为取消之前存在的策略，就应当引起取证调查人员的注意。

4）成功或失败的对象访问

在一个特定对象属性内的“安全”选项卡点击“高级”按纽，可对特定的 NTFS 文件和文件夹进行审核。激活对象审核能记录下针对这个对象的任何操作，从试图读取对象到成功删除对象。如果系统开启了这个级别的审核，就能揭示何时某个特定实体被访问和被何人访问，以及何时某个特定文件或目录被改变或被删除，或者突出显示对关键对象的非法访问企图。这一系列与各个对象相关的事件如下：

- ID 560：打开对象，试图打开一个文件或目录。失败和成功的尝试产生相同的 ID，若企图删除则可能产生大量的 560 失败事件。
- ID 564：删除对象，成功删除一个文件或目录。被删除文件或目录会在 564 事件以前，离该事件最近的 560 事件中显示出来，这些事件有相同的进程 ID。
- ID 567：访问对象企图，在 Win2003 中进行访问而试图打开一个对象。该事件可揭示打开文件本身或者文件的元数据。

5）账户改变

个人账户设置的改变可能是恶意行为的结果。事件 ID 642 表示一个账户设置的改变，而事件 ID 628 则是 642 后续最常见事件，表示密码和特定的账户被改变。

6）日志清除

ID 为 517 的事件表示安全事件日志被清除。没有相应的事件用于记录清除应用程序或系统日志。在没有合理的原因将旧的日志存储到一个文件之前，安全日志是几乎不会被清除的。如果发生了该事件，就表明很可能有入侵者在掩盖行踪。

2.6.2 网络日志的调查

Windows 系统的服务器日志记录了关于个人请求的访问信息，这些信息通过它们各自的服务传送到服务器。有关 FTP、HTTP 和 SMTP 的连接和活动，在调查服务器的使用或安全问题时，是最经常用到的。当服务开启时，记录这些服务的日志默认被打开，且能够提供大量的因特网活动信息。

（1）WinXP 防火墙日志

WinXP Service Pack（SP2）中的防火墙提供了日志记录功能，但默认是关闭的。使用以下步骤可激活该日志：

1）在运行对话框中键入 firewall.cpl；

2）打开“高级页”选项卡；

3）点击安全日志下的“设置”按钮；

4）选择记录被丢弃的数据包和成功的连接。

默认记录日志存储于%SYSTEMROOT%目录下的 pfirewall.log 文件中，可提供有关攻击或连接到系统的详细资料。该日志还可提供来自一个特定计算机的出站连接信息，包括临时因特网文件目录被清除时没有被删除的 HTTP 连接。

（2）HTTP 日志

Internet 信息服务（Internet Information Server，IIS）是 Windows 系统的内置网络服务，也是因特网中的常用服务（尤其在企业内部网）。

IIS 站点的网站日志默认存储在%SYSTEMROOT%\System32\Logfiles\W3SVC 下，且为每个日期提供了单独的日志文件。使用者可能基于系统性能或备份需要等原因改变目录和文件的周转频率。并且如果存在多个网络服务器，那么每一个都会有自己的 W3SVC 目录，且后缀一个唯一的号码。缺省的日志文件设置位于文件开头，包括几个关键的字段。取证调查人员感兴趣的关键字段如下：

date time：日期时间，指提出请求时服务器当前的时间。

s-ip：服务器 IP，被请求的服务器 IP 地址。当多个服务器 IP 都记录日志到一个文件时，可以有助于区分请求（或攻击）的目标。

cs-method：方法，即使用的 HTTP 方法。对于使页面显示或消失来说，可能使用了 WebDAV 协议中的 PUT 或 DELETE 方法。表单的 GET 请求包含了传送给表单的查询字符串。TRACK 和 TRACE 方法是和跨站点脚本攻击一起出现的。

cs-uri-stem：URL，在此处显示的 URL 列出的是请求的页面和相关的目录。

cs-uri-query：查询字符串，显示传送到表单的查询字符串。任何包含 SQL 的查询字符串，都应被怀疑是否为潜在的 SQL 注入攻击。

s-port：端口，网络连接所使用的端口（80、8080、433 等）。

cs-username：用户名，提出请求的用户名，仅对本地 Windows 域的请求有效，在企业内部网之外常常无效。

c-ip：IP 地址，发出特定请求的位置。这对取证调查人员来说可能是日志信息中最重要的部分，在追踪一个攻击来源时，IP 地址是最重要的信息。

cs（User-Agent）：用户代理，列出提出请求的浏览器。

sc-status、sc-substatus 和 sc-win32-status：请求状态，在状态字段显示网站服务器返回的编码，常用的编码如下。

- 100——客户端应该持续提出请求。通常不出现在网站日志中，但是嗅探器可能会探测到。
- 200——正常。找到页面并返回给客户端。
- 301/302/307——页面被移走。客户端请求的页面已被移走。请求没有文件名的主目录或请求一个旧的失效链接将产生一个 30x 状态码。
- 401——请求一个客户端无权访问的文件。重复的 401 状态码说明有列举试探攻击。
- 403——访问一个被禁止的文件。在 403 的错误中，请求常用的目录名可能说明有列举工具被使用。
- 500——服务器错误。缓冲区溢出就可产生服务器错误的信息。
- 501——方法未执行。TRACK/TRACE 请求或 WebDAV 请求可显示失败的跨站脚本攻击活动。

cs-Referer：指示器，显示在服务器出现问题前访问的站点，并给出可能的主页位置或其他可确定攻击者的线索。

除标准网络日志外，另一个寻找网络报告的地方是 HTTPERR 目录，位于%SYSTEMROOT%\System32 目录下。由于此处仅仅记录错误信息，缓冲区溢出或不合法请求会比在拥挤的 IIS HTTP 日志文件中更容易查明。

（3）FTP 日志

与 HTTP 日志相似，FTP 日志记录了成功和失败的 FTP 协议的交互活动。FTP 服务日志存储在%SYSTEMROOT%\System32\MSFTPSVCxxx 子目录中（xxx 是一个唯一的数字），它记录了包括连接、试图连接和连接时使用的命令信息。检查 FTP 日志是为了查找两种类型的攻击：试图连接、未授权用户的建立和删除文件。

1）试图连接。试图连接将会与 USER 命令的状态码（sc-status）331 一起出现，后面紧跟着 PASS 命令的 530 状态码。331 表示用户名被键入且要求输入密码；530 表示密码鉴别失败。通常在出现这样的情况时，可能是有人在猜测密码，或企图利用匿名账户连接。

2）试图或者成功创建文件。许多扫描器试图找到开放的 FTP 站点，将它们作为信息数据仓库。它们在连接成功之后会出现 230 状态码，如果成功创建一个文件会出现 226 状态码，成功创建目录则出现 257 状态码，如果尝试失败将会出现 550 状态码。

3）授权用户活动。授权用户可以在 FTP 服务器上进行未授权的活动，或是执行一个需要在以后进行验证的已授权活动。授权用户首先用状态码为 331、包含用户名的 USER 命令连接。在日志文件中搜索这些用户名将会找到其活动的开始部分。下一步，PASS 命令将会返回一个有效的响应码 230。接下来就是用户活动记录，最后是退出的 QUIT 命令及其状态码 550，或者会话由于超时被关闭，给出一个状态码为 421 的关闭消息。

（4）SMTP 日志

Windows 系统的 SMTP 服务器日志详细记录了所有信息成功和失败的发送与接收。默认的日志设置只能捕获很少的信息：键入的命令、两端连接的 IP 地址（没有方向说明）和状态码。虽然它们在显示一个特定时间点连接到一个特定服务器方面有些作用，但这些信息依然是有限的。

在安全管理措施较强的企业和部门，为了对安全审计和事后取证分析有用，当选择 W3C 格式时，IIS 管理员可以增加几个附加字段到 SMTP 日志中，尤其是 data、time、c-ip、cs-username、cs-method 和 cs-uri-query 这些字段（具体解释可参照 HTTP 日志）。c-ip 代表连接服务器的计算机的地址，如果是连入，在用户名称段中就没有出站连接信息；反之将会显示 HELLO 消息中报告的域名。cs-method 和 cs-uri-query 字段代表键入的命令及细节。虽然在日志中不能够看到数据本身，但可看到数据来源和目的地。

2.7　任务五：Windows 的进程和网络痕迹调查

在对 Windows 系统进行取证分析时，根据案件性质的不同，取证调查人员可能会关注一个系统运行的进程有什么，以及系统进行过什么样的网络活动。这样的取证分析就需要分析人员对系统的常用进程有基本的了解，或者对系统中何处可能获得网络活动的痕迹有所掌握。

2.7.1　系统常用进程分析

Windows 系统的常用进程分为系统进程和用户进程两类，并且取证调查人员通常对开始运行处的进程有着特别的重视。

（1）系统进程

系统进程通常分为基本系统进程和附加进程两类。基本系统进程是系统运行的必备条件，只有这些进程处于活动状态，系统才能正常运行，基本系统进程不能强行结束，否则系统不能正常运行，通常会重启或者关闭。附加进程则不是系统必需的，可按需新建或结束。

以下是常见的 Windows 系统进程：

- smss：在启动过程中建立起 NT 环境的会话管理器；
- dns.exe：域名解析服务器进程，应答对 DNS 名称的查询和更新请求；
- CSRSS：客户端到服务器端运行时的服务器子系统，用来维持系统环境和大量其他重要性能；
- Winlogon：Windows 系统登录服务；
- EXPLORER：负责创建开始按钮、桌面对象和任务栏；
- LSASS：本地安全授权的安全服务；
- SPOOLSS：用于将打印机任务发送到本地打印机；
- RPCSS：远程过程调用子系统，分布式 COM 服务；
- Ati2plab：显示卡相关驱动程序，视频驱动程序子系统的一部分；
- USRMGR：用户管理器应用程序；
- EVENTVWR：事件查看器应用程序；

- termsrv.exe：终端服务程序，提供多会话环境允许客户端设备访问虚拟的 Win2000；
- tlntsvr.exe：远程登录服务，允许远程用户登录到系统且使用命令行运行控制台程序；
- MSDTC：微软分布式事务协商进程，配置为当 WinNT 系统启动时自动运行；
- mstask.exe：计划任务服务器程序，允许指定时间运行某个程序；
- regsvc.exe：远程注册表服务器程序，允许远程注册表操作；
- winmgmt.exe：提供系统管理信息；
- inetinfo.exe：FTP 服务器进程，通过 Internet 信息服务的管理单元提供 FTP 连接和管理；
- tftpd.exe：tftp 服务器进程，实现 TFTP Internet 标准。该标准不要求用户名和密码；
- SERVICES：WinNT 环境的服务管理进程。

（2）用户进程

用户进程指由用户启动的进程，进程程序通常由用户主动安装，主要包括一些诸如 MS Office 这样的应用程序。但是用户可能在访问了某个网站后，系统在无意间被安装了流氓软件，此时在进程列表里会发现名字不是很熟悉的进程（但通常和上面的系统进程的名字很相似），且这些进程占用的计算机资源比一般的系统进程大很多。当然也有不少恶意软件将程序插入某个用户熟悉的进程（通常是一些附加系统进程）中执行。另外，还有不少恶意的软件程序是 DLL 的文件形式（动态链接库文件），其采用执行 rundll32.dll 文件路径中 dll 文件的某个函数来启动，由于 rundll32 是系统程序，所以这一类恶意软件具有较大的隐蔽性。

（3）开始运行处进程

把需要在系统启动时自动运行的程序安装成自动服务，是目前较为常见的一种方法，许多防病毒软件就是安装成服务系统启动时自动运行的。作为服务加载的好处在于能获得更高的启动优先级，还能在用户没有登录的情况下就开始占据系统进程并进行工作。在系统的“运行”处执行 services.msc 就可以查看其服务的一些信息，如图 2.35 所示。

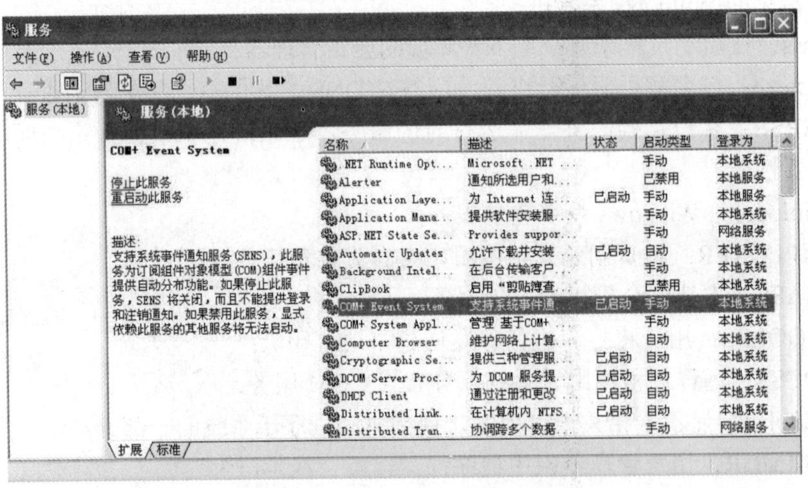

图 2.35 services.msc 运行界面

不少恶意软件和木马程序也采用将程序安装成自动服务的方法，使得其在系统启动时就被自动运行。因此如果在 services.msc 中发现某个可疑的自动服务，取证调查人员就应当着重注意。

（4）进程查看

pslist 是一个查看进程的工具，当然如果取证调查人员不熟悉所调查版本的 Windows 系统普通进程，就无法找出恶意进程，那么即使用 pslist 列出系统正在运行的进程也没有效果。由于恶意进程的变化非常大，即使同一种木马或者病毒，也可能有多种变种，因此计算机取证调查人员在进行进程分析时，需要首先熟悉系统常用的普通进程以及这些进程的大致情况（例如进程的作用、进程占用资源的情况、进程是否使用端口和使用何种端口等），这样才能鉴别出恶意进程。例如若使用 pslist 列出的正在运行的进程中具有 EVENTVWR 进程，这就表明有用户在查看日志；若看到 USRMGR 进程，则可能有用户正在试图改变审核策略或改变用户账号数据。pslist 进程通常运行在 cmd.exe 环境下，如图 2.36 所示。

```
E:\tools>pslist

PsList 1.26 - Process Information Lister
Copyright (C) 1999-2004 Mark Russinovich
Sysinternals - www.sysinternals.com

Process information for WINXP-PRO-VM:

Name                Pid Pri Thd  Hnd   Priv        CPU Time    Elapsed Time
Idle                  0   0   1    0      0     0:10:59.625     0:00:00.000
System                4   8  56  249      0     0:00:09.062     0:00:00.000
smss                504  11   3   21    168     0:00:00.109     0:11:30.210
csrss               604  13  11  365   2124     0:00:05.437     0:11:28.585
winlogon            628  13  18  444   6976     0:00:01.109     0:11:28.273
services            680   9  16  269   2040     0:00:01.328     0:11:27.835
lsass               692   9  18  329   3644     0:00:00.343     0:11:27.710
vmacthlp            848   8   1   24    688     0:00:00.046     0:11:27.117
svchost             860   8  17  197   3124     0:00:00.109     0:11:26.945
svchost             928   8  11  253   1836     0:00:00.093     0:11:26.632
svchost            1020   8  55 1108  10916     0:00:01.031     0:11:26.523
svchost            1068   8   4   63   1264     0:00:00.046     0:11:26.460
svchost            1112   8  14  203   1904     0:00:00.062     0:11:26.163
explorer           1472   8  15  444  12736     0:00:06.015     0:11:24.960
spoolsv            1500   8  13  136   3920     0:00:00.250     0:11:24.804
VMwareTray         1712   8   1   59   2164     0:00:00.062     0:11:24.023
VMwareUser         1720   8   7  197   3660     0:00:00.515     0:11:23.992
ctfmon             1728   8   1   68    948     0:00:00.062     0:11:23.960
vmtoolsd            176   8   5  230   6280     0:00:00.437     0:11:06.929
VMUpgradeHelper     384   8   4   99   1088     0:00:00.093     0:10:59.304
TPAutoConnSvc       280   8   5  100   1656     0:00:00.046     0:10:58.599
wscntfy            1392   8   1   38    660     0:00:00.015     0:10:58.208
alg                1428   8   6  104   1208     0:00:00.031     0:10:58.099
TPAutoConnect      1092   8   1   71   1400     0:00:00.468     0:10:55.490
wuauclt            1856   8   4  144   5676     0:00:00.015     0:09:59.414
cmd                 804   8   1   33   2052     0:00:00.046     0:01:43.180
conime             1176   8   1   36    992     0:00:00.062     0:01:42.993
pslist              760  13   2   87    840     0:00:00.031     0:00:00.093
```

图 2.36　pslist 列出系统正在运行的进程状况

取证人员对进程的分析通常需要借助相关的信息进行综合的判断，不少进程（特别是恶意进程）不仅对本地资源进行某种操作，而且需要访问网络。在这种情况下，参考可疑进程访问网络的情况就非常必要。fport 是一个常用的查看系统中进程访问网络情况的工具，这个工具也是运行在 cmd.exe 环境下，其可以列出在系统中监听端口的所有进程，如图 2.37 所示。

```
E:\tools>fport
FPort v2.0 - TCP/IP Process to Port Mapper
Copyright 2000 by Foundstone, Inc.
http://www.foundstone.com

Pid   Process            Port  Proto Path
928                  ->  135   TCP
4     System         ->  139   TCP
4     System         ->  445   TCP
1428                 ->  1029  TCP

0     System         ->  123   UDP
0     System         ->  137   UDP
0     System         ->  138   UDP
928                  ->  445   UDP
4     System         ->  500   UDP
1428                 ->  1025  UDP
0     System         ->  1900  UDP
4     System         ->  4500  UDP
```

图 2.37　fport 工具列出系统中监听端口的情况

从图 2.37 中可以看出 fport 虽然列出了系统中当前监听端口以及对应的进程，但并未揭示出攻击者通过哪个 IP 地址并利用什么端口访问所开放的端口。要获取这个信息，就需要使用 netstat 工具来列出所有正在监听的端口和这些端口的所有当前连接，如图 2.38 所示。

```
E:\tools>netstat

活动连接

  协议  本地地址              外部地址              状态
  TCP    127.0.0.1:443          PC-201207201650:58317  FIN_WAIT_2
  TCP    127.0.0.1:49238        PC-201207201650:49239  ESTABLISHED
  TCP    127.0.0.1:49239        PC-201207201650:49238  ESTABLISHED
  TCP    127.0.0.1:49240        PC-201207201650:49241  ESTABLISHED
  TCP    127.0.0.1:49241        PC-201207201650:49240  ESTABLISHED
  TCP    127.0.0.1:58317        PC-201207201650:https  CLOSE_WAIT
  TCP    127.0.0.1:58318        PC-201207201650:58319  ESTABLISHED
  TCP    127.0.0.1:58319        PC-201207201650:58318  ESTABLISHED
  TCP    127.0.0.1:58343        PC-201207201650:58344  ESTABLISHED
  TCP    127.0.0.1:58344        PC-201207201650:58343  ESTABLISHED
  TCP    127.0.0.1:58354        PC-201207201650:12882  TIME_WAIT
  TCP    127.0.0.1:58369        PC-201207201650:12882  TIME_WAIT
  TCP    192.168.1.100:49207    112.90.172.51:http     CLOSE_WAIT
  TCP    192.168.1.100:51290    119.188.96.120:http    CLOSE_WAIT
  TCP    192.168.1.100:58322    a23-42-179-51:https    ESTABLISHED
  TCP    192.168.1.100:58346    114.112.66.109:http    ESTABLISHED
```

图 2.38　netstat 列出系统当前连接状况

2.7.2　系统网络痕迹调查

系统网络痕迹指系统访问网络之后留下的一些记录信息。被调查者在进行网络活动，直接利用网络进行犯罪（例如管理色情网站、进行网络赌博、发布恶意谣言等），或间接利用网络进行犯罪时（例如利用 E-mail 或 QQ 等通信工具在网上寻找协助人），很难在使用的计算机系统中留下网络痕迹。多数被调查者并没有很高的计算机网络技术，都会在系统中留下一些网络活动的记录，另外即使具有高深计算机技术的被调查者，也难免因为疏忽而没有完全清除痕迹。

系统中的网络痕迹主要包括：网页访问下拉列表、网页访问历史记录、网页收藏夹、网络聊天记录等。而在不少案件取证调查中，这一类信息是分析者需要关注的重点之一。

（1）网页访问下拉列表

大多数的网页浏览器（例如微软的 IE 浏览器、Mozilla 的火狐浏览器、Maxthon 浏览器以及搜狗浏览器等）都有网页访问下拉列表，用来记录用户访问过的网页地址，这些网页访问信息通常都是被调查者近期经常访问的，因此给取证调查者提供了大量的信息。

网页访问下拉列表里保存的网址很有可能是对调查至关重要的证据。例如，在一次网络钓鱼诈骗案件的调查过程中，犯罪嫌疑人一直矢口否认自己和该钓鱼网站有任何关系，但是取证调查人员在取证镜像的 IE 浏览器的网页访问下拉列表中，发现其中的一个地址就是在该钓鱼网站的子目录下，单击打开该地址，发现这个地址就是该钓鱼网站的后台登录页面，再综合该系统的用户登录等方面的证据，使得嫌疑人无法抗辩。

（2）网页访问历史记录

网页访问历史记录可以把用户访问的页面保存下来，例如微软的 IE 浏览器可以记录下几个星期以内的所有的访问页面，只有当用户删除了历史记录或者将“网页保存到历史记录中的天数”设置为 0，才不会保存历史页面。因此在不少案例的取证调查中，分析网页访问的历史记录是一项重要的工作。由于历史记录中保存着近期用户访问页面的信息，当被调查者利用网络进行犯罪（例如编制传播恶意谣言、传播淫秽信息等案件）时，通过网页访问的历史记录，可以获取直接指向其网络活动的证据信息。

（3）网页收藏夹

网页收藏夹通常用来保存系统用户觉得重要或者需要经常访问的页面，这类信息恰恰反映了该用户的网络行为偏好，在一些案例中这类信息是取证调查人员需要关注并分析的数据。

（4）网络聊天记录

当前网络聊天或网络即时通信软件已经成为了大多数人在网络上进行通信的必要工具，目前流行的网络聊天工具有 MSN、ICQ、腾讯 QQ、雅虎通等，其中腾讯的 QQ 是国内大部分网民使用的聊天软件。很多案件都会利用聊天软件来交换或者迅速传播信息，调查这类案件的时候就需要取证调查人员对聊天记录进行分析。

应用实训

2.1 实验环境：在虚拟机中挂接两个虚拟物理硬盘，其中一个作为引导硬盘安装 Windows XP 操作系统和 WinHex 软件，将另一个硬盘作为从盘，划分为三个分区并在每一个分区中拷贝若干目录和文件，然后把从盘的第一个扇区清零。

任务：

- 利用 WinHex 工具分析并重建从盘的分区表；
- 修复从盘的 MBR。

2.2 制作针对 Windows 系统计算机取证的初始化响应工具包，要求利用批处理程序收集以下信息：

- 系统基本信息；
- 系统网络配置信息；
- 系统上正运行的所有进程；
- 打开 TCP/IP 端口的所有进程；
- 监听端口和对应的当前连接；
- 对已获取的证据制作 MD5 的 Hash 码。

2.3 实验环境：一台安装 Windows XP 或以上版本操作系统的计算机，一个拷贝了若干目录和文件的 U 盘，一个 U 盘写保护接口（如果 U 盘本身带有硬件写保护功能则不必要）。

任务：

- 安装 FTK Imager 软件；
- 将准备好的 U 盘通过写保护接口与计算机连接；
- 利用 FTK Imager 制作该 U 盘的取证镜像。

2.4 实验环境：一台安装有 Windows 2008 Server 系统的取证目标服务器，一台安装有 Windows XP 操作系统的取证计算机，一根交叉连接的网线。

任务：

- 利用交叉连接的网线将取证计算机与目标服务器连接；
- 利用“reg”命令，在取证计算机中，获取目标服务器注册表中所有系统自启动的信息和系统 SID 码，并将获取的信息保存在取证计算机中；
- 对已经获取的信息文件制作 MD5 的 Hash 码。

拓展练习

2.1 什么是电子证据？简述电子证据、数字证据和计算机证据的异同。

2.2 与传统证据相比较，电子证据在物理和技术特性方面有何不同？

2.3 在计算机取证时，如何处理取证需要和个人隐私以及公司秘密保护的关系？

2.4 简述电子信息作为证据的三个核心性质。

2.5 我国目前的司法实践中如何划分证据的类别？

2.6 简述直接证据和间接证据的概念，电子证据与直接证据和间接证据的关系。

2.7 简述 FAT16、FAT32 和 NTFS 文件系统的异同。

2.8 如何恢复已损坏的 Windows 系统事件日志？

2.9 对 Windows 的日志调查通常需要调查哪些日志信息？

3

非 Windows 环境的单机取证

学习目标

- 了解 Macintosh 系统文件结构和引导过程
- 了解 UNIX/Linux 系统磁盘结构和引导过程
- 掌握 UNIX/Linux 环境中易失性证据的获取方法
- 掌握 UNIX/Linux 环境中重要文件目录和日志调查方法

项目说明

在项目 1 的案例中，某公司主管 Alice 怀疑技术骨干 Bob 对公司有侵权行为，因此委托计算机取证调查人员 Tom 进行调查。Tom 通过对案件的了解和取证的准备以及现场的勘察，了解到被调查者 Bob 使用的计算机采用 Linux 的操作系统。那么 Tom 如何针对 Bob 的非 Windows 计算机系统进行计算机取证调查呢？

项目任务

Tom 接受这个取证任务后，应当首先完成两个任务：

1．在计算机取证的现场获取和固定原始证据；

2．对取证目标系统的重要文件目录和日志进行初步调查。

基础知识

3.1 Macintosh的引导过程和文件系统

3.1.1 Macintosh文件结构

Mac OS X 全称 Macintosh Operating System X（10th generation），即苹果公司第10代Mac操作系统。该系统采用UNIX核心，是目前使用广泛的桌面操作系统之一。除有3D渲染的用户界面外，还可使用命令行形式。Mac OS X经历了多版本的飞跃变革，几乎每年都会有大的创新与新功能出现。该系统真正被普通中国用户使用的应是OS X 10.6之后的版本，且随着大量用户使用iPhone iOS从而认识到Mac OS X 10.7版本。2013年6月苹果公司在WWDC 2013全球开发者大会上发布了其最新的操作系统Mac OS X 10.9 Mavericks。

Macintosh 操作系统构建在一个被称为 Darwin 的核心上，而这个核心又由构建在一个Mach微内核上的BSD（伯克利软件发行版）UNIX应用层构成。Macintosh操作系统目前已是一款使用者较多的系统，因此，作为一名计算机取证调查员必须熟悉Mac OS的文件和磁盘结构。

在Macintosh使用的层次结构文件系统（HFS）中，文件被存储在文件夹中，而文件夹又可被套在另一文件夹中。从Mac OS 8.1开始，Apple公司推出了Mac OS的扩展格式（EFS+），继续用于Mac OS X。HFS+与HFS之间最主要的不同在于HFS限制了每个卷只能包含65536个块，而HFS+将这个数字提升到了40多亿。因此HFS+能在大型卷上支持更小的文件，提高了磁盘的利用率。Mac OS X也支持UNIX文件系统（UFS）。Mac OS X的文件管理器（File Manager）在物理介质上处理数据的读、写及存储，且能够收集数据来维护HFS以及处理文件、文件夹和其他项目。Mac OS X的查找器（Finder）是Macintosh OS用来追踪文件和维护用户桌面的工具。在老版本的Macintosh操作系统中，一个文件由两部分组成：数据分支（data fork）和资源分支（resource fork），如图3.1所示。

每种分支都包含了对于每个文件必不可少的资源映射、文件资源头、窗口位置和图标等信息。

数据分支通常包含用户创建的数据，如文本或电子数据表。常用办公软件（如 Microsoft Office套件中的Word和Excel等）即可读写这些数据分支。当使用者在使用一个应用文件时，其资源分支包含了额外的信息，如菜单、对话框、图标、执行代码和控键等。在Macintosh操作系统中，资源分支和数据分支均能够被清空。操作系统的文件管理器负责对文件的读写，因此其对这两个分支均能够访问。

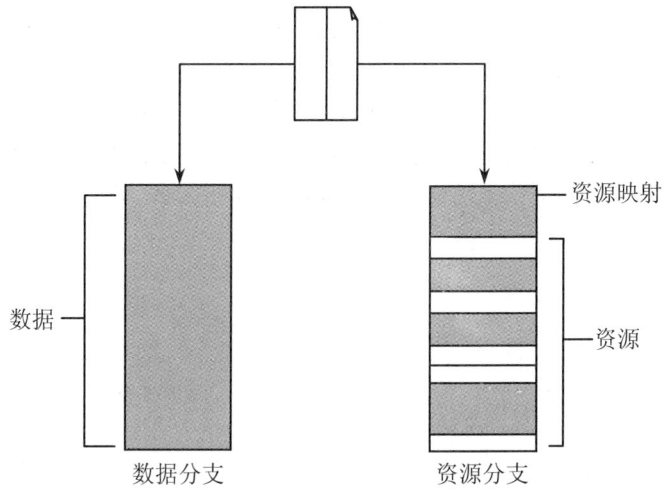

图 3.1　Macintosh 操作系统的数据分支和资源分支

3.1.2　Macintosh 中的卷结构

在 Macintosh 操作系统中，任何用来存储文件的存储介质均可被称为一个卷。对于硬盘来说，一个卷可以是全部或部分的存储介质（当然对于曾经大量被使用的软盘驱动器来说，在 Mac OS 中一个软盘的一个卷就是指整个软盘）。在大容量的磁盘中，当管理员定义了一个卷后，多个用户能位于一个卷中。

通常对于卷来说，有分配块和逻辑块两个概念。一个逻辑块是一个不能超过 512 字节的数据集合。当保存一个文件的时候，文件管理器为这个文件指定一个分配块，这个分配块是一组连续的逻辑块。当文件较大时，一个分配块可能由三个或更多的逻辑块构成，如图 3.2 所示。

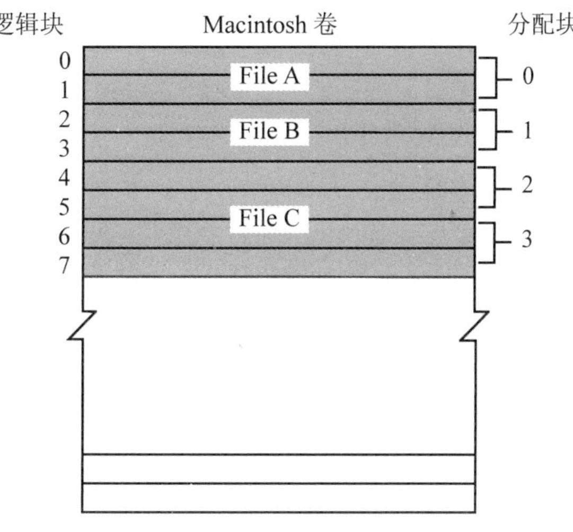

图 3.2　逻辑块和分配块的关系

对于一个卷，文件管理器最多能访问 65535 个分配块。如果一个文件分支包含信息，那么它会一直占用一个分配块。例如，若一个数据分支仅包含 11 个字节的数据，那么它也占用一个分配块或 512 个字节，这样就会余下 500 多字节的剩余空间。

Macintosh 文件系统对文件结束（EOF）有两种描述——逻辑 EOF 和物理 EOF。逻辑 EOF 标志了一个文件所包含的所有数据比特流的结束，而物理 EOF 则标志了一个文件所占用的所有分配块的结束，如图 3.3 所示。

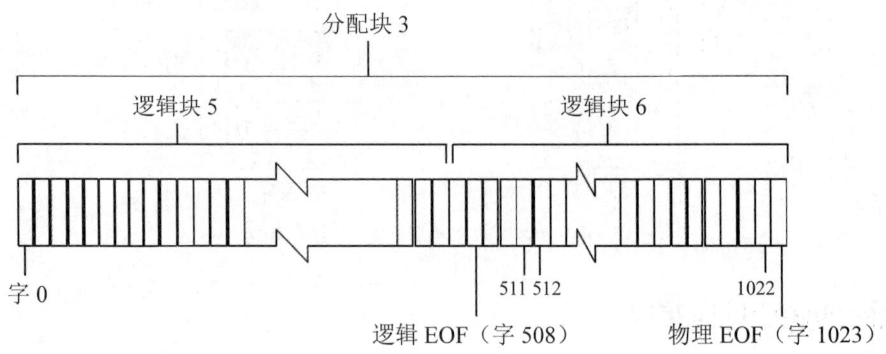

图 3.3　逻辑 EOF 和物理 EOF 的关系

Macintosh 文件系统使用簇来减少文件碎片，簇由连续的分配块构成，当一个文件增大时，会占用更多的簇，而通过为大型文件增加簇，可尽量减少卷碎片。

3.1.3　引导 Macintosh 系统

Macintosh 计算机所使用的 BIOS 固件类型通常与 PC 系统中的 BIOS 固件类型不同。其使用开放式固件（Open Firmware）是一种不依赖于处理器和系统的引导固件，而许多基于 PC 的 Macintosh 系统中，该固件是引导 ROM 的一部分。Macintosh 计算机在硬件初始化并进行检测之后，在把控制权移交给操作系统之前，由开放式固件来控制微处理器。它负责构建设备树，探测输入输出设备，并从磁盘中加载操作系统的内核。

了解开放式固件进程能够帮助取证调查人员在引导一个 Macintosh 系统时，控制引导设备的选择。而这种选择，无论对于使用一个专业 s 的 Macintosh 取证系统来检测被取证目标磁盘，还是对于使用取证引导光盘或 U 盘等移动介质来引导一个取证目标系统，都是必须的。

老版本的 Macintosh 操作系统，每个卷中的前两个逻辑块是引导块，其中包含了系统启动的相关信息。启动块包含了关于系统配置的信息。系统文件可选择性的可执行代码也可以放置在引导块中，但通常系统启动指令被存储在 HFS 系统文件中，而非引导块内。老版本的 Macintosh 操作系统使用了一个主目录块（MDB），这个块也被称为卷信息块（VIB）。所有关于卷的信息都被存储在 MDB 中。当卷第一次被初始化时，这些信息就被写入 MDB 中。MDB 的一个副本被存储在卷的最后一个块中作为备份，而当目录表（用来维护文件与卷中目录之间的关系）或长度溢出文件（文件管理器使用长度溢出文件来存储任何不在 MDB 或卷控制块（VCB）中的信息）增大时，这个副本就会更新。当系统挂载一个卷时，就会自动创建一个新的 VCB，而当这个卷被卸载时，该 VCB 就会被删除。

复制 MDB 的目的是为了支持磁盘实用程序功能，当操作系统挂载卷时，MDB 内的一些信息被写入一个 VCB 中，这个 VCB 存储在系统内存中，且为文件管理器所使用。

文件管理器将文件映射信息存储在两个位置：长度溢出文件和文件目录表的入口。系统通过卷位图（Volume Bitmap）追踪卷中的每一个块，并确认哪些块正在被使用，哪些块能够被使用。卷位图中包含的信息与块的使用状况有关，与块中数据的内容无关。卷位图的大小取决于分配给卷的块的数量。

Macintosh 文件系统的文件管理器使用 B+树的管理方式，通过 B+树的方式来组织目录的层次结构和文件块映射。在 B+树中，文件是包含文件数据的节点（记录或对象），每一个节点 512 字节长。

- 叶节点：包含实际文件数据的节点，位于 B+树底层；
- 头节点：存储 B^+树文件的相关信息；
- 索引节点：存储前一个节点和后一个节点间的连接信息；
- 映射节点：存储一个节点描述符和一个映射记录。

3.2　UNIX/Linux 的引导过程和文件系统

3.2.1　UNIX/Linux 磁盘结构

目前广泛使用的非 Windows 操作系统中，除了 Macintosh 操作系统之外，当数 UNIX/Linux 类的操作系统。目前使用较多的 UNIX 系统包括 System V 的各种版本（如 System 7、SGI IRIX、Sun Solaris、IBM AIX 和 HP-UX）以及 BSD 的各种版本（如 Free BSD、Open BSD 以及 Net BSD）。Linux 类的操作系统也发行了许多版本，如 Fedora、Red Hat、SuSe、Mandriva、Debian 以及目前普及趋势很强的基于 Debian 的 Ubuntu 等。由于 Linux 的版本较多，相互之间有一定的差异，因此本书中关于 Linux 的说明都是针对 Red Hat Linux/Fedora。

Linux 与 UNIX 有很多相似之处，且 Linux 内核是在 GNU 通用公共许可允许下满足 GPL（General Public License），由于 GPL 声明在 GPL 下任何人都可以使用、修改并发布改进过的软件，且必须公布源代码，任何源于 GPL 代码的工作均必须得到 GPL 的许可。另外，BSD 发布改进版本必须得到 BSD 的许可，它类似于 GPL，但对基于 Linux 源代码的开发人员没有要求，这些开发人员可以保留版权。

GPL 和 BSD 改进版本属于开放源代码软件。由于开放源代码软件可以让开发人员和用户免费获取和使用，因此广泛流行。开放源代码可以被修改来满足具体用户的需要，由于任何人都可以阅读源代码，进行修改，并加入自己的想法和创意，这样系统的漏洞和薄弱之处就会很快被发现并且得到修正，从而增强系统的稳定性和安全性。

在 UNIX/Linux 中，磁盘驱动器、工作站的终端、任何与系统相连的其他驱动器、网络接口、系统内存、文件夹和通常意义的文件均被看作“文件”。所有文件均被定义为对象，每个对象均有自己的属性和行为（读、写、删除等）。

UNIX 使用 4 个部分来定义文件系统：引导块、超块、i 节点和数据块。所谓“块”是一个不小于 512 字节的磁盘分配单元。引导程序代码位于引导块中。一台 UNIX/Linux 计算机只有一个引导块，且位于主硬盘上。超块包含了系统的相关重要信息，被认为是元数据的一部分。超块指出了磁盘的几何结构、可用空间、第一个 i 节点所处的位置，并实现了对所有 i 节点的追踪。Linux 在磁盘的不同位置都保存了超块的副本，以避免重要信息的丢失。

超块管理 UNIX/Linux 的文件系统，包含了文件系统的很多配置信息，如文件系统名、磁盘驱动器的块大小、卷名、存储 i 节点的块、空闲的 i 节点列表、空闲块的起始链、记录上次更新时间和备份时间的 i 节点等。

在 UNIX/Linux 文件系统中，i 节点块紧跟在超块后面。i 节点被分配给每个文件分配单元。当文件或目录被创建或删除时，相应的 i 节点也被创建或删除。i 节点与文件和目录之间的连接控制了对这些文件和目录的访问。

UNIX/Linux 文件系统的最后一个部分是数据块。磁盘驱动器上的文件和文件夹存储在数据块中。这些文件和文件夹存储的位置直接与 i 节点相连接。与 Microsoft 系列的文件系统结构相似，Linux 文件系统的扇区大小也为 512 字节。通常，一个数据块包含 4096 或 8192 个字节，并由多个簇构成。

与其他操作系统一样，数据块大小决定了磁盘空间的浪费程度。数据块越大，产生碎片的可能就越高。若创建一个 512KB 的数据库，19 个 8192 字节的数据块被串联起来保存这个文件，这样在分配的空间中就余下了 3648 个字节的空闲空间。除了追踪文件的大小外，i 节点还追踪分配给这个文件的数据块数。

无论制造流程如何细致，都会不可避免地产生坏扇区，因此在制造时，所有磁盘的实际磁盘容量均比标识的容量要大。Microsoft 系列的 DOS 和 Windows 操作系统本身均没有追踪坏扇区的功能，但是 Linux 可以使用一个被称为坏区 i 节点的特殊 i 节点来进行这样的追踪。通常根 i 节点是 i 节点 2，而坏区 i 节点是 i 节点 1。一些取证工具忽略了 i 节点 1，从而导致在案件中无法恢复一些或许极有价值的数据。另外一些被调查者则试图通过在 Linux 下访问坏区 i 节点 1，并且将好的扇区也列入这个 i 节点中，以便在这些被认为是“坏的”扇区中隐藏重要的信息，从而增加了计算机取证分析的难度。

要找出 Linux 计算机中磁盘的坏区，必须使用系统管理员身份登录，然后使用 badblocks 命令进行检查。Linux 还使用 mke2fs 和 E2fsck 两个命令来提供坏区信息。运行 badblocks 命令时，可能会损坏有价值的数据，而 mke2fs 和 E2fsck 命令则使用了安全措施来确保不会覆盖重要信息。

在 Linux 系统中可使用 ls 命令来显示文件和文件夹的具体信息。ls 命令具有可指明显示信息类型的选项。当使用 ls 命令，并采用“-l”参数后，可以显示当前文件夹下文件的常规信息（属性、权限、文件名、最后修改时间等），如图 3.4 所示。

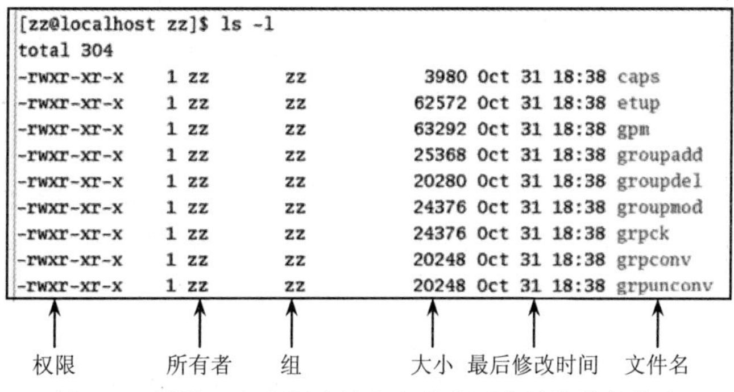

图 3.4　利用 ls 命令调查特定文件夹下文件的常规信息

在 Terminal 中使用“ls -a”命令可列出当前文件夹下的所有文件，其中包含隐藏文件及当前目录和上一级目录的文件。如果使用“ls -i”命令则可列出当前文件夹中文件的 i 节点号。为了提供一个文件和文件夹的更多相关信息，UNIX/Linux 使用了一个连续 i 节点，在这个节点中有更多的空间来存放文件和文件夹的高级特性。这些特性包含模式和文件类型、文件和文件夹的连接数、文件和文件夹的访问控制列表（ACL）、ACL 和用户 ID（UID）以及组 ID（GID）的最低和最高有效字节、文件和文件夹的状态标志等。一个 i 节点的状态标志字段唯一包含了 Linux 如何处理一个特定文件或文件夹的相关信息。状态标志是一个定义访问权限的位信息，通常用八进制表示。表 3.1 列出了一些与计算机取证有关的常用状态标志。

表 3.1　i 节点常用状态标志编码

状态编码	代表的意义
4000	UID 在执行——设置
2000	GID 在执行——设置
1000	粘着位——设置
0400	由所有者读取——允许
0200	由所有者写入——允许
0100	由所有者执行/查找——允许
0040	由组读取——允许
0020	由组写入——允许
0010	由组执行/查找——允许
0004	由其他读取——允许
0002	由其他写入——允许
0001	由其他执行/查找——允许

3.2.2 i 节点简介

在前面的描述中，我们反复接触到一个名词——i 节点，i 节点作为一种特殊结构提供了一种连接磁盘数据块中数据的机制。在 UNIX/Linux 文件系统中，一个块是能够被分配的最小数据单元。块的大小取决于初始化磁盘卷的方式，但最小不低于 512 字节，许多 Linux 为每个块分配 1024 字节。

Linux Ext2、Ext3 和 Ext4 均是在 Linux 最早推出的 Ext 文件系统基础上改进而来的。Ext3fs 的一个重要改进是增加了到每个 i 节点的连接信息。如果 Ext3fs 中一个 i 节点出错，那么对它进行数据恢复比 Ext2fs 更容易。在 Ext3fs 中，i 节点链表中的每一个 i 节点都拥有与其他 i 节点相连接的额外信息。

i 节点是指向另一个 i 节点或块的指针，系统可以通过删除指向一个文件的最后一个指针来高效地删除这个文件。Linux 使用 i 节点将一个文件存储在一个位置，同时在其他需要这个文件出现的位置创建一个指向这个文件的指针即可，也就是不需要将这个文件拷贝到它所要出现的每一个文件夹里。

每一个 i 节点都要维护一个内部连接数，当这个数变为 0 时，Linux 就删除这个文件。在计算机取证调查时，要寻找一个已经删除的文件，只需要去寻找包含 0 连接数和其他一些特定数据的 i 节点。

Linux 文件结构由元数据和数据构成，元数据包含文件的 UID、GID、大小和权限等参数。一个 i 节点包含的是文件的修改、访问和创建时间等多个参数，而不仅仅是一个文件名。i 节点有一个特殊的号，这个号与文件夹中的文件名相关联，通常被称为 file-name。Linux 将 i 节点号和文件对应起来，实现对文件和数据的追踪。而 Linux 文件的数据部分则包含了这个文件的有效内容。

当在 UNIX/Linux 文件系统中创建一个文件或文件夹时，就为这个文件或文件夹分配一个 i 节点，这个 i 节点包含的文件或文件夹的相关信息如下：

- 文件或文件夹的模式或类型；
- 到一个文件或文件夹的连接数；
- 文件的 UID 和 GID 或文件夹的所有者；
- 文件或文件夹包含的字节数；
- 文件或文件夹的上一次访问时间和修改时间；
- i 节点的上一次文件状态改变时间；
- 文件数据的块地址；
- 文件数据的一重间接、二重间接和三重间接块地址；
- i 节点当前的使用状态；
- 分配给一个文件的实际块数；
- 文件代号和版本号；
- 连续 i 节点链。

第一个 i 节点有 13 个指针。指针 1～10 直接指向了磁盘数据块区域中的数据存储块。每一个指针都包含一个块地址，每个地址指明了数据在磁盘中的存储位置。由于每一个指针都指向一个数据存储块，因此这些指针都是直接访问指针。

当文件需扩展时，OS 提供了另外 3 层 i 节点指针。第一层的指针被称为间接指针，第二层的指针被称为二重间接指针，而第三层的指针被称为三重间接指针。

为了扩展存储分配，OS 启用了源 i 节点的第 11 个指针，它指向 128 个“指针 i 节点”，这些指针 i 节点直接指向位于磁盘驱动器数据块区域内的 128 个独立的块。在文件扩展时，如果源 i 节点的前 10 个指针用尽了，系统就将第 11 个指针指向另外的 128 个指针。这组间接 i 节点的第一个指针指向了第 11 个块，这 128 个 i 节点指向的最后一个块为块 138。

若文件需更多存储空间，再使用源 i 节点中的第 12 指针指向 128 个 i 节点指针。而每一个这种指针又指向了 128 个 i 节点指针。第 2 级的 i 节点指针直接指向磁盘驱动器数据块区域内的块。这种二重间接指针指向的第一个块为块 139。

如果文件仍然需要更多的存储空间，就使用源节点的第 13 个指针指向 128 个 i 节点指针，而每一个这种指针又指向另外 128 个指针。每一个像这样的第二层指针又指向 128 个第三层指针。最后由第三层间接指针与数据存储块相连。图 3.5 显示了在 Linux 文件系统中 i 节点如何与文件各数据块相连。

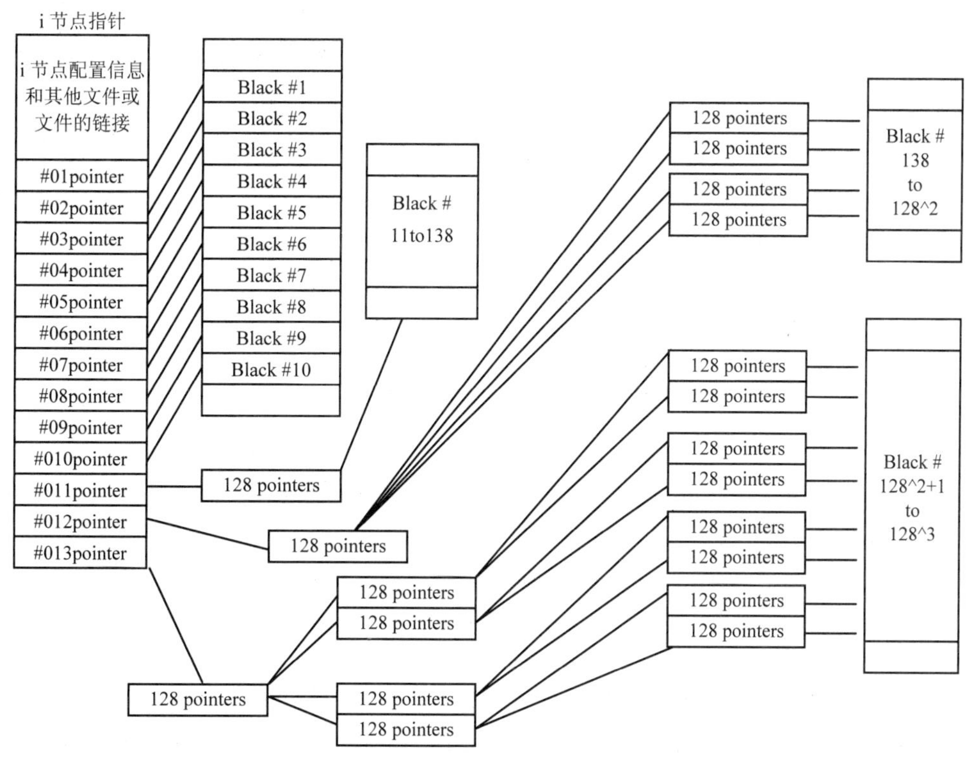

图 3.5 Linux 文件系统中的 i 节点指针

3.2.3 Linux 的目录结构和重要文件

在计算机系统中存在大量的文件，如何有效地组织与管理它们，并为用户提供一个方便的接口，是操作系统的一大任务。Linux 系统并不像 Windows 系统那样使用“C:”或“D:”等磁盘分区标示符，而是将所有文件放在唯一的一个根目录“ / ”下形成树型结构。所有其他的目录都由根目录派生而来，以根目录为起点，分级分层地组织在一起。一个典型的 Linux 系统的树型目录结构如图 3.6 所示。

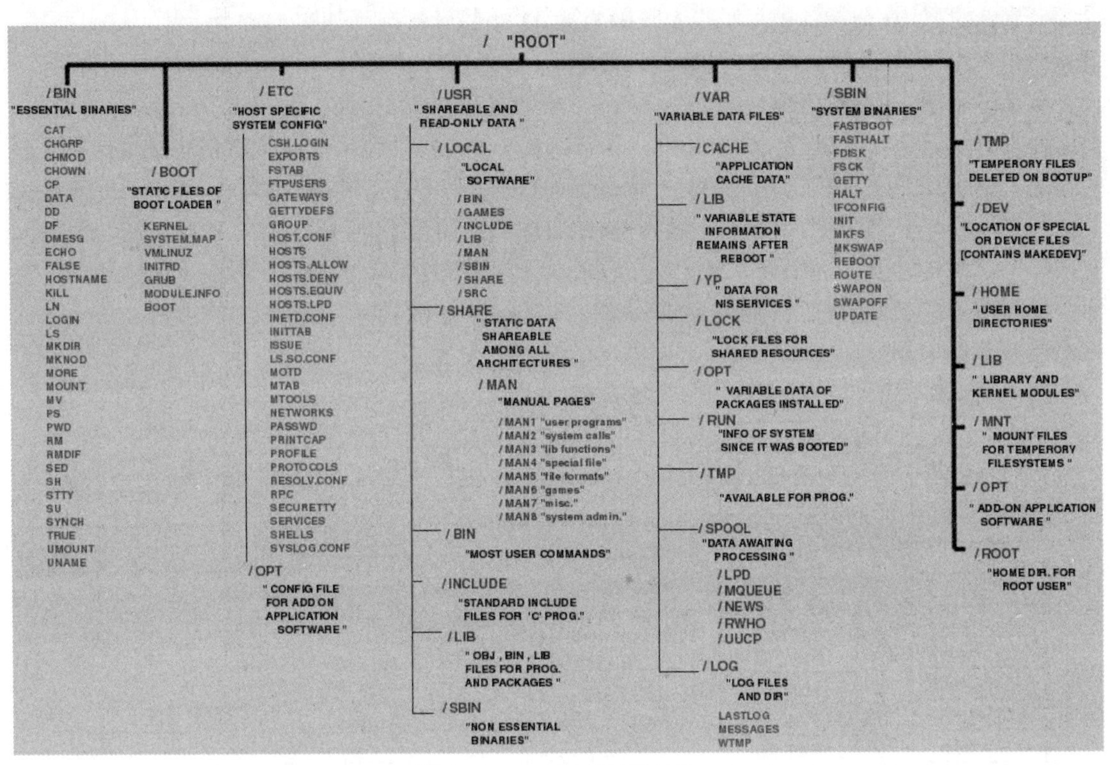

图 3.6　Linux 树形目录结构

整个文件系统有一个“根”（root），然后在根上分“杈”（directory），任何一个分杈上都可以再分杈，杈上可以长出“叶”。“根”和“杈”在 Linux 中被称为“文件夹”或“目录”，而“叶”则是文件夹里的文件。

系统在建立每一个目录时，都会自动为它创建 2 个文件，一个是“.”，代表该目录自己，另一个是“..”，代表该目录的父目录（对于根目录而言，“.”和“..”都代表它自己）。用户可进入任何一个已授权进入的目录访问文件。

Linux 是一个多用户系统，操作系统本身的驻留程序存放在以根目录开始的专用目录中，有时被称为 Linux 的系统目录。其中比较重要的有：“/”、“/usr”、“/var”、“/etc”和“/proc”等。

（1）/（根）

“/”根目录是 Linux 文件系统的入口，是最高一级的目录，Linux 操作系统中的所有文件都被组织到该目录的下面。其主要的子目录如下：

- /bin：基础系统所需要的命令位于此目录，也是最小系统所需要的命令，这个目录中的命令是普通用户都可以使用的；
- /sbin：存放超级权限用户 root 的可执行命令，大多是涉及系统管理的命令，普通用户无权执行这个目录下的命令；
- /etc：存放系统配置文件，一些服务器的配置文件也在这里；
- /root：超级用户 root 的主文件夹；
- /lib：库文件存放目录；
- /dev：设备文件存储目录；
- /tmp：临时文件目录，用来存放用户运行程序时产生的临时文件；
- /boot：启动目录，存放 Linux 内核及引导系统程序所需要的文件；
- /mnt：挂载存储设备的挂载目录；
- /proc：操作系统运行时，进程信息及内核信息都存放在“/proc”目录中。这些信息没有保存在磁盘中，而是系统运行时在内存中创建的。

如果根目录所在的分区受损，将使得操作系统无法启动。因此通常使用者在安装操作系统时，将根目录下的部分子目录设置到单独的分区，以减小根目录所在分区的大小和访问频率。

（2）/usr

/usr 用于存放用户的文件和程序，通常占用的磁盘空间较大。系统安装软件后常常会在该目录下建立一个独立的子目录，用户安装的软件一般放在/usr/local 下。/usr 目录下一些主要的子目录如下：

- /usr/share/fonts：字体目录；
- /usr/bin：普通用户的可执行文件目录；
- /usr/sbin：超级用户（root）的可执行命令存放目录；
- /usr/include：程序的头文件存放目录；
- /usr/X11R6：X-Window System 包含的文件；
- /usr/X386：类似于/usr/X11R6，针对的是 X11R5 版本；
- /usr/lib：程序用到的库文件；
- /usr/local：用户安装软件和文件的目录；
- /usr/src：存放源代码的目录。

（3）/var

/var 存放着一些经常变动的文件，比如数据库文件或日志文件。/var 目录下的主要子目录如下：

- /var/lib：存放系统正常运行时需要改变的文件。

- /var/local：存储安装程序的可变数据。
- /var/lock：许多程序遵循在/var/lock 中产生的一个锁定文件的约定，以实现它们对某个特定的设备或文件的互斥共享。
- /var/log：各种程序的 log 文件，特别是记录所有系统登录和注销的 login 日志以及存储所有内核和系统程序信息的 syslog 日志。/var/log 中的文件经常不确定地增长，也常常被定期清除。由于该文件夹中的大量数据都是对计算机取证分析来说非常重要的信息，因此该处是取证调查时首先重点调查的地方。
- /var/run：保存下次引导前有效的关于系统的信息文件。例如，/var/run/utmp 包含当前登录的用户信息。
- /var/spool：mail、news、打印队列和其他队列的工作文件夹。每个不同的假脱机在该处均有自己的子目录，例如用户的邮箱通常在/var/spool/mail 中。
- /var/tmp：临时文件存放处，通常临时文件是比“/tmp”目录允许的文件大或需要存在较长时间的临时文件。

（4）/etc

/etc 目录用于存放操作系统的配置文件，一些应用程序的配置文件也放在该处。/etc 文件夹下的主要子目录如下：

- /etc/rc、/etc/rc.d、/etc/rc*.d：启动或改变运行级别 scripts 或 scripts 目录；
- /etc/passwd：用户数据库，其中的域给出了用户名、真实姓名、主目录、加密的口令以及其他重要信息；
- /etc/fdprm：软盘参数表，说明了不同的软盘格式；
- /etc/fstab：启动时自动挂载的文件系统列表；
- /etc/group：类似/etc/passwd，但说明的是组而不是用户；
- /etc/inittab：init 的配置文件；
- /etc/issue：getty 在登录提示符前的输出信息，通常是由系统管理员设定的一段说明或欢迎信息；
- /etc/magic：针对所有文件的配置文件，包含不同文件格式的说明；
- /etc/motd：日期消息，用户成功登录系统后自动输出的内容；
- /etc/mtab：当前安装的文件系统列表；
- /etc/shadow：影子口令文件，功能是将/etc/passwd 中的加密口令移动到/etc/shadow 中保存；
- /etc/login.defs：login 命令的配置文件；
- /etc/profile、/etc/csh.login 和/etc/csh.cshrc：登录或启动时，Bourne 或 C shells 执行的文件，允许系统管理员为所有用户建立全局缺省环境；
- /etc/shells：可以使用的 Shell。

（5）/proc

操作系统运行时，进程和内核的相关信息存放在/proc 目录中，这些信息并不保存在磁盘上，而是系统运行时在内存中所创建。/proc 目录的主要内容如下：

- /proc/xx：关于进程“xx”的信息目录，每个进程在/proc 下都有一个以其进程号“xx”命名的目录；
- /proc/cpuinefo：处理器信息，如类型、制造商、型号和性能等；
- /proc/devices：当前运行的核心配置的设备驱动的列表；
- /proc/dma：显示当前使用的 DMA 通道；
- /proc/filesystems：核心配置的文件系统；
- /proc/interrupts：显示使用的中断，以及各中断号的使用次数；
- /proc/ioports：当前使用的 I/O 端口；
- /proc/kcore：系统物理内存映像，与物理内存大小完全一样；
- /proc/kmsg：内核输出的消息；
- /proc/ksyms：内核符号表；
- /proc/loadavg：系统的平均负载，使用 3 个字段表示出系统当前的工作量；
- /proc/meminfo：存储器使用信息，包括物理内存和交换区；
- /proc/modules：表明当前加载了哪些核心模块；
- /proc/net：网络协议状态信息；
- /proc/stat：表示系统的不同状态；
- /proc/uptime：记录系统启动的时间长度；
- /proc/version：记录系统内核的版本号。

3.2.4 UNIX/Linux 的引导过程

作为一名计算机取证调查员，可能需要从一个不能被关闭的 UNIX 或 Linux 系统（例如一个 Web 服务器）上获取证据，在这种情况下了解 UNIX/Linux 的引导过程，确认或找出潜在的问题就显得非常必要。

当一个 UNIX 工作站启动时，位于系统 CPU 上的固件内的指令代码被载入 RAM（由于这个固件代码位于 ROM 中，因此被称为常驻内存代码。）一旦常驻内存代码被载入 RAM，指令代码就开始检测硬件。通常代码首先测试所有的组件（如 RAM 芯片等），确认这些组件是否能够正常运行以及是否能够被获取。接着检查总线，寻找存放引导程序的设备，如一个硬盘、USB 盘、CD/DVD 或软盘等。当常驻内存代码确定了引导设备的位置后，就立即把引导程序读入内存。引导程序在读入内存后，又把系统内核读入内存中。当内核被载入，引导程序就将引导过程的控制权移交给系统内核。

系统内核的第一个任务是确认所有的设备，接着配置这些被确认的设备，并且启动系统以及其他在启动时需要运行的相关进程。当内核运行之后，系统通常首先进入一种单用户的模式，这种模式只能登录一个用户。单用户模式是一个可以选择的特性。可选特性允许用户访问其他模式（如系统维护模式等）。如果启动时跳过这个单用户的模式，那么系统内核就会运行专门用于工作站的系统启动脚本，进入多用户的模式，这时工作站就能够登录多个用户了。

系统完成加载时，会确认根目录、系统交换文件和转储文件，且设置主机名和时间域；连续检测文件系统；挂装所有分区；启动网络服务守护进程；设置 NIC（Network Interface Card，网络适配器），创建用户和系统账号及各账号限额。

Linux Loader（LILO）是老版本 Linux 中一个初始化引导过程的实用程序，它常从磁盘的 MBR 中运行。LILO 是一个引导管理工具，被设置为在启动时由用户选择需启动的操作系统（Linux、Windows 或其他操作系统）。如果一个系统在不同的磁盘分区中有两个或多个操作系统，LILO 可以启动它们之中的任何一个。例如一个计算机中装有两个操作系统——Windows XP 和 Linux，那么当启动计算机时，LILO 会列出一个 OS 列表，并询问用户需要加载哪一个系统。

LILO 使用位于/etc 目录中一个名为 Lilo.conf 的配置文件。这个文件是一个脚本，它包含了对引导设备的定位，内核镜像文件（如 Vmlinux）以及一个延时器。这个延时器指定了选择加载操作系统时所需的时间。

目前新版本的各种 Linux 系统（如 Ubuntu 13.04 等）采用了一种比 LILO 更为强大的引导代码程序——GRUB（Grand Unified Boot loader）。GRUB 是由 Erich Boleyn 于 1995 年推出的，专门用于处理多引导过程以及加载各种操作系统的引导代码程序。GRUB 也位于 MBR 中，能够引导各种操作系统。GRUB 能够更为轻易地将任何系统内核加载到一个分区，并且能够使用菜单控制。

项目分析

在本章的案例中，计算机取证调查人员 Tom 得到委托授权，对某公司技术骨干 Bob 使用的计算机进行取证调查，Tom 通过对案件的了解和取证准备及现场勘察，了解到被调查者 Bob 使用的计算机采用的是 Linux 操作系统。由此 Tom 可以初步确定这样的取证调查应当是针对非 Windows 环境的单机调查取证。

Tom 在进行了前期的取证调查（如项目 1 所述）后，明确针对 Bob 的计算机进行调查时需要首先获取和固定原始证据，即对 Bob 的计算机硬盘和所有公司配给其使用的 USB 盘和存储卡制作取证镜像备份，以例日后在取证实验室针对这些原始证据进行深入的分析。与项目 2 的 Windows 环境取证调查相似，Tom 考虑到如果进入取证现场时取证目标系统处于开机并正常运行状态，需要在关机前对易失性证据进行获取和固定。并且，Tom 同样准备在取证实验室深入分析原始证据镜像备份前，首先对取证目标系统的重要文件和目录、重要日志、常用进程和网络痕迹等这些最容易获取证据和线索的方面进行初步的调查。

鉴于当前大多数流行的计算机取证集成工具（如 EnCase、FTK 等）均可以对常用的非

Windows 环境下工作的计算机磁盘进行取证镜像备份的制作和分析，其实质是对那些非微软文件系统（即非 FAT 和 NTFS 系列）下的存储介质进行数据恢复、搜索、分析、提取、证据固定和存档。因此 Tom 在进行原始证据取证磁盘镜像制作时准备采用和项目 2 相似的方法进行。

但是考虑到 Bob 使用的 Linux 系统与 Windows 环境有诸多不同，主要在于对易失性证据的固定方法不同、文件系统差异带来的数据恢复方法不同，以及取证分析时重点关注的文件和文件位置的不同。因此 Tom 在对 Bob 使用的这种非 Windows 环境的系统进行取证调查时，需要了解非微软文件系统的组成方式、在非 Windows 环境下对易失性证据的固定方法和重点文件的搜索位置。

项目实施

3.3　任务一：在 UNIX/Linux 环境下获取原始证据

3.3.1　UNIX/Linux 系统中现场证据的获取

计算机取证现场响应人员的第一要务是保护现场，并且获取现场证据。对于 UNIX/Linux 操作系统来说，获取现场证据就是指最大限度地保存当前系统的所有运行状态信息。在取证的初期，调查人员并不知道其所收集的数据哪些是与案件相关联的，哪些是与案件没有关联性的，因此为了能够在后续进行深入分析时作为参考，现场取证人员必须尽可能地保存数据，尤其是那些容易被改变的数据和掉电后自动消失的易失性证据（例如屏幕信息、内存信息、网络连接信息、进程信息等），易失性证据在有些文献中又叫做易挥发性数据。

调查人员必须意识到，想要完全无损地收集一台计算机的所有运行状态信息，目前是无法实现的，检查和收集数据信息的行为本身就会改变当前计算机的运行状态信息，即使如此，取证人员在现场进行证据收集时，一定要尽量保证全面和无损的收集原则。

调查人员到达现场后，若取证目标计算机的电源处于接通状态，计算机屏幕上仍有信息存在，那么最优先的步骤是利用照相设备或录像设备记录屏幕信息。

（1）控制台模式下屏幕信息的获取

如果调查现场时不具备图像记录的条件，那么当系统处于控制台模式时，可以采用如下两种办法对屏幕进行保存。

一种方式是，若只需获得文字输出，可直接使用管道命令，将输出内容保存到指定的文件当中。例如要将“ls-a-l-i”命令的输出信息输出到“homefile.txt”文件中，可以采用“ls-a-l-i > homefile.txt”（如果采用追加输出，则应将“>”替换成“>>”），其输出结果就保存在当前目录下的"homefile.txt"文件中，如图 3.7 所示。

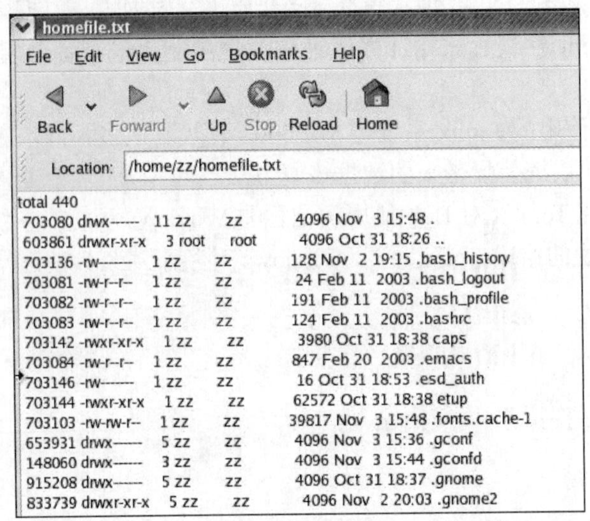

图 3.7 RedHat Linux 下利用管道命令保存 ls 命令的输出结果

另一种方式是使用 setterm 程序来获得控制台下的屏幕截图。其命令格式为：

```
setterm –dump 2
```

该命令中，后面的数字"2"指的是虚拟控制台的编号。

（2）X-Window 环境下屏幕信息的获取

如果进入现场时被取证的目标系统处于 X-Window 的环境下，那么调查人员可以使用截图的方法来截取屏幕的图像并保存为原始的证据。由于通常调查人员需要在被调查的目标计算机上进行操作，所以应当尽量多了解一些方法备用。在 X-Window 环境下的截图方法有很多，常用的主要有四种。

1）使用 X-Window 中的截图工具。

xwd 与 xwud 是 X-Window 中自带的截图工具。xwd 是一个非常传统的屏幕截图软件，可以截取程序窗口和全屏图像。xwud 是 X11 图形工具客户程序，可以用来显示由 xwd 程序创建的图形文件。这两个程序均是包含在 X-Window 标准发布版中的常用程序。利用这两个工具截取图像的命令为：

```
xwd > adamscreen.xwd
```

并使用鼠标选取需要截图的窗口。其中"adamscreen.xwd"则为存储在当前路径下的屏幕截图文件。查看图像的命令为：

```
xwud –in adamscreen.xwd
```

在实际使用中，可以使用 xwd 工具结合其他的图形转换程序直接获得想要的输出文件，例如可以使用：

```
xwd –frame| xwdtopnm| pnmtojpeg > adamscreen.jpeg
```

命令将截图转化为 JPEG 文件保存。

2）用 GNOME 中的工具截图。

如果目标计算机使用的是 GNOME 桌面环境，那么调查人员可以打开 GNOME 的菜单，选择 ScreenShooter 程序或者在“Terminal”中直接运行“gnome-panel-screenshot”命令即可调出截图对话框进行截图操作，如图 3.8 所示。

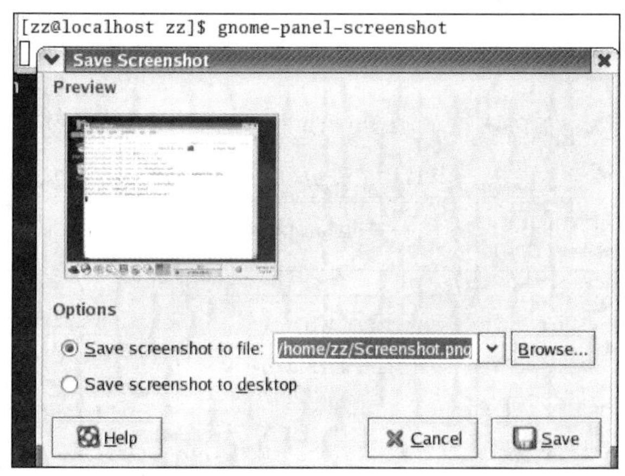

图 3.8　利用 ScreenShooter 进行屏幕截图

该程序可对整个桌面和单个窗口以及桌面区域进行截图，图片默认保存在用户登录的目录中，也可以在对话框中进行修改。

3）用 KDE 中的工具来截图。

若目标计算机使用 GNOME 桌面环境，那么调查人员可利用在 KDE 中所包含的截图工具——Ksnapshot 进行屏幕截图。该软件工具的使用较直观，只需在 Delay 框里填入延迟的时间，然后在 Filename 栏中填入要保存的文件名和路径，然后用鼠标点击 Grab 按钮就可以进行屏幕截图的抓取。单击 Grab 按钮后，Ksnapshot 的窗口自动最小化到任务栏，同时鼠标变成十字形状。这时移动鼠标点击其他的运行程序窗口，就可以截取该程序的窗口图像。如果在桌面空白的地方单击鼠标，就会截取整个屏幕的图像。选定截图的目标后，Ksnapshot 的窗口会自动弹出，此时单击 Save 按钮就可以将截取的图像保存到指定的位置。

4）键盘的 PrintScreen 快捷键截图。

如果现场调查人员因为种种原因无法采用以上所述的方法进行截图，也可以选择采用键盘上的 PrintScreen 快捷键来截图。在 Red Hat Linux 中的默认配置下，按 Alt+PrintScreen 组合键系统就会进行当前激活窗口的截图，如果仅仅按下 PrintScreen 键，那么系统就会对整个桌面进行截图。

3.3.2　UNIX/Linux 环境中内存与硬盘信息的获取

UNIX/Linux 操作系统中的每一项资源都被当作文件来对待，或者可以说在系统中一切均为文件，这样的理念使得复制和保存系统存储器中的信息相较 Windows 系列操作系统要容易很多。在实际的调查取证工作中，可以通过移动存储设备或者网络将系统存储器的内容保存下来。

在使用移动存储设备（移动硬盘、USB 盘）时，第一步需要将设备挂接到系统上，即需要用到“mount”命令，其格式为：

```
mount [-t vfstype] [-o options] device dir
```

其中，“-t vfstype”指定文件系统的类型（通常可以不用特意去指定，mount 指令可以自动选择正确的类型）。

对于 Linux 系统而言，USB 接口的移动硬盘通常被当作 SCSI 设备对待。插入移动硬盘之前，应先用“fdisk -l”命令（见图 3.9），也可以采用“more /proc/partitions”命令查看系统的硬盘和硬盘分区情况，如图 3.10 所示。

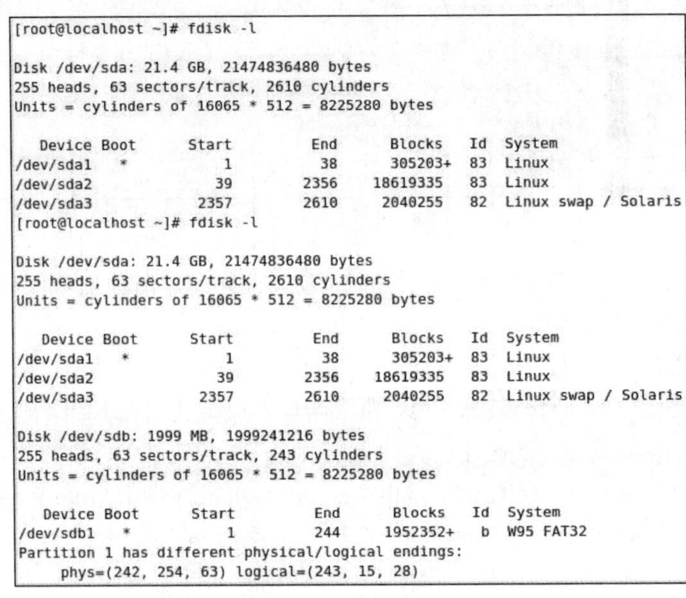

```
[root@localhost ~]# fdisk -l

Disk /dev/sda: 21.4 GB, 21474836480 bytes
255 heads, 63 sectors/track, 2610 cylinders
Units = cylinders of 16065 * 512 = 8225280 bytes

   Device Boot      Start         End      Blocks   Id  System
/dev/sda1   *           1          38      305203+  83  Linux
/dev/sda2              39        2356    18619335   83  Linux
/dev/sda3            2357        2610     2040255   82  Linux swap / Solaris
[root@localhost ~]# fdisk -l

Disk /dev/sda: 21.4 GB, 21474836480 bytes
255 heads, 63 sectors/track, 2610 cylinders
Units = cylinders of 16065 * 512 = 8225280 bytes

   Device Boot      Start         End      Blocks   Id  System
/dev/sda1   *           1          38      305203+  83  Linux
/dev/sda2              39        2356    18619335   83  Linux
/dev/sda3            2357        2610     2040255   82  Linux swap / Solaris

Disk /dev/sdb: 1999 MB, 1999241216 bytes
255 heads, 63 sectors/track, 243 cylinders
Units = cylinders of 16065 * 512 = 8225280 bytes

   Device Boot      Start         End      Blocks   Id  System
/dev/sdb1   *           1         244     1952352+   b  W95 FAT32
Partition 1 has different physical/logical endings:
     phys=(242, 254, 63) logical=(243, 15, 28)
```

图 3.9　利用 fdisk 命令查看系统硬盘状况

```
[root@localhost ~]# more /proc/partitions
major minor  #blocks  name

   8     0   20971520 sda
   8     1     305203 sda1
   8     2   18619335 sda2
   8     3    2040255 sda3
   8    16    1952384 sdb
   8    17    1952352 sdb1
```

图 3.10　利用 more 命令查看系统硬盘状况

从图 3.9 和图 3.10 中可以看到，当插入移动硬盘后可以查看到“/dev/sdb”的信息，这表示系统插入了一块移动硬盘或 USB 盘/dev/sdb，其中只有一个分区“/dev/sdb1”。接着可以使用下面的命令挂载/dev/sdb1：

```
mkdir –p /mnt/usbhd1
mount -t vfat /dev/sdb1 /mnt/usbhd1
```

挂载时，对于 NTFS 格式的磁盘分区应使用“-t ntfs”参数，对 FAT32 格式的磁盘分区应使用“-t vfat”参数。如果汉字文件名显示为乱码或者不显示，可以使用以下命令格式挂载：

```
mount -t ntfs -o iocharset=cp936 /dev/sdc5 /mnt/usbhdl（对于 NTFS 格式）
mount -t vfat -o iocharset=cp936 /dev/sdc6 /mnt/usbhd2（对于 FAT32 格式）
```

挂载后，调查取证人员就可以采用 dd 命令读出内存信息并将该信息存储到移动硬盘上（注意：为满足无损取证的原则，保障原始证据的客观性，因此一定不能将所有的取证所得信息，以及取证中形成的中间信息保存到取证目标计算机的本地磁盘中）。

dd 命令是一个功能强大的命令，其基本功能是把指定的输入文件拷贝到指定的输出文件中，且在拷贝过程中可进行格式转换。通常可用该命令实现 DOS 下的 diskcopy 命令的作用。系统在执行 dd 命令时，默认使用标准输入文件和标准输出文件。dd 命令的一般格式为：

```
dd   [bs] [cbs] [conv] [count] [ibs] [if] [obs] [of] [seek] [skip] [--help] [--version]
```

其中：

- if：输入文件或设备名称；
- of：输出文件或设备名称；
- ibs（bytes）：每次读取的字节数，即读入缓冲区的字节数；
- skip（blocks）：开始读取时，跳过读入缓冲区开头的 ibs×blocks 的块数；
- obs（bytes）：每次写入的字节数，即写入缓冲区的字节数；
- bs（bytes）：同时设置读/写缓冲区的字节数（等于同时设置 ibs 和 obs）；
- cbs（bytes）：每次转换的字节数，即进行转换时每次只转换该处指定的字节数；
- count（blocks）：只拷贝输入的块数，即仅读取指定的区块数；
- conv（ASCII 码）：把 EBCDIC 码转换为 ASCII 码（指定文件的转换方式）；
- conv（ebcdic）：把 ASCII 码转换为 EBCDIC 码（指定文件的转换方式）；
- conv（ibm）：把 ASCII 码转换为 alternate EBCDIC 码（指定文件的转换方式）；
- conv（block）：把变动位转换成固定字符（指定文件的转换方式）；
- conv（ublock）：把固定字符转换成变动位（指定文件的转换方式）；
- conv（ucase）：把字母由小写转换为大写（指定文件的转换方式）；
- conv（lcase）：把字母由大写转换为小写（指定文件的转换方式）；
- conv（notrunc）：不截断输出文件（指定文件的转换方式）；
- conv（swab）：交换每一对输入字节（指定文件的转换方式）；
- conv（noerror）：出错时不停止处理（指定文件的转换方式）；
- conv（sync）：把每个输入记录的大小都调整为 ibs 的大小（用 NUL 填充）（指定文件的转换方式）；
- --help：帮助；
- --version：显示版本信息。

dd 命令是针对 UNIX/Linux 系统进行原始证据取证以及进行数据备份与恢复的常用指令，具有较多的功能和用法。例如：

若需要将目标计算机的内存信息写入取证者的移动硬盘的第二个分区（/dev/sdc2）中，可采用：

```
dd bs=2048</dev/men of=/dev/sdc2
```

其中“/dev/men”即指向内存信息。

若需要将本地的/dev/hdx 整盘备份到/dev/hdy，则可采用：

```
dd if=/dev/hdx of=/dev/hdy
```

若需要将/dev/hdx 的全盘数据备份到指定路径的镜像（image）文件中，则可采用：

```
dd if=/dev/hdx of=/path/to/image
```

或

```
dd if=/dev/hdx | gzip >/path/to/image.gz
```

即在备份/dev/hdx 全盘数据时，利用 gzip 工具进行压缩。

若需要将备份的镜像文件恢复到指定的盘中，可采用：

```
dd if=/path/to/image of=/dev/hdx
```

如果镜像文件像上面那样被压缩，则需要解压并恢复，例如：

```
gzip -dc /path/to/image.gz | dd of=/dev/hdx
```

如果调查人员需要将目标计算机的磁盘备份到远程的取证工作站中，则需要将 dd 命令和 netcat、nc 等工具配合使用，从而实现远程备份，例如：

首先在取证目标计算机上执行以下命令备份“/dev/hda”：

```
dd if=/dev/hda bs=16065b | netcat < targethost-IP > 1234
```

然后在取证工作站上执行以下命令来接收数据并写入“/dev/hdc”：

```
netcat -l -p 1234 | dd of=/dev/hdc bs=16065b
```

或采用 bzip2 工具对备份数据进行压缩：

```
netcat -l -p 1234 | bzip2 > partition.img
```

或采用 gzip 工具对备份数据进行压缩：

```
netcat -l -p 1234 | gzip > partition.img
```

如果要复制取证目标计算机的内存信息到远程的取证工作站，可以首先在取证工作站中设置两个监听过程：

```
nc –l –p 10015>collect.mem.img &
nc –l –p 10016>collect.kmem.img &
```

然后开始复制取证目标计算机中的内存信息：

```
dd bs=2048</dev/men | nc < targethost-IP > 10015 – w 3
ddb bs=2048</dev/men | nc < targethost-IP > 10015 – w 3
```

“dd”命令除了用来本地或远程备份取证目标计算机的内存和磁盘信息以外，还可以完成以下功能：

（1）备份/恢复 MBR 信息

即备份物理磁盘第一扇区的 512Byte 大小的 MBR 信息到指定文件：

```
dd if=/dev/hdx of=/path/to/image count=1 bs=512
```

或将备份的 MBR 信息写入到磁盘开始部分进行恢复：

```
dd if=/path/to/image of=/dev/hdx
```

（2）备份软盘信息

例如将软驱数据备份到当前目录的 disk.img 文件：

```
dd if=/dev/fd0 of=disk.img count=1 bs=1440k
```

（3）从光盘拷贝 iso 镜像

拷贝光盘数据到 root 文件夹下，并保存为 cd.iso 文件：

```
dd if=/dev/cdrom of=/root/cd.iso
```

（4）增加 Swap 分区文件的大小

如果想要增加 Swap 分区文件的大小，可以首先创建一个足够大的文件（此处为 256M）：

```
dd if=/dev/zero of=/swapfile bs=1024 count=262144
```

然后将这个文件转换为 swap 文件：

```
mkswap /swapfile
```

最后启用这个 swap 文件：

```
swapon /swapfile
```

如果希望在每次开机的时候自动加载 swap 文件，则需要在/etc/fstab 文件中增加如下一行代码：

```
/swapfile swap swap defaults 0 0
```

（5）销毁磁盘数据

如果调查取证人员在一些必要的情况下需要销毁磁盘中的数据，可以利用随机数据来填充硬盘，在某些场合可以用来销毁数据：

```
dd if=/dev/urandom of=/dev/hda1
```

在执行了这个命令后，/dev/hda1 将无法挂载，创建和拷贝操作也无法执行。

（6）得到最佳 block size 大小

调查人员可以通过比较 dd 命令输出中所显示的命令执行时间，来确定系统最佳的 block size 大小，例如：

```
dd if=/dev/zero bs=1024 count=1000000 of=/root/1Gb.file
dd if=/dev/zero bs=2048 count=500000 of=/root/1Gb.file
dd if=/dev/zero bs=4096 count=250000 of=/root/1Gb.file
dd if=/dev/zero bs=8192 count=125000 of=/root/1Gb.file
```

（7）测试硬盘读写速度

取证人员可通过以下两个命令输出的执行时间，计算被测硬盘的读/写速度：

```
dd if=/root/1Gb.file bs=64k | dd of=/dev/null
dd if=/dev/zero of=/root/1Gb.file bs=1024 count=1000000
```

（8）修复硬盘

当硬盘存放较长的时间（例如 1 年多的时间）不使用时，磁盘上有可能产生 magnetic flux point。当磁头读到这些区域时就会遇到困难，并且可能导致 I/O 错误，如果这样的情况影响到硬盘的第一个扇区（即 MBR 扇区），就可能导致硬盘完全无法读取。这时可以尝试利用 dd 命令来进行简单的修复。例如：

```
dd if=/dev/sda of=/dev/sda
```

（9）文件转储

调查人员可以利用“dd”命令将一个文件的内容转储到另一个文件中，例如要将文件 a_file 拷贝到文件 b_file 中时，可以采用如下命令：

```
dd if=a_file of=b_file
```

3.3.3 UNIX/Linux 环境中进程信息的获取

Linux 系统提供了“who”、“w”、“ps”以及“top”等诸多命令均可用来查看系统调用的进程信息，通过结合使用这些系统调用命令，调查人员可以清晰地了解进程的运行状态以及存活情况。这些命令工具均为 Linux 系统环境中最常见的进程状况查看工具，且通常随着 Linux 系统套件发行，调查取证人员可以直接调用。

（1）“who”——该命令主要用于查看当前登录的用户情况。

（2）“w”——该命令也可用于显示登录到系统的用户情况，但与“who”不同的是，“w”命令的功能更为强大，不仅可显示当前有哪些用户登录到系统，还可显示出这些用户正在调用的进程信息从而分析其正在进行的工作，可以说“w”命令是“who”命令的一个增强版。

（3）“ps”——该命令是一个进程查看工具，利用这个工具可以查看正在运行的进程以及这些进程的运行状态，例如进程是否结束、进程有没有僵死、进程占了多少资源等。“ps”命令还可以监控后台进程的工作情况，由于后台进程不与屏幕键盘等标准 I/O 设备进行通信，因此若需检测其情况，可使用“ps”工具。

（4）“top”——“top”命令和“ps”命令的基本作用相同，也可用来显示系统当前的进程及其状态，但是与“ps”不同的是，“top”命令是一个动态显示的命令工具，调用者可通过按键来不断刷新当前状态。如果在前台执行“top”命令，那么该工具将独占前台，直到用户终止该程序为止。也即，“top”命令提供了实时的对系统处理器的状态监视。其可以显示系统中 CPU 最为“敏感”的任务列表，并且“top”命令可以按照 CPU 使用情况、内存使用情况以及进程执行时间进行排序。“top”命令的很多特性都可以通过交互式命令或者在个人定制文件中进行预先的设定。

下面着重介绍“top”命令，“top”命令经常用来监控 Linux 的系统状况（如 cpu、内存的使用情况等）。使用该命令的调查人员需要了解其监控显示的含义才能够真正使用该工具。调查取证人员使用“top”命令获取一个运行中的 Web 服务器时出现的视图如图 3.11 所示。

图 3.11 是刚进入 top 工具的基本视图，其中第一行中的“10:01:23”为当前的系统时间；“126 days, 14:29”表示该系统已连续运行 126 天 14 小时 29 分；“2 users”表明当前有 2 个用户登录了系统；“load average: 1.15，1.42，1.44”表明 1 分钟、5 分钟和 15 分钟的时间间隔时的负载情况，其中的数据通过每 5 秒检查一次活跃进程数，然后按特定算法计算。如果负载情况的数据值除以逻辑 CPU 的数量后结果高于 5，就表明系统处于超负荷运转状态。

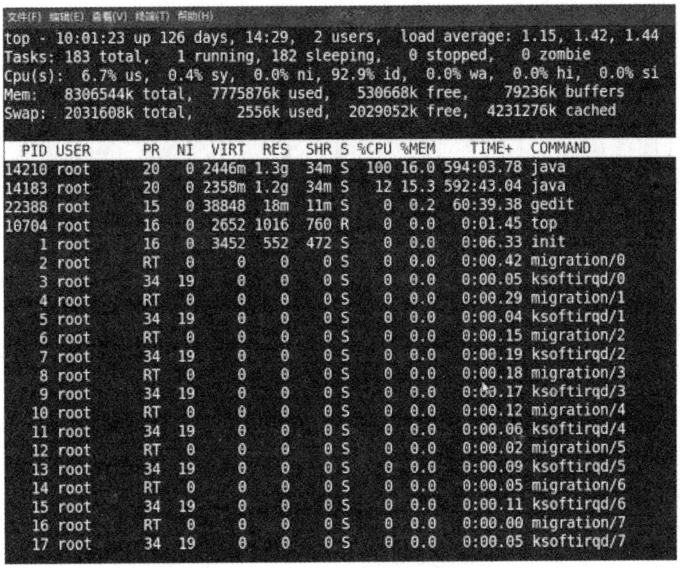

```
文件(F) 编辑(E) 查看(V) 终端(T) 帮助(H)
top - 10:01:23 up 126 days, 14:29,  2 users,  load average: 1.15, 1.42, 1.44
Tasks: 183 total,   1 running, 182 sleeping,   0 stopped,   0 zombie
Cpu(s):  6.7% us,  0.4% sy,  0.0% ni, 92.9% id,  0.0% wa,  0.0% hi,  0.0% si
Mem:   8306544k total,  7775876k used,   530668k free,    79236k buffers
Swap:  2031608k total,     2556k used,  2029052k free,  4231276k cached

  PID USER      PR  NI  VIRT  RES  SHR S %CPU %MEM    TIME+  COMMAND
14210 root      20   0 2446m 1.3g  34m S  100 16.0 594:03.78 java
14183 root      20   0 2358m 1.2g  34m S   12 15.3 592:43.04 java
22388 root      15   0 38848  18m  11m S    0  0.2  60:39.38 gedit
10704 root      16   0  2652 1016  760 R    0  0.0   0:01.45 top
    1 root      16   0  3452  552  472 S    0  0.0   0:06.33 init
    2 root      RT   0     0    0    0 S    0  0.0   0:00.42 migration/0
    3 root      34  19     0    0    0 S    0  0.0   0:00.05 ksoftirqd/0
    4 root      RT   0     0    0    0 S    0  0.0   0:00.29 migration/1
    5 root      34  19     0    0    0 S    0  0.0   0:00.04 ksoftirqd/1
    6 root      RT   0     0    0    0 S    0  0.0   0:00.15 migration/2
    7 root      34  19     0    0    0 S    0  0.0   0:00.19 ksoftirqd/2
    8 root      RT   0     0    0    0 S    0  0.0   0:00.18 migration/3
    9 root      34  19     0    0    0 S    0  0.0   0:00.17 ksoftirqd/3
   10 root      RT   0     0    0    0 S    0  0.0   0:00.12 migration/4
   11 root      34  19     0    0    0 S    0  0.0   0:00.06 ksoftirqd/4
   12 root      RT   0     0    0    0 S    0  0.0   0:00.02 migration/5
   13 root      34  19     0    0    0 S    0  0.0   0:00.09 ksoftirqd/5
   14 root      RT   0     0    0    0 S    0  0.0   0:00.05 migration/6
   15 root      34  19     0    0    0 S    0  0.0   0:00.11 ksoftirqd/6
   16 root      RT   0     0    0    0 S    0  0.0   0:00.00 migration/7
   17 root      34  19     0    0    0 S    0  0.0   0:00.05 ksoftirqd/7
```

图 3.11　利用 top 命令查看系统状况

第二行表明系统中的进程情况，从图 3.11 中可知系统现有 183 个进程，其中 1 个进程处于运行状态，182 个进程处于休眠状态，没有处于停止状态和僵死状态的进程。

第三行表明了目前系统 CPU 的状态：

- 6.7% us：用户空间所占用 CPU 的百分比为 6.7%；
- 0.4% sy：内核空间所占用 CPU 的百分比为 0.4%；
- 0.0% ni：改变过优先级的进程所占用 CPU 的百分比为 0.0%；
- 92.9% id：空闲的 CPU 百分比为 92.9%；
- 0.0% wa：I/O 端口等待状态所占用 CPU 的百分比为 0.0%；
- 0.0% hi：硬中断所占用 CPU 的百分比为 0.0%；
- 0.0% si：软中断所占用 CPU 的百分比为 0.0%。

第四行表明了系统当前的内存使用状况：

- 8306544k total：物理内存总量 8GB；
- 7775876k used：使用中的内存总量 7.7GB；
- 530668k free：空闲内存总量 530M；
- 79236k buffers：缓存的内存量 79M。

第五行表明了 swap 交换分区的状态：

- 2031608k total：交换区总量 2GB；
- 2556k used：使用的交换区总量 2.5M；
- 2029052k free：空闲的交换区总量 2GB；
- 4231276k cached：缓冲的交换区总量 4GB。

第六行是空行，第七行以下则为各个进程（任务）的状态监控，其中：

- PID 表示进程 id；
- USER 表示进程所有者；
- PR 表示进程优先级；
- NI 表示“nice”值，其中负值表示高优先级，正值表示低优先级；
- VIRT 表示进程使用的虚拟内存总量，单位为 KB；
- RES 表示进程使用的物理内存大小，单位为 KB；
- SHR 表示共享内存的大小，单位为 KB；
- S 表示进程的状态，其中 D 为不可中断的睡眠状态，R 为运行状态，S 为睡眠状态，T 为跟踪/停止状态，Z 为僵死状态；
- %CPU 表示上次更新到目前的 CPU 时间占用百分比；
- %MEM 表示进程使用的物理内存百分比；
- TIME+表示进程使用的 CPU 时间总计，单位为 1/100 秒；
- COMMAND 表示进程命令的名称。

“top”命令是 Linux 上进行系统监控的首选命令，但由于该工具存在一些局限性，在取证调查时不一定能够达到要求，这主要是由于“top”命令的监控最小单位是进程，所以利用其是看不到需要关注的线程数量和客户连接数的，而这两个指标又常常是非常重要的。因此，通常取证调查人员采用“ps”和“netstat”两个命令来补充“top”命令的局限。例如，如果需要监控 java 服务器的线程数，可采用：

```
ps -eLf | grep java | wc -l
```

如果需要监控网络客户的连接数，则可以采用：

```
netstat -n | grep tcp | grep <侦听端口> | wc -l
```

当然，对于上面两个命令，调查人员也可改动 grep 的参数，从而达到更为细致的监控要求。

由于 Linux 系统采用“一切都是文件”的理念，因此系统所有进程的运行状态都可以用文件来获取。在系统目录“/proc”中，每一个数字子目录的名字都是运行中的进程的 ID，进入任一个进程目录，都可以通过其中的文件或文件夹的内容来观察进程的各项运行状态，例如其中的“/task”目录就是用来描述进程中线程的，因此也可通过下面的方法来获取某个特定进程中运行的线程数量：

```
ls /proc/PID/task | wc -l
```

在 Linux 中还有一个命令“pmap”，可以用来输出进程内存的状况，以便取证分析人员分析线程堆栈，其具体使用方法为：

```
pmap <进程 ID>
```

另外值得注意的是被调查者可能对系统的命令工具进行修改和替换，例如可能将“ps”命令替换掉，而替换后“ps”命令将不会显示可疑的进程。因此调查人员应当采用自己检测为安全的命令工具来获取证据信息。

3.3.4 UNIX/Linux 的网络连接信息获取

与 Windows 系统相似，在 UNIX/Linux 环境下，通常也可以使用"netstat"命令来查看网络连接，"netstat"命令的功能是显示网络连接、路由表和网络接口状态、masquerade 连接以及多播成员（Multicast Memberships）等信息，可以让取证调查人员得知当前时刻都有哪些网络连接正在运作。

当执行"netstat"命令后会出现图 3.12 的信息。

```
[root@localhost root]# netstat
Active Internet connections (w/o servers)
Proto Recv-Q Send-Q Local Address           Foreign Address         State
tcp        0      0 localhost.localdoma:809 localhost.locald:sunrpc TIME_WAIT
tcp        0      0 localhost.localdoma:824 localhost.locald:sunrpc TIME_WAIT
tcp        0      0 localhost.localdoma:822 localhost.locald:sunrpc TIME_WAIT
tcp        0      0 localhost.localdo:32771 localhost.localdo:32769 TIME_WAIT
tcp        0      0 localhost.localdo:32770 localhost.localdo:32769 TIME_WAIT
tcp        0      0 localhost.localdo:32773 localhost.localdo:32769 TIME_WAIT
tcp        0      0 localhost.localdo:32772 localhost.localdoma:ipp TIME_WAIT
tcp        0      0 localhost.localdo:32775 localhost.localdoma:ipp TIME_WAIT
tcp        0      0 localhost.localdo:32774 localhost.localdoma:ipp TIME_WAIT
tcp        0      0 localhost.localdo:32776 localhost.localdoma:ipp TIME_WAIT
Active UNIX domain sockets (w/o servers)
Proto RefCnt Flags       Type       State         I-Node Path
unix  12     [ ]         DGRAM                    2801   /dev/log
unix  3      [ ]         STREAM     CONNECTED     4179
unix  3      [ ]         STREAM     CONNECTED     4178
unix  3      [ ]         STREAM     CONNECTED     4174   /tmp/orbit-root/linc-e3
2-0-3e2170bef11e2
unix  3      [ ]         STREAM     CONNECTED     4173
unix  3      [ ]         STREAM     CONNECTED     4172   /tmp/orbit-root/linc-e0
c-0-5f28581aefacf
unix  3      [ ]         STREAM     CONNECTED     4171
unix  3      [ ]         STREAM     CONNECTED     4170   /tmp/orbit-root/linc-e3
2-0-3e2170bef11e2
```

图 3.12　利用 netstat 命令查看网络连接信息

从图 3.12 可以看出，"netstat"命令的输出结果可以分为两个部分：

（1）Active Internet connections

通常被称为有源 TCP 连接，其中"Recv-Q"和"Send-Q"是指接收和发送队列中的信息，这两项的数值一般为 0，如果不为 0，就意味着有软件包正在队列中堆积；

（2）Active UNIX domain sockets

通常称为有源 UNIX 域套接口，其概念和网络套接字相似，但只能用于本机通信。

"Active UNIX domain sockets"各列代表的意义如下：

- Proto：显示连接使用的协议；
- RefCnt：表示连接到本套接口上的进程号；
- Types：显示套接口的类型；
- State：显示套接口当前的状态；
- Path：表示连接到套接口的其他进程使用的路径名。

“netstat”命令的一般格式为：

```
netstat  <参数>
```

其常见的参数及含义如下（注意：LISTEN 和 LISTENING 的状态只有采用-a 或者-l 参数才能看到）：

- -a：显示所有信息（默认不显示 LISTEN 相关信息）；
- -t：仅显示 tcp 相关信息；
- -u：仅显示 udp 相关信息；
- -n：拒绝显示别名（能显示为数字代号的全部转化成数字代号）；
- -l：仅列出在 Listen（监听）的服务状态；
- -p：显示建立相关链接的程序名；
- -r：显示路由信息和路由表；
- -e：显示扩展信息（例如 uid 等）；
- -s：按各个协议进行统计；
- -c：每隔一个固定时间，执行一次“netstat”命令；
- -v：显示系统正在进行的工作。

在取证调查时，通常采用如下命令列出所有端口并放置到某个文件中，例如：

```
netstat -a | more > evidence
```

其输出“evidence”文件内容如下：

```
Active Internet connections (servers and established)
Proto Recv-Q Send-Q Local Address              Foreign Address          State
tcp    0      0     *:32768                    *:*                      LISTEN
tcp    0      0     localhost.localdo:32769    *:*                      LISTEN
tcp    0      0     *:sunrpc                   *:*                      LISTEN
tcp    0      0     *:x11                      *:*                      LISTEN
tcp    0      0     *:ssh                      *:*                      LISTEN
tcp    0      0     localhost.localdoma:ipp    *:*                      LISTEN
tcp    0      0     localhost.localdom:smtp    *:*                      LISTEN
tcp    0      0     localhost.localdo:33840 localhost.localdoma:ipp     TIME_WAIT
tcp    0      0     localhost.localdo:33831 localhost.localdoma:ipp     TIME_WAIT
tcp    0      0     localhost.localdo:33830 localhost.localdoma:ipp     TIME_WAIT
tcp    0      0     localhost.localdo:33833 localhost.localdoma:ipp     TIME_WAIT
tcp    0      0     localhost.localdo:33832 localhost.localdoma:ipp     TIME_WAIT
tcp    0      0     localhost.localdo:33835 localhost.localdoma:ipp     TIME_WAIT
tcp    0      0     localhost.localdo:33834 localhost.localdoma:ipp     TIME_WAIT
tcp    0      0     localhost.localdo:33837 localhost.localdoma:ipp     TIME_WAIT
tcp    0      0     localhost.localdo:33836 localhost.localdoma:ipp     TIME_WAIT
tcp    0      0     localhost.localdo:33839 localhost.localdoma:ipp     TIME_WAIT
tcp    0      0     localhost.localdo:33838 localhost.localdoma:ipp     TIME_WAIT
udp    0      0     *:32768                    *:*
udp    0      0     *:836                      *:*
udp    0      0     *:sunrpc                   *:*
udp    0      0     *:631                      *:*
Active UNIX domain sockets (servers and established)
```

```
Proto RefCnt Flags       Type       State         I-Node Path
unix  2      [ ACC ]     STREAM     LISTENING     3375   /dev/gpmctl
unix  2      [ ACC ]     STREAM     LISTENING     3672   /tmp/ ssh-XXzOknmr/ agent.3525
unix  2      [ ACC ]     STREAM     LISTENING     3785   /tmp/.ICE-unix/3525
unix  2      [ ACC ]     STREAM     LISTENING     3700   /tmp/ orbit-root/ linc-e0a-0-6c997d86e952
unix  2      [ ACC ]     STREAM     LISTENING     3708   /tmp/ orbit-root/ linc-dc5-0-17b9877274ff0
unix  2      [ ACC ]     STREAM     LISTENING     3795   /tmp/ orbit-root/ linc-e0c-0-5f28581aefacf
unix  2      [ ACC ]     STREAM     LISTENING     3845   /tmp/orbit-root/linc-e11-0-2190936ad1b5c
unix  2      [ ACC ]     STREAM     LISTENING     3857   /tmp/orbit-root/linc-e0e-0-8d9816bdc867
unix  2      [ ACC ]     STREAM     LISTENING     3582   /tmp/.gdm_socket
unix  2      [ ACC ]     STREAM     LISTENING     3873   /tmp/.fam_socket
unix  2      [ ACC ]     STREAM     LISTENING     3927   /tmp/orbit-root/linc-e22-0-33097a0bedbd7
unix  2      [ ACC ]     STREAM     LISTENING     3944
....
```

其余常见的用法如下：

（1）列出所有 tcp 端口：netstat -at

（2）列出所有 udp 端口：netstat -au

（3）列出所有处于监听状态的 Sockets

- 只显示监听端口：netstat -l；
- 只列出所有监听 tcp 端口：netstat -lt；
- 只列出所有监听 udp 端口：netstat -lu；
- 只列出所有监听 UNIX 端口：netstat -lx。

（4）显示每个协议的统计信息

- 显示所有端口的统计信息：netstat -s；
- 显示 tcp 或 udp 端口的统计信息：netstat -st 或 netstat -su。

（5）在 netstat 输出中显示 PID（进程 ID）和进程名称：netstat -p

netstat -p 与其他参数一起使用，就可添加“PID/进程名称”到 netstat 输出中，这样调试的时候可方便发现特定端口运行的程序，例如：netstat -pt。

（6）在 netstat 输出中不显示主机、端口和用户名

在特殊情况下，当调查取证人员要求不显示主机、端口和用户名时，可使用 netstat -n，这样就会使用数字代替名称。同样可以与其他参数结合使用，例如 netstat -an。如果只是不想让这三个名称中的一个被显示时，可使用 netsat -a --numeric-ports 或 netsat -a --numeric-hosts 或 netsat -a --numeric-users。

（7）持续输出 netstat 信息

如果需要持续进行监控，调查人员可以利用 netstat 的功能每隔一秒输出一次网络状况，其命令为 netstat -c。

（8）显示系统不支持的地址族：netstat -verbose

（9）显示核心路由信息：netstat -r

（10）找出程序运行的端口

由于在其他用户权限下使用时，没有权限的进程将不会显示，因此如果要全面获取这方面的信息，需要调查人员使用 root 权限来查看，其命令为：netstat -ap | grep ssh。当列出这些端口后，通常调查人员需要了解运行在特定端口的进程，这时可采用诸如“netstat -an | grep ':80'”这样的命令。

另外也可采用“netstat -i”显示网络接口列表，当然在使用时调查人员可以与其他参数结合来显示更为详细的信息，例如：netstat -ie。

3.4 任务二：UNIX/Linux 环境的数据初步分析

3.4.1 UNIX/Linux 环境的取证数据预处理

调查人员在完成现场证据收集回到实验室后，就应当在深入分析前对现场证据进行预处理。数据预处理的工作包括对数据进行备份和分类，在技术层面上，可以尝试对硬盘数据进行部分恢复。

例如在本章案例中，调查人员 Tom 通过项目 1 中的外围调查了解到被调查者 Bob 具有一定的计算机使用技能，因此 Tom 应当考虑到，Bob 在离开公司上交办公计算机以前，很可能会抹去很多他不想留下的信息和痕迹，某些关键部位的文件要么被修改，要么被删除，这样的情况下，调查人员 Tom 就需要尽可能地恢复这些关键证据。此时数据恢复技术就显得尤为重要。

与 Windows 操作系统所使用的文件系统不同，UNIX/Linux 系统中的文件被删除后进行恢复的难度要大很多。这是由于在 Windows 操作系统管理的文件系统中，文件被删除后仍然保存有完整的文件名、文件长度、起始簇号（即文件占有的第一个磁盘块号）等恢复文件所需要的重要信息，而对于 UNIX/Linux 等非 Windows 操作系统的文件目录来说，它们是由 i 节点来描述的，在文件被删除后，索引结点随即被清空了，因此直接恢复 UNIX/Linux 操作系统下的文件非常困难。

UNIX/Linux 文件卷至少包括引导块、超级块、索引结点（i 节点）表、数据区等几个部分，这些结构在不同的 UNIX/Linux 版本中是相同的。

（1）引导块：位于文件卷的第一扇区，这 512 个字节是文件系统的引导代码；

（2）专用块：位于文件系统的第二个扇区，紧跟在引导块之后，用于描述本文件系统的结构（如 i 节点的长度、文件系统的大小等），存放在/usr/include/sys/filsys.h 之中；

（3）索引结点（i 节点）表：索引结点（i 节点）表存放在专用块的后面，其长度是由专用块中的 s_size 字段决定的，作用是用来描述文件的属性、长度、属主、属组、数据块表等；

（4）目录结构：UNIX/Linux 所有文件均存放于目录中，目录本身也是一个文件。目录存放文件的机制是：首先目录文件本身像普通文件一样，占用一个索引结点，然后由这个索引结点得到目录内容的存放位置，最后从这个存放位置的数据内容中取出一个个文件名和它们对应的结点号，从而访问一个文件。

在 UNIX/Linux 系统环境中删除文件的含义就是释放索引结点表和文件占用的数据块，清空文件占用的索引结点，但是不清除文件的数据内容。删除文件夹的操作与删除文件的处理却不完全相同。删除单个文件时，系统根据索引结点的地址表依次释放该文件占用的磁盘数据块，清空相应的结点，释放索引结点。而删除文件夹时，系统会按照删除单个文件的方法先删除该文件夹下的所有文件，最后再删除该文件夹，释放这个文件夹的索引结点。另外，使用不同的命令来删除文件的过程不完全一样，例如使用者通常采用“rm”、“mv”和“>”命令来删除文件和文件夹。

- “rm”为最常用的删除命令，其功能为删除一个文件夹中的一个或多个文件或目录，也可将特定文件夹和下属的所有文件及子目录均删除，使用“rm”命令删除的信息通常可以较容易地恢复；
- “mv”通常针对两个文件，其处理过程是将文件 2 的数据块释放，然后将文件 1 的名称改为文件 2，再释放文件 2 所占的索引结点；
- “>”命令处理过程是将文件所占的数据块全部释放，并将文件长度清零。

通常调查取证人员在获取原始证据后，在进行深入分析前的数据预处理时，需要尽可能地恢复被删除的文件，而这样的工作通常只能依据删除后的残留信息来进行。由于不同的删除命令执行的过程不同，因此删除后的残留信息可能是文件本身的内容，也可能是文件的周边信息，而这些信息只能依次从磁盘现场和内容两方面进行分析。

如果单个文件被删除后硬盘没有发生过写操作，那么可以根据系统的分配算法进行恢复。由于系统建立一个文件时，必定根据某一特定的分配算法决定文件占用的数据块位置。而当该文件被删除后，所占用的数据块就会被释放，从而回到系统的分配表中，此时若重新建立一个文件，系统根据原来的分配算法分配出的数据块必定跟该文件原来占用的数据块一致，且 UNIX 文件存储时，是将最后一个数据块的尾部多出来的字节全部置 0。因此恢复时，只要调用系统的数据分配算法，在系统中逐块地申请数据块，且当某个分配出的数据块中尾部全为 0 时，就可以认为是该文件的结束块，由此可以计算出文件的长度并确定其内容，进而实现恢复。具体步骤如下：

（1）创建一个新文件名但不写入任何内容（即申请一个索引结点）；

（2）调用系统分配数据块算法得到一个数据块号，将该数据块号记入一个地址表变量中；

（3）读出这个数据块，并判断该数据块的尾部是否具有连续为 0 的特征，如果具有这样的特征则进行下一步，若不具有这样的特征，则返回上一步；

（4）使用系统函数得到这个文件的索引结点号，再将第二步记录的地址表信息写入索引结点的地址表中，根据前面两步所得的数据块个数以及最后一块中有效数据的长度来计算欲恢复文件的大小，然后写入索引结点的文件大小字段中；

（5）将信息回写系统的索引结点表中，从而恢复文件内容。

以上恢复文件的方法属于一种较为理想的情况，在实际情况中往往没有这样理想的情况。由于 UNIX/Linux 系统是一个多进程的操作系统，其磁盘操作往往十分频繁，通常删除文件后，

项目 3

磁盘已发生过多次的写操作，也即原有的环境已经被破坏，这种情况下就只能依据文件的具体内容来进行恢复了。以本章引导案例为例，通常取证调查人员 Tom 进行在数据预处理时，可以采用以下几种方案来尝试对被调查者 Bob 的办公计算机磁盘中一些被删除的文件内容进行恢复。

（1）根据欲恢复的内容来设立关键字进行搜索

如果 Tom 在取证准备阶段从 Bob 的同事处了解到欲恢复文件的内容中的若干字节（关键字），且这个文件的长度不超过一个磁盘块，那么可以在整个文件系统中搜索这个关键字的字节串（关键字的设立必须仔细考虑，通常长度越长，搜索结果越精确，但是太长的关键字可能会导致搜索中忽略掉重要信息），从而得出一个文件所在的数据块，将这个块号填入一个索引结点，即可对该文件内容进行一定程度的恢复。

（2）根据欲恢复文件的精确长度进行搜索

如果 Tom 通过其他方法了解到欲恢复文件的精确长度，那么可根据被调查系统的一个数据块的大小，计算出欲恢复文件的最后一个数据块中数据的精确长度，而这个数据块中的其他字节必然全为 0。根据这个关键特征，通过搜索整个文件系统，即可找出其中符合条件的数据块，从而进行恢复。

（3）根据欲恢复文件的关联内容进行搜索

Tom 可以通过文件校验、文件内容关联等特定联系对整个文件系统进行搜索，从而尝试找出符合条件的数据块，并进行内容恢复。

（4）根据环境进行比较搜索

Tom 在一定条件下，可以通过重现特定文件的安装过程，推断出欲恢复文件的大致位置，从而减少搜索范围。

以上是对 UNIX/Linux 系统文件恢复的策略性分析，在实际工作中，调查人员常常借助于相应的专业工具软件来完成上述工作，为对原始证据的深入取证分析进行前期的准备。

3.4.2 UNIX/Linux 环境的日志调查

在针对一个系统进行取证调查时，这个系统的日志信息往往会向取证调查人员提供很多有价值的信息，因此日志调查常常作为首要的调查方向。

与 Windows 系列的操作系统不同，UNIX/Linux 系列的操作系统具有较为完善的日志机制，其日志通常以明文形式存储，取证调查人员不需要利用特殊的工具就可以对日志文件进行浏览和搜索。有经验的取证调查人员还可以通过编写脚本来扫描日志文件，并基于文件内容自动执行某些调查信息搜集工作。

在取证调查工作的初期，系统日志往往对于分析人员可能是最有价值的资料。当然，只有在被调查计算机系统的日志记录功能处于开启状态，并且日志记录完整的情况下，这样的系统日志才是有价值的。因此，在开始对日志文件进行处理之前，必须查阅“/etc/syslog.conf”文件，以便了解日志记录的具体规则、日志记录的具体位置等情况。打开一个“syslog.conf”文件，如图 3.13 所示。

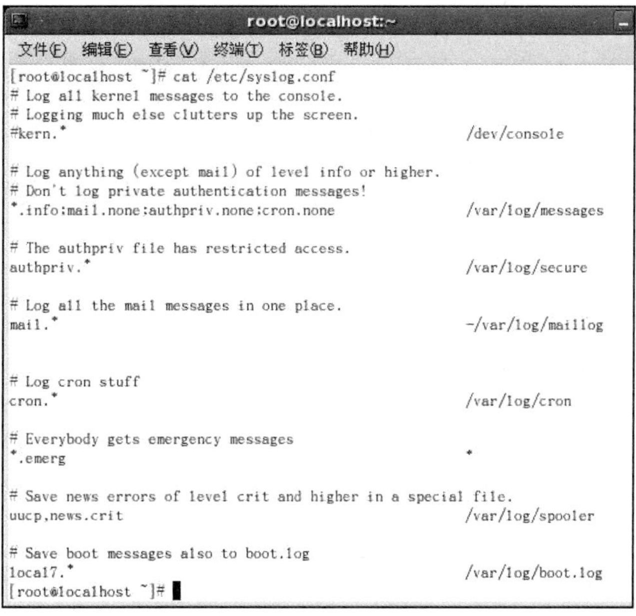

图 3.13　“syslog.conf”文件日志规则

由图 3.13 可知，“syslog.conf”文件的基本格式为：

[消息类型][处理方案]

其中消息类型由“消息来源”和“关键状况”构成，中间用“.”连接。例如图 3.13 中倒数第二项的“news.crit”表示来自“news”的关键状况。在此处“news”是消息来源，“crit”代表关键状况。图 3.13 中的通配符“*”可以代表任意消息来源。而紧急程度可以分为八类，以重要性从大到小排序依次为：紧急 emerg（emergency）、警报 alert、关键 crit（critical）、错误 err（error）、警告 warning、通知 notice、信息 info（information）、调试 debug。

消息来源分类如下：

- auth：认证系统（例如 login 或 su），即询问用户名和口令；
- cron：系统执行定时任务时发出的信息；
- daemon：某些系统的守护程序的 syslog；
- kern：内核信息；
- lpr：打印机信息；
- mail：处理邮件的守护进程发出的信息；
- mark：定时发送消息的时标程序；
- news：新闻组守护进程的信息；
- user：本地用户的应用程序信息；
- uucp：uucp 子系统信息；
- *：所有可能的信息来源。

处理方案是指对日志进行处理的模式。通常具有将日志存入硬盘、转发到另一台主机（通常是日志服务器）以及显示在管理员终端上三种模式，主要包含如下方案：

- 文件名：写入某个日志文件；
- @主机名：转发给另一台主机的 syslogd 程序，使用主机名进行标识；
- @IP 地址：转发给另一台主机的 syslogd 程序，使用 IP 地址进行标识；
- /dev/console：发送到本机的显示设备；
- *：发送到所有的用户终端；
- 程序：通过管道转发给一个特定的应用程序。

值得注意的是对于取证调查，系统日志（syslog）有一个致命的弱点，即缺乏认证模式，而对于被调查者，伪造系统日志是非常容易实现的。如果取证调查的目标计算机采用日志服务器的模式，即日志文件一经产生立即转发给特定的日志服务器来记录，通常可以避免被调查者的篡改。但是如果取证调查的目标计算机日志文件由本机进行记录和保存，那么当出现以下情况时，必须引起取证调查人员的重点注意：

- 日志文件丢失；
- 日志记录没有在设定起始时间之后立即开始；
- 某段时间内没有日志记录信息：
- 某些本应自动产生的日志记录信息出现丢失的情况；
- 日志记录中出现异常活动；
- 日志记录中出现非法登录：
- 日志记录中出现非法使用“su”和“sudo”等命令的情况；
- 日志记录中出现非法访问“/etc/passwd”的情况；
- 日志记录中出现服务错误的情况。

在 Linux 系统中通常存在 3 个主要的日志子系统，即连接时间日志、进程统计日志和错误日志。

连接时间日志：由多个程序执行，其记录写入到“/var/og/wtmp”和“/var/run/utmp”中。利用“ogin”等程序更新“wtmp”和“utmp”文件。取证调查人员可以利用连接时间日志来跟踪谁在何时登录到系统，因此连接时间日志也被称为登录日志。

进程统计日志：进程统计日志由系统内核执行。当一个进程终止时，系统内核就会为每个进程向进程统计文件（“pact”或“acct”）中写一个记录。进程统计的目的是为系统中的基本服务提供命令使用的统计信息。

错误日志：错误日志由“sysogd”执行。各种系统守护进程、用户程序和系统内核通过“sysogd”向文件“/var/og/messages”报告值得注意的事件。

除了以上三个最主要的日志子系统外，还有许多 UNIX 类的程序创建各自的日志（例如 HTTP 和 FTP 等提供网络服务的服务器也有相应的详细日志）可供取证调查人员分析。

以目前最常用的 Red Hat Linux 系统为例，对该系统进行取证调查时应当关注的常用日志文件包括：

- /var/log/boot.log：记录系统在引导过程中发生的事件，即 Linux 系统开机自检过程显示的信息。
- /var/log/cron：记录“crontab”守护进程“crond”所派生的子进程的动作，前面加上用户、登录时间和 PID，以及派生出的进程动作。CMD 的一个动作是 cron 派生出一个调度进程的常见情况。REPLACE（替换）动作记录用户对它的 cron 文件的更新，该文件列出了要周期性执行的任务调度。RELOAD 动作在 REPLACE 动作后不久发生，即意味着 cron 注意到一个用户的 cron 文件被更新，而 cron 需要把它重新装入内存。当出现这样的情况时，对该文件进行重点调查，可能会获得重要的反常信息；
- /var/log/maillog：记录每一个发送到系统或从系统发出的电子邮件的活动。取证调查人员可以利用这个日志来查看用户使用了什么发送工具或把数据发送到什么系统去。
- /var/log/messages：该日志文件是许多进程日志文件的汇总，调查该文件可以发觉入侵企图或成功入侵的行为。
- /var/log/syslog：只记录警告信息，即只记录系统出问题时的信息，因此该文件应该是重点关注的日志文件之一。但是在默认情况下 Red Hat Linux 系统对该日志文件功能处于关闭状态，可通过配置“/etc/syslog.conf”文件开启该功能。
- /var/log/lastlog：记录最后一次成功登录的事件以及最后一次不成功的登录事件，由“login”生成。在每次用户登录时被查询，该文件是二进制文件，需要使用“lastlog”命令查看，根据 UID 排序显示登录名、端口号和上次登录时间。如果某用户从来没有登录过系统，就会显示为“**Never logged in**”。该命令只能以 root 权限执行。
- /var/log/wtmp：永久记录每个用户的登录和注销以及系统的启动和停机事件。因此随着系统正常运行时间的增加，该文件的大小也会越来越大，增加的速度取决于系统用户登录的次数。调查取证人员可以利用该日志文件查看用户登录记录，也可利用 last 命令通过访问这个文件获得这些信息，并以反序从后向前显示用户的登录记录，last 命令也能根据用户、终端 tty 或时间来显示相应的记录。
- /var/run/utmp：记录有关当前登录的每个用户的信息。这个文件会随着用户登录和注销系统而不断变化，只保留当时联机的用户记录，不会为用户保留永久的记录。系统中需要查询当前用户状态的程序（例如“who”、“w”、“users”以及“finger”等）会访问这个文件。该日志文件并不一定能包括所有精确的信息，因为某些突发错误可能会终止用户登录会话，而系统却往往没有及时更新 utmp 记录。
- /var/log/xferlog：记录 FTP 会话，可以显示出用户向 FTP 服务器（或从 FTP 服务器中）复制了什么文件。该文件会显示用户复制到服务器上的用来入侵服务器的恶意程序，以及该用户复制了哪些文件供自己使用或者窃取了哪些信息。
- /var/log/kemlog：记录了系统启动时加载设备或使用设备的情况。通常这些情况都是正常的操作，但如果调查中发现该日志记录了没有授权的用户进行这些操作的记录，就需要特别注意，因为有可能是恶意用户的行为。Red Hat Linux 系统默认情况下没有开启该日志文件功能，可通过配置“/etc/syslog.conf”开启。

- /var/log/Xfree86.x.log：记录了 X-Windows 启动的情况。

以上常用的日志文件中，“/var/log/wtmp”、“/var/run/utmp”和“/var/log/lastlog”是日志子系统的关键文件，都记录了用户登录系统的情况。这些文件的所有记录都包含了时间戳。三个文件中，“utmp”和“wtmp”文件的数据结构是相同的，而“lastlog”文件则使用了不同的数据结构，关于它们的具体结构可使用“man”命令进行查询。

每当有一个用户登录时，login 程序在文件“lastlog”中查看用户的 UID。如果存在，则把用户上次登录、注销时间和主机名写到标准输出中，然后 login 程序在“lastlog”中记录新的登录时间，打开 utmp 文件并插入用户的“utmp”记录，这个记录一直持续到用户登出系统时再删除。“utmp”文件中的信息常常包括“who”、“w”、“users”、“finger”等在内的各种命令查询和调用。

当系统在记录了新的登录时间，并将用户的“utmp”记录插入 utmp 文件后，“login”程序打开文件“wtmp”并附加用户的“utmp”记录。这样，当用户登出系统时，具有更新时间戳的与“utmp”文件中相同的记录就被附加到“wtmp”文件中。

另外，除了“/var/log/”以外，被调查者往往也可能在其他的地方留下痕迹，调查取证人员通常还会注意以下地方：

- root 和其他账户的 Shell 历史文件；
- 用户的各种邮箱，特别是存放在“/var/spool/mail/”和“/var/spool/mqueue”中的邮箱；
- 临时文件“itmp”、“/usr/tmp”和“/var/tmp”；
- 具有隐藏性质的目录；
- 以“.”开头的具有隐藏属性的文件等。

由于“/var/log/wtmp”、“/var/run/utmp”和“/var/log/lastlog”等日志子系统的关键文件是按照二进制的形式保存的，因此不能直接使用“less”之类的命令查看，也不能被诸如“tail”之类的命令剪贴或“cat”之类的命令合并，而是需要使用“who”、“w”、“users”、“last”以及“ac”等命令来使用这些文件包含的信息。

“who”：查询“utmp”文件并报告当前登录的每个用户。“who”命令的默认输出包括用户名、终端类型、登录日期及远程主机。如果指明查询“wtmp”文件，则 who 命令查询所有以前的记录。例如可使用“who /var/log/wtmp”查询从 wtmp 文件创建或删改以来的每一次登录。

“w”：查询“utmp”文件并显示当时系统中每个用户和它所运行进程的信息。

“users”：用单独的一行打印出当前登录用户，每个显示的用户名对应一个登录会话。如果一个用户具有不止一个登录会话，则该用户名将显示登录次数。

“last”：向后搜索“wtmp”文件，从而显示自从文件第一次创建以来登录过的用户。如果指明了特定的查询用户，那么“last”只报告该用户的近期活动。

“ac”：根据当前的“wtmp”文件中的登录和登出系统信息，报告用户连接的时间，如果不使用标志，则报告总的时间。如果采用参数“-d”则可显示每天总的连接时间，采用参数“-p”，则显示每个用户总的连接时间。

“lastlog”：“lastlog”文件在每次有用户登录时被查询。可使用“lastlog”命令检查某个特定用户上次登录的时间，并格式化输出上次登录“lastlog”日志的内容。默认根据用户 ID 排序显示登录名、端口号（tty）以及上次登录时间。

在针对UNIX/Linux系统的取证调查中，取证分析人员常常还会关注系统的进程统计信息。UNIX/Linux 系统的进程统计主要用于安全目的，利用其可跟踪每个特定用户运行的每一条命令，从而保存并维护一份详细的关于每个被调用的进程的记录，取证调查人员可以利用进程统计信息追踪调用进程的时间、二进制文件名称以及调用该进程的用户，这些信息对取证调查人员的深入分析非常有帮助。与连接时间日志不同，进程统计子系统（accton）在默认配置中并没有被激活，它必须事前手工启动。一旦 accton 被激活，就可以使用“lastcomm”命令来监测系统中任何时间执行的任何命令（由于该功能对于单机取证和网络入侵取证都非常有价值，因此公司或单位的安全主管通常应当建议对公司或部门内部重要服务器和工作站计算机开启该功能，并且及时传输到日志服务器中保存）。

“lastcomm”命令报告以前执行的文件。不带参数时，lastcomm 命令默认显示当前统计文件生命周期内记录的所有命令的有关信息。包括命令名、用户、端口号、命令花费的 CPU 时间和时间戳。

由于记录进程统计信息的“/var/log/pact”文件常常增长得十分迅速，因此有必要采用特定机制来保障日志数据在系统控制内。“sa”命令就可以报告、清理并维护进程统计文件，该命令能够把“pact”文件中的信息压缩到摘要文件“/var/log/savacct”和“/var/log/usracct”中。这些摘要包含了按命令名和用户名分类的系统统计数据。

另外在 UNIX/Linux 中，多数应用程序均使用日志来反映系统的安全状态。例如“su”命令，它允许用户获得另一个用户的权限，所以其安全性非常重要，其日志文件即为“sulog”，而“sudolog”即为命令工具“sudo”的日志，“http”服务端软件“Apache”提供两个可查询的重要日志即“access_log”和“error_logo”。

3.4.3　UNIX/Linux 环境中其他重要信息的调查

在 UNIX/Linux 系统的内部，除了日志文件之外，还有很多的位置可能会留下犯罪痕迹，从而提供直接或间接的证据信息，或者为取证分析人员提供调查的线索。其中最为主要的信息为账号信息、时间调度程序、内核转储文件、临时目录、隐藏文件和文件夹等。

（1）账号信息

在针对企业或单位内部滥用权限的案件调查，或者网络入侵犯罪的案件调查中，被调查者往往采用提升权限或者获取超级用户身份等手段来控制被攻击计算机，从而攻击系统或窃取资料。因此调查目标计算机的口令文件“/etc/passwd”记载着权限篡改的记录或痕迹。鉴于此，检查口令文件也就成为了UNIX/Linux系统取证调查时必须要进行的工作。

口令文件“/etc/passwd”中的每一行对应着一个特定的用户，每行的记录又被冒号分隔为7个字段，其格式为：

用户名：口令：用户标识号：组标识号：注释性描述：主目录：登录Shell

其中：

- 用户名：代表用户账号的字符串。
- 口令：存放着加密后的用户口令字，值得注意的是，目前多数Linux系统采用了shadow技术，把真正的加密后的用户口令字存放到“/etc/shadow”文件中，而在“/etc/passwd”文件的口令字段中仅仅存放一个特殊字符（例如“*”或者“+”等）。
- 用户标识号：该字段为一个整数，系统内部使用该字段标识用户，通常用户标识号的取值范围为0～65535。其中“0”是超级用户“root”的标识号，1～99为系统保留的管理账号，从100开始即为普通用户的标识号。在Linux系统中，这个界限则为500。
- 组标识号：该字段记录了用户所属的用户组，其对应着“/etc/group”文件中的一条记录。
- 注释性描述：该字段以注释的方式记录了用户的一些概略情况信息。
- 主目录：用户的起始工作目录，其为用户在登录到系统之后所处的目录。
- 登录Shell：用户登录使用的命令解释器。

在案例调查中，如果调查取证人员发现“/etc/passwd”文件中，出现了多个用户ID为“0”的账号（也即出现了多个使用“root”权限的用户），那么很可能就是被调查者为了权限提升的方便而添加的后门账号。

同样，如果调查中发现“/etc/passwd”文件中出现不一致的情况，例如某个用户出现在其权限本来不应当出现的用户组中，或者在“/etc/passwd”中发现某些陌生的可疑账号，或者出现了一些没有口令的账号，那么很可能这些账号就是被调查者修改过的。

调查者也可以针对“/etc/passwd”中出现的账号，去比对账号创建的历史，也可以发现这些账号的可疑之处。

（2）定时运行的程序

在针对UNIX/Linux环境的取证调查中，常常使用“crontab”工具，该命令工具的功能是每隔一定时间间隔就调度一系列的命令执行。在“/etc”文件夹下有一个名为“crontab”的子目录，在其中存放着系统运行的系列调度程序。在针对内部人员权限滥用或外部人员入侵攻击的案件中，被调查人员常常为了自己越权或攻击的方便，使用“crontab”命令自动去执行某些恶意代码。因此在这一类案件的调查时，分析该目录下所有调度作业的真实内容非常重要。

“crontab”的使用者权限记载在“/etc/cron.deny”和“/etc/cron.allow”两个文件中，其中“/etc/cron.deny”中记载着不能使用crontab命令的用户，而“/etc/cron.allow”中记载着可以使用crontab命令的用户。对于使用权限的判断如下：

1）若某用户在两个文件中同时存在，那么以“/etc/cron.allow”文件中的记载优先；

2）如果在调查时发现这两个文件都不存在，那么只有超级用户可以安排这样的定时作业；

3）如果“/etc/cron.allow”文件存在，但是一个空文件，则表明没有一个用户能够安排定时作业；

4）若“/etc/cron.allow”文件不存在，但“/etc/cron.deny”文件存在且不为空，则表明只有不包括在“/etc/cron.deny”文件中的用户才可以使用 crontab 命令；

5）如果“/etc/cron.allow”文件不存在，但“/etc/cron.deny”文件存在且为空文件就表明任何用户都可以安排定时作业。

crontab 命令通常有两种形式的命令行结构：

- crontab [-u user] [file]
- crontab [-u user] [-e|-l|-r]

其中第一种命令行形式中，“file”是命令文件的名字。如果在命令行中指定了这个文件，那么执行 crontab 命令，则将这个文件拷贝到 crontab 子目录下；如果在命令行中没有指定这个文件，crontab 命令将接受标准输入（键盘）上键入的命令，并将他们存放在 crontab 子目录下。

第二种命令行形式中-r 选项的作用是从/usr/spool/cron/crontabs 目录下删除用户定义文件 crontab；-l 选项的作用是显示用户 crontab 文件内容。可使用命令 crontab -u user -e 编辑特定用户的定时作业，随后用户通过编辑文件来增加或修改任何作业请求。执行命令 crontab -u user -r 可删除当前用户所有的定时作业。

（3）临时文件目录“/tmp”

临时目录“/tmp”是整个系统的缓冲区，在系统运行时，它会被周期性清除。但对于现场证据已被收集的可疑计算机来说，临时目录或多或少都会存留下某些信息，对于正常用户而言这些信息通常是无用的信息，但对于取证调查人员而言，通过对/tmp 文件夹下的每项文件进行仔细分析，往往可以了解从系统最后一次清除该文件夹起到调查取证的时刻止，系统都经历过哪些操作。在“/tmp”文件夹中需要重点关注可执行文件、中间文件及其碎片以及可能发现的源代码树等信息。

（4）隐藏文件和目录

在 Linux 系统中以点号“.”开始的目录和文件，具有隐藏属性。由于被调查人员往往因为种种原因，不希望某些重要文件和文件夹被其他人员发现，从而故意进行隐藏，因此对这一类隐藏文件和文件夹的调查，常常会发现很多重要的信息。

（5）命令行解释器 Shell

在 UNIX/Linux 环境下，命令行解释器 Shell 具有使用特定文件来保存历史命令的功能。例如 Linux 默认的命令行解释器“bash”的默认历史文件即为“.bash_history”。在对这些历史命令进行调查时要特别注意，由于通常这些历史命令文件没有时间戳，因此被调查者可能修改 Shell 运行命令的历史，而且往往利用该方法搜集的历史命令没有包括运行参数，所以从此处获得的信息需要通过其他信息源信息的验证。

（6）内核转储文件

无论是 Windows 系列还是 UNIX/Linux 系列的操作系统，利用缓冲区溢出漏洞执行多余代码从而导致系统崩溃或者取得管理员权限都是一种典型的入侵方式。因此当调查人员进行这类案件的调查时，就应该找到所有内核转储文件，查明由什么程序进行了转储。通常情况下调查人员可以通过“file”命令来显示内核转储文件源于哪个命令以及转储原因。

（7）信任关系

在 Linux 系统环境中，信任关系常由“/etc/hosts.equiv”与“.rhosts”文件来配置。通过对这些文件的调查，取证分析人员也可能搜集到感兴趣的信息。例如调查人员发现取证目标系统存在与某个未知主机的信任关系，这往往表明被调查的计算机系统很可能已被入侵者控制。正常情况下这些配置文件的属性是不可写的，如果调查人员发现配置文件属性是可写的，就往往表明改变这些文件权限的用户就是需要进一步分析调查的目标。另外，如果调查人员发现这些文件的最后修改时间和备份时间不一致，也往往表明最近的改变就是一次未经授权的作业。

（8）其他可疑文件

取证调查时，分析人员需特别注意那些特定目录中本不应当出现的可疑文件。例如在“/dev”目录中，正常情况下除了少数管理文件外，就应当是存储设备的特殊文件。在非系统目录中如果出现与系统命令的文件名称相同或者相似的可执行文件、隐藏文件、可疑目录中的可执行文件等都应该引起调查人员的重视。

应用实训

3.1 实验环境：一台安装有 Red Hat 5 操作系统（或 Ubuntu 13.04 操作系统）的计算机，一个 USB 盘。启动该计算机并运行若干程序。

任务：

- 在该计算机中挂载该 USB 盘；
- 获取该计算机正在运行的各程序的屏幕信息，并保存在 USB 盘中。

3.2 实验环境：一台安装有 Red Hat 5 操作系统的计算机，一个具有足够空间的移动硬盘。

任务：

- 在该计算机中挂载该移动硬盘；
- 使用“dd”命令获取该计算机的硬盘镜像，并保存在移动硬盘中。

3.3 实验环境：同 3.2。

任务：使用“dd”命令获取这台正运行的计算机的内存信息，并保存在移动硬盘中。

3.4 实验环境：同 3.1。

任务：使用“top”命令获取该系统的进程运行状况，并输出到文本文件中且保存在 USB 盘中，进行简要分析。

3.5 实验环境：同 3.1。

任务：利用“netstat”命令获取该系统的所有监听 TCP 和 UDP 端口信息，并输出到文本文件中且保存在 USB 盘中。

拓展练习

3.1 简述 Macintosh 文件系统逻辑 EOF 和物理 EOF 的区别。

3.2 请在某 Linux 系统的一个目录中查询文件的所有者和权限信息。

3.3 简述在 Linux 系统中需要扩展某个文件时，这个文件的 i 节点的扩展方式。

3.4 在 Linux 系统中根目录下包含哪些主要的子目录，这些子目录各自有哪些默认功能？

3.5 对 Red Hat Linux 系统进行取证调查时应当关注哪些常用日志文件？

4

原始证据的深入分析

学习目标

- 了解电子证据司法鉴定和电子证据保全的程序
- 掌握撰写计算机调查取证报告的一般准则
- 掌握利用 EnCase Forensic 深入分析原始证据的方法
- 掌握利用 X-Ways Forensics 深入分析原始证据的方法

项目说明

在项目 1 的案例中，某公司主管 Alice 怀疑原部门经理 Adam 对公司有侵权行为，因此委托计算机取证调查人员 Tom 进行调查。Tom 通过对案件的初步调查和取证，获得了 Adam 的办公计算机磁盘的取证镜像备份，并封存了该磁盘。Tom 如何利用已经获得的原始证据进行深入的计算机取证调查的分析呢？

项目任务

Tom 考虑到不同的计算机取证分析工具有着不同的侧重点和优势，因此决定利用两种目前较为流行的计算机取证分析工具（EnCase Forensic 和 X-Ways Forensics）对原始证据进行深入分析。鉴于此，Tom 应当完成两个任务：

1．利用 EnCase Forensic 对原始证据进行深入分析；

2．利用 X-Ways Forensics 对原始证据进行深入分析。

基础知识

4.1 电子证据司法鉴定的程序

电子证据鉴定是近年来新兴的取证方式之一，同时也是一种新型的司法科学鉴定。电子证据鉴定在我国司法实践中的作用日益突出，一方面，通过电子证据鉴定，司法实践中与复杂的电子证据相关的很多专门性问题得到了很好的解决；另一方面，通过电子证据鉴定产生的鉴定结论作为我国法定证据形式之一，在整个诉讼活动中发挥了重要的证明作用。

4.1.1 电子证据司法鉴定的含义

电子证据司法鉴定是由专门鉴定机构的鉴定人或具有专门知识的人，对计算机设备、通信设备、网络设备、数控设备、视听设备、广电设备等各种存储介质及其所存储的数据，按照一定的技术规程，运用专业知识、特定仪器设备和技术方法，进行检查、验证、发现、提取、解释、分析、鉴别、判定并出具鉴定结论的过程。电子证据司法鉴定的主体是专门的鉴定人或具有专门知识的人，需要具备进行电子证据鉴定的资质和能力；鉴定对象是计算机设备等各类存储介质和所存储的数据。

电子技术和电子设备体现出的电子性是电子证据司法鉴定区别于其他司法鉴定的重要特点。电子证据司法鉴定需要依托电子技术、信息技术等相关方面的专业知识和科学原理才能进行，同时，具体的电子证据司法鉴定受理后还要经过检查、验证、发现、提取、解释、分析、鉴别、判定等一系列鉴定过程，最后出具鉴定结论。

4.1.2 电子证据司法鉴定的程序

电子证据司法鉴定作为司法鉴定的一种类型，应当遵循一定的司法流程。目前我国电子证据司法鉴定遵循的基本程序如下：

（1）委托受理

电子证据司法鉴定的委托由电子证据鉴定机构统一受理。鉴定机构接到电子证据司法鉴定委托后，首先应当进行审查。审查的内容包括以下几个方面：

1）委托主体和有关手续是否符合相关要求。

2）审查鉴定目的和鉴定要求是否明确、是否符合鉴定范围。

3）核对送检材料的情况是否与委托鉴定检材清单记载的情况相符。

4）审查送检电子证据的相关记录是否齐全、内容是否完整一致。

5）初步审查送检材料是否具备鉴定条件。

6）如有必要，可以听取送检人介绍有关案情。

对于符合受理条件的，电子证据鉴定机构受理电子证据司法鉴定委托后，应当填写委托受理登记表，并向委托单位或者委托人提供该表的复印件。对于不符合受理条件的，可以不予受理，退回鉴定材料并以书面形式向委托人说明理由。鉴定机构收到检材后应当当场密封，由送检人、接受人在密封材料上签名或者盖章，并制作封存和使用记录。

（2）鉴定实施

电子证据司法鉴定应该遵循相关的程序规范和操作规则。在实施鉴定过程中需要注意以下几个问题：

1）电子证据鉴定应当由两名以上鉴定人员参加。必要时，可以指派或者聘请具有专门知识的其他人员在鉴定人员的主持下协助鉴定。

2）电子证据鉴定应该在规定的时间内完成并出具鉴定文书等。

3）电子证据鉴定的具体实施过程可能因不同的鉴定业务和鉴定要求而有很大差别，但是，对于其中一些共性的要求和做法应当抽象出来通过法律予以规范。

4）鉴定人员应当采取技术措施，在鉴定的各环节对检材严格、安全保管，防止检材在保管、使用、移送等环节出现损毁、丢失、数据改变等影响诉讼活动进行的问题。

5）如果检验分析可能对原始存储媒介和电子设备中的数据进行修改的，电子数据鉴定机构应当在《原始证据使用、封存记录》中注明。

（3）出具鉴定文书

鉴定结束后，鉴定人员应当针对鉴定要求，得出鉴定结论或者鉴定意见并制作《电子证据鉴定书》，并且鉴定书应符合鉴定书制作的相应规范和要求。《电子证据鉴定书》必须由鉴定人员按鉴定文书格式的要求制作并打印成正式文书。至少由两名以上电子证据鉴定人在末页上签名，有专业技术职称的应当注明技术职称，并在检验鉴定书的首页文号处加盖“鉴定专用章”。

（4）返还送检物品

鉴定结束后，电子证据鉴定机构应当将委托人提供的检材及相关资料退还委托人，并将《电子证据鉴定书》与鉴定过程中制作的各种封存、使用和工作记录的复印件一并交给委托人存档备查。

4.2　电子证据保全的程序

4.2.1　电子证据保全的含义

证据保全，即证据的固定和保管，是指用一定的形式将证据固定下来，加以妥善保管，以便司法人员或律师分析、认定案件事实时使用。从证据保全的定义可见，证据保全的关键是“固定”和“保管”。

电子证据保全是指用一定的形式将电子证据固定下来，并妥善保管，以便司法人员或律师分析、认定案件事实时使用。电子证据作为一种新的证据形态，其保全应当符合证据保全的一般原则和要求。电子证据保全应当对电子证据进行固定并加以妥善保管，以保护电子证据在诉讼活动中的价值。可见，在保全的目的和价值上，电子证据保全与传统证据保全是相同的。

然而，电子证据保全与传统证据保全又存在着一些明显的差异，尤其体现在保全技术、保全方法与保全措施等方面。电子证据保全的特点集中表现为，其保全必须借助现代信息技术及必要设备。借助现代信息技术及必要设备进行电子证据保全，就要遵循一定的步骤、程序和规则。电子证据保全在保全执行人员、保全环境等方面的要求也更为严格、苛刻。比如，参与电子证据保全的执行人员应当具备一定的专业技术知识；根据电子证据的载体特性要求保全时应当防磁、防电、防震等。

电子证据保全的分类，与传统证据保全相比，既有相同之处也有其独特之处。电子证据保全可按照以下方式分类：

（1）根据诉讼领域不同，可分为刑事诉讼中的电子证据保全、民事诉讼中的电子证据保全、行政诉讼中的电子证据保全；

（2）根据保全主体不同，可分为由公安机关、检察机关、人民法院、公证机构等职权机关进行的电子证据保全和当事人自行进行的电子证据保全；

（3）根据电子证据保全发生的时间不同，还可分为诉讼中的电子证据保全和诉讼前的电子证据保全。

电子证据保全根据保全方法的不同，可分为常规方法保全和特别方法保全。电子证据的常规保全方法有勘验、扣押、调取、复制等。采用常规方法保全时，一般需要根据电子证据的特性进行必要的改进。电子证据的特别保全方法主要有网络保全、技术扣押、电子档案管理等。

4.2.2 电子证据保全的程序

电子证据保全的一般程序与传统证据保全是大体相同的，最主要的区别在于保全实施的措施和方法。

（1）电子证据保全的启动主体和启动方式

电子证据保全程序的启动主体是诉讼参加人和人民法院。在知识产权领域，启动主体可以是商标注册人、著作权人或者利害关系人。

电子证据保全的启动方式有两种：依申请启动和依职权启动。虽然在实务中法院极少依职权主动实施证据保全，但是依职权启动证据保全这一方式仍然有存活的空间。

（2）电子证据保全的实质条件和申请要件

电子证据保全的实质条件是证据“可能灭失”或者“以后难以取得”。此外，申请电子证据保全还应当满足关联性要求，即申请保全的电子证据对于待证事实具有证明作用。

申请证据保全应当提供书面申请，同时载明请求保全的证据、该证据与案件事实的关联、申请的理由以及证据收集、调取的有关线索等事项。且申请证据保全的时间不得迟于举证期限届满前七日。

（3）电子证据保全的管辖

我国《民事诉讼法》及相关司法解释没有明确规定证据保全的管辖法院。国内学者大多认为，起诉后证据保全的管辖法院一般是案件受理法院。保全证据的申请在起诉后提起的，应向受诉法院提出。当诉讼系属于第一审时，向一审法院提起；当诉讼系属于第二审时，则应向二审法院提出。至于其诉讼已在一审辩论终结尚未上诉于二审时，仍应向一审法院提出申请，这是因为此时该案件尚未系属于二审法院的缘故。

（4）电子证据保全申请的审查

法院对证据保全申请的审查主要是对当事人申请证据保全的合法性和必要性进行审查。合法性的审查内容主要是证据保全的实质要件和形式要件是否符合相关的法律规定以及该法院是否拥有管辖权。必要性的审查内容主要是是否可能发生灭失或以后难以取得的情形。此外，还要对证据保全的担保和费用做出处理。

（5）电子证据保全的程序原则

电子证据保全的关键在于固定和保管，合理、科学的固定方法和保管措施是保全后电子证据的真实性得以确信及认可的前提基础和重要保障，被保全电子证据的真实性应当能经得起法庭的质疑。实施电子证据保全除了要满足合法性要求以外，还应当遵循以下三个程序原则：

1）双重固定原则，即电子证据保全应当从其依附设备和数据流两方面进行；

2）无损固定原则，即应该尽可能精确地、无变化地固定电子证据，包括附属信息和环境信息；

3）全面固定原则，即应该尽可能全面收集并固定电子证据的所有相关信息。

4.3 调查取证报告

4.3.1 调查取证报告的重要性

调查取证人员通过对调查取证报告的书写来传达计算机取证审查或调查的结果。报告需在法庭或行政预审会上提出证据作为证词，除了陈述事实之外，报告也可表明专家的意见。

对于涉及计算机取证调查的案件，尽管报告的要求各地区在具体细节上不尽相同。但是作为一件民事案的计算机取证调查人员，必须利用自己书写的调查取证报告来解释取证调查工作的过程、方法和发现。报告必须包括所有的意见、根据和达成意见所需考虑的所有信息。报告也必须包括相应的展示，例如照片或者图表以及证人（取证调查人员）的简历，通常简历中需要列出证人近年所从事的计算机取证调查和鉴定的工作。

如果报告涉及专家服务，那么除了意见和展示之外，书面报告中还必须列出专家近年来服务过的其他民事和刑事案件，并且在这些案件中此专家在审判或笔录证词中作为专家作证。

虽然各国或不同性质的案件对计算机取证报告的要求不尽相同，但是有一点却都是一样的，即调查人员书写的报告一定要明确。调查员应该详细说明调查的目的和任务。报告中开始就应该表明任务和目的，并且明确表明在哪些取证和鉴定对象上寻找信息，涉及哪些重要文档，这些文件的类型是什么，有什么样的确切时间信息（如文件创建、修改、访问、删除等的时间）。在报告中明确表明调查的目的将大大减少对报告的审查时间和花费。

调查人员在书写取证调查报告之前，应首先确立报告的读者以及报告的目的。如果报告的读者只有少量的计算机技术知识，那么可能不得不在报告中对一些基本技术问题进行解释。通常在书写报告之前和之后，取证调查人员应当预估在出庭作证时可能会遇到的困难从而对报告进行重新的考虑和修改，例如报告是否足够清晰、对案件事实的证明是否足够准确等。例如，当在报告中使用一个专业词语或术语时，显然需要考虑报告的面向对象可能是非专业人士，他们很可能不能理解这个术语的含义，这个术语是否可以采用常用词语来替代，如果无法替代而又必须使用，那么应当怎样进行简短而清晰的解释。另外，取证调查人员如果需要在法庭陈述报告时，必须了解这样的陈述是有时间限制的，而这个限制最终由法官决定，因此在书写报告时也应当尽量的简明。

取证调查人员在书写报告时应当特别注意细节，仔细检查所写的报告和支撑报告的资料和文件。在书写报告时应采用一种自然语言的形式书写，描述调查人员自己时通常应使用第一人称而不要采用第三人称，并且还要注意报告中语句的用法、语法以及拼写恰当，并且报告中也应该包括调查人员的简历。

取证调查人员必须明白书面形式的调查报告是一种高风险的文档，如果调查人员成为了一位公开的专家证人，对方的辩护律师就会仔细研读调查报告，并希望从中发现有利之处。在出庭作证时针对调查报告和调查者本人将会出现各种质辩和讯问。如果在报告中，调查人员确立了一个相对于最终结论或证词相反或不明确的立场，对方辩护律师就会用这份报告来质疑调查人员证词的可信度。

在书写调查报告时，应注意一些词语的使用可能带来的讯问和质辩“陷阱”，例如不要使用“初步附件”、“草案附件”、“工作草案”或者相似的词语。这些词语恰恰给对方辩护律师提供了攻击调查工作可信度的弱点。调查取证人员特别注意不要在报告相关的重大发现或本案的最终结论得出以前，写一份书面的取证报告并提交，然后又在后续调查后去推翻已经提交的书面报告。推翻报告可能会被认为破坏或隐瞒证据。

在书写报告前应当总结已经完成的工作。确定曾检查的系统，使用过什么工具，曾获取了什么信息，对证据做过怎样的保存和保护措施，并且总结调查工作所费时间和评估完成工作所付出的代价，得出什么结论（不是初步结论），以及是否需要进一步扩大调查的范围等。

4.3.2 取证报告的书写准则

作为计算机取证调查人员或者作为一个计算机鉴定的专家证人，如果能够满足以下四个基本条件，那么其观点或结论往往是具有较强的说服力的：

- 其观点、推论或结论是基于计算机相关领域的专业知识、技术或培训而来的，而不是来自一般证人的普通经验；

- 能够证明自己在计算机相关专业领域有资格作为一名真正的专家（这也是在报告中需要说明调查者简历的原因）；
- 专家证人必须符合逻辑地证明其观点、推论或结论的正确度；
- 专家证人通常必须能描述出支撑其观点、推论或结论的数据事实。

（1）报告结构

由于组织原则或案件要求不同，取证调查或鉴定报告的结构会有差异，但一份报告通常应包含摘要、总结、目录、正文、结论、参考资料、集注（词汇表、术语或专门词语汇编）、致谢、附录等重要部分。

根据报告的目的可适当地调整各个部分，每个部分都有特定的作用。应当使报告的阅读者第一眼就能从各部分的标题得知报告在讨论什么，因此要确保标题能表明报告重要的观点。（例如报告正文可以有这样一个标题："调查发现 ABC 科技有限公司客户资料被盗"）。

如果报告偏长而且内容较为复杂，那么应该提供一个摘要。由于看摘要的人比看整篇报告的人多，因此为报告写的摘要也是非常重要的。摘要、总结和目录能给读者一个报告总的概况和各部分标题的列表，使读者能够快速地看到报告所包含的观点并决定审阅哪些需要的内容。摘要是报告的浓缩，是将整个报告的观点集中到最为重要的信息上。摘要不应是目录中各项目的简单列举，而应描述审查或调查并用一种概括的方式提出报告主要的观点。另外，摘要通常应当在整个报告完成后再写。

正文由前言和其他各部分组成。前言表明报告的目的并通常列出专业术语表。在正文中也应客观陈述所用取证分析方法以及该方法的优势和缺陷，并告知报告的构建结构。

在报告的前言部分说明为什么写这篇报告也是很重要的，因此报告中要回答"难题是什么"这个问题。对于报告中表达的观点，应该在前言中给读者一个大概的印象。精心仔细地写好前言，确定按逻辑叙述信息的顺序，并写进相关的事实、观点、理论以及其他人所作的相关研究，根据标题按逻辑组织好各个组成部分，从而反映出在调查中是怎样分类信息并确保信息与调查相关联的。

报告的其他两个重要部分是总结和支撑材料（参考文献和附录）。总结开始就要给出报告的目的，陈述关键点，得出结论，也可以表达自己的看法。参考文献和附录就是列出报告所涉及的资料。要遵循参考文献格式的准则。

（2）报告应简明扼要

在书写一份报告时，调查者必须分析评估写作的质量，考虑以下的标准，以便保证报告足够明确简洁：

- 沟通的质量：报告是否容易读懂。
- 路和组织：报告中的信息是否相关且被清晰地组织。
- 法和单词：报告中（特别是摘要和结论中）的语言是否直截了当，意思是否清楚，各节内容是否重复；关键的技术术语使用要前后一致。对同一事物使用不同的单词表达可能会引起许多问题。

● 拼写质量：报告中拼写是否准确连贯，对外文的引用是否有拼写错误。

报告的写作就是对调查过程和结论的思考和总结，因此一篇按逻辑顺序表明观点的报告会使逻辑思考更容易。句子紧凑，通篇建立论据。集合相连的观点和句子成段落，再由各段落组成各部分。报告从头到尾应连贯流畅，符合语法、拼写正确避免书写错误，不用隐语、俚语、口语。必须要用专业术语时，应用平常的语言详细地解释它们。解释未曾作为标准公认词组的首字母缩写词和缩写也是十分重要的，如果常用缩写有误解的可能，也应解释或用全写。必须假设报告的读者没有接受计算机相关专业技术的培训，因此在报告书写过程中要反复询问自己，现在所写的内容是否足够浅显易懂。

（3）考虑写作的风格

报告写作风格是指对读者使用语言的语调。避免使用重复和意思含糊的语言，仅仅重复有必要重复的内容（比如关键词或专业术语）。写作要简洁但必须明确，不应过于笼统，避免列举太多的详情和个人观察。大部分报告都是陈述调查人员做了什么，因此就要尽量使用表示过去的语气（例如我们获取了……、分析了……、恢复了……等）。

在写作风格上最后要注意的是事物的客观性。在报告中调查人员必须陈述平静和独立的观察过程和结论，并且体现调查的全面性，避免仅仅按照某些人或某些证物来考虑问题。另外在书写报告时应反复提醒自己，调查工作的目的不是仅仅为了赢得这件案子，因而除了反映事实真相和调查的客观全面以及调查者的诚实之外不必支持任何其他的内容。

（4）设计报告的编排和陈述

设计好报告的编排和陈述应包括从报告的题目和每部分的标题到准确的拼写。报告的编排过程中必须考虑读者的想法以及怎样使读者对报告感兴趣，因此要确保报告的编排合乎常规和逻辑。

在报告书写的编排时，如果选择了各部分的编排方式，那么整篇报告从头到尾都应严格采用这一方式来进行。

例如，使用十进制数字编排的报告通常把文章分成几个部分，使用这种十进制结构，读者只要浏览各标题就能理解报告的各部分是怎样联系起来的。

（5）报告中的图表

在报告中常常使用图示、表格、数据和公式等资料去帮助报告的表述和展开直接引证的资料，且使写入报告中的各个点保持完整。当使用图示和表格时要有顺序编号（例如图 1、图 2；表 1、表 2 等）。

图表的说明文字应提供一定的描述性信息，不能够仅仅只是一个简单的标题。在诸如饼状图这样的统计图示中要包括图中所有部分的说明，并且在图上要标注每个部分。

（6）报告格式的一致性

报告中，格式一致性要比格式准确性更为重要。例如，如果采用首行缩进两个字符这样的段落格式，就要保证所有段落都采用这个格式。在报告中使用的正文字体要一致，各级标题的格式也要一致，对于某些单位的表示方法应严格保持一致（例如，若采用“米/秒”来表示速度，就不能在其他部分又采用“m/s”来表示）。

（7）解释方法

在报告中，应当时刻围绕报告的目的有逻辑性地阐述调查和鉴定人员是怎样研究案件中的问题的。如果调查中使用了某些专业的方法，那么在报告中应当尽量简明地对这种方法进行解释，并给出方法的参考文献。

例如在大部分计算机取证调查的案件中，一个调查员在计算机取证中通常完成一些 Hash 函数的计算。这时通常需要在报告中对这一方法进行简要的说明。例如使用 MD5 函数，就必须要给其命名（例如“信息数字摘要 MD5”），并解释 MD5 函数是用来做什么的，并且为了证明这种方法或工具的有效性和客观性，还需要列出这种方法的权威和详细介绍的参考文献。

（8）解释结果和做出结论

在报告中应对调查鉴定的各种结果进行客观、易懂和简明的解释。在结论中应围绕整篇报告的目的来探讨调查中所发现的信息的重要性，并分析关于调查中的问题，调查后已经知道（或不知道）了什么，以及这些都意味着什么。结论部分应简洁且能把握要点。

（9）提供参考文献

写报告时，调查人员必须列举出在调查和鉴定过程中曾使用过的资料作为参考，因此通常在报告中应包含参考文献，并在参考文献中写出文献的年份、作者、出处、页码等信息。在参考文献部分，通常要按照字母的顺序列出在报告中所引用的人和出版物。提供足够多的详情以便于其他人能准确查看到信息。在列出参考文献时应使用统一的标准格式。

（10）使用附录

如果必要，在报告的最后可以写一个或多个附录，附录可包含报告正文中不曾使用过的原始数据图表，也可包括一些数据的展示。通常应当以报告中涉及的先后顺序来列出附录的内容。

项目分析

在本章的案例中，计算机取证调查人员 Tom 得到委托授权对某公司部门经理 Adam 的办公计算机进行计算机取证调查，Tom 通过对案件的外围调查和取证的准备以及现场的取证工作，已经获取了调查所需的原始证据，即 Adam 办公计算机的硬盘，以及该磁盘的两份取证镜像。

为了对这些原始证据进行深入的分析，从而获取具体的证据，以便为撰写取证报告做准备，Tom 需要利用取证实验室的分析工具进行具体的分析。目前常用的取证分析软件有运行在 Windows 环境的 EnCase Forensic、Forensic Toolkit（FTK）、X-Ways Forensics，运行于 Linux 环境的 SMART 以及运行于 MacOS 环境的 MacForensicsLab 等，这些取证分析工具各有特点和优势，均可以分析来自各种常用文件系统的原始证据和取证镜像。由于取证实验室计算机安装的是 Win7 操作系统环境，并且考虑到充分调查的需要，因此 Tom 决定采用 EnCase Forensic 和 X-Ways Forensics 两种分析工具对已获取的原始证据取证镜像进行深入分析。

项目实施

4.4 任务一：利用 EnCase Forensic 进行分析

EnCase Forensic（以下简称 EnCase）是目前使用最为广泛的计算机取证工具，被国内多数执法部门使用。虽然版本一直在更新，功能（特别是对大数据的搜索功能）越来越强大，但是其基本界面和操作没有太大的变化。并且不少资深取证分析师为 EnCase 开发了针对不同目的的应用脚本。本任务以 EnCase 4.20 为例介绍 EnCase 的基本使用方法。当 Tom 获取了 Adam 办公计算机硬盘的取证备份，回到自己的取证分析工作室后，就要利用该软件工具进行分析。

4.4.1 创建新案件并添加证据磁盘

Tom 首先在 EnCase 菜单使用 File→New...创建一个新案件，并在弹出的对话框中填入案件编号、调查者、本案件默认输出目录以及本案件默认临时文件目录（如果 Tom 需要使用外部软件查看文件，文件就会复制或恢复到临时目录中，案件关闭时，EnCase 会自动删除临时目录中的内容），如图 4.1 所示。

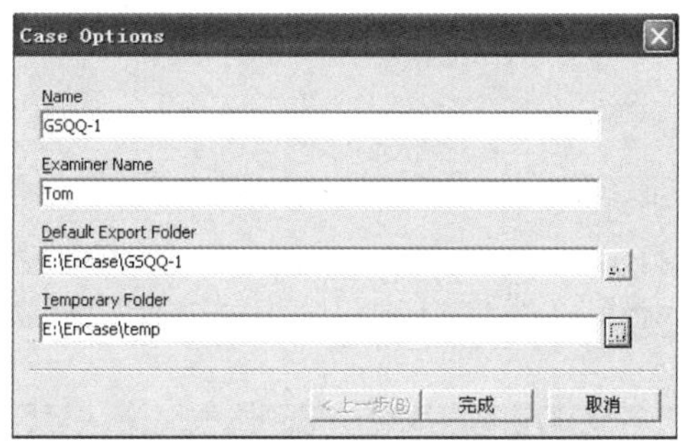

图 4.1　EnCase 创建新案件对话框

在向一个案件添加证据文件之前，调查员必须知道证据文件是在本地还是在局域网的别的计算机中。假设 Tom 已经将证据文件拷贝到本地，于是打开 EnCase 菜单使用 File→Add Device...，在随之弹出的添加证据对话框中右击左边 Devices 目录树的“Evidence Files”目录，在弹出选项中选择 New...，如图 4.2 所示。

选择本地的证据文件存储目录“Adam Image”，确定后添加证据对话框中出现该目录，且在右边栏中出现证据取证镜像文件“Adam_1”，选择该文件并点击“下一步”按钮，如图 4.3 所示。

在随后出现的设备选择对话框的右边栏中选择该镜像设备，并点击“下一步”，如图 4.4 所示。

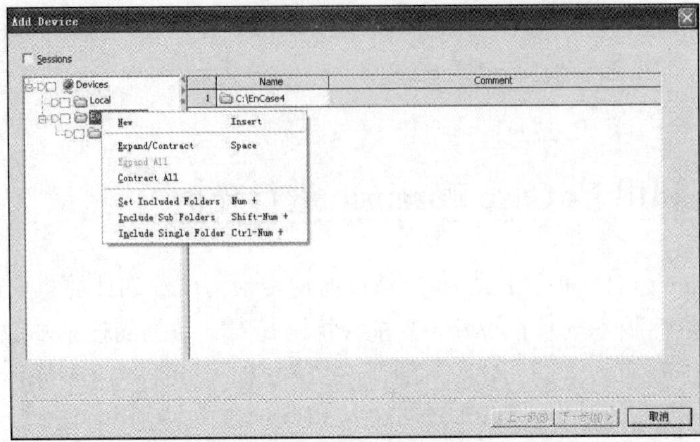

图 4.2　EnCase 添加证据文件（设备）对话框

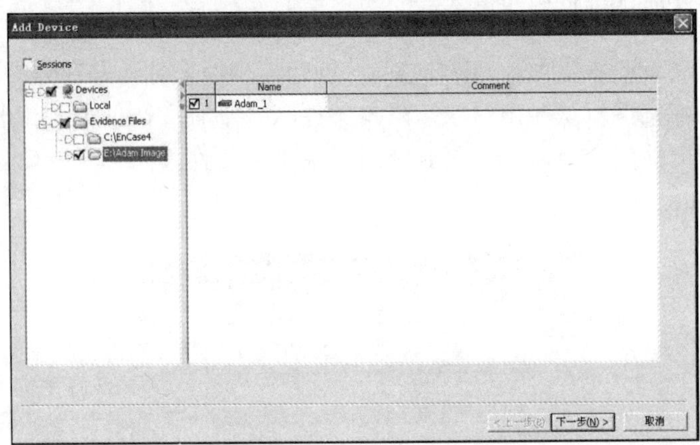

图 4.3　加载了证据存储目录的添加证据文件（设备）对话框

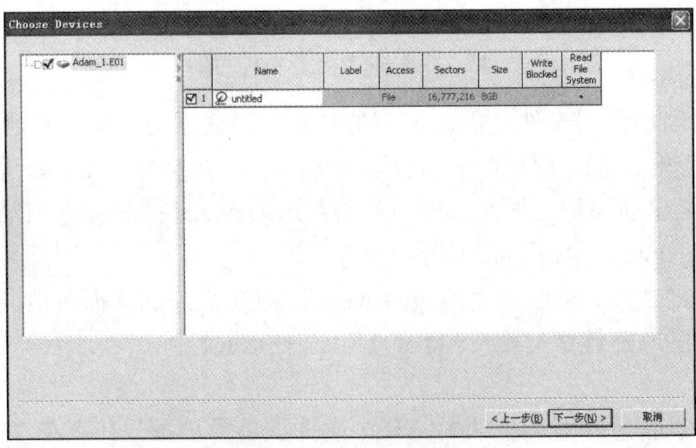

图 4.4　设备选择对话框

在随后出现的确认对话框中点击“完成”按钮，将证据镜像添加到案件中，如图 4.5 所示。

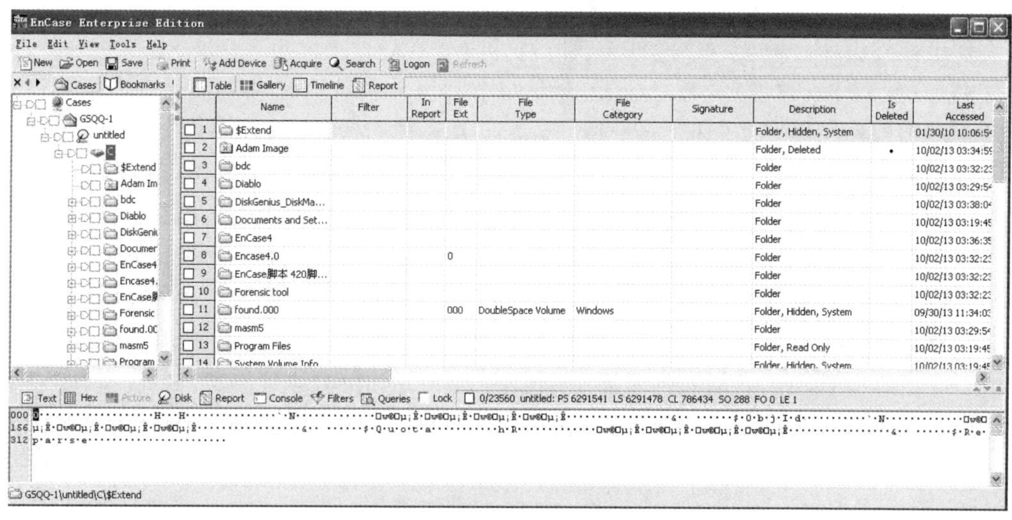

图 4.5　加载证据镜像到案件中

在添加证据时可能会遇到一些出错的情况，以下是几种典型的出错消息：

（1）无法找到 E02 或 Exx（xx 代表一个数字）

只有同时装配证据的所有证据文件“块”，EnCase 才能添加一个证据文件。通常应将同一个磁盘取证镜像的所有文件复制到同一目录中，如果这些文件没有和第一个文件一样被放在同一个文件夹中，EnCase 将弹出对话框寻找其他剩余部分的位置。

（2）检查文件（证据文件名）校验和错误

这表明存有证据文件的介质无故损坏。此错误通常是由于该证据文件头受损，EnCase 无法识别并在添加案件时拒绝。要修复这种问题需要取出在现场取证时制作的另一个相同的镜像来加载（加载前应至少再制作一份备份）。

（3）无法读取从绝对扇区开始的 64 个扇区

该错误信息通常表明证据文件目录结构中的一个文件指针指向 EnCase 无法获取的磁盘区域。这是 BIOS 错误报告磁盘物理容量而导致的故障。一种检查 BIOS 是否错报磁盘容量的方法是进入 EnCase 报告并检查驱动器的扇区结构。看看扇区的总容量，检查报告中的分区表，会发现不同的分区和每一分区的扇区大小。每个分区扇区大小的总和应该等于扇区的总容量。如果不是，那么就表明 BIOS 读错了硬盘驱动器的结构参数。解决方法是在装有主体硬盘驱动器的计算机中输入 Cylinders-Heads-Sectors（CHS）信息，然后重新获取整个驱动器。不要让 BIOS 自动检测 CHS 信息。

另一种可能是存储计算机的 BIOS 不支持超过 8 位的硬盘驱动器。如果主体计算机的 BIOS 支持而存储计算机的 BIOS 不支持，那么就可能存在这个问题。

如果 CHS 信息正确，却仍收到该错误信息，就说明 EnCase 正在解释的信息已被破坏，使得文件指针指向不存在的区域。点击 OK 按钮越过错误消息并检查证据文件。

（4）文件（某文件名称）中出现解压错误

文件可能被破坏，解决方法是重新获取目标驱动器。

（5）添加证据文件的时候 EnCase 好像被“冻结”了（任务管理器显示 EnCase“没有响应”）

通常向案件添加证据文件很少会导致 EnCase 真正被“冻结”或“中止”。这种可疑的“冻结”常常在证据文件特别大时发生，也有可能是镜像中的磁盘文件格式非 Windows 格式（例如是 Linux 的 EXTx 格式），或镜像中很多被删除的文件要被恢复，或证据文件含有大量密集的图形。此时 EnCase 并不是真正冻结，而是在做大量的运算，需耐心等待。

EnCase 可以添加“原始映像文件”（例如.dd 镜像）。磁盘介质的原始映像文件采用的是平面文件格式。在 EnCase 中添加原始映像文件时，采用菜单中的 File→Add Raw Image 功能。

将一个证据文件添加到新案件中后，EnCase 将会开始校验该证据文件的完整性。EnCase 读位于该证据内部的数据并生成内部数据的 MD5。EnCase 窗口右下角会出现一个闪烁的蓝色工具条显示正在校验（双击闪烁的校验工具条可取消校验）。只有在校验程序结束后保存了案件，EnCase 才会保存该证据文件的校验。如果案件没有保存就退出了，那么以后每次载入该证据文件时校验程序都会启动。在校验完成后取证调查人员选择保存案件，EnCase 将在报告中显示确认信息和获得的 MD5 散列值。

4.4.2 EnCase 界面简介

EnCase 具有功能较强的综合取证分析界面。在典型的 EnCase 案件标签视图中，每个案件都包含在 Cases 标签下的一个案件文件夹里，可以同时打开多个案件。在案件中可以显示的标签视图有驱动器、书签、文件签名、文件类型、关键词等。可以点击工具栏中的“视图”按钮，下拉菜单中选择需要使用的标签清单。要关闭这些标签视图时，可以点击标签和“标签”栏左边的“×”。

（1）“所有文件”选中按钮

“所有文件”选中按钮是界面左边目录树栏复选框旁的多边形，被选中时按钮变为绿色。选中后右边视图里显示左边所选文件夹或介质中所有文件。也就是说，如果点击 EnCase 中任意文件夹的“所有文件”按钮（且列表视图是活动的），那么就可以在右边列表视图里查看该文件夹中的所有文件（包含子文件夹），如图 4.6 所示。标签（案件标签、书签标签和驱动器标签等）和视图（桌面视图、图库视图、时间线视图和报告视图）都可以激活“所有文件”按钮。

（2）案件（Cases）标签视图

Tom 可以通过选择 View→Cases 进入案件标签视图。在案件标签视图中，可运用类似 Windows 资源管理器的界面浏览证据文件。这样的视图使得操纵不同案件、不同证据文件、不同逻辑卷以及左边的不同目录成为可能。右边窗口中，显示出左边所选目标的所有文件夹和文件。如果右边一个文件是被选中（突出显示）的话，就可在下面的活动子标签里对该文件进行“预览”，如图 4.7 所示。

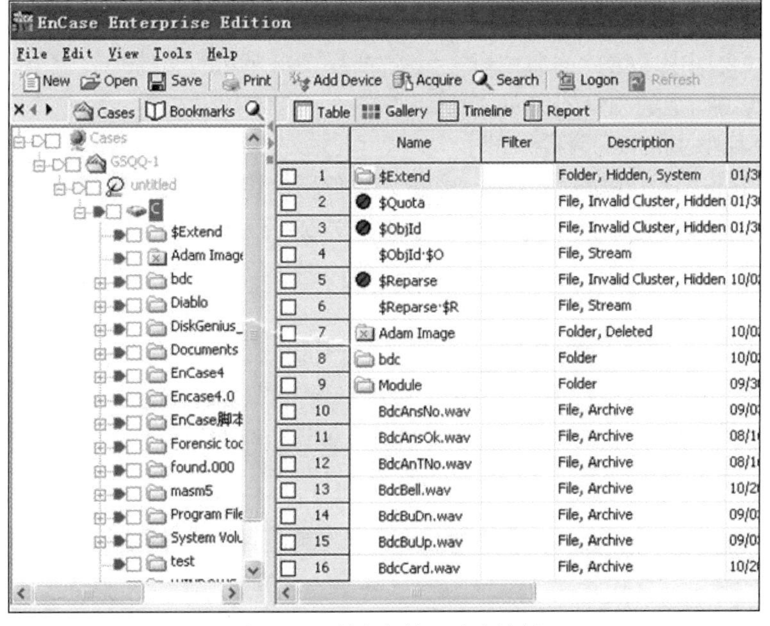

图 4.6　“所有文件”选中按钮

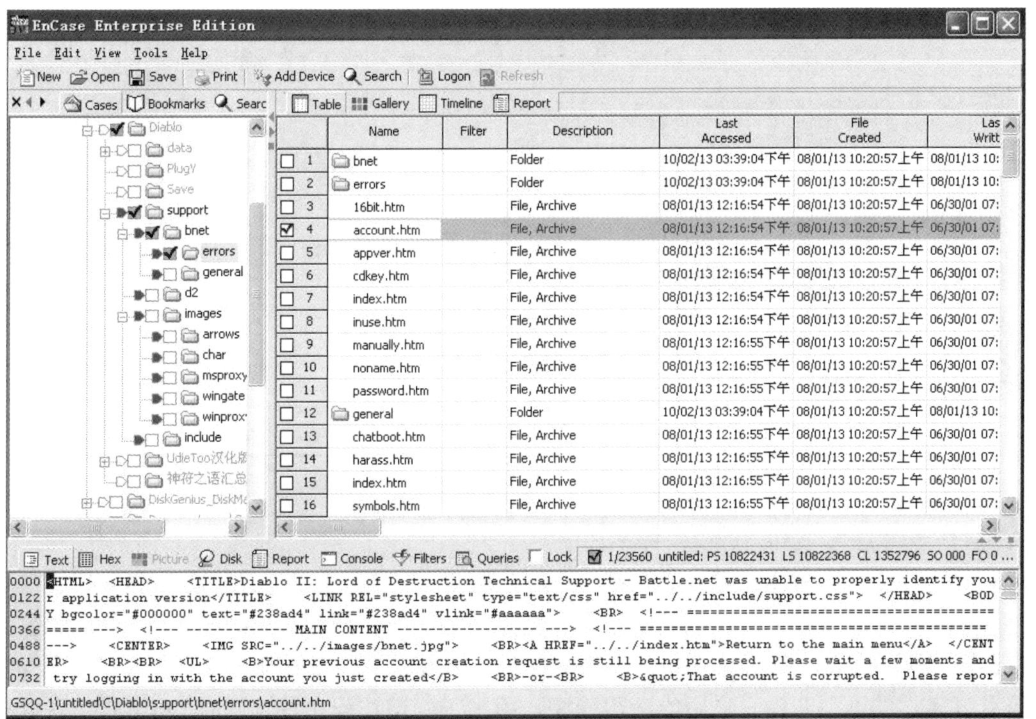

图 4.7　在案件标签视图中浏览文件

通过左边案件标签视图，可访问右边的文件列表视图、图片集视图、时间线视图和报告视图。在该案件视图中可执行的命令有：复制/恢复突出显示的文件到硬盘驱动器中、标记突出显示的文件或用指定的浏览器浏览文件。

（3）书签（Bookmarks）标签视图

Tom 可以通过选择 View→Bookmarks 进入案件标签视图。书签标签视图包含标记了的证据。Bookmarks 可以是被标记了的文件、图像、文本片段等。被标记的项目将被放在调查员 Tom 指定的文件夹中。书签标签可以在表格视图、图片集视图（被标记的映像）和时间线视图中显示。

（4）设备（Devices）标签视图

Tom 可通过选择 View→Devices 进入设备标签视图。设备标签包含有关原始证据介质获取的信息，例如证据采集注解、证据采集者姓名、采集和校验的散列值等。计算机磁盘的结构也能够从这个标签中进行简要浏览，如图 4.8 所示。

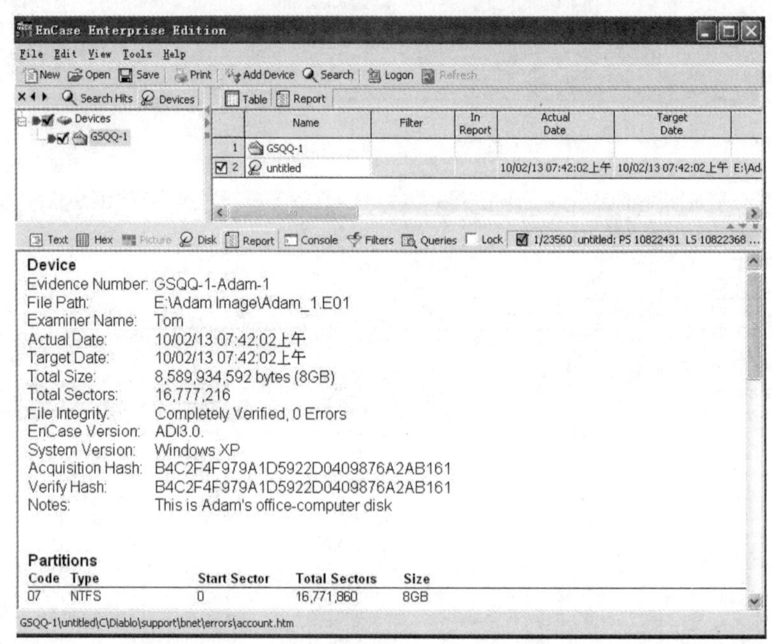

图 4.8　在设备标签视图中浏览采集信息

（5）文件类型（File Types）标签视图

Tom 可通过在菜单中选择 View→File Types 访问文件类型标签视图。文件类型标签视图包含关于所有文件类型以及与之相关的查看器信息，如图 4.9 所示。EnCase 允许用户浏览文件类型、添加文件类型、编辑文件类型、删除文件类型以及将文件查看器与文件类型匹配。EnCase 已经有许多文件类型匹配它适用的应用程序，用来正确地访问文件。同时 EnCase 允许调查员添加新的或未被 EnCase 识别的文件类型的查看器。

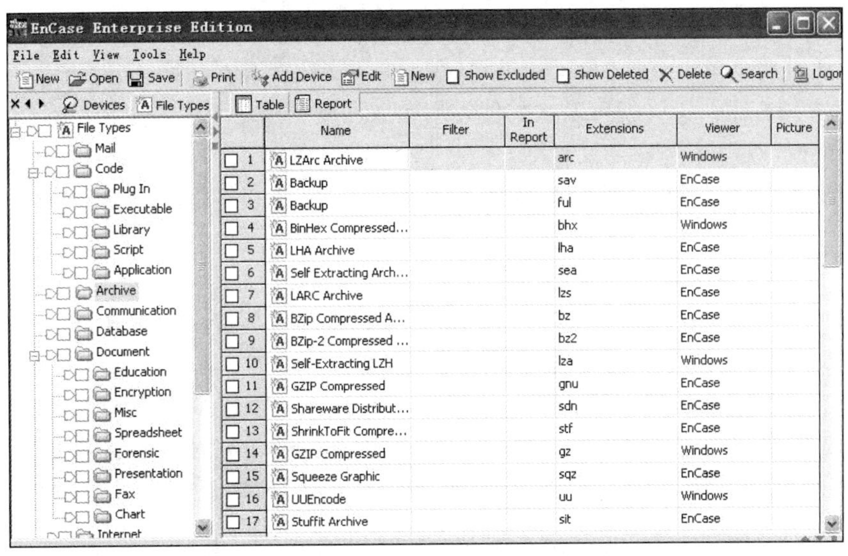

图 4.9　文件类型标签视图

（6）文件特征（File Signatures）标签视图

Tom 可通过在菜单中选择 View→File Signatures 访问文件特征标签视图。文件特征是与文件类型关联的唯一十六进制头特征。例如，一个工业标准 JPG 图片必须以这样一个十六进制头特征开始：\xFF\xD8\xFF[\xFE\xE0]\x00，如图 4.10 所示。通过这个标签视图，文件特征就可以被浏览、添加、编辑和删除。

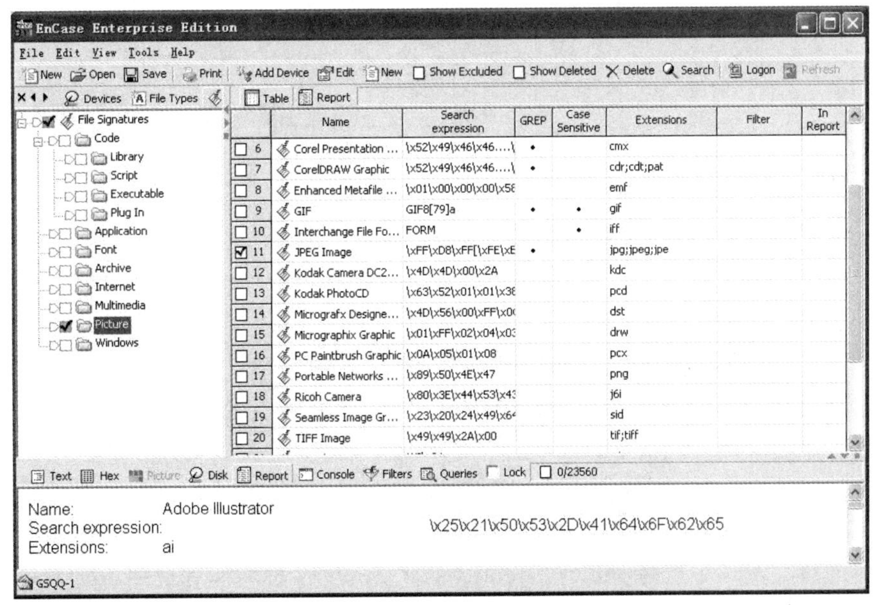

图 4.10　文件特征标签视图

（7）文件查看器（File Views）标签视图

Tom 可通过在菜单中选择 View→File Views 访问文件查看器标签。文件查看器是调查员在 EnCase 中建立的应用，这样就可以在文件类型和文件浏览器之间建立关联。EnCase 默认可浏览不同文件类型，如 JPG、TXT 文件等。但是，有相当一部分文件类型 EnCase 无法正确显示。调查员就需要在文件类型和文件查看器之间建立连接。通过这个标签，可以添加、编辑和删除文件查看器。

（8）关键词（Keywords）标签视图

Tom 可通过在菜单中选择 View→Keywords 访问关键词标签，如图 4.11 所示。关键词是取证调查人员用来搜索一个或多个案件中的感兴趣信息的条件。它们可以是单词、词组或十六进制的字符串。输入的关键词可区分大小写，以 GREP、Unicode、UTF7 和 UTF8 等格式输入。关键词被作为一个初始化文件保存在 EnCase 目录。关键词搜索同时执行逻辑搜索和物理搜索，即 EnCase 不但能从头到尾对每个条件逐个字节搜索，且可根据条件同时搜索每个逻辑文件。

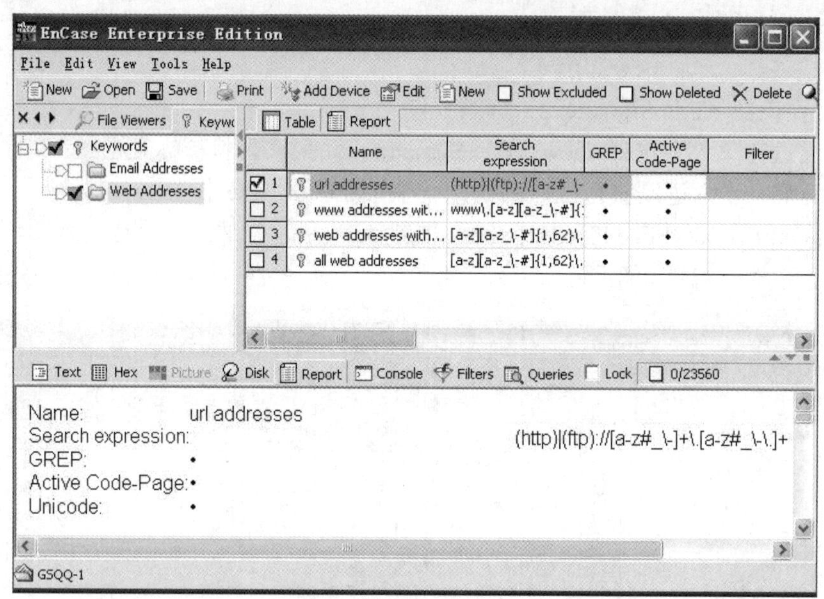

图 4.11　关键词标签视图

（9）搜索命中（Search Hits）标签视图

Tom 可通过在菜单中选择 View→Search Hits 访问搜索结果标签视图，搜索结果通过置于搜索结果标签中的关键词搜索生成。每个关键词都会导致在“搜索结果”标签下创建一个同名文件夹。关键词搜索结果则会被放置到相应的文件夹中。

（10）安全标识（Security IDs）标签视图

Tom 可通过在菜单中选择 View→Security IDs 访问安全标识标签视图，NTFS 文件系统上的每个文件和文件夹都有一个所有者、组以及一套权限。由于这个信息保存在 NTFS4 和 NTFS5

中的形式是不同的，因此 EnCase 从每个文件和文件夹提取出安全信息。另外 EnCase 还提取出 UNIX 系统和 Linux 系统上的所有者、组以及权限设置。EnCase 可以列出所有者、组以及由所有者或组编制的权限。例如可以列出一个来自“Documents and Settings”下的 Administrator 用户文件夹的典型的 NTFS 文件权限列表：

权限（“Permissions”）

所有者（Owner）:：S-1-5-32-544（管理员）

组（Group）：S-1-5-18

许可权限（Permissions Allowed）：S-1-5-21-329068152-854245398-1708537768-500（管理员）[完全控制][修改][可读&执行][可读][可写][同步]

许可权限（Permissions Allowed）：S-1-5-18[完全控制][修改][可读&执行][可读][可写][同步]

许可权限（Permissions Allowed）：S-1-5-32-544 （管理员组）[完全控制][修改][可读&执行][可读][可改][同步]

许可权限（Permissions Allowed）：S-1-5-21-329068152-854245398-1708537768-500（管理员）[Generic All] [Object Inherit ACE] [Container Inherit ACE] [Inherit only ACE]

许可权限（Permissions Allowed）：S-1-5-18 [Generic All] [Object Inherit ACE] [Container Inherit ACE] [Inherit only ACE]

许可权限（Permissions Allowed）：S-1-5-32-544（管理员组）[Generic All] [Object Inherit ACE] [Container Inherit ACE] [Inherit only ACE]

调查人员也可以列出单个文件的权限列表，例如一个来自“admin”下.bash_profile 文件的典型 UNIX 文件权限列表如下：

权限（Permissions）

所有者（Owner）：500

组（Group）：500

许可权限：所有者可读

许可权限：所有者可写

许可权限：同组用户可读

许可权限：其他用户可读

用户和组由一个编号系统来显示，这个编号就是安全标识符或 SID。在一个 NT 网络中，每个用户、组以及机器都有一个唯一的 SID。Win2000 等系统将这一信息存储到注册表中，EnCase 可自动在与其 SID 相关的报告中显示他的姓名。

但若一个未经本地存储到 Win2000 等系统上的新用户（该用户在网络文件服务器上有记录，因此允许他登录该客户机）登录到系统上，该客户机上就没有与其相关的安全 ID。EnCase 无法将其与一个安全标识相联系，因为他的安全标识在网络文件服务器上，而不是在本机。另外 UNIX 用户和组 IDs 不是唯一的，也不会自动与姓名相关联。若出现这种情况，调查人员通常预览或镜像网络文件服务器到客户机上，并经由服务器得到所有的用户安全标识。安全标识就可以在安全标识标签视图中输入，而这个新用户名也就被连接到其安全 ID 了。

安全标识标签里会默认创建三个文件夹：Windows、Nix（UNIX 和 Linux IDs）以及安全标识（Security IDs）。这些文件夹使得组织结构更有条理，不过每个文件夹都可包含任意类型的 ID。如果调查人员 Tom 需要创建一个新的安全标识（SID），可以右击目标文件夹并选择“New”会弹出一个对话框，列出姓名、SID、组、安全类型以及组成员，如图 4.12 所示。

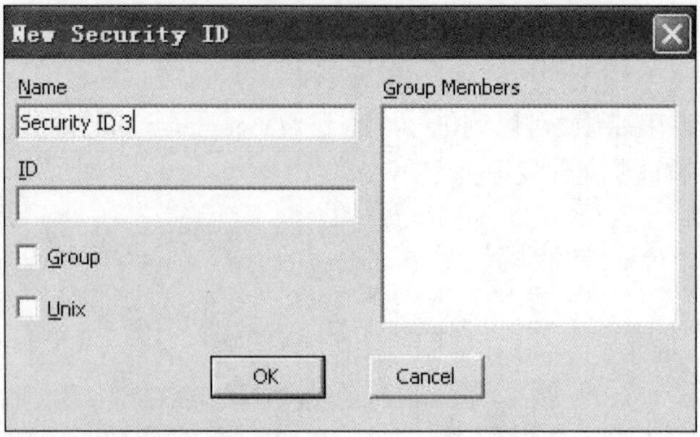

图 4.12　新增安全标识 SID 弹出框

其中：

- ID：用户希望解析的 SID。Windows 安全标识（SID）的格式是“S-x-x-x[-x-x-x-x]”，Nix SID 则是整数，如 1000；
- Name：包含发现关联 SID 时将被解析的姓名；
- Unix：复选框可表明定义何种类型的 SID，选中为 Nix，未选中则为 Windows；
- Group：是一个在 SID 属于 Nix 同时代表一个组时必须选择的复选框按钮，Nix IDs 不是唯一的，且用户 ID 和组 ID 可能相同；
- Group Members：可定义来帮助建立组织架构（主要针对 Nix）。点击鼠标右键，选择组成员框里的“New”来指定一个对应于当前安全 ID 的成员。

鉴于 SID 设置是在文件夹级被指派到卷的，因此调查人员通常会建立一个新文件夹以包含案件中每卷的设置。右击安全 ID 视图里的一个文件夹，选择“Associate Volumes…”来将被选文件夹中的安全 ID 与当前打开的卷相关联。

（11）文本样式（Text Styles）标签视图

Tom 可通过在菜单中选择 View→Text Styles 访问文本样式标签视图，文本样式是通过不同的设置，按照调查人员的要求浏览代码页，例如改变颜色和文本行长度等。EnCase 带有几种默认的文本样式，也可添加更多样式。可点击鼠标右键在快捷菜单里选择相应命令或点击工具条上的按钮来添加、编辑和从标签中删除文件样式。

（12）脚本（Scripts）标签视图

Tom 可通过在菜单中选择 View→Scripts 访问脚本标签视图，如图 4.13 所示，脚本标签视图可对 EnScript 进行复查和编码。EnScript 是被设计用来使取证过程自动化的小程序或宏。从搜索到创建书签再到将信息放入报告，EnScript 能访问并且操作 EnCase 界面上几乎所有的区域。EnScript 可以说是 EnCase 工具的高级应用，调查人员可将众多通用的取证调查操作（如搜索注册表关键字、初始化提取 Windows 系统环境信息、搜索日志文件关键信息等）按照脚本编写的格式在该标签视图中进行添加、编辑以及删除操作。

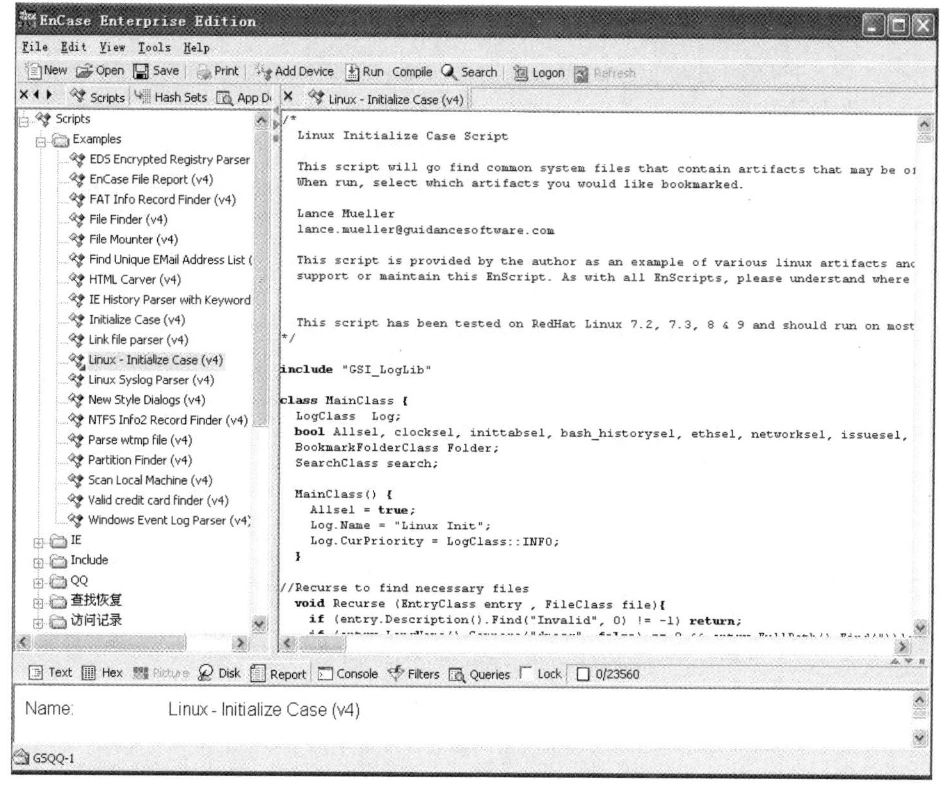

图 4.13　脚本标签视图

（13）EnScript 类型（EnScript Types）标签视图

Tom 可通过在菜单中选择 View→EnScript Types 访问 EnScript 类型标签视图，EnScript 类型标签是一个包含各种 EnScript 语言的参考源。右边的窗口依次显示每个函数的参数。

（14）列表视图

Tom 可通过选择右边视图栏上部的 Table 标签，使得右边栏中显示列表视图，在大多数的标签视图中，右边的视图栏默认采用列表视图的方式，如图 4.6 所示。列表视图包含特定项的所有属性。调查员可以根据任意可用的列来给文件排序。要根据某一列进行排序，可双击该列的标题。若要以多个列的方式组合排序，可按下 Shift 键并双击需要组合排序的列标题（最多可进行 5 重排序）。在列表视图里常用的命令有：复制/恢复、标记突出显示的文件或选择（选中为蓝色的）文件，或发送文件到指定的视图。

在列表视图中，通常含有文件名、文件扩展名、过滤器、文件创建时间等多种对内容特征的描述，具体如下：

- 文件名（Name）：文件名是证据文件中文件的名称。在文件旁有一个图标显示文件的状态。
  - ⊘：该文件已被删除，但可能被恢复。如果该文件类型有相关联的浏览器，用复制/恢复命令就可对其查看。文件名仍然完好，起始的头数据仍然存在。

> ✕：被删除文件的起始的头被覆盖，部分文件信息仍存在。EnCase将恢复所能恢复的数据。
> ⊘：一个不再存在的文件。文件名已被覆盖，起始簇指针已不存在。EnCase能够读出该文件的目录入口，但文件本身已丢失。EnCase仍会提供该文件的关键信息（如创建日期、最后访问和改写日期等），以及该文件名在文件系统中曾经存在的全部路径。
> ：该图标标识一个文件夹曾经以某个名字存在，但现在该文件夹下已没有文件信息。
> ：该图标标识文件硬连接，即超过一个文件名与同一个节点有连接。EnCase将把数据分离到名为“Hard Link Data #”的文件中。

- 过滤器（Filter）：过滤器列显示与该行中的文件相符的过滤器。例如，若一个双重过滤查询被执行，条件是“在2012年10月被访问的文件”和“大小超过500K的图片”，那么2012年10月被访问的文件会显示在一个过滤器显示器中，大小超过500K的图片会显示在另一个显示器中，而符合这两个条件的文件会在两个过滤器中都被打上勾。
- 文件扩展名（File Ext）：文件扩展名列显示文件的扩展名。如果一个文件被人为修改过扩展名（如一个JPG图片被重命名为Excel表格文件），该列就会报告修改后的扩展名，而不是真实扩展名。但文件头信息将仍被保持完整且在运行特征分析时调查人员会发现文件特征的不匹配。
- 文件类型（File Type）：该列显示文件为何种类型。最初EnCase从文件扩展名生成该信息。在调查员执行了文件特征分析后，该信息就由文件头所指示的文件特征来生成真正的文件类型。
- 文件特征（Signature）：特征列中按文件头显示文件，而不是按照文件扩展名。如果头和文件扩展名不“匹配”，调查人员就会在列中看到一个“！Bad Signature”的消息。特征列只在运行特征分析后显示。
- 描述（Description）：简短描述或说明文件名旁的图标。
- 是否已删除（Is Deleted）：如果文件被删除，但在回收箱中仍未被清空，那么此列中就会有一个日期和时间。
- 最后访问时间（Last Access）：显示最后访问某文件的日期。
- 文件创建时间（File Created）：特定文件被创建到某位置时的记录。
- 最后写入时间（Last Written）：显示某文件最近一次被打开、编辑并保存的日期和时间。如果一个文件被打开后没有修改，该列不会更新。
- 入口修改时间（Entry Modified）：修改的入口列与NTFS和Linux文件系统有关，它提供文件入口的指针以及该指针所包含的内容（例如文件的大小）。如果一个文件被改变但大小不变，那么修改的入口列不会改变；但如果文件大小改变那么该列将会改变。

- 逻辑大小（Logical Size）：指按字节计算一个文件的实际大小。
- 物理大小（Physical Size）：物理大小是文件的簇大小。例如在 Win98 SE 中，簇是 4096 字节，所以任何一个逻辑大小小于 4096 的文件通常物理大小是 4096 字节。
- 开始区域（Start Extend）：指案件中每个文件的起始簇。显示的格式是证据文件号、逻辑驱动器符，然后是簇编号。例如，一个文件的起始区域是 2E424803，表示该文件在第三个证据文件（从 0 开始计数），位于证据文件的逻辑驱动器 E 的第 424803 簇。
- 证据文件（Evidence File）：显示该文件位于哪个证据文件中。
- 文件标识符（File Identifier）：文件表的索引，在 NTFS 中使用。文件标识符号存储在主文件表中，是分配给文件或文件夹的唯一号码。
- HASH 值（Hash Value）：HASH 值列显示案件中每个文件的 Hash 值。执行计算 Hash 值命令可以生成该信息。
- HASH 集（Hash Set）：显示一个文件所属的 Hash 集。如果没有创建或导入 Hash 集，该列为空。
- HASH 类（Hash Category）：显示一个文件所属的 Hash 类。如果尚未创建或导入任何 Hash 集，那么该列中就无数据。如果已创建或输入 Hash 集，那就可以在该列找到“KNOWN”和“NOTEABLE”标记。
- 全路径（Full path）：显示文件在证据文件中的地址。
- 短文件名（Short name）：在 8.3 格式 DOS 文件命名体系中，文件的名字。
- 源路径（Original Path）：显示源于回收箱中被删除文件的信息，指出被删除文件最初来自何处。
  - 对于被分配（非删除）文件，该列为空；
  - 对于回收箱中的文件，该列显示它们被删前来自何处；
  - 对于被删除或覆盖的文件，该列显示被覆盖后的文件名。

（15）图片集（Gallery）视图

Tom 可通过选择右边视图栏上部的 Gallery 标签，使右边栏中显示图片集视图，如图 4.14 所示。图片集视图是一种浏览保存在主体介质上所有图片的快捷方法。调查人员可以通过图片集视图，访问在突出显示的文件夹、列或整个案件中所有的图片，从而为某些类别的案件（如淫秽信息传播案件等）的证据搜索提供方便。

在图片集中，调查人员可以标记特定的图片文件，从而在报告中显示它们（右击要标记的图片，在弹出框中选择将选中的图片加入书签）。

在初始案件分析时，图片集视图以文件扩展名为基础显示文件。但是如果调查人员已经进行了文件特征分析，那么那些本身确实是图片的文件，就会在图片集视图中显示。例如，若一个 JPG 文件被嫌疑人重命名为 DLL 文件，那么在载入原始证据的初始状态，EnCase 无法在图片集视图中显示该文件，但是如果调查人员进行了文件特征分析，一旦文件特征分析认出该文件是图片文件，仅仅是文件扩展名被修改，那么图片集视图中就会出现该图片文件的信息。

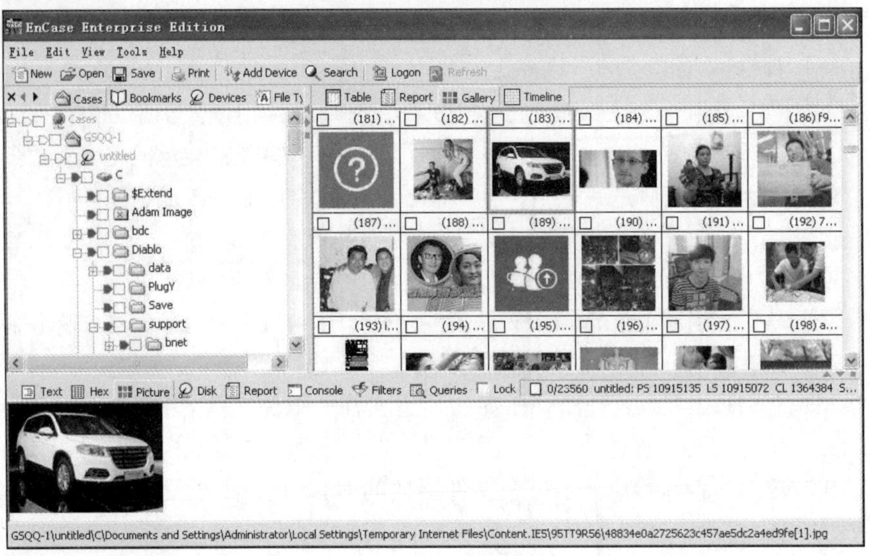

图 4.14　图片集视图

（16）时间线（Timeline）视图

Tom 可通过选择右边视图栏上部的 Timeline 标签，使得右边栏中显示时间线视图，如图 4.15 所示。时间线视图的主要功能是查看文件创建、修改和最后访问的时间，可以将时间线视图根据情况放大到逐秒时间线，也可缩小到逐月时间线。

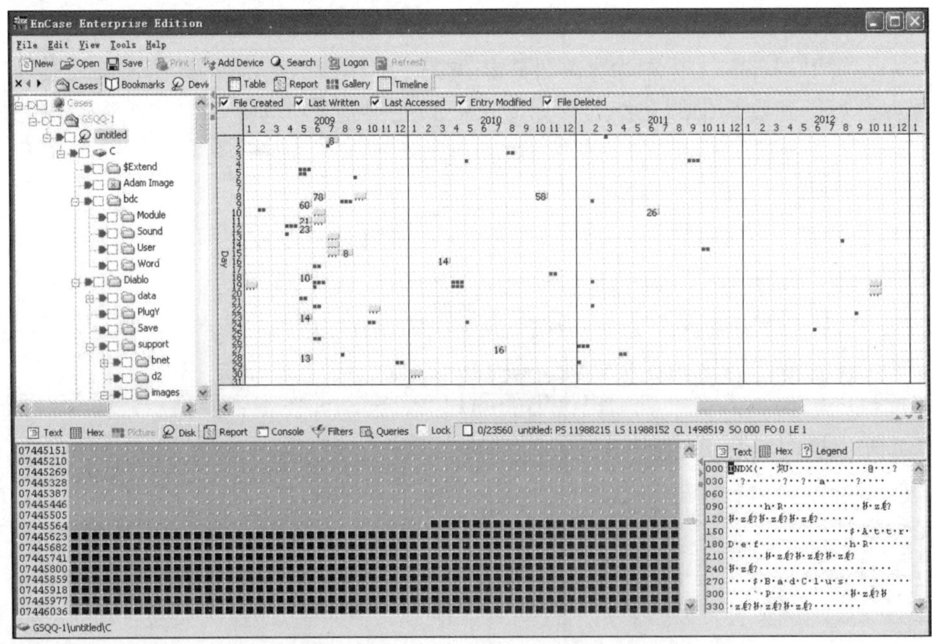

图 4.15　时间线视图

在时间线视图上方有 5 个选择框，可以通过它们快捷地过滤当前想看的文件活动：文件创建、文件最后一次修改、文件最后一次被访问、文件位置移动和文件删除。

在时间线视图里有 5 种不同颜色标记的方块：

- 浅灰色方块表示文件最近被访问的日期/时间戳；
- 中度灰色方块表示文件最近被改写的日期/时间戳；
- 深灰色方块表示文件被创建的日期/时间戳；
- 蓝色方块表示文件的选择框被选中；
- 红色方块表示文件被突出显示。

（17）报告（Report）视图

Tom 可通过选择右边视图栏上部的 Report 标签，使得右边栏中显示报告视图，如图 4.16 所示。在报告视图左边窗口中可选择当前文件夹/列的信息，例如日期和时间戳、文件权限等。在书签标签视图中，报告视图为调查员在调查中已标记的所有证据提供文件管理。报告是对案件中所有书签的自动编辑。

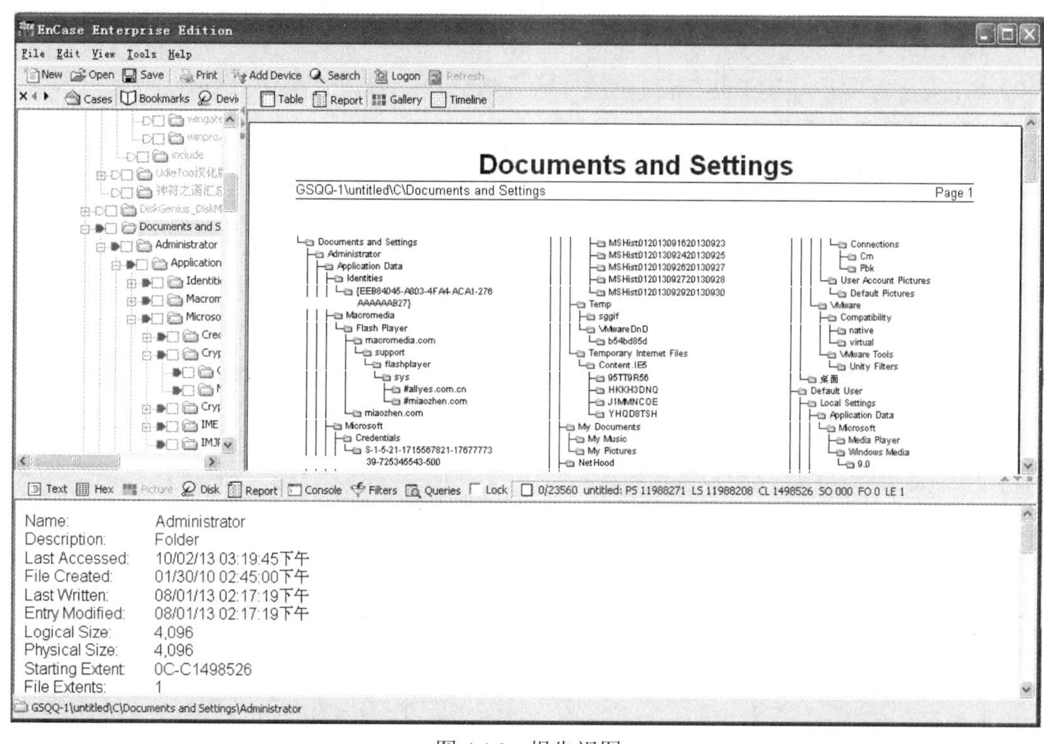

图 4.16　报告视图

（18）子标签

EnCase 界面的下方是按照调查人员的要求，显示某个特定文件、标签、磁盘或脚本等的相关参数和信息，在这个信息栏的上部存在着一系列方便人员操作和查看的子标签选项。

1）Lock 选择框：用来在滚动显示文件时锁定已选择窗口。例如在滚动显示窗口右上角的文件时，要查看文件在磁盘上的物理地址，点击磁盘视图，选择 Lock 框，再滚动显示文件。每个被选的文件都会显示磁盘视图，而不需回到文件的默认视图。

2）Text 子标签：以文本方式显示查看上方右边界面中当前所选文件内容。

3）Hex 子标签：以十六进制方式查看上方右边界面中当前所选文件内容。

4）Picture 子标签：以图形方式查看上方右边界面中当前所选文件内容，若文件不是图形文件，那么图片标签变灰。EnCase 能显示 GIF、JPG、BMP 和 TIFF 等常用的图形文件，某些不常见的图形类型文件则需用第三方浏览器来查看。

5）Disk 子标签：证据文件扇区的图解。对表格视图中被选的每个文件，磁盘标签都会显示它在证据文件中的物理地址。

6）Report 子标签：用报告格式显示当前所选文件的属性。

7）Filter 子标签：使调查员能够快速方便地创建编辑过滤器。过滤器运行时，列表视图中将显示适合过滤标准的文件。

8）Queries 混合过滤查询标签：将综合过滤器的功能，建立多条件查询的过滤器，减少操作文件所需的时间。

9）Console 标签：显示 EnScripts 在执行时发送到控制台标签的输出结果。

（19）物理扇区/簇信息

Lock 框右边的一行文字显示了原始证据的物理扇区和簇信息。每次调查员点击新数据（如在磁盘视图里点击扇区）时，该行显示当前所选扇区和簇的物理扇区/簇信息。其中：

1）PS：物理扇区。

2）LS：逻辑扇区（PS 数减去 63）。

3）CL：簇。

4）SO：扇区偏移量。当前所选扇区 / 簇所在位置的扇区内的偏移量。

5）FO：文件偏移量。当前所选扇区 / 簇所在位置的当前显示文件内的偏移量。

6）LE：长度。显示当前突出选定的字节数。

4.4.3 利用 EnCase 调查案件的前期步骤

在本章案例中，Tom 利用 EnCase 创建了新案件，并将其获取的原始证据磁盘镜像加载到新案件中后，需要在具体取证调查前执行一些前期的设置，并获取证据存在磁盘的环境信息（初始化信息）。

下面将描述 EnCase 在调查初始阶段可使用的一些特性设置和操作。这些操作对于无论是响应一个紧急事件、执行一个电子恢复请求，还是对工作站进行详细审查，都将节省调查时间并有助于确保正确显示属于该案件的所有数据。

（1）时区设置

同一个案件中介质常常来自不同的时区，这就使得比较不同事件的时间变得很困难。

EnCase 允许调查员对案件中每个介质块单独设置时区而不依赖于系统的时区设置。当一个新时区被指派时，基于 GMT 文件系统中的日期和时间（如 NTFS）将相应调整，而以本地时间保存日期和时间的文件系统（如 FAT16 和 FAT32）则不会在指派新时区后显示调整后的时间。在本地时间系统上设置时区对于处理案件非常重要，能够使 EnCase 知道该系统最初是在什么时区工作。

修改某一介质块的时区设置时，右击目标介质并在弹出的快捷菜单中选择修改时区设置（Modify Time Zone Settings…），从而出现时区调整对话框，如图 4.17 所示。

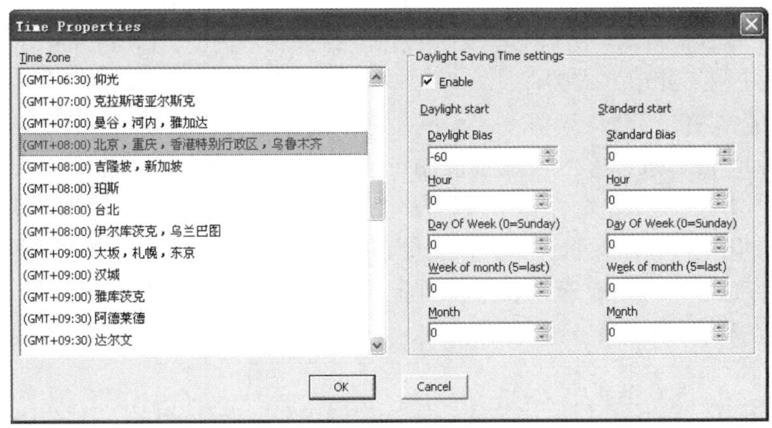

图 4.17　时区调整对话框

时区设置可以通过改变右边的选项来进一步定制。如果调查员选择不对任何介质指定时区设置，EnCase 将默认选择来自进行调查的计算机上当前 Windows 注册表设置的日期和时间戳。

如果调查员有意对多个机器上交叉发生的活动时间进行比较，EnCase 还提供使用户显示同一个案件中相关的所有日期的功能。这样的功能需要修改案件级的时区设置，即右击目标案件，在弹出的菜单中选择修改时间设置，缺省状态是 Convert all dates to correspond to one time zone 复选框未被选择。选择该选项及需要应用的时区，可将时间调整到一个标准时差，同时如果被选时区有夏令时的区别，那么还必须选择是调整到标准时间还是夏令时时间。

（2）恢复文件夹

在原始证据镜像的驱动器上进行任何进一步的深入分析之前，调查人员应当首先进行文件恢复操作。恢复文件夹命令只在证据文件卷被选择时才可用。调查人员可以右击 Cases 标签，选择 Recover Folders 命令，执行完成后一个标注为“已恢复文件夹”（FAT 系列）或“Lost Files”（NTFS、UFS 及 EXT 分区）的灰色文件夹会出现在 Case 视图中。

对于 FAT 系列分区，其每个文件夹/目录都有“.”和“..”入口，这些目录告诉文件系统它自身和其父目录的目录入口在哪里。EnCase 搜索未分配的簇、查找这些特征并恢复那些被删除的文件夹，而这些文件夹的目录入口已被父目录覆盖，但目录中的内容尚未被覆盖。由于被删除文件夹的名字在源目录中已被重写，EnCase 无法恢复，但会恢复这些文件夹中的所有内容（文件及子文件夹）。这是一个非常重要的命令，特别是在被格式化的驱动器上。该命令能够快速方便地恢复一个被格式化驱动器上的大部分信息。

对于 NTFS、UFS 及 EXT 分区上那些被删除的没有父目录的文件和文件夹，EnCase 采用与 FAT 系列不同的方式恢复。在 NTFS 的主文件表（MFT）中，文件夹中的文件注明属于一个“父”文件夹，而其中的文件则是那个文件夹的“子”。如果一个用户先删除了这些文件，接着删除了文件夹，再创建一个新文件夹，最初被删除的那个文件夹就会丢失。MFT 中新的文件夹入口覆盖了被删除文件夹的入口。MFT 中最初的“父”文件夹及其入口就被覆盖并丢失，而“子”并没有被覆盖且入口也仍然在 MFT 中。EnCase 解析 MFT 并发现那些仍然在列的文件，只是没有了父目录。所有这些文件被恢复存放到灰色的“Lost Files”文件夹。在 UFS 和 EXT 文件系统中，处理方式类似。

（3）初始化案件

新建案件后，EnCase 提供一个很有实用价值的 EnScript 脚本——Initialize Case EnScript（初始化案件脚本）。初始化案件脚本自动操作大量常规费时的任务，能够为调查员节约不少调查时间。初始化案件脚本检查并报告：文件完整性、驱动器结构、分区、卷信息、Windows 版本和注册表信息、Windows 时区设置和当前活动时差、Windows 网络设置、Windows 最后一次关机时间、Windows 用户、安装的软件、安装的硬件、doc 和 html 以及 txt 文件、映射驱动器信息等。

在本章案例中，Tom 在脚本 Scripts 标签视图中的“Examples”目录中找到“Initialize Case(v4)”，双击该脚本后在工具栏中出现 Run 图标，点击该图标，开始运行初始化脚本，如图 4.18 所示。

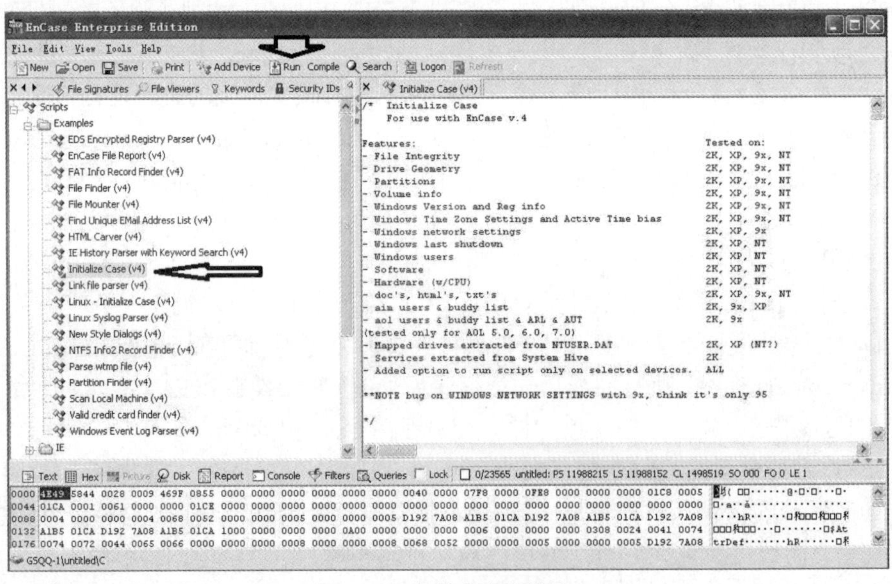

图 4.18 初始化案件脚本

在随后出现的一系列调查者信息和初始化设置信息的对话框中填入合适的信息后，该脚本开始运行。运行完成后，在书签（Bookmarks）标签视图中出现相应的分析结果报告标签，对初始化案件的分析结果进行报告，如图 4.19 所示。

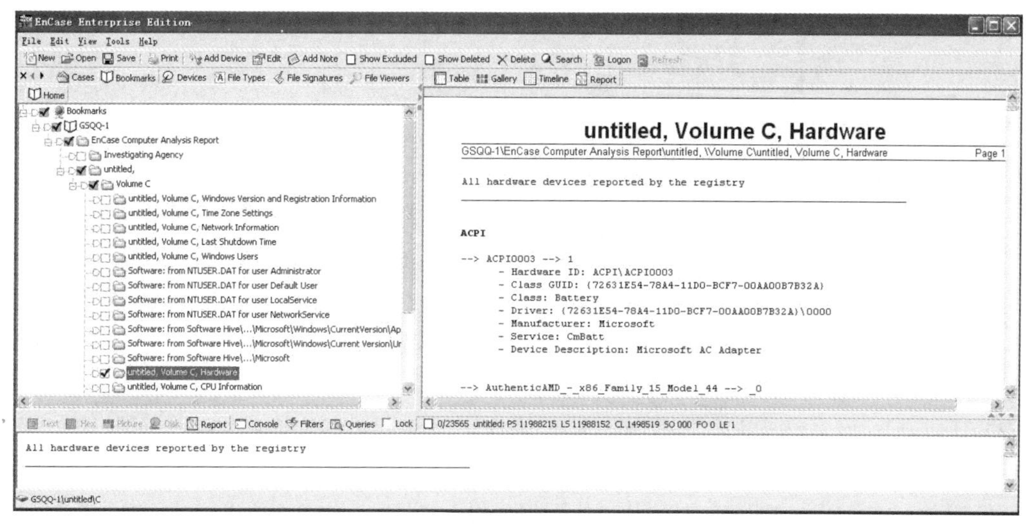

图 4.19　初始化案件分析报告

（4）文件特征分析

文件扩展名是在文件名中位于“.”后的 3～4 位字符，它们显示文件代表的数据类型。如果一个文件扩展名是.txt，就认为数据类型是“文本”。在 Windows 里就是利用文件扩展名将文件类型与相关的应用关联起来的。

被调查者将文件真实本质隐藏起来的一种策略就是人为修改文件扩展名。如将一个 JPEG 文件修改为“.dll”扩展名，大多数程序就无法识别出它是图片文件。因此对于调查者，将每个文件特征与其扩展名进行比较，鉴别出那些被故意更改扩展名的文件是必要的。这种功能在 EnCase 中即文件特征分析。特征分析是搜索功能的一部分。点击工具栏上的 Search 按钮就可弹出搜索框，如图 4.20 所示。

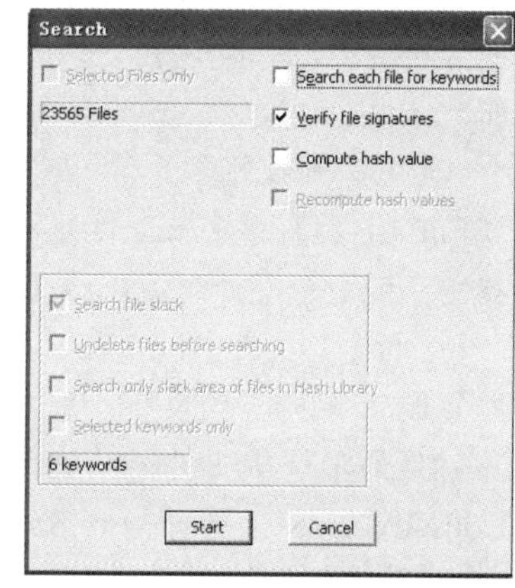

图 4.20　文件特征分析搜索对话框

在对话框里仅选中“Verify file signature（验证文件特征）”复选框。点击 Start，特征分析就会在后台运行直至完成。查看特征分析的结果，可在左边选择“Cases”标签，并全选案件所有文件，右边选择“Table”视图。将表格视图中的列按“Name”、“File Ext”和“Signature”列依次排列显示，并按照第一级：特征；第二级：文件扩展名；第三级：文件名进行排序（用 Shift 键+双击增加排序级别），如图 4.21 所示。

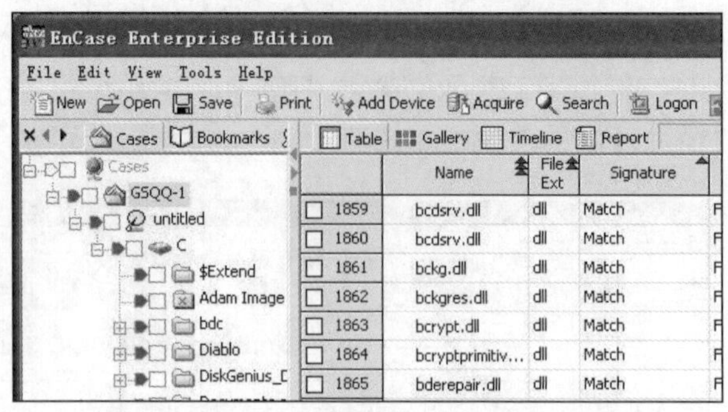

图 4.21　文件特征分析结果

在文件特征列可以观察文件特征分析的结果，其特定表示如下：

1）! Bad Signature：在文件特征表中列出了该文件的扩展名，但与案件中发现的文件特征不符，且该文件特征也没有和已知的任何文件特征相匹配。这表明该文件头毁坏或者是发现了一种未知的文件格式，需要加入文件特征表。

2）*[Alias]：该文件的头存在于文件特征表中，但扩展名与文件特征表中对应的扩展名不符。表明这是一个扩展名被重命名的文件。

3）Match：文件头与扩展名匹配。若扩展名在文件特征表中没有头，只要该文件的头没有与文件特征表中的任何头对应，EnCase 也会返回 Match 标志。

4）Unknown：文件特征表中对该类文件（文件特征/扩展名）没有定义。

4.4.4　文件操作

Tom 在将原始证据（计算机磁盘）镜像加载到新创建的案例中并进行初始化设置和文件特征分析之后，就需要深入分析镜像中的各种文件信息，即针对感兴趣的文件和信息进行各种操作。

（1）复制/反删除文件/书签/文件夹

EnCase 具有逐字节地恢复和反删除文件的特性。EnCase 里许多操作需要选择一列文件，选择单个或数个文件时可以将 Table 视图里文件序号左边的复选框勾选。如果需要选择或取消某个目录\磁盘\案件中的全部文件和目录，就在左边目录树的相应位置将复选框勾选即可。

复制/反删除一组文件，首先选择需要的文件，然后右击选中文件，从弹出的菜单中选择“Copy/Unerase”。选择需要的选项并点击“下一步”，从被选中的文件中选出要复制的部分如图 4.22 所示。

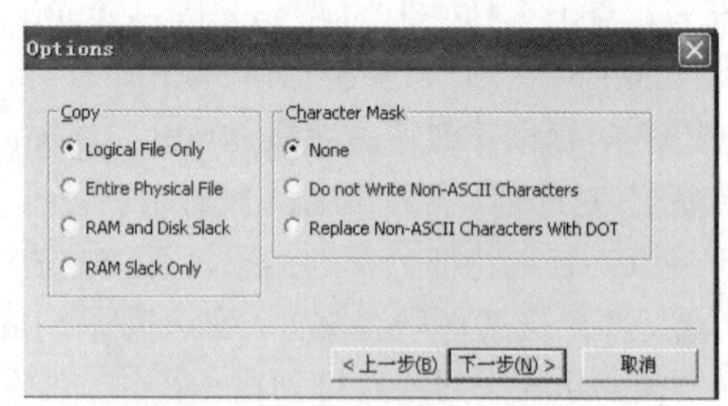

图 4.22　复制/反删除文件对话框

- Logical File Only：仅逻辑文件，指示 EnCase 仅复制文件逻辑部分。文件碎片不会被复制。

- Entire Physical File：全部物理文件，指示 EnCase 复制整个文件，也就是将逻辑文件和文件碎片都复制。
- RAM and Disk Slack：RAM 和磁盘碎片，磁盘碎片是在一个逻辑文件尾和它所在簇之间的磁盘可用空间。这个空间经常包含的信息由曾经存在于该簇的文件残余组成。
- RAM Slack Only：仅 RAM 碎片，更准确地说是“扇区碎片”，是在逻辑区域和“文件碎片”之间的缓冲。

当设置好需要复制的内容后，点击“下一步”，在弹出的对话框中选择文件复制的目标路径。如果许多文件被合在一起成为一个单独的新文件，目标就会是一个文件路径；如果文件被逐个复制，目标路径将是一个文件夹。在这个对话框中可以指定在复制/反删除文件时，将需要复制的文件分解成若干部分。利用这个功能可以将想复制/反删除整个未分配簇的文件分成 640MB 的“块”，从而可以刻录成光盘保存。当复制/反删除一个被删除文件时，EnCase 在可能或必要时会自动恢复被删除的文件，然后进行和正常文件同样的处理。

利用和复制文件相似的方式可以复制书签，其步骤如下。

1）在书签目录树中选中需要复制的书签；

2）右击 Table 视图中的任意区域，选择 Tag Selected Files 命令；

3）切换至 Cases 标签视图，此时可以发现与所选书签相关的所有文件均已被选中；

4）右击其中一个被选中的文件，选择 Copy/Unerase 命令，随后进行与复制文件相似的操作。

要将整个文件夹复制到本地驱动器，可以在 Cases 标签视图中选择要复制的文件夹，并在右键菜单中选择 Copy Folders 命令。执行该命令后，所选证据文件的全部内容都会被复制到存储硬盘驱动器上。

（2）在 EnCase 外部查看文件

EnCase 本身支持多数通用文件的查看，但是在调查过程中仍然存在不少文件是 EnCase 不支持的，这个时候就需要借助于外部的第三方工具来查看文件，调查人员可以在 EnCase 里建立一个文件查看器以便其可将文件链接到正确的应用程序，具体操作如下：

1）在文件查看器（File Views）标签视图中的右键菜单中选择 New 命令；

2）在弹出对话框中，填入特定信息：第三方工具的名称、路径，以及执行时需要的命令行（通常可以不填），再点击 OK 按钮确认即可。

EnCase 默认已将许多文件扩展名匹配到可正确访问文件的应用程序。但在调查中始终会出现一些新的扩展名，或者需要新方式来访问的一类扩展名的文件。这种情况下，调查人员可以在文件类型标签栏添加文件扩展名并匹配到正确的查看工具，具体操作如下：

1）在文件类型（File Types）标签视图中的右键菜单中选择 New 命令；

2）在弹出的对话框中，键入要求的信息：工具描述、关联的扩展名，选择用来打开这类扩展名文件的工具，再点击 OK 按钮确认即可。

当文件类型被正确关联到打开的工具后，调查人员无论何时双击该扩展名的文件，这个文件都会被自动复制/反删除到指定存储位置中并由相关浏览器打开。

（3）有关文件操作的疑问

1）为什么有些被删除的文件第一个字母是“？”，而有的文件没有？

如果一个文件有一个长文件名（任何非大写字母8.3规则的名字），DOS对该文件存储两套条目。一套包含等同的短8.3文件名（通常在结尾会有一个“～”），另一套包含的是长文件名。文件被删除时，8.3文件名的第一个字符被替换成一个十六进制的E5（设置“？”是为了使其可读），但长文件名的第一个字符则被保存。如果长文件名的第一个字符存在，EnCase就会用其来替换短文件名条目中的“？”。

2）当调查人员复制了一个完整的文件夹时，这个文件夹中被删除的文件也一同被复制吗？

答案是肯定的。如果不需要复制已经被删除的文件，调查人员可通过仅仅选择需要复制的文件，再在文件夹复制对话框中选定“仅复制被选文件”。

3）EnCase可以完全恢复一个被删除文件吗？

不一定。被删除文件可能不能被彻底恢复或只能部分恢复。有可能一个被删除文件剩下的只有目录条目。有时一些数据可被恢复，但并非是文件的原始内容。

4）调查中怎样选择一个案例中的所有文件？

在Cases标签中，选定任意文件夹就选定了其中的所有文件和文件夹。要选定Case中所有的文件和文件夹，只要选定树形顶端的“Case”，再次点击它将取消所有选择；要选定表格视图中一个域的项，选定第一项，按住Shift键不放并选定最后一项即可；选定一个文件夹中的多个文件但不是所有文件，在选定每个文件的同时，按下Ctrl键。

4.4.5 关键词搜索

Tom在对原始证据进行分析时，为了在海量的数据信息中寻找与案件有关的信息和证据，就需要进行关键词搜索，而对搜索关键词的设置和应用，决定了调查是否高效和全面。EnCase的搜索功能可以定位当前打开案件中的物理或逻辑介质上任何地方的信息。关键词被整体保存在EnCase目录里的一个初始化文件中。EnCase能在每个介质里从头到尾逐字节搜索每个关键词条件，并针对该条件搜索每个逻辑文件。关键词搜索设置是在关键词（Keywords）标签视图中进行的。

关键词可对系统中的所有案件进行访问。调查人员可将常用的关键词进行正确地分组，以便在需要的时候方便地定位，并且在需要的时候在关键词（Keywords）标签视图中针对这些分组文件夹进行操作。要创建一个群组，可以右击文件夹要创建的位置，选择New Folder命令。双击该文件夹即可给其指定的名字。

（1）维护关键词

在关键词标签视图中，右击准备添加关键词的文件夹，并从弹出的右键菜单中选择New即出现新建关键词对话框，如图4.23所示。

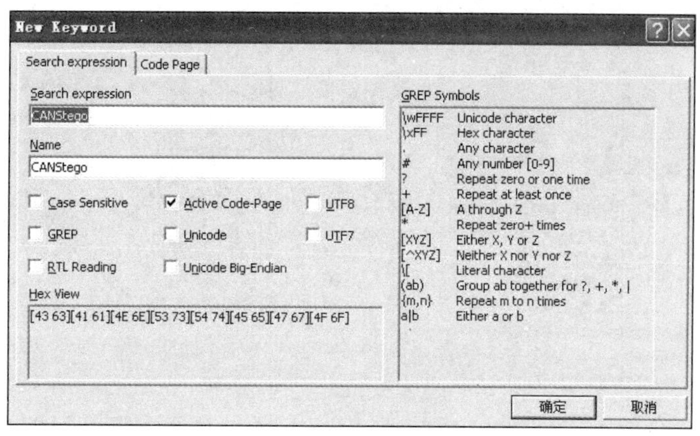

图 4.23　新建关键词对话框

在新建关键词对话框中的搜索表达式 Search expression 栏中输入需要搜索的关键词，在 Name 栏中为本搜索取一个名字，并在下面的搜索方式选项中进行相应的选择，然后点击“确定”按钮即可。新建关键词对话框中的选择项介绍如下：

1）Case Sensitive：按 Search expression 栏中指定的大小写进行关键词搜索。

2）GREP：关键词使用正则表达式的方式搜索。

3）RTL Reading：按照从右到左的顺序搜索关键词。例如，若键入关键词“Arab”并指定该关键词为 RTL Reading，EnCase 就显示该表达式的结果为“barA”。

4）Active Code-Page：采用多种语言输入关键词。该选项必须选择以特定的语言输入关键词。而默认的编码页为“Latin I”，即针对英语字符。

5）Unicode：仅用 Unicode 的方式搜索关键词。Unicode 是一个许多通用的软件应用程序和操作系统都支持的字符集。在多语言的办公或商业设备中，Unicode 作为通用字符集的重要性是不容忽视的。

6）Unicode Big-Endian：非 Intel 的 PC 数据格式化配置。与 Little Endian 相反，该配置中操作系统先用最重要的数字定位数据。

7）UTF8：采用 UTF-8 的方式搜索。为满足面向字节和基于 ASCII 码系统，UTF-8 已被 Unicode Standard 定义，在 Internet 协议的数据传输和 Web 内容中被普遍使用。

8）UTF7：采用 UTF-7 的方式搜索。UTF-7 是过时的编码方式，常在搜索时间久远的内容时才会用到。

EnCase 可使用非英语定义和搜索关键词，且搜索结果也可以所需语言显示。这需在新建关键词对话框中的 Code Page 选项卡进行相应选择，如图 4.24 所示。

在 EnCase 中，可以通过导出和导入关键词的功能，与其他调查员共享关键词列表，也可以向另一个案例文件导出或从中导入关键词。完成导出和导入功能可以在关键词标签视图的右键菜单中选择 Export 或 Import。关键词导出时是以文本文件的格式输出，并且可以和编码信息一同输出。关键词导入时以文本文件（TXT）形式导入。

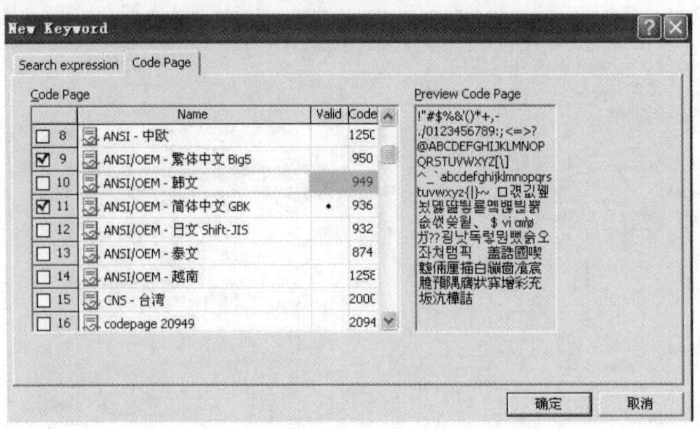

图 4.24　设置非英语关键词搜索环境

在案例调查时也可以采用添加关键词列表的方式来导入多个关键词，添加关键词列表对话框可以在关键词标签视图的右键菜单中选择 Add Keyword List 命令来打开。

当案例调查有较多关键词需要搜索时，调查人员可以按关键词的属性或搜索目的等性质进行分类和组织。也即通过创建关键词文件夹（右键菜单中选择 New Folder）的方式来分类相似属性的关键词。对于关键词的移动可以采用拖曳等方式。

（2）使用关键词搜索

由于调查一个案件时加载的原始证据信息数据极多，即使仅仅针对一个硬盘镜像进行搜索，也将面对海量的数据。为了提高案件调查取证的效率，调查人员在使用关键词开始搜索之前需要考虑搜索的范围，决定是否搜索整个 Case、整个驱动器或仅仅搜索单个文件夹等。例如当需要搜索可能在未分配空间的一个文件头信息时，就应当只选中对该未分配空间（而不是整个案件）进行搜索。进行搜索时，调查人员可以点击工具栏的 Search 按钮打开搜索对话框，如图 4.25 所示。

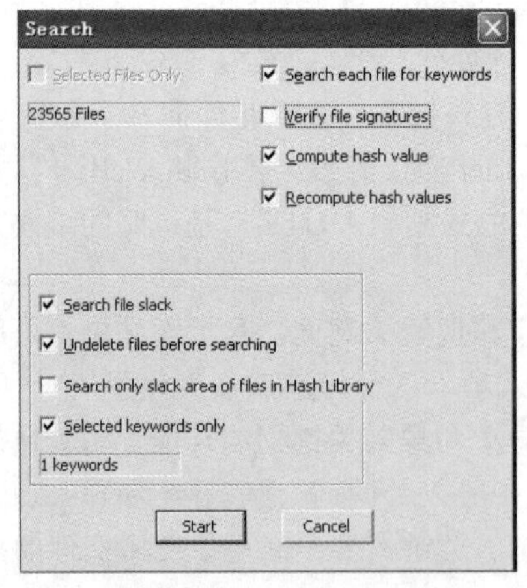

图 4.25　搜索对话框中设置关键词搜索选项

在执行一次搜索时，可以根据几个不同的选项进行选择。搜索进行中，每个选项可能生成截然不同的结果。

1）Selected Files Only：仅搜索被选择的文件（被“蓝色标记选中”的文件），选项下的指示框显示当前被选中的文件数；

2）Search each file for keywords：在每个文件中搜索关键词，如果该选项框没有选中，即禁用关键词搜索，而是运行文件特征分析或 HASH 分析；

3）Verify file signatures：校验文件签名，即依次对所有文件或被选文件进行文件特征分析；

4）Compute hash value：计算 HASH，即对被选文件进行 HASH 分析；

5）Search file slack：搜索文件闲置空间，即搜索存在于逻辑文件尾与各自的物理文件尾之间的闲置空间；

6）Search only slack area of files in Hash Library：仅搜索 HASH 文件库中已知文件的碎片区域；

7）Selected keywords only：仅搜索被选中的关键词。

当调查人员确定了搜索选项后，点击 Start 按钮即开始搜索，搜索过程通常较漫长，当搜索完成后 EnCase 会弹出一个对话框，显示本次搜索情况。

当搜索完成后，调查人员可以在搜索命中标签视图中查看搜索结果。每个关键词都在搜索命中标签下创建一个同名文件夹。关键词结果将被放在与之对应的文件夹中，如图 4.26 所示。

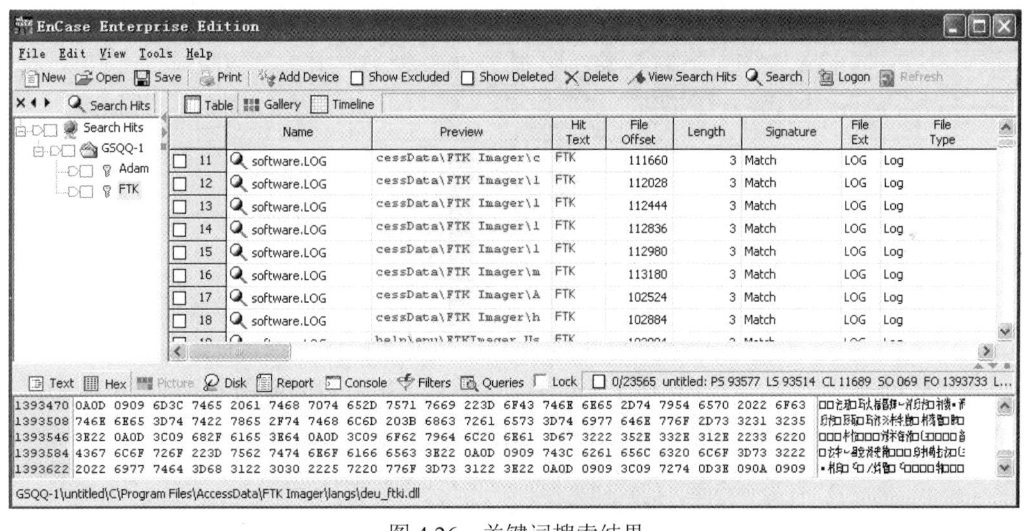

图 4.26　关键词搜索结果

关键词搜索的结果默认是未标记的，如果调查人员认为搜索结果中某些文件有价值，可以标记这些查询结果，突出显示相关子标签中所要的数据并创建一个“Highlighted Data”书签。要取消一次关键词搜索，可以通过双击 EnCase 界面右下角的蓝色状态条。

4.4.6 使用书签

Tom 在对原始证据进行分析时，希望能够选中并保存其感兴趣的文件夹、文件或文件的一部分以便于进一步分析、参考和证据提取。在 EnCase 中，通过书签功能来完成这样的标记。在案件取证和分析中任何存在数据和文件夹的地方都可以做书签。所有的书签都保存在书签文件中，对于每个案件都有自身的书签文件。通过书签标签视图，取证调查人员可以方便地查看书签。

在 EnCase 中共有四种书签：

（1）Highlighted Data Bookmark：选中数据书签，通过在一个标签视图的窗口中选中数据而创建。这是调查人员可完全定制的书签。

选中数据的书签，也称为数据片书签（sweeping bookmark）或文本段书签（text fragment bookmark），可用来显示一大片的文本。这种书签通过在下面的窗体中单击并拖动鼠标选中文本或十六进制数据来创建。要选择一片数据，在第一个字符上点击鼠标左键并按住，拖动鼠标至数据末端使其高亮选中。通过在选中区域点击鼠标右键然后从右键菜单中选择 Bookmark Data 来完成书签，如图 4.27 所示。在给出的空白区域，输入对此书签的注释，最多一千个字符。选择书签的数据类型。可以用多种不同的格式（ASCII、Unicode、十六进制、各种图片格式、整数形式、各种日期形式等）显示标记的数据。

图 4.27　选中的数据书签

（2）Notes Bookmark：注释书签，用于允许用户在报告中加入额外注释，不属于证据书签。

注释书签给调查者在报告中添加注释的时候提供了灵活性。这种书签有一个仅保留用于注释文本的区域（可支持一千个字符），包括正体、斜体和粗体，并具有改变字体大小、改变文本缩进格式的格式选项。当调查人员需要添加注释时，在左边的窗体中，于需添加注释的文件夹上点击右键，然后从右键菜单中选择 Add Note...，在弹出的 New Note 窗口中，输入需在注释中添加的文本并应用格式选项，选中 Show In Report 复选框使注释能够出现在报告视图中。注释书签可被复制并置于调查报告的任何地方。

（3）Folder Information Bookmark：文件夹信息书签，用于对文件夹树状目录结构或特定介质设备信息制作的书签。这种书签选项常常包含有设备信息。

文件夹信息书签用于标记文件夹结构或者设备。通过对文件夹结构做书签，文件夹的整个目录结构就可显示在报告中或用于以后分析中。独立设备、卷和物理磁盘也可以做书签以便在最终报告中显示重要的设备细节信息。文件夹信息书签在标记包含未授权文档、图片和应用软件的目录时很有用。同样也是显示案件中介质类型详细信息的常用方法。当调查人员要对一个文件夹做书签时，在案件标签视图中的文件夹上点击右键，并从右键菜单中选择 Bookmark Folder Structure 命令，如图 4.28 所示。

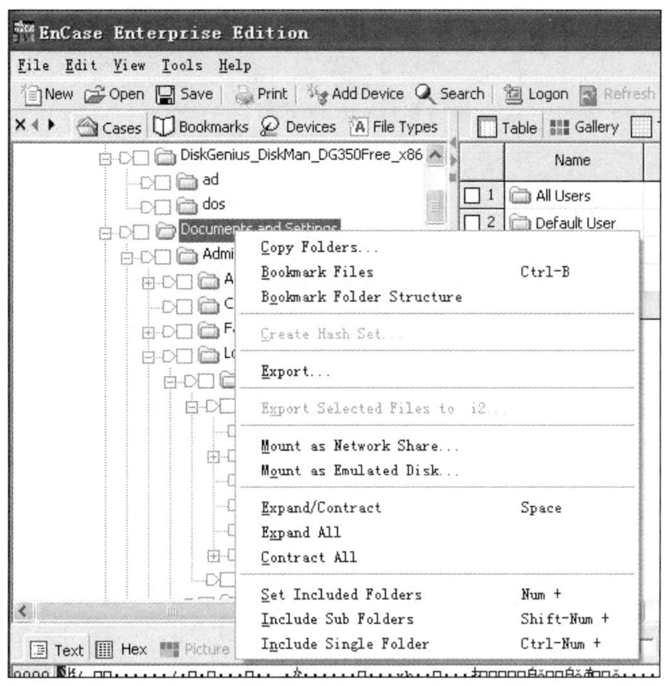

图 4.28　制作文件夹信息书签

在弹出的 Add Folder Bookmark 窗口中，选择 Include Device Information 选项，即可在报告中显示文件夹所在卷的详细信息。Columns 栏将把目录结构分成指定的列数。并在右边目的文件夹栏中选择将书签置于最终报告的什么地方，点击 OK 按钮即可创建该书签。

（4）File Group Bookmark：文件组书签，这种书签针对一组所选文件（或一个特定文件）进行关注。

文件组书签可以关注一组文件，也可以关注单个特定文件。这种书签用来把包含当前案件中重要信息的组与组内其他文件都相关的文件区别开来。该书签对一组文件本身进行关注，而不是针对文件的内容制作书签，这样关于该组文件的详细信息就可以在报告中显示。当调查人员需要对一组文件添加书签时，选中案件标签视图中的一组特定文件，然后在右键菜单中选择 Bookmark Files（对选中文件加书签），如图 4.29 所示。在弹出的窗口中，可选择存储到现有书签文件夹或新建书签文件夹中，且指定存储文件组的位置。

通常随着调查的深入进行，会在书签标签视图中产生多个由调查人员制作的不同书签，如图 4.30 所示，且这些书签均可在报告中进行显示。

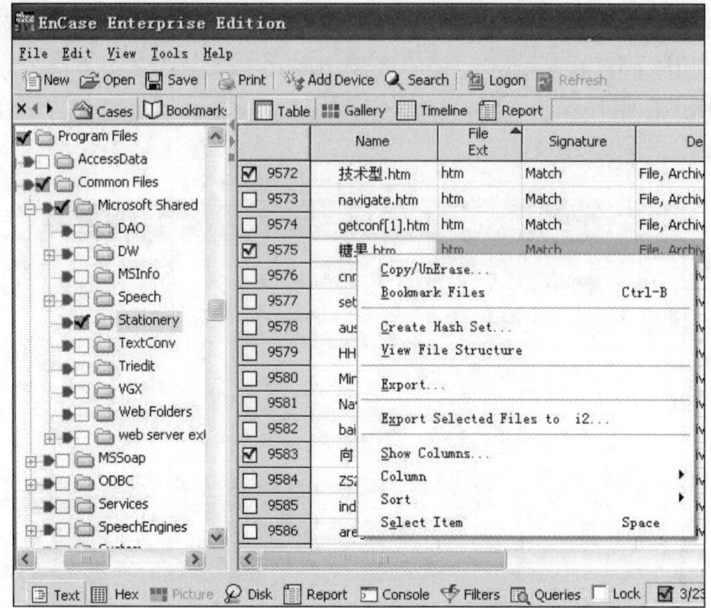

图 4.29　制作文件组书签

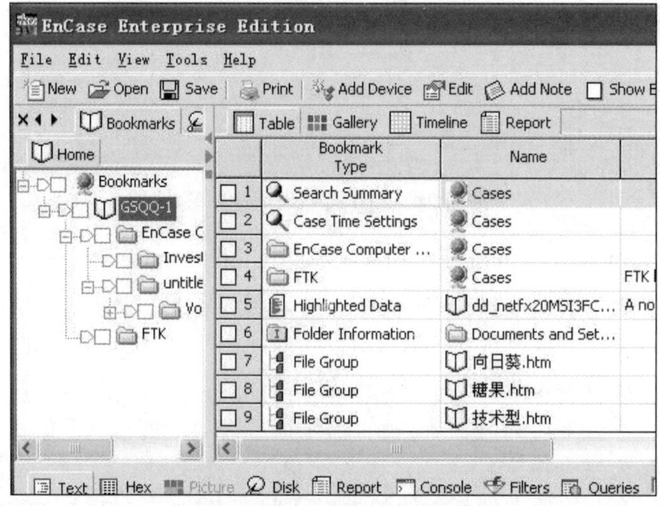

图 4.30　书签视图中的多种书签

4.4.7 生成报告

Tom 利用 EnCase 进行取证调查的最后阶段是将调查所得制作成报告，并以可理解的易读格式组织和提交。EnCase 具有帮助调查员以有组织的方式对调查所得制作书签和进行输出的功能，且可将最终调查报告在调查完成后立即生成。

EnCase 主要提供了两种生成最终报告的方式。一种是利用字处理程序的格式将最终报告分类成一系列的子报告，并以一个摘要报告文档总览报告的内容；另一种则有助于调查员创建可以烧录到光盘的无纸报告，这种形式使用了子报告和支持文档并以 HTML 超链接形式形成总览概要。

多数取证调查涉及到对数码图像的恢复。在对这些与调查相关的图像做书签以后，调查员可从 EnCase 中输出包含这些图像的自定义报告。这种报告可以是.rtf 文本格式，也可以是 HTML 格式。而使用 HTML 格式时，可以缩略图的形式浏览恢复的图像，并只对需要处理和庭审所需的图像进行打印。

在书签（Bookmarks）标签视图中，左边窗体中可选择将最终报告所需的各种书签文件夹和书签采用拖曳的方式进行整理，只需在报告中输出的 Bookmark 文件夹的右键菜单中选择“Edit”，可弹出书签文件夹编辑对话框，调查人员可利用 Comment 栏，在报告中插入注释。该对话框还有一个重要功能就是定制报告格式。在下方的 Fields 栏中通过双击一个项目可将其移动到 Format 栏中。这样就会在报告中显示这些属性，如图 4.31 所示。若调查者未对一个书签文件夹设置属性，这个文件夹将会继承其父文件夹的属性设置。

在对报告格式等进行设置后，可以在报告视图中点击右键，并在菜单中选择 Export 命令来输出报告。报告的输出可以采用 Document 和 Web Page 两种形式，如图 4.32 所示。

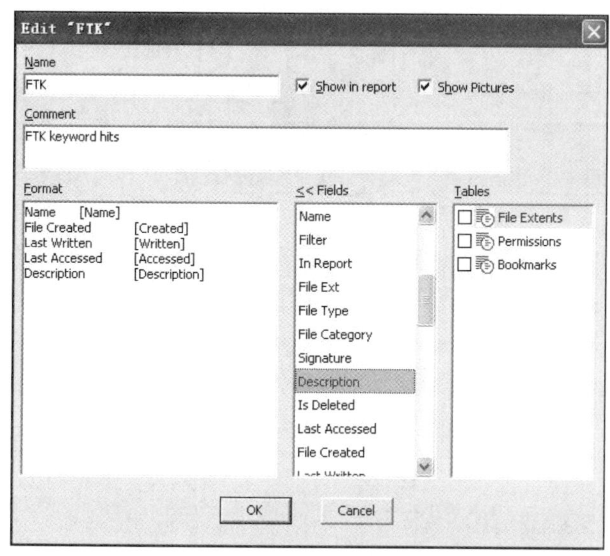

图 4.31　书签文件夹编辑对话框

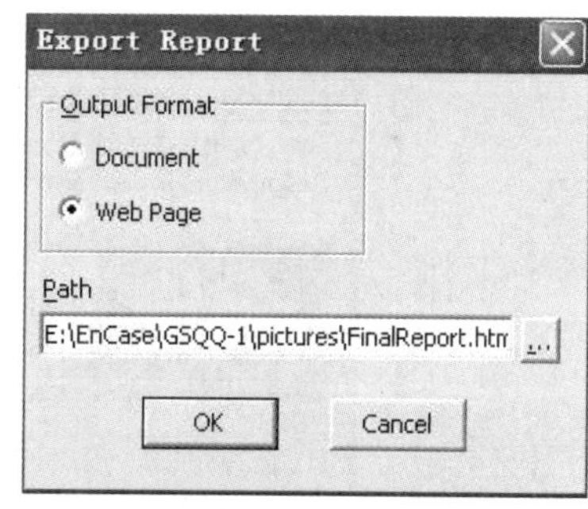

图 4.32　报告输出对话框

Document：采用 RTF 文本格式，如果报告以 RTF 文本格式文件输出，文件就可以很容易被如 Microsoft Word 之类的字处理程序编辑。对那些可能需要自定义报告的调查员来说，这一格式是很好的选择。而通常为了满足相应的地区对报告格式的要求，调查人员都要对输出的报告进行一些编辑。

Web Page：采用超文本标记语言（HTML）格式，如果报告以 HTML 格式的文件输出，可以创建快捷和简便导航整个报告的超链接，其局限性是在所见即所得环境中编辑此类报告时，需要 HTML 编辑程序。

当 Tom 选择使用 HTML 格式输出报告时，EnCase 将会从证据文件中拷贝/反删除书签中的图像至报告输出文件夹，并建立四个 HTML 文件：

- 调查员在 Export Report 对话框中命名的 HTML 报告，即图 4.32 中的 FinalReport.html；
- gallery.html：包含了输出文件的缩略图浏览；
- toc.html：包含了由调查员创建和命名的“整个报告”的超链接目录和 gallery.html 文件中由 Exporting 创建的 Gallery（图库）的超链接目录；
- Frame View.html：它创建了其他三个文件的帧视图，并为在顶端和下面帧中显示的整个报告和图库都加了目录。

Frame View.html 文件是查看结果必须打开的文件，同样也是光盘上概要报告中文本链接的文件。双击 Frame View.html 文件即可打开浏览器显示调查员创建和命名的完整报告，如图 4.33 所示。如果点击 Gallery 超链接，就会在打开 gallery.html 文件，并显示从 EnCase 证据文件中拷贝/反删除的图像缩略图。

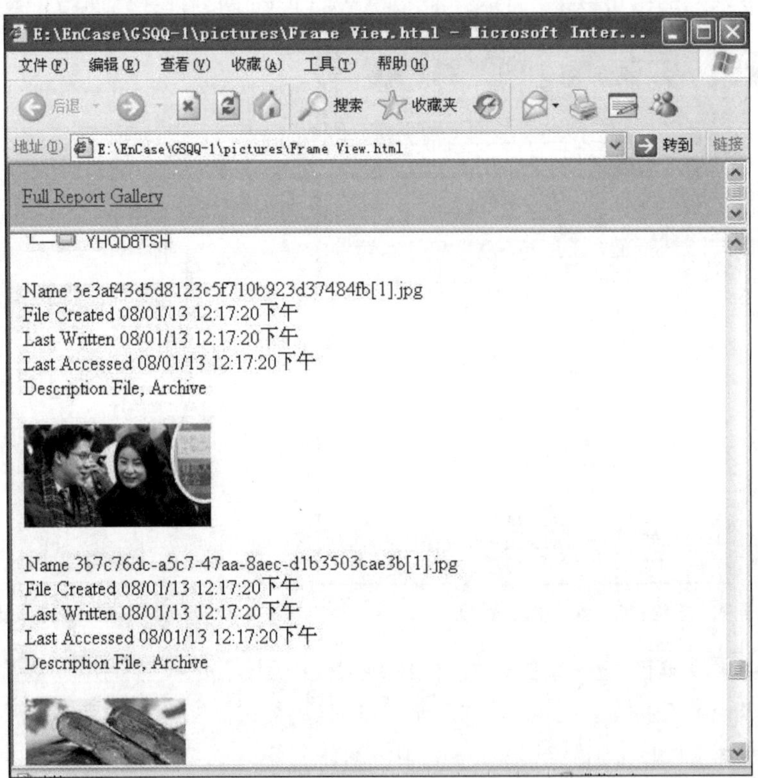

图 4.33 EnCase 报告输出样式

4.5　任务二：利用 X-Ways Forensics 进行分析

X-Ways Forensics（以下简称 X-Ways）是 WinHex 软件的法政版，也是一款应用较为广泛的，运行于 Windows 环境的取证分析软件。

4.5.1　环境设置

Tom 在使用 X-Ways 时需要按照自己的工作习惯和要求对工作环境进行一些设置。在软件使用中，保存有 X-Ways 软件临时文件和案例文件的分区将作为默认的数据输出路径，即只有该分区被允许写入数据。因此，在选择 X-Ways 软件使用的分区时，Tom 需要预先考虑好下一步数据分析的实际情况，选择容量较大、数据较少的分区。

使用软件前，Tom 需要预先建立“cases”、“temp”、“images”和“scripts”四个文件夹，分别用于保存案例文件、临时文件、镜像文件和脚本文件，并在软件设置中对该四个文件夹的路径进行指定。

使用 X-Ways 进行各项操作之前，首先需要进行设置。点击菜单中的 Options→General...命令，即可显示常规设置对话框，如图 4.34 所示。

General Options

☐ Restore last window arrangement	Folder for temporary files: E:\X-Ways\temp	☑ <0x20 substitute character:
16 recent documents in list	Folder for images and backup files: E:\X-Ways\Images	☐ Hexadecimal offsets
☐ Items in Windows context menu	Folder for cases and projects: E:\X-Ways\Cases	☑ Virtual addresses in RAM editor
☐ Allow multiple program instances	Folder for scripts: E:\X-Ways\scripts	☐ Display page separators
☐ Do not update file time	Folder for internal hash database: E:\X-Ways\HashDB	16 bytes per line
☐ Check for surplus sectors	☐ Reduced user interface	Group 8 bytes
☑ Sort partitions by location on disk	☑ Gallery: Show pictures in archives	Units to scroll on a wheel roll: 3
☑ Auto-detect deleted partitions	Preferred thumbnail size: 90	Dialog window style
☐ Alternative disk access method	☐ Cnt'd thumbnail loading in backgnd	☐ NTFS: MFT auto coloring
☑ Open data windows maximized		Block background color:
☑ WinHex context menu		Record backgrnd color:
☐ Show file icons		Annotation color:
☐ Generate 0x 0D0A with ENTER		☑ Hilite modified bytes:
☐ Generate Tabs with TAB key		Font: Courier
		☐ Windows-styled progress bar

OK　Cancel　Display time zone...　Help

图 4.34　X-Ways 通用设置对话框

在该对话框中有 5 个重要的软件工作目录需要设置：

（1）保存临时文件的目录

默认保存临时文件至 C:\Documents and Settings\sprite\Local Settings\Temp。为便于管理临时文件，通常为其新创建一个 temp 文件夹，本例中 Tom 将其指定为 E:\X-Ways\temp。

（2）保存镜像和备份文件的目录

默认保存镜像文件和备份文件至 C:\Documents and Settings\sprite\Local Settings\Temp。为方便调用和管理镜像文件，常需为其新创建一个 images 文件夹，本例中 Tom 将其指定为 E:\X-Ways\images。

（3）保存案件和方案的目录

默认保存至 X-Ways 的当前目录下，由于调查人员创建的案件越多，这些案例文件保存在当前目录下就会越混乱，不易查找，因此，Tom 为其新创建一个案例文件夹，并指定为 E:\X-Ways\cases。

（4）保存脚本的目录

默认保存在 X-Ways 的当前目录下，基于便于管理的原因，Tom 将其指定为 E:\X-Ways\scripts。

（5）保存哈希库的目录

默认哈希库文件位置为 E:\xway\HashDB。此目录可由 X-Ways 自动创建和管理，也可通过调查人员指定，本例中 Tom 将其指定为 E:\X-Ways\HashDB。

4.5.2 创建新案件

Tom 启动 X-Ways，并在 Case Data 栏的菜单中选择 File→Create New Case，如图 4.35 所示。

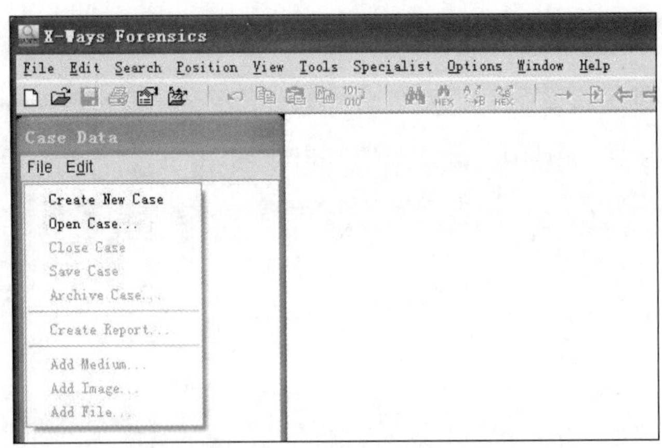

图 4.35　X-Ways 中创建新案例

Tom 在随后出现的案件数据对话框中，输入案件编号、案件描述、调查员、机构地址等辅助信息（案件名称应使用英文或数字，以避免案例日志和报告中无法出现屏幕快照图片的情况），如图 4.36 所示。

为保障数据分析中显示的时间正确，点击 Display time zone…按钮，并在随后出现的时区选择对话框中选择正确的时区，如图 4.37 所示（案件创建日期将由 X-Ways 依据系统时钟自动创建，因此创建案例前应确保当前取证工作计算机系统时间设置的准确）。

新案例创建完成后，在 Case Data 栏出现了刚刚创建的案例，如图 4.38 所示。

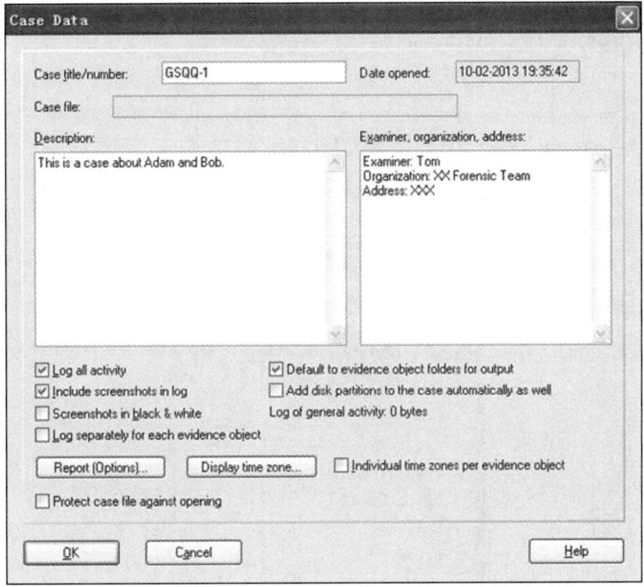

图 4.36　X-Ways 新案例界面

Display time zone for New Case
UTC +08:00 Beijing, Hong Kong
UTC +08:00 Irkutsk, Ulaan Bataar
UTC +08:00 Kuala Lump., Singapore
UTC +08:00 Perth
UTC +08:00 Taipei
UTC +09:00 Osaka, Sapporo, Tokyo
UTC +09:00 Seoul
UTC +09:00 Yakutsk
UTC +09:30 Adelaide
UTC +09:30 Darwin
UTC +10:00 Brisbane
UTC +10:00 Melbourne, Sydney
UTC +10:00 Guam, Port Moresby
UTC +10:00 Hobart
UTC +10:00 Vladivostok
UTC +11:00 Magadan, Solomon Isl.
UTC +12:00 Auckland, Wellington
UTC +12:00 Fiji, Kamchatka
UTC +13:00 Nuku'alofa
Observe daylight saving time (add'l bias +01:00)
Above DST rules will be remembered throughout the program. For some countries, they may vary or change.
OK
Cancel
Help

图 4.37　X-Ways 时区选择对话框

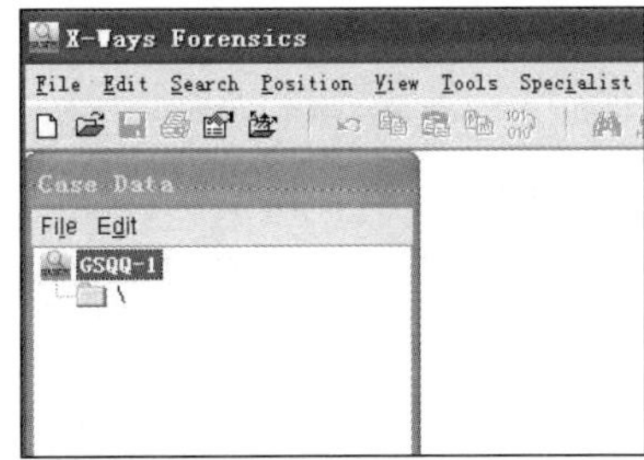

图 4.38　X-Ways 创建的新案例 GSQQ-1

4.5.3 添加取证分析的原始证据

取证分析的原始证据可能是一个物理计算机磁盘、USB 盘、各种存储卡及取证镜像等。Tom 需要将已获取的 Adam 办公计算机磁盘的取证镜像添加进案例中。添加原始证据时，可选择 Case Date 菜单栏中的 File 菜单，如图 4.39 所示。

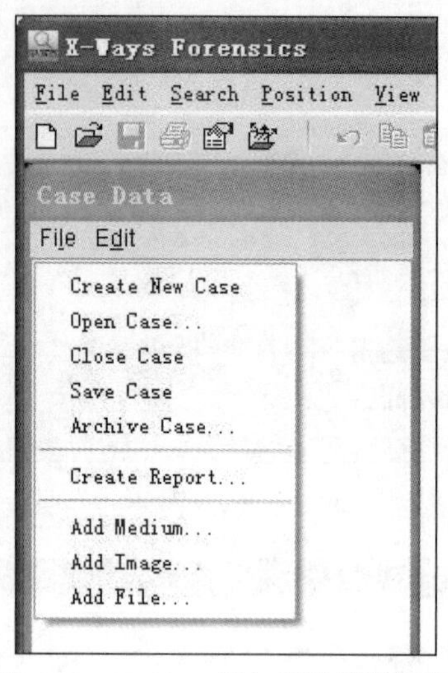

图 4.39 X-Ways 添加新的原始证据

在 File 菜单栏的下部有三个选项：

- Add Medium...：通常用以向案例中添加物理磁盘驱动器；
- Add Image...：向案例中添加磁盘镜像文件；
- Add File...：向案例中添加单个文件。

由于 Tom 已制作了 Adam 办公计算机磁盘的取证镜像，因此选择 Add Image...，并选择好镜像文件，添加到案例中。添加原始证据镜像文件后，Tom 首先需要确保证据没有被改变，即需要验证证据。双击添加的镜像，在弹出的对话框中点击 Verify Hash 按钮来验证镜像中的数字指纹（Hash 码）是否正确。

4.5.4 基本界面和操作

（1）浏览文件

刚加入案件的磁盘镜像，没有磁盘文件目录树，如果需要显示驱动器下所有文件，应在右边视图栏的上方使用鼠标右击磁盘镜像图标，选择右键菜单中的 Add All Partitions To Case 展开目录，如图 4.40 所示。

X-Ways 在对磁盘镜像进行扫描后，在文件浏览器中将显示所选磁盘镜像中的所有文件列表，如图 4.41 所示。

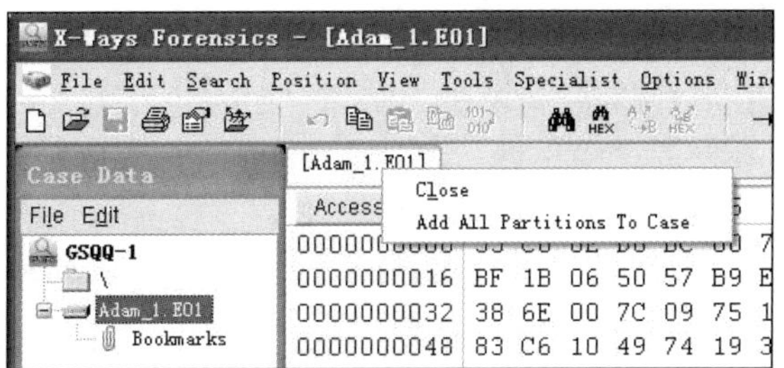

图 4.40　打开磁盘镜像中的文件目录树

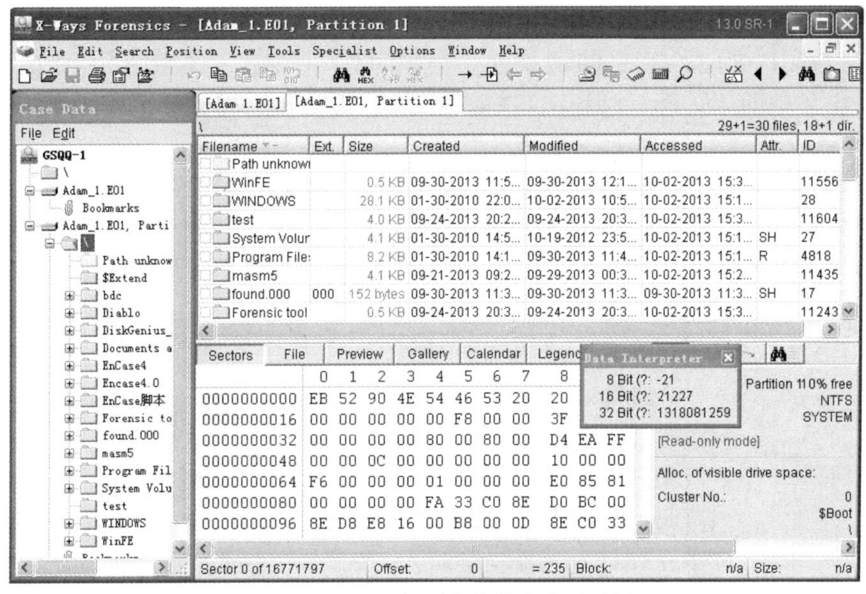

图 4.41　打开后的磁盘镜像文件目录树

在 X-Ways 界面右边上部是文件浏览工作区，如图 4.42 所示，现对该工作区的一些重要部分进行说明。

[Adam_1.E01] [Adam_1.E01, Partition 1]

16+46=62 files, 18+16=34 dir.; 58

Filename	Ext.	Size	Created	Modified	Accessed	Attr.	ID
bdc		0.6 KB	10-20-2012 00:1...	09-03-2013 10:2...	10-02-2013 15:3...		8223
(Root director		8.2 KB	01-30-2010 22:0...	10-02-2013 15:3...	10-02-2013 15:3...	SH	5
$Extend		344 bytes	01-30-2010 22:0...	01-30-2010 22:0...	01-30-2010 22:0...	SH	11
pagefile.sys	sys	192 MB	10-19-2012 23:5...	10-02-2013 15:3...	10-02-2013 15:3...	SHA	136
ntldr		251 KB	05-26-2005 04:3...	05-26-2005 04:3...	01-30-2010 22:1...	SHRA	3438
NTDETECT.COM	COM	46.4 KB	05-26-2005 04:3...	05-26-2005 04:3...	01-30-2010 22:1...	SHRA	3442
bootfont.bin	bin	315 KB	05-26-2005 04:3...	05-26-2005 04:3...	01-30-2010 22:1...	SHRA	2031
2013-07-11_	exe	30.9 MB	08-04-2013 12:2...	08-04-2013 12:2...	10-02-2013 15:3...	A	10305
$UpCase		128 KB	01-30-2010 22:0...	01-30-2010 22:0...	01-30-2010 22:0...	SH	10
$Secure:$SII		12.0 KB	01-30-2010 22:0...	01-30-2010 22:0...	01-30-2010 22:0...	(INDX)	9

Sectors File Preview Gallery Calendar Legend Sync Selected: 3 files, 0 dir. (31.3 MB)

图 4.42　文件浏览工作区

若调查时仅需要显示出某个目录下的所有文件，则选中需要浏览的目录或驱动器，然后点击文件浏览工作区下方的“显示所有文件”按钮（图 4.42 中箭头所指处）。

1）过滤漏斗：当工作区左上角出现蓝色的漏斗时，表示目前应用了过滤文件的设置，点击该漏斗可以调出文件过滤对话框对过滤条件进行修改。

2）窗口文件数量：位于右上角，表示当前窗口显示出的文件数量及总文件数量。本例中，由于应用了过滤操作，窗口右上角数字含义为：应用过滤后，有 16 份文件符合过滤要求，有 46 份文件被过滤掉。如果没有使用过滤，此处仅显示文件总数量，即 62 份文件。

3）选择文件数量：位于右下角，表示当前窗口选择的文件数量及容量。本例中，选择了 3 份文件，总计容量 31.3MB。

4）文件标记：文件名称前面的小方框为标记选框。可以手工为文件逐一添加标记，也可以通过右键菜单中的 Tag 命令为所选文件添加标记。

（2）过滤文件

根据案件性质，通过设置适合的过滤器对文件进行过滤，从而提高调查效率，是调查分析人员的基本技能。在 X-Ways 中，通过点击过滤漏斗（如果未出现蓝色漏斗图标可以点击文件浏览工作区左上角的“/”图标）可以打开过滤器设置对话框，如图 4.43 所示。

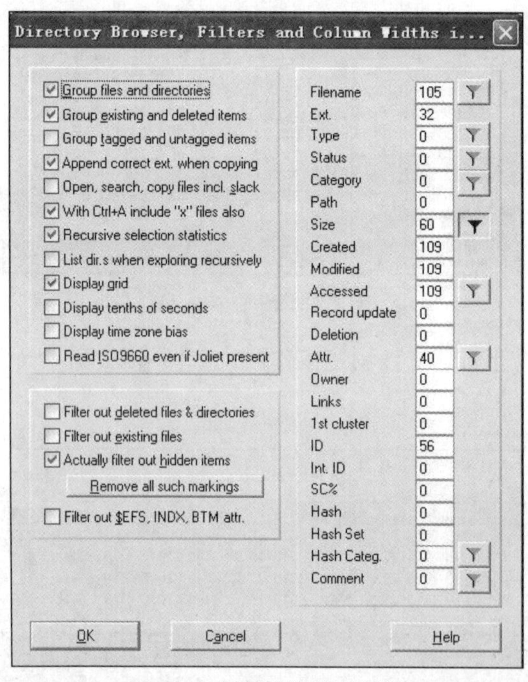

图 4.43　过滤器设置对话框

在过滤器设置对话框的右边列出了一系列常用的过滤和显示项，对于每一项均设置有一个输入栏，如果其中的数字为 0，就表示不显示该栏目，而如果其中的数字>0，则表示显示该栏目，并且按照该栏中的数字来设置实际显示的宽度。通常，如果需显示未列出的栏目（如图4.42中的哈希值、路径等），可将该栏目数值从0更改为50进行暂时的设定，之后再利用鼠标将相应的栏目调整至满意宽度。

在对话框右边的系列项目中，有部分项目的最右边具有漏斗按钮，当某个或某些漏斗按钮处于按下状态并变为蓝色时，表明对应的项已经设置了过滤条件。调查者可以点击漏斗按钮来设置和组织单项或复合的过滤条件。例如Tom点击Filename栏对应的漏斗按钮，就调出文件名过滤对话框，如图4.44所示。Tom可以在该对话框中设置文件名过滤条件，并点击Activate按钮激活该过滤条件。

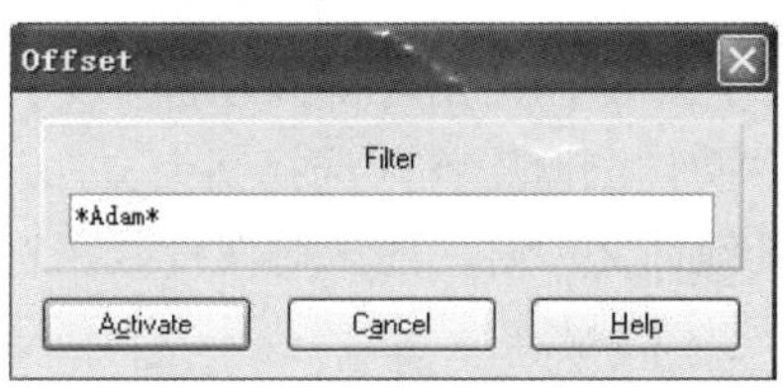

图 4.44　文件名过滤对话框

在文件浏览工作区中，会有一些不同的文件及图标显示方式，具体含义可点击工作区下方的Legend按钮，调出图例说明随时进行察看，如图4.45所示。

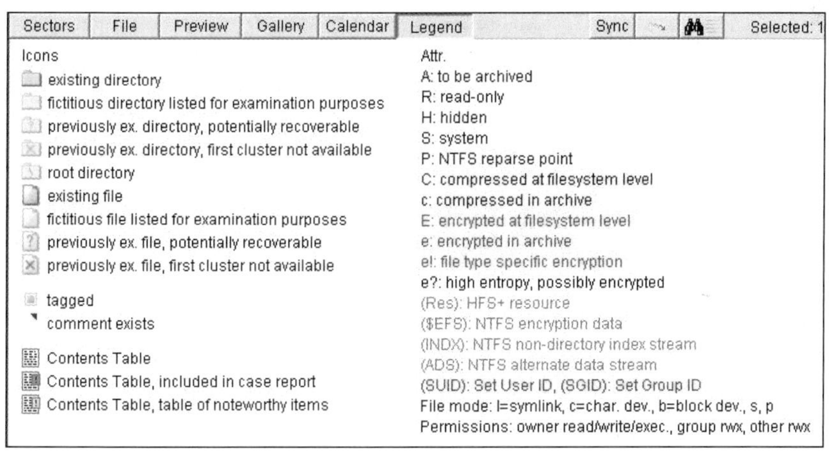

图 4.45　图例说明

其中较为常见和重要的图例和符号如下：

文件/文件夹图标：

- ：现有目录；
- 变淡的图标：为分析需要虚拟出的目录；
- 变淡的图标：已删除的目录，通常可成功恢复；
- 变淡的图标：已删除的目录，未发现首簇；

- 变淡的图标：根目录；
- ：现存在的文件；
- 变淡的图标：为分析需要虚拟出的文件；
- 变淡的图标：已删除的文件，通常可成功恢复；
- 变淡的图标：已删除的文件，未发现首簇。

文件属性符号：A：文档；R：只读；H：隐含；S：系统；C：文件系统级压缩；c：压缩文件；E：文件系统级加密；e：压缩文件中的加密；e!：特定文件类型加密；e？：加密的可能性较大。

（3）预览文件

X-Ways 内置了较强的文件查看器，初始可支持几百种文件格式的查看。点击文件浏览工作区下方的 Preview 按钮，当在文件浏览工作区选择某个文件时，即可在界面右下部察看文件的内容，如图 4.46 所示。如果预览文件时，还未对案件数据进行磁盘快照，那么 X-Ways 将自动对文件签名、加密等状态进行检测。

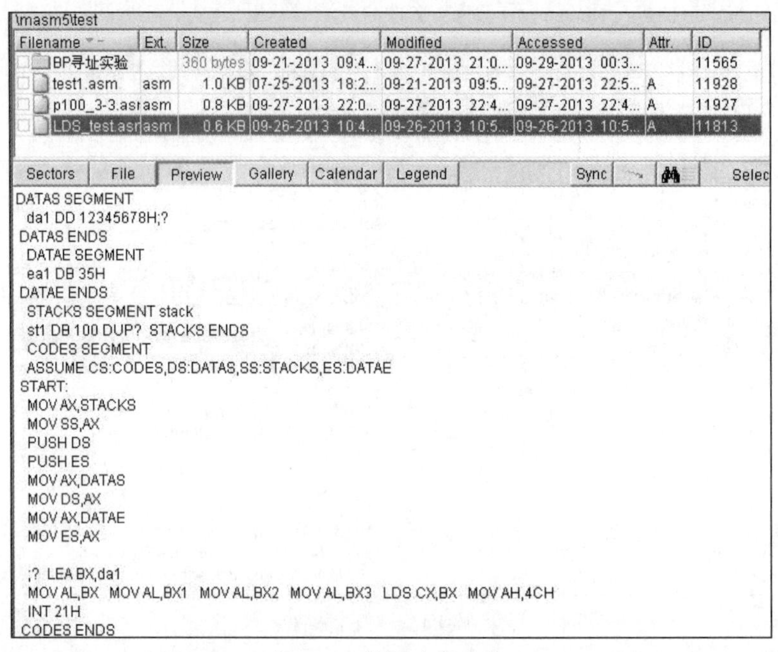

图 4.46 预览文件内容

4.5.5 进行磁盘快照

Tom 在创建案件并载入磁盘镜像后，首先进行磁盘快照。由于磁盘快照过程将会把案件中所支持的压缩文件、电子邮件及附件、删除的数据解开及恢复出来，因此快照处理后得到的数据要比未进行磁盘快照的文件数量多。此时进行过滤和搜索，会得到更为准确的结果。Tom

将 Adam 的办公计算机磁盘镜像加载到案件中后，在 X-Ways 的菜单中选择 Specialist→Refine Volume Snapshot...命令，弹出磁盘快照对话框，如图 4.47 所示。

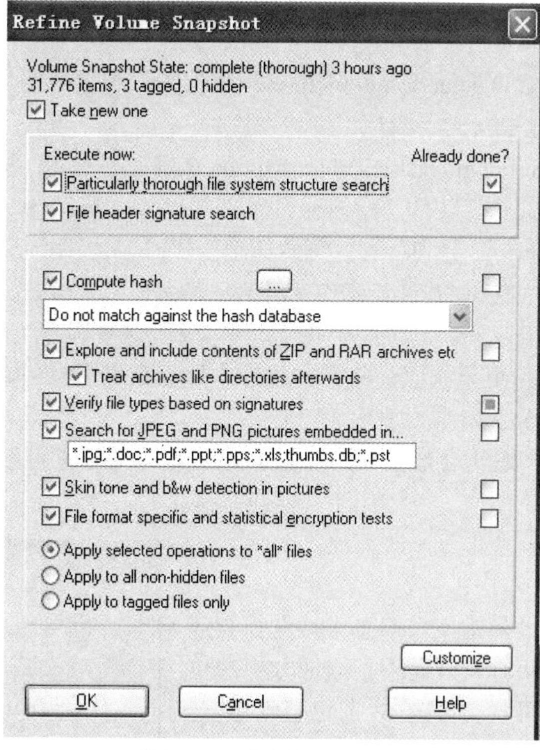

图 4.47 磁盘快照对话框

每个任务前面的方框表示是否选取该项；后面的方框表示完成的状态，绿色对勾表示全部完成，实心绿框表示已完成了一部分，但尚未全部完成。

（1）Particularly thorough file system structure search：依据文件系统搜索并恢复目录及文件，将当前磁盘中的删除、丢失文件全部恢复。

（2）File header signature search：依据文件头特征搜索文件。

（3）Compute hash：计算哈希值，自动计算所有文件的哈希值。目录和 0 字节文件没有哈希值。算法支持 MD5、SHA-1、SHA-256。勾选此项后，会出现一个对话框，选择是否对哈希库进行匹配。如果调查时已经拥有了完整的哈希库，可在计算文件哈希值过程中，将哈希值与哈希库中值比对，以确定文件哈希分类。例如，通过此选项排除已知的 Windows 系统文件。

（4）Verify file types based on signatures：依据文件签名校验文件真实类型，可判断 doc、jpg 等格式的文件是否被改名或进行了伪装。

（5）Explore and include contents of ZIP and RAR archives etc.：分析 ZIP 和 RAR 等压缩文

件中的数据。若选中该项，会出现另一个选项 Treat archives like directories afterwards，若勾选该项，则将压缩文件释放，以虚拟目录形式浏览。

（6）Search for JPEG and PNG pictures embedded in…：查找嵌入在正文内的图片，可将 Word、PPT 等复合文件中的图片抽取出来。

（7）Skin tone and b&w detection in pictures：肤色图片和黑白图片检测，用于检测包含人体肤色特征的图片和其他黑白文字图片。

（8）File format specific and statistical encryption tests：加密文件检测，用于检测特定类型加密文件，如加密的 doc、xls 文件。检测时，首先通过熵检测，自动对大于 255 字节的文件进行检测。如果熵的值超过设定值，文件属性标记为“e?”，表明应仔细检查该文件（熵值检测不适用于 ZIP、RAR、CAB、JPG、MPG 和 SWF 等文件）。其次可检测特定类型加密文件，如 doc、xls、ppt 和 pps 以及 pdf，如果为加密文件，文件属性显示为“e!”。

（9）Take new one：更新快照，将当前案件中磁盘数据保持最新状态。更新快照后，上述所有操作及搜索记录等将全部被清空。

完成磁盘快照之后，通常会显示案件中数据增多，这时才能继续进行过滤、搜索等深入分析操作。

4.5.6 使用过滤器

Tom 使用过滤器从海量的文件信息中过滤掉与案件没有关联的信息，从而大大提高了取证分析的效率。过滤器设置界面调出的方法在之前已有叙述，其界面见图 4.43。在这个界面中可以看到，凡是带有漏斗按钮的项，均可设置过滤。

（1）按文件名过滤

按文件名过滤的界面可参照图 4.44。按文件名过滤时可使用通配符“*”来代表任意长度的任意字符，从而针对特定文件名进行过滤。此种过滤方式适用于对文件名和单一文件类型（扩展名）过滤，如设立“*.jpg、*.doc、*Adam”等。

（2）按文件类型过滤

按文件类型过滤的对话框如图 4.48 所示，可按照设定的文件分类，对不同类型的文件进行过滤。通过此过滤方式，可将文本文档、图形图像文件、压缩文件、音视频文件以及各种重要数据文件（注册表文件、互联网历史记录、回收站文件、日志文件等）过滤并在文件浏览工作区显示出来。

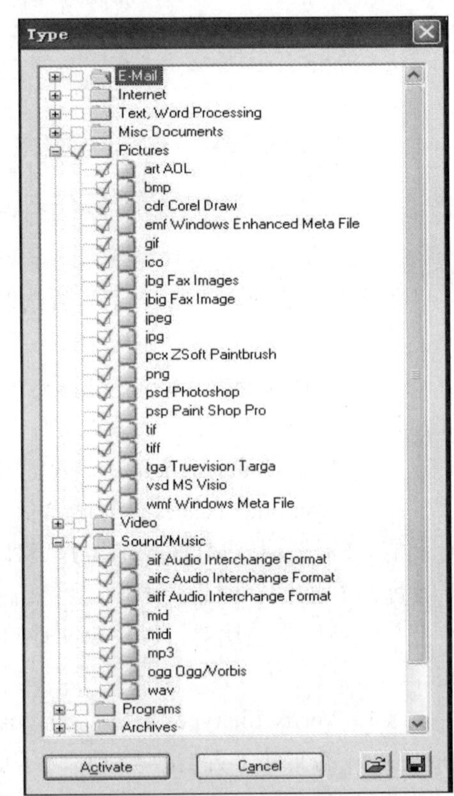

图 4.48 按文件类型过滤对话框

使用按文件类型过滤时首先应在磁盘快照中选择依据文件签名校验文件真实类型，并在过滤设置框中选择相应文件类型，点击 Activate 按钮进行过滤，如此才能在调查时判断出文件的真实类型。文件过滤类型可以自定义扩充与修改。

（3）按签名状态过滤

进行完整磁盘快照后，X-Ways 可依据文件签名检测每个文件的签名信息是否匹配，对话框如图 4.49 所示。如果文件扩展名被改变，签名状态将显示为签名不匹配。通过选择过滤选项中的文件签名显示状态，可发现签名匹配和不匹配的文件。

缺省状态下，文件显示为“not verified（签名未校验）”。在通过文件签名校验文件类型后：

- 若文件非常小，状态被显示为“don't care（无关的）”；
- 若文件扩展名和文件签名都未知，状态被显示为“not in list（不在列表中）”；
- 若文件签名和文件扩展名一致，状态被显示为“confirmed（签名匹配）”；
- 若文件扩展名正确，但文件签名未知，显示为“not confirmed（签名未确认）”；
- 若文件签名和文件扩展名不匹配，或没有文件扩展名，显示为“newly identified（新的标识）”，即签名不匹配。

（4）按文件大小过滤

按文件大小过滤的对话框如图 4.50 所示，其功能是根据文件的实际大小进行过滤（不包含残留区数据）。

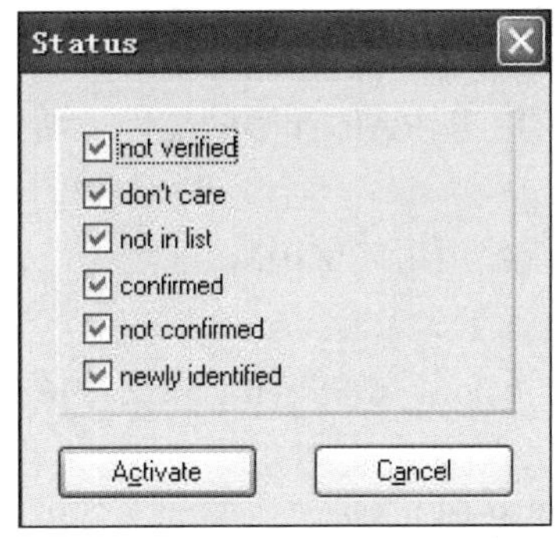

图 4.49　按签名状态过滤对话框

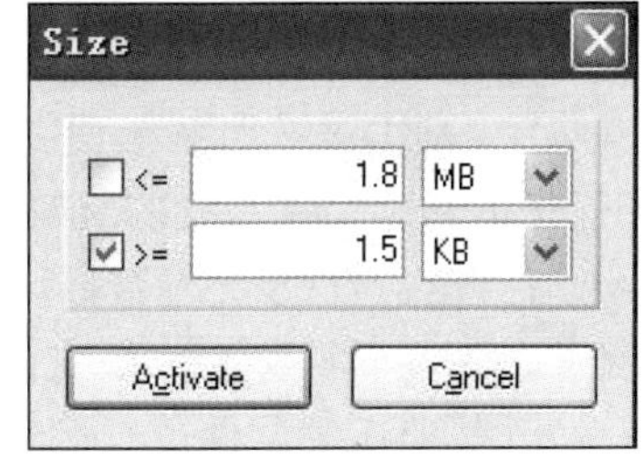

图 4.50　按文件大小过滤对话框

设置框中的第一选项，用于设定过滤小于特定容量的文件，如可查找小于 1.8MB 的文件；第二选项用于设定大于特定容量的文件，如可查找大于 1.5KB 的文件。两个选项同时使用，用于设定特定容量大小之间的文件。

（5）按文件关键时间过滤

按文件关键时间过滤的对话框如图 4.51 所示，其功能是根据文件的一些关键时间（创建时间、修改时间、访问时间等）进行文件过滤。

- Created：创建时间，当前磁盘中文件和目录的创建时间；
- Modified：修改时间，当前磁盘中文件和目录最后修改的时间；

- Accessed：访问时间，当前磁盘中文件和目录的最后读取或访问时间；
- Record update：记录更新时间，即 NTFS 或 Linux 文件系统中文件和目录的最后修改时间（这些信息包含于文件元数据中）；
- Deletion：删除时间，Linux 系统下文件和目录的删除时间。

（6）按文件属性过滤

按文件属性过滤的对话框如图 4.52 所示，其功能是根据文件属性进行文件过滤。

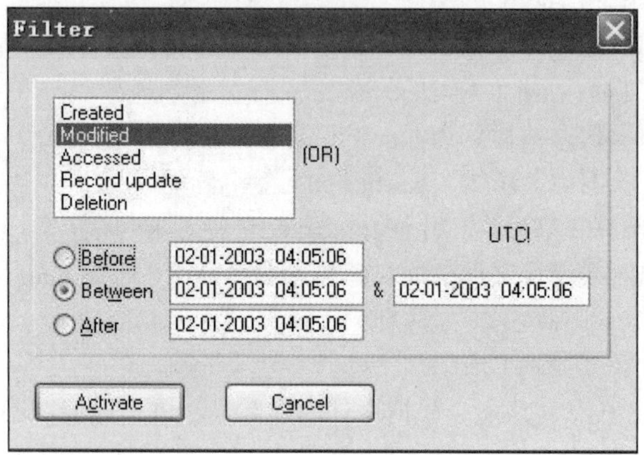

图 4.51　按文件关键时间过滤对话框

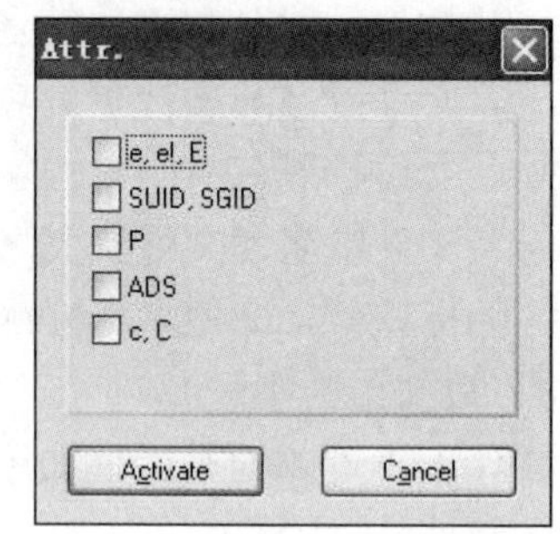

图 4.52　按文件属性过滤对话框

对话框中的过滤条件可以组合设立，但是有一些过滤条件不能单独设立，具体解释如下：

- e，e!，E：按照加密文件过滤，其中包含利用 ZIP 和 RAR 加密的文件、特定文件类型的加密文件和文件系统级的加密文件；
- SUID，SGID：按照系统使用者（SUID）和系统使用组（SGID）过滤；
- P：按 NTFS 文件系统的连接点过滤；
- ADS：按照 NTFS 交替数据流过滤，NTFS 文件系统中每条文件记录支持多个$DATA 属性，每个属性称为一个交替数据流；
- c，C：按照压缩文件进行过滤，其中包含利用 ZIP 和 RAR 等压缩的文件以及文件系统级的压缩文件。

4.5.7　搜索数据信息

Tom 在对原始证据进行深入取证分析时，需要使用同步搜索的功能来查找具体的证据信息。同步搜索允许调查人员指定一个搜索关键词列表文件，文件的每行设定一个搜索关键词，所发现的关键词被保存在搜索列表或位置管理器中。

同步搜索能够以“物理搜索”和“逻辑搜索”两种方式进行。物理搜索是通过对物理扇区信息的扫描方式进行，而逻辑搜索则是通过常用的文件内容搜索方式进行。数据搜索时，可以同时使用 Unicode（UCS-2LE）和代码页方式对相同的词汇进行全面搜索。通过 X-Ways 菜单栏的 Search→Simultaneous Search…命令或使用快捷键 Alt+F10 打开的同步搜索对话框如图 4.53 所示。

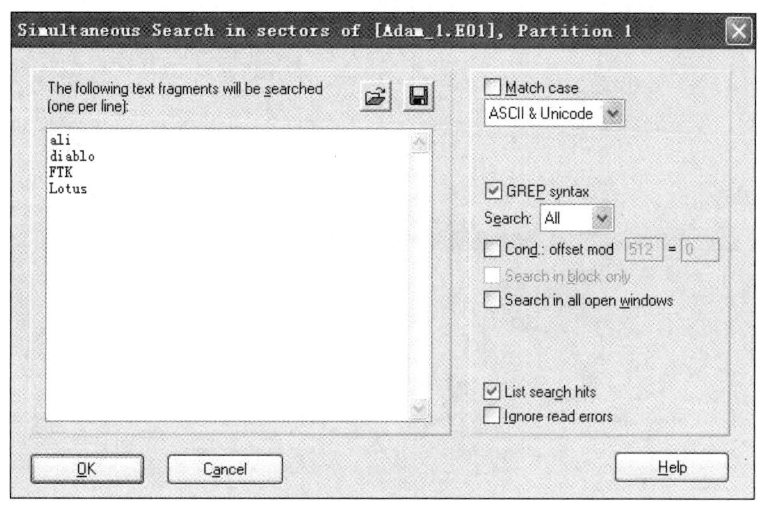

图 4.53 同步搜索对话框

（1）设定搜索参数

在搜索前，Tom 需要设定搜索的区域，如果是针对某个特定的目录或驱动器搜索，就需要将搜索的目录或驱动器的所有文件展开（在界面左边的 Case Data 栏的目录树中，使用鼠标右击需要搜索的文件夹或驱动器）；如果是针对符合某些条件的文件进行搜索，则需要通过过滤器选择所需搜索的文件。

在设置框左边的空白栏输入需要搜索的关键词，关键词应分行，每行一个关键词且支持空格。输入关键字后在设置框的右边选择字符编码，可以选择只搜索 ASCII 码、只搜索 Unicode 编码或者两者同时搜索。当设定了需要的搜索关键字和搜索条件，并选中 List search hits 复选框后，点击 OK 按钮进行搜索。

（2）查看搜索结果

搜索结束后，自动显示所有包含关键词的搜索结果，如图 4.54 所示，也可随时使用文件浏览工作区下方的蓝色望远镜图标来打开搜索结果。本例中 Tom 共设定了 4 个关键词，搜索后从文件浏览工作区右上角可看出，搜索命中了 1082 个结果。在 X-Ways 界面左下部分列出了历次搜索的关键词，双击每个关键词，可查看该关键词的搜索结果。搜索结果同时保存在案例文件中。再次打开案例文件，搜索结果依然保存。若要删除搜索结果，需选定要删除的关键词，并使用 Del 键，删除该关键词及搜索结果。

对于搜索命中的文件操作，与文件浏览工作区的操作方法类似。可以在 X-Ways 右下部选择预览选中文件，也可以通过鼠标右键菜单对特定文件进行标记、复制、注释等操作。如要在案件报告里包含文件内容中的重要信息，则需复制这些信息，粘贴到注释中。

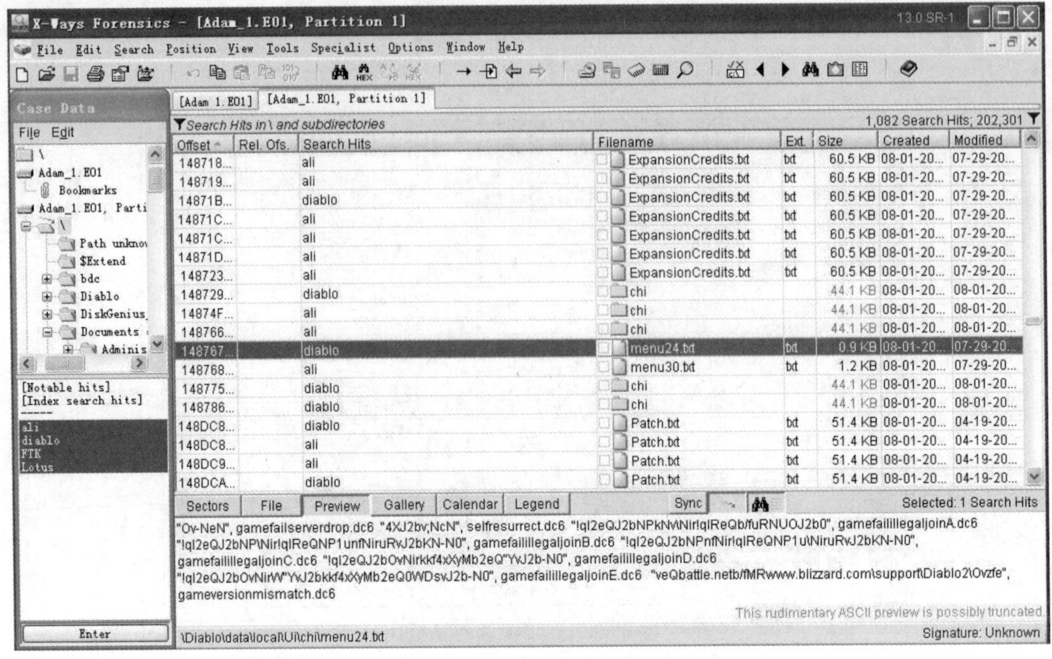

图 4.54　同步搜索结果

4.5.8　提取文件

Tom 在取证分析时希望将感兴趣的文件从原始证据磁盘镜像中提取出来，使用第三方软件进行分析（例如对文件进行解密、解析电子邮件文件等），此时可以使用 X-Ways 的文件提取功能。

使用文件提取功能时，首先选中需要提取的单个或一组文件，并在右键菜单中选择 Recover/Copy…命令，如图 4.55 所示。

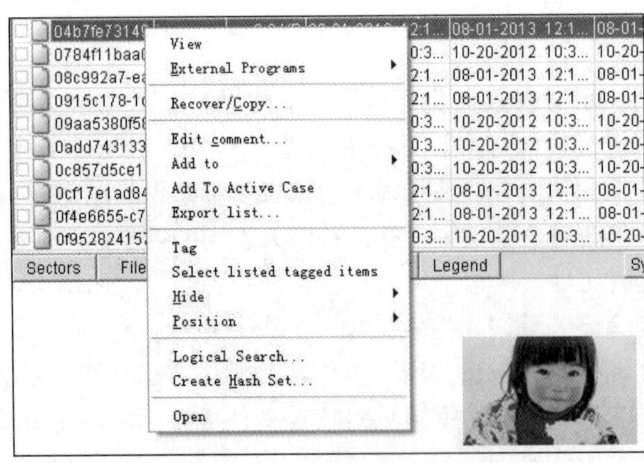

图 4.55　使用文件提取功能

在弹出的文件提取对话框中选择存放文件的路径，如图 4.56 所示。通常默认的提取路径在系统环境设置时指定的“Cases\案件名\磁盘镜像和分区名\”路径下，若 Tom 在文件提取对话框中勾选了 Recreate orig. path 复选框，那么最终路径就会按照该文件在原始证据中实际存在的路径来创建目录和存放，如图 4.57 所示。

图 4.56　文件提取对话框

图 4.57　提取文件的存放位置

提取文件后可以对该文件利用第三方软件进行分析。如果 Tom 认为有必要将这个文件单独提取出来并加入案件中，以便此后的报告中明确显示，或者方便后续的分析工作，可以右键单击这个文件并在右键菜单中选择 Add To Active Case 命令，该文件就会单独出现在界面左方的 Case Data 栏的目录树中，如图 4.58 所示。

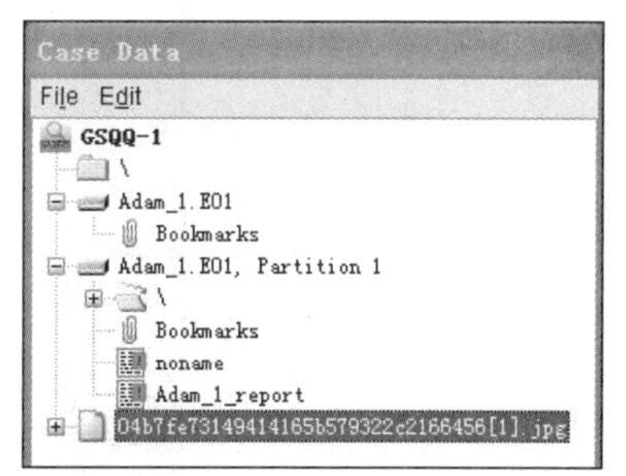

图 4.58　提取文件在 Case Data 栏目录树中

为了保证单独加入的文件的客观性，通常 Tom 会对该文件立即制作 Hash 码，即在 Case Data 栏目录树中右击该文件，在右键菜单中选择 Properties...命令，且在随之弹出的对话框中单击 Compute hash...按钮，如图 4.59 所示。随后选择制作 Hash 码的方式，可选择利用校验和（8 位、16 位、32

位或 64 位）、循环冗余码（CRC16 或 CRC32）、MD5、SHA-1 或 SHA-256 等多种方式制作（通常选择 MD5 或 SHA）。

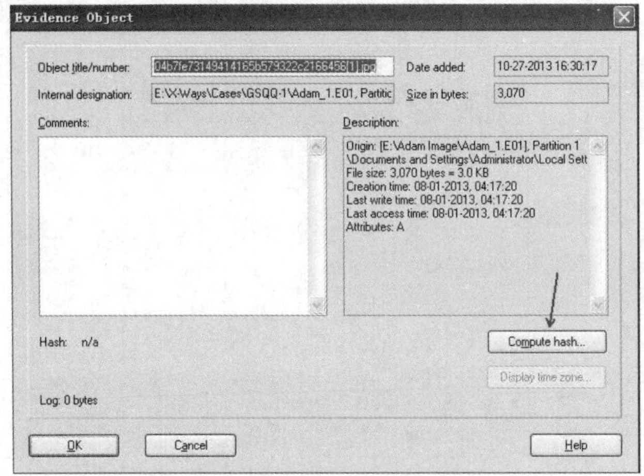

图 4.59　制作单个文件的 Hash 码

4.5.9　生成报告

计算机取证调查的结果需要使用报告的形式来呈现，经过具体的深入分析后 Tom 利用 X-Ways 的自动报告生成功能，对 Adam 的办公计算机磁盘调查结果制作取证报告。

（1）报告表的制作

创建报告前，Tom 需要选择在调查中感兴趣的文件，然后点击鼠标右键，在右键菜单中选择 Add to→New report table 命令，在弹出的对话框中填写报告表的名字，并将文件添加至报告表，如图 4.60 所示。通常可以根据文件内容或类别，将新建的报告表命名为“感兴趣的文档”、“xxx 地址”、“xxx 电子邮件”等。只有将文件添加至报告表后，这些文件才能被包含在报告当中。

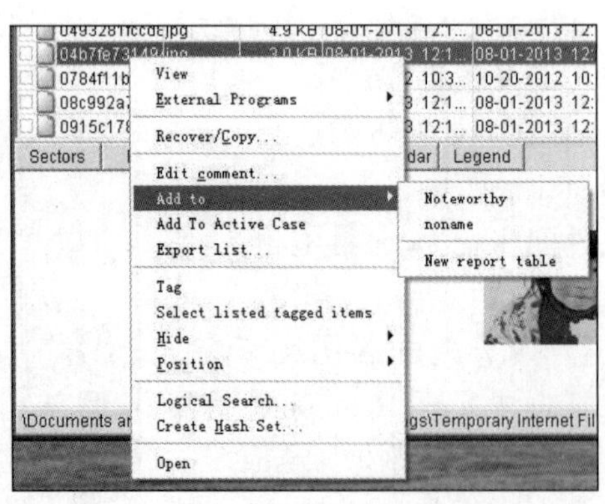

图 4.60　将感兴趣的文件添加到报告表

（2）创建报告

当 Tom 需要制作报告时，在 X-Ways 左方的 Case Data 栏菜单中选择 File→Create Report...命令打开创建报告功能，如图 4.61 所示。

图 4.61　打开报告制作功能

X-Ways 具有自动记录调查人员工作流程的功能，当 Tom 打开创建报告功能时，会弹出一个对话框询问是否将调查的流程日志加入到报告中。通常，为了再现调查分析的过程，需要利用这一功能。因此 Tom 单击 Yes 按钮，将调查流程加入自己的报告中。

当进行适合的报告设置后，X-Ways 即以超文本链接语言的格式出具调查报告，报告中通常包含有原始证据的基本信息、调查者信息和案件说明、调查中对感兴趣文件创建的报告表内容、调查中从原始证据磁盘/镜像中提取的文件内容和文件信息以及文件的链接、调查流程日志等，如图 4.62 所示。调查报告的默认名为“Report.html”，默认路径是在系统环境设置时指定的“Cases\案件名\”路径下。

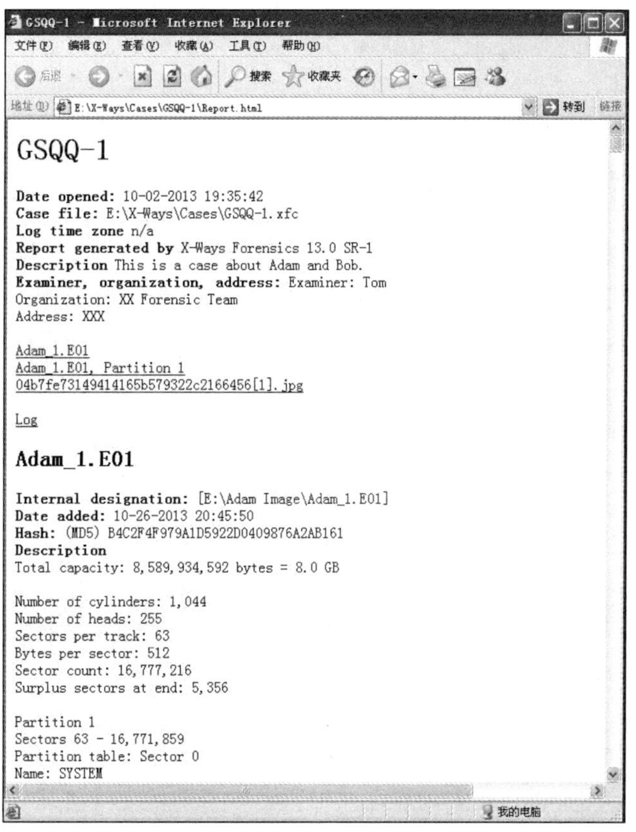

图 4.62　X-Ways 自动生成报告

应用实训

4.1 实验环境：

- 安装 VMware 虚拟机的计算机一台；
- X-Ways Forensics 取证分析软件；
- EnCase Forensic 取证分析软件。

实验准备：

（1）在 Windows XP 虚拟机的硬盘中以各种方式，在各个不同的文件夹放置取证目标证据文件，其中放置方式至少包含：

- 含特定文件名（如 target1）的文件；
- 含特定文件名（如 target2）并被删除的文件；
- 含特定文件名（如 target3）并放置在压缩文件包（如 rar）中的文件；
- 含特定文件名（如 target4）并放置在压缩文件包（如 zip）中，且压缩包被删除的文件；
- 含特定文件名（如 target5）并放置在压缩文件包（如 rar）中，且压缩包后缀名被修改的文件；
- 含特定图案的“.jpg”文件；
- 含特定图案的“.jpg”文件，且后缀名被修改为非图像文件；
- 含特定图案信息的“.doc”文件；
- 含特定文字信息（如“取证目标 9”）的“.doc”或“.xls”文件；
- 含特定文字信息（如“取证目标 10”）的“.doc”或“.xls”文件，且已被删除；
- 含特定文字信息（如“取证目标 11”）的“.doc”或“.xls”文件，且后缀名已被修改；
- 在特定时间创建的文件。

（2）在 Windows XP 虚拟机中加载一块足够大的虚拟硬盘。

任务：

- 利用 X-Ways 获取虚拟机中原硬盘取证镜像并存储在新加载的取证硬盘中。
- 利用 EnCase 对已获取的取证镜像进行文件特征分析。
- 利用 EnCase 使用初始化脚本提取已获取取证镜像的 Windows 环境证据。
- 利用 EnCase 的过滤器功能在取证镜像中分别搜索特定文件名、特定文件类型和特定文件创建时间的文件，并使用书签功能进行标注。
- 利用 EnCase 的图片集（Gallery）视图在取证镜像中搜索包含特定图像内容的文件，并使用书签功能进行标注。
- 利用 EnCase 的关键字搜索功能在取证镜像中搜索包含特定文本内容的文件，并使用书签功能进行标注。

- 使用 EnCase 的报告生成功能，对分析所得进行取证报告出具。

4.2 实验环境和实验准备同 4.1

任务：

- 利用 X-Ways 的过滤器功能在 4.1 制作的取证镜像中分别搜索特定文件名、文件类型和文件创建时间的文件，并将搜索所得加载在报告表中。
- 利用 X-Ways 的同步搜索功能，在取证镜像中搜索包含特定文本内容的文件，并将搜索所得加载在报告表中。
- 使用 X-Ways 的报告生成功能，对分析所得进行取证报告出具。

拓展练习

4.1 简述电子证据司法鉴定的基本程序。

4.2 电子证据保全时应当遵循哪些程序原则？

4.3 书写一份合格的计算机调查取证报告应当特别注意哪些方面？

4.4 若林环科公司高管 Leon 委托 Monica 对仅配给 Mike 个人使用的办公计算机进行取证调查，假设该计算机为“XXX”型号的计算机，硬盘容量为 500GB，平均分为 C、D、E 三个分区，使用 Windows 7 操作系统。如果 Monica 使用“X1”取证工具对该计算机硬盘进行数据恢复和数据搜索分析后，在 D 分区的“D:\XXX”路径下发现了一份名为“公司客户详情统计表.doc”的文件，并且在 E 分区的“E:\YYY”路径下发现了一份已被删除（但被 Monica 恢复）的名为“公司年度账务表.xls”的文件，这两份文件均为 Mike 越权获取的，足以证明 Mike 的侵权行为。

请以调查人员 Monica 的身份撰写一份呈交给 Leon 的取证调查报告。

5 在网络中进行取证

学习目标

- 了解网络取证的定义和特点
- 了解网络监控的程序
- 了解网络取证的数据来源
- 掌握利用网络取证分析工具获取和分析网络数据包的基本方法
- 掌握云存储取证的基本方法
- 掌握利用蜜罐技术进行网络取证的基本方法

项目说明

案例 1：

某公司主管 Alice 怀疑部门经理 Adam 对公司有侵权行为，因此委托计算机取证调查人员 Tom 进行调查。Tom 通过从项目 1（案例调查准备）到项目 4（案例深入调查分析）的调查和取证分析后，发现计算机系统中安装有“百度云管家”软件，因此有理由怀疑 Adam 可能把相当的犯罪证据和线索通过云存储服务存储在云端，这时取证调查人员 Tom 应当怎样获取证据？

案例 2：

计算机取证调查人员 Tom 在进行取证调查的过程中，发现为公司工作人员提供服务的服务器最近一段时间常受到黑客攻击，由于公司内部网络与 Internet 物理断开，因此 Tom 有理由相信攻击源来自内部局域网。此时调查人员 Tom 向公司主管 Alice 汇报后，得到公司高层授权可以在网络中进行适当的设置和调查，那么 Tom 应当怎样去获取证据和重要线索？

项目任务

在案例 1 中，根据云计算和云存储服务的特点，Tom 考虑到通常被调查者在利用云存储服务时往往会在本机安装相应的客户端软件，或者在本地的网页浏览记录中会发现访问相应网址的痕迹，进而通过对被调查计算机相应文件夹的分析获取被调查者在进行云存储时使用的用户名等信息，当获取了这些信息后，如果取证调查需要，可以向公安机关申请，要求相应云服务提供商配合调查。因此，对于案例 1 的调查需要完成以下任务：

- 被调查计算机安装云服务客户端软件信息检查；
- 被调查计算机上网记录分析；
- 云存储系统信息提取。

在案例 2 中，调查取证人员 Tom 考虑到最近一段时间服务器常受到攻击，且基本确定攻击源来自公司内部局域网，并已经得到了公司高层授权进行秘密调查，因此 Tom 决定采用蜜罐技术来引诱攻击者，并获取相应的证据和重要线索，在这种情况下，Tom 需要完成以下任务：

- 搭建蜜罐；
- 根据案例情况对蜜罐进行合理设置；
- 利用蜜罐进行调查。

基础知识

5.1　网络取证基础

随着计算机网络的广泛应用，我们的数字生活也越来越丰富，我们在享受网络带来便利的同时，也不得不面对网络中的各种危险：身份欺诈、个人资料外泄、木马病毒等。因为有了计算机网络，信息资源就不再局限在本机或是周边的存储设备，而是扩展到全世界的联网设备，取证也就不再局限于单个计算机，网络中的任意设备都可以作为数字证据的来源。

5.1.1　网络取证的定义

网络取证（Network Forensics）是抓取、记录和分析网络事件以发现安全攻击或其他问题事件的来源。这个术语是防火墙专家 Marcus Ranum 从法律和犯罪学领域引进的，但因为当时网络应用的范围还很有限，早期用得更多的术语是数字取证或电子取证。DFRWS（Digital Forensic Research Workshop）在 2001 年第一届年会上建议使用“数字取证”这个术语来描述本领域的所有内容，并将数字取证定义为：把经过科学地推导和证明的方法，应用到从数字设备提取的数字证据的保存、收集、确认、识别、分析解释、文档编制和展示中，以方便或促进犯罪事件的重构，或帮助预见有破坏性的非授权行为。

网络取证主要通过对网络数据流、审计迹、主机系统日志等的实时监控和分析，发现对网络系统的入侵行为，自动记录犯罪证据，并阻止对网络系统的进一步入侵。网络取证同样要求对潜在的、有法律效力的证据的确定与获取，但从当前的研究和应用来看，更强调对网络的动态信息收集和网络安全的主动防御。同时，网络取证也要应用计算机取证的一些方法和技术。目前，网络取证的相关技术包括 IP 地址和 MAC 地址的获取和识别技术，身份认证技术、电子邮件的取证和鉴定技术、网络监视技术、数据挖掘和过滤技术、漏洞扫描技术、人工智能、机器学习、IDS 技术和专家系统等。

5.1.2 网络取证的特点

网络取证系统区别于单机取证系统的概念，其主要工作是对网络入侵事件、网络犯罪活动进行证据获取、保存、分析和还原，它能够真实、连续地获取网络上发生的各种行为；能够完整地保存获取到的数据，并且防篡改；对保存的原始证据进行网络行为还原，重现入侵现场。

针对单个或数个独立的计算机进行取证的单机取证可以看作是一种事件发生之后，对取证目标系统的一种静态分析。随着计算机犯罪技术手段的提高，这种静态的观点已经无法满足针对网络犯罪而进行的取证调查的要求，因此网络取证系统的发展趋势是将计算机取证结合到网络安全系统、工具或网络体系结构中，构建具有智能性的网络取证系统。与计算机单机取证的概念相比较，网络取证突出了以下特征：

（1）主要研究对象不再仅仅局限于单个的或相互独立的计算机，而是与网络传输的数据包（packets）或者网络数据流（network traffic）有关。

（2）在网络取证时，取证人员的取证时间和被调查人员（如网络攻击者）的作案时间常常是重叠的，或者说网络取证是动态的，这就对网络取证调查提出了更高的实时性要求。调查行为常常需要满足证据的实时性和连续性要求，并且结合入侵前后的网络环境变量，可以重建入侵过程或重建虚拟的作案现场。

（3）在网络取证时，随着调查时的网络不同（局域网、广域网或者 Internet），取证调查的目标往往是分布在相当广阔的范围中的（常常跨越了不同的地区、不同的省市甚至不同的国家），为保证证据的完整性，网络取证常常需要部署多个取证点或设置多个取证代理，而且针对这些取证点和取证代理的工作常常需要及时联动，并且各个点所获取信息的相关性往往极强。

（4）在多数的网络取证实践工作中，为了满足网络取证的实时性要求，往往需要把网络取证的工作与网络监控（Network Monitoring）相结合。

网络取证是针对网络环境下的犯罪行为进行的，因此要想更有效地进行取证工作，就必须熟悉网络犯罪——主要是黑客的攻击手段和步骤。黑客的攻击步骤基本被描述为以下阶段：

（1）信息收集阶段（Information Gathering）：攻击者事先汇集目标的信息，进行知识和情报准备以及策划，此时尚未触及受害者；

（2）踩点阶段（Foot Printing）：扫描目标系统，对网络结构、网络组成、接入方式等进行探测；

（3）查点阶段（Enumerating）：搜索目标系统上的用户和用户组名、路由表、共享资源、SNMP 信息等；

（4）探测弱点阶段（Probing for Weaknesses）：尝试目标主机的弱点、漏洞；

（5）突破阶段（Penetration）：针对弱点、漏洞发送精心构造的数据，完成对目标主机的访问权由普通用户到完全控制权限（超级管理员、root 等权限）的提升，达到对受害者系统的窃取、破坏等目的；

（6）创建后门阶段（Back Door）：在获取完全控制权限后，为方便攻击者下次重新侵入主机，常在目标系统中利用种植木马等方式设置下次进入的“后门”；

（7）清除和掩盖入侵踪迹阶段：包括禁止系统审计、清空事件日志、隐藏作案工具以及用 Rootkit 替换操作系统文件等。

鉴于网络入侵过程的特点，在进行对应的网络取证时，就有必要重点突出以下取证环境和环节：

（1）边界网络（Perimeter Network）：指在本地网的防火墙以外，与外部公网连接的所有设备及其连接；

（2）端到端（End-to-End）：指攻击者的计算机到受害者的计算机的连接；

（3）日志相关（Log Correlation）：指各种日志记录在时间、日期、来源、目的甚至协议上满足一致性的匹配元素；

（4）环境数据（Ambient Data）：指删除后仍然存在，以及存在于交换文件和 slack 空间的数据；

（5）攻击现场（Attack Scenario）：将攻击再现、重建并按照逻辑顺序组织起来的事件。

5.1.3　网络电子证据的特点

网络取证所获取的证据也是电子证据的一种，因此其具有电子证据的一般特点，但是由于网络取证的特殊性，网络电子证据也具有一些自有的特点。网络电子证据的特点主要有：

（1）表现形式的多样性

电子证据超越了以往所有证据形式，不仅可用文字、图像和声音等多种方式存储，还可以多媒体形式存在，将多种表现形式融为一体是电子证据特有的特点。

（2）存储介质的电子性

电子证据依据计算机技术产生，以电子信息形式存储在特定的电子介质上，它的产生和重现必须依赖于特定的电子介质。而传统的证据则无需依赖于其他介质就可独立重现，这点正是电子证据的弱点，直接削弱了证明力度。例如，运用黑客手段入侵电脑网络，就能改变电子证据本来面目，给证据的认定带来困难。

（3）数据的准确性

电子信息严格按照运行于计算机上的各种软件和技术标准产生和运行，其结果完全是机器内部对一组组二进制编码的运行结果，丝毫不会受到感情、经验等主观因素影响。因此，如果没有人为的蓄意修改或毁坏，电子证据能准确地反映整个事件的完整过程和每一细节。

（4）证据的脆弱性

书面文件使用纸张为载体，不仅真实记录有签署人的笔迹和各种特征，而且可以长久保存，如有任何改动或添加，都会留下“蛛丝马迹”，通过专家或司法鉴定等手段均不难识别。但电子证据使用电磁介质，存储的数据易被修改且不易留下痕迹。它还容易受到电磁攻击，比如，鉴定证据时，一旦不小心打开文件，那么文件的最近修改时间就会改变。电子证据的这种特点，使得计算机罪犯的作案行为更容易，事后追踪和复原更困难。

（5）数据的挥发性

在计算机系统中，有些紧急事件的数据必须在一定的时间内获得才有效，这就是数据的“挥发性”，即经过一段时间数据可能就无法得到或失效了。因此，在收集电子证据时必须充分考虑到数据的挥发性，在数据的有效期内及时收集数据。

（6）证据的易失性

从网络获取电子证据的来源看，网络电子证据还具有易失性，如网络数据流是流动的，会随着时间的推移而消失，如果不特别存储所有的网络数据流，则网络上曾经发生的一切都将逝去，不可能被重现。

由于网络电子证据的特殊性，因此网络取证的过程与传统的取证过程有一定差异，针对不同性质的案件，网络取证的步骤均有其自身的一些特点，但无论何种性质的案件，也无论采用什么样的网络取证方法和工具，从案件授权到取证准备、取证实施、证据归档，直至证据提交的取证全过程，都必须符合法学规程上对计算机取证的一般程序，其获取的证据也必须满足关联性、合法性和客观性的要求。

5.1.4 网络取证的难点和发展趋势

虽然网络取证技术的研究已取得了一定的成果，但目前这一领域从法理到技术方面都存在着巨大的困难和挑战。从技术的角度而言，当前的网络取证技术存在以下困难与挑战：

（1）网络电子证据数量巨大，而且是动态的，单靠人工进行取证分析是不现实的，如何有效地在海量（Massive）的信息中分析、发现电子证据还是个难题。另外，海量的信息需要大容量的存储介质，在取证过程中如何有效地保存、保护证据是急需解决的问题。

（2）互联网联系世界各国，所以取证过程中可能涉及不同国家或地区的管辖区，取证系统设计必须充分考虑各辖区的政策法规以及时区等问题。

（3）实现远程犯罪现场访问，并对受害者提供帮助。这就要求取证工具是网络化的、安全的、全面的和及时的。随着计算机犯罪的不确定性和普遍性，对金融、保密等重要部门的监管和取证将越来越重要。

（4）协同环境下的自动取证技术研究。在大规模计算机欺诈案件中，许多人员和计算机卷入其中，使得跟踪各对象之间的关系、寻找犯罪证据非常困难，需要经过相关分析，才能跟踪入侵者的入侵过程，获得其犯罪证据，问题是如何使得分析的过程自动化、智能化。

虽然网络取证已在国外取得了一定的成果，但在我国它还刚刚起步。随着网络入侵攻击手段的不断升级，网络取证面临着种种困难和前所未有的巨大挑战。网络取证的技术和网络入侵攻击的技术往往是相互促进和发展的，当前网络取证相关技术的发展趋势如下：

（1）完善相应的取证法规

当前，我国还缺乏专门规范的计算机（网络）取证的法律法规，公安人员在执法过程中的难点恰恰是无法用电子证据来有效地惩治犯罪分子。因此，制定专门的计算机（网络）取证的法律法规已成为我国刑事程序法领域待改革和完善的焦点之一。

（2）海量数据搜索

网络犯罪的电子证据和海量的正常网络数据混杂一起，由于网络环境本身就比较复杂，造成了犯罪行为在网络环境中存储状态复杂、表现形式多种多样。如何从繁杂、海量的网络数据中，找出与案件有关联的、反映案件客观事实的电子证据，已成为网络取证领域迫切需要解决的问题。

（3）取证领域不断扩大

计算机（网络）取证作为一门综合性的学科，涉及数据挖掘、人工智能、媒介的物理性质、数据库技术等多方面的知识。在网络取证的过程中，可提取电子证据的数据源已不再限于主机系统方面，还包括来自网络方面及其他数字设备方面的数据；电子证据的表现形式也从单一的文本日志变得丰富多样，如图形、图像、音频、视频等也可能包含电子证据。

（4）取证工具向标准化、自动化和专业化方向发展

网络犯罪形势的升级，促使越来越多的人开始对计算机（网络）取证领域进行关注，大量的人力、物力被投入到取证领域的研究中，并且开发出了许多取证工具，如Forensic X、DM等，但是这些取证工具没有统一的标准，导致人们无法抉择出适合自身的取证工具。在开发取证工具时，往往会添加新的技术来使取证过程更加自动化，降低对人为因素的依赖，如数据挖掘技术、人工智能技术等；除此之外，针对不同的场合、软硬件环境，为了能找出证据就要开发出专业化的取证工具。

（5）发展协同环境下的取证及无线环境下的取证分析

在取证的过程中有时会涉及许多相关的取证对象（或取证点），为了寻找出完整的电子证据，就需要对入侵者经过各个对象的过程进行全程监控，即协同取证；入侵者还会通过一些无线设备（如手机、传真、PDA 等）通过远程操控来进行犯罪活动，以上两种情况下的取证将会是以后取证领域研究的热点。

5.1.5 网络监控的程序

就计算机取证而言，网络监控是指以网络为载体或对象的取证活动，主要包括通过截获、复制、记录等方式对网络通信中的数据、信息进行的取证。需要强调的是，这里的网络监控是一种特定主体所开展的取证手段。只有法定的主体在取得法定的授权之后才能进行网络监控，而这主要体现在刑事侦查中利用网络监控所进行的侦查取证活动。从我国现行立法来看，网络监控可以归为技术侦查的一种类型，因此所探讨的网络监控程序主要以常规（刑事）案件为基础展开。

（1）授权

目前，我国的技术侦查只能由公安机关和国家安全机关决定开展，不管是哪一侦查机关欲实施技术侦查，其最终都要由同样作为侦查机关的公安机关和国家安全机关来审批。

（2）证据收集

当调查人员获得授权后，便可开展网络监控以及要求网络服务商协助。在与网络服务商合作时，调查机关需要首先与其商议其他可能的证据收集方法，以避免对其正常的商业经营活动构成障碍。一方面，调查机关可指令网络服务商依据其已有的技术手段进行监控，或者按照执法要求进行相应设置，以满足取证需要；另一方面，调查人员也可在网络服务器上安装监控软件或设备。

但在服务器上安装网络监控软件时需要注意：调查人员与服务器工作人员应首先鉴别目标计算机的通信路径，从而明确监控对象。其次安装监控软件和设置相应通信路径等的调查人员需要接受专门训练。

在整个证据收集过程中，如果遇到监控时间较长而调查人员需要离开的情况，应当采取技术手段对监控软件进行远程控制，避免服务商工作人员接触到监控数据或信息。并且在监控时间较长的情况下，执法者应当定期向授权者汇报有关进展情况。

（3）证据分析与提交报告

在监控软件或设备收集到相应的数据或信息后，调查人员应取回自行安装的软件设备，或强制网络服务商在其现有技术能力范围内出示其本身收集到的数据信息。同样，在这一过程中，主管当局也应责成网络服务商对有关事项和措施严格保密。对网络监控所获证据的分析，应由专业技术人员进行。如果获取的证据与调查目标无关，应立即对这些数据或信息进行删除，且不得保存复制件。证据分析过程完成后，调查人员应严格按照授权令状的要求对案件类型、监控方法、持续时间、监控位置、监控对象、监控内容等进行详细的记载，以备后续查验。

5.2 网络调查的信息源和常用分析工具

5.2.1 网络调查的信息源

取证过程主要是围绕电子证据（Electric Evidence）来进行的，因此，电子证据是数字取证技术的核心。对于网络取证，其电子证据的来源主要有：网络数据流；连网设备（包括各类调制解调器、网卡、路由器、集线器、交换机、网线与接口等）；网络安全设备或软件（包括IDS、防火墙、网闸、反病毒软件日志、网络系统审计记录）。网络调查的信息源如表 5.1 所示。

表 5.1　网络调查信息源

终端部分（攻击方或者受害方）	操作系统的审计线索
	系统事件日志
	警告日志文件
	文件（修改、访问、创建）时间戳
	恢复的数据
数据传输部分	网络流、数据包
	防火墙日志
	入侵检测系统日志
	访问控制系统日志
	路由器日志

在网络取证调查中，除了终端设备和服务器之外，防火墙、路由器以及入侵检测系统等等均是重要的信息获取源。所谓防火墙指的是一个由软件和硬件设备组合而成、在内部网和外部网之间、专用网与公共网之间的界面上构造的保护屏障，是一种获取安全性方法的形象说法。它是一种计算机硬件和软件的结合，使Internet与Intranet之间建立起一个安全网关（Security Gateway），从而保护内部网免受非法用户的侵入。防火墙主要由服务访问规则、验证工具、包过滤和应用网关四个部分组成，防火墙就是一个位于计算机和它所连接的网络之间的软件或硬件。该计算机流入流出的所有网络通信和数据包均要经过此防火墙。

而路由器（Router）是连接因特网中各局域网、广域网的设备，它会根据信道的情况自动选择和设定路由，以最佳路径，按前后顺序发送信号。

在路由器工作时，会产生日志（如图 5.1 所示），日志中反映了数据包的发送接受时间、发送者 IP 地址、对方 IP 地址、数据包类型等信息。

IDS（Intrusion Detection Systems）即入侵检测系统。专业上讲就是依照一定的安全策略，通过软、硬件对网络、系统的运行状况进行监视，尽可能发现各种攻击企图、攻击行为或者攻击结果，以保证网络系统资源的机密性、完整性和可用性。假如防火墙是一幢大楼的门锁，那么 IDS 就是这幢大楼里的监视系统。一旦小偷爬窗进入大楼，或内部人员有越界行为，只有实时监视系统才能发现情况并发出警告。

犯罪嫌疑人通常会在系统日志中留下他们的踪迹，因此，充分利用系统日志是检测入侵的必要条件。日志文件中记录了各种行为类型，每种类型又包含不同的信息，例如记录“用户活动”类型的日志，就包含登录、用户 ID 改变、用户对文件的访问、授权和认证信息等内容。

```
2013-10-28 09:38:45 IP: src: 192.168.2.2 (GigaEthernet0/5), dst: 192.168.1.
gaEthernet0/6), len=60, gate: 192.168.1.2, forward
2013-10-28 09:38:45 IP: src: 192.168.1.2 (GigaEthernet0/6), dst: 192.168.2.
gaEthernet0/5), len=60, gate: 192.168.2.2, forward
2013-10-28 09:38:45 IP: src=192.168.2.2 (GigaEthernet0/5), dst=192.168.2.25
gaEthernet0/5), len=78, rcvd
2013-10-28 09:38:46 IP: src: 192.168.2.2 (GigaEthernet0/5), dst: 192.168.1.
gaEthernet0/6), len=60, gate: 192.168.1.2, forward
2013-10-28 09:38:46 IP: src: 192.168.1.2 (GigaEthernet0/6), dst: 192.168.2.
gaEthernet0/5), len=60, gate: 192.168.2.2, forward
2013-10-28 09:38:46 IP: src=192.168.2.2 (GigaEthernet0/5), dst=192.168.2.25
gaEthernet0/5), len=78, rcvd
2013-10-28 09:38:46 IP: src=192.168.1.2 (GigaEthernet0/6), dst=125.90.93.19
n=98, route failed
2013-10-28 09:38:46 IP: src=192.168.1.1 (local), dst=192.168.1.2 (GigaEther
6), len=56, gate=192.168.1.2, sending
2013-10-28 09:38:47 IP: src=192.168.2.2 (GigaEthernet0/5), dst=192.168.2.25
gaEthernet0/5), len=78, rcvd
2013-10-28 09:38:47 IP: src: 192.168.2.2 (GigaEthernet0/5), dst: 192.168.1.
gaEthernet0/6), len=60, gate: 192.168.1.2, forward
2013-10-28 09:38:47 IP: src: 192.168.1.2 (GigaEthernet0/6), dst: 192.168.2.
gaEthernet0/5), len=60, gate: 192.168.2.2, forward
```

图 5.1　路由器日志示例

5.2.2　网络取证分析工具

网络取证分析工具是指具有网络数据包嗅探器、网络协议分析、网络数据流监控和解析等种种网络取证分析功能的单一或多个软硬件工具的集成工具包。

网络取证首先要进行网络数据包的捕获和分析，而数据包分析常被称为数据包嗅探或协议分析，指的是捕获或者解析网络上在线传输数据的过程，通常是为了能更好地了解网络上正发生的事情。数据包分析过程则通常由数据嗅探器来执行。

数据包分析技术可以达到以下目的：

- 了解网络特性
- 查看网络中通信的主体
- 确认是谁或者哪些应用占用网络带宽
- 识别网络使用高峰时间
- 识别可能的攻击或恶意活动
- 寻找不安全以及滥用的网络资源应用
- 实时在线取证

常见的网络数据包嗅探调查的工具有：Wireshark、sniffer、snort、network monitor 等，其用法大同小异。本书以网络取证中常用的 Wireshark 工具为例进行网络取证分析工具的介绍。在阅读后续演示和项目分析时，应具有一定的计算机网络基础知识，并熟悉 OSI 七层参考模型、TCP 四层模型、网络数据封装等基本技术，且对网络中使用的集线器、交换机和路由器的工作原理有一定了解。

（1）利用 Wireshark 获取数据包并进行基础分析

1）打开 Wireshark 应用程序，选择 Capture，选择要监听网卡：本地连接，点击 Start 按钮开始监听，如图 5.2 所示。

2）打开 IE 浏览器，键入网址“www.baidu.com”，一段时间后在 Wireshark 中停止监听。打开监听主界面，如图 5.3 所示。

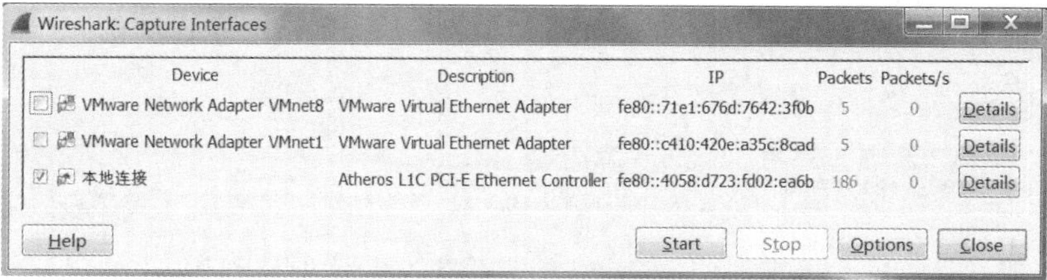

图 5.2　Wireshark 信息捕获接口

图 5.3　Wireshark 主界面

该界面从上至下分为 Packet list、Packet Details、Packet Bytes 三个面板，在 Packet list 面板中，用不同颜色的底纹标示不同的协议，从左至右依次为：包序号、（相对）时间、源地址、目的地址、协议、包长度、信息。Packet list 面板如图 5.4 所示。

No.	Time	Source	Destination	Protocol	Length	Frame	Info
4	1.79331500	192.168.1.100	115.239.210.26	HTTP	645	Yes	GET / HTTP/1.1
5	1.79357400	192.168.1.100	180.149.131.210	TCP	66	Yes	50557 > http [SYN] Seq=0 Win=8192 Len=0 MSS=1460 WS=4 SA
6	1.85547400	180.149.131.210	192.168.1.100	TCP	66	Yes	http > 50557 [SYN, ACK] Seq=0 Ack=1 Win=8192 Len=0 MSS=1
7	1.85553700	192.168.1.100	180.149.131.210	TCP	54	Yes	50557 > http [ACK] Seq=1 Ack=1 Win=66240 Len=0
8	1.86122100	115.239.210.26	192.168.1.100	TCP	60	Yes	http > 50553 [ACK] Seq=1 Ack=592 Win=17730 Len=0
9	1.86348800	115.239.210.26	192.168.1.100	TCP	481	Yes	[TCP segment of a reassembled PDU]
10	1.86612100	115.239.210.26	192.168.1.100	TCP	1494	Yes	[TCP segment of a reassembled PDU]
11	1.86617400	192.168.1.100	115.239.210.26	TCP	54	Yes	50553 > http [ACK] Seq=592 Ack=1868 Win=64800 Len=0
12	1.86893400	115.239.210.26	192.168.1.100	TCP	1494	Yes	[TCP segment of a reassembled PDU]
13	1.87198100	115.239.210.26	192.168.1.100	TCP	1494	Yes	[TCP segment of a reassembled PDU]
14	1.87203600	192.168.1.100	115.239.210.26	TCP	54	Yes	50553 > http [ACK] Seq=592 Ack=4748 Win=64800 Len=0
15	1.87229400	115.239.210.26	192.168.1.100	HTTP	333	Yes	HTTP/1.1 200 OK (text/html)
16	1.92420300	192.168.1.100	115.239.211.11	HTTP	535	Yes	GET /su?wd=&cb=window.bdsug.sugPreRequest&sid=&t=1382604
17	1.92977900	192.168.1.100	180.149.131.210	HTTP	561	Yes	GET /passApi/js/uni_login_wrapper.js?cdnversion=13826043
18	1.94154000	192.168.1.100	192.168.1.1	DNS	73	Yes	Standard query 0x8643 A www.baidu.com
19	1.96055000	192.168.1.1	192.168.1.100	DNS	132	Yes	Standard query response 0x8643 CNAME www.a.shifen.com A
20	1.99233700	180.149.131.210	192.168.1.100	TCP	60	Yes	http > 50557 [ACK] Seq=1 Ack=508 Win=6912 Len=0
21	1.99560900	180.149.131.210	192.168.1.100	HTTP	1412	Yes	HTTP/1.1 200 OK (text/javascript)
22	1.99561000	115.239.211.11	192.168.1.100	TCP	60	Yes	http > 50556 [ACK] Seq=1 Ack=482 Win=63 Len=0
23	1.99573700	115.239.211.11	192.168.1.100	TCP	265	Yes	[TCP segment of a reassembled PDU]

图 5.4　Packet list 面板

在 Packet list 中点击某行，在 Packet Details 面板会看到数据包详细信息。Packet Details 面板如图 5.5 所示。

```
⊞ Frame 1: 60 bytes on wire (480 bits), 60 bytes captured (480 bits) on interface 0
⊞ Ethernet II, Src: Tp-LinkT_2d:a3:4c (14:e6:e4:2d:a3:4c), Dst: Giga-Byt_c0:4b:30 (94:de:80:c0:4b:30)
⊟ Internet Protocol Version 4, Src: 180.149.131.35 (180.149.131.35), Dst: 192.168.1.100 (192.168.1.100)
    Version: 4
    Header length: 20 bytes
  ⊞ Differentiated Services Field: 0x00 (DSCP 0x00: Default; ECN: 0x00: Not-ECT (Not ECN-Capable Transport))
    Total Length: 40
    Identification: 0xade1 (44513)
  ⊞ Flags: 0x02 (Don't Fragment)
    Fragment offset: 0
    Time to live: 53
    Protocol: TCP (6)
```

图 5.5 Packet Details 面板

而 Packet Bytes 面板（见图 5.6）则是对 Packet Details 面板内容的具体表现。

```
0000  94 de 80 c0 4b 30 14 e6  e4 2d a3 4c 08 00 45 40   ....K0.. .-.L..E@
0010  00 28 c2 7a 40 00 35 06  7a 0e 73 ef d3 0b c0 a8   .(.z@.5. z.s.....
0020  01 64 00 50 c5 7c 53 ae  b6 80 f2 c1 6b 24 50 10   .d.P.|S. ....k$P.
0030  00 3f 78 ac 00 00 e5 77  83 ff e5 13               .?x....w ....
```

图 5.6 Packet Bytes 面板

下面，以最常见的 TCP 三次握手数据包进行分析，点击第三个数据包如下：

1.793302000 192.168.1.100 180.149.131.210 TCP 54 Yes 50555 > http [FIN, ACK] Seq=1 Ack=1 Win=16220 Len=0

捕获的这个数据包是从 192.168.1.100 的 50555 端口发往 180.149.131.210 的 80 端口。TCP 第一次握手过程如图 5.7 所示。

```
No.  Time        Source           Destination      Protocol Length Frame  Info
  2 0.00004500 192.168.1.100     180.149.131.35   TCP      54 Yes  50550 > http [ACK] Seq=1 Ack=2 Win=16487 Len=0
  3 1.79330200 192.168.1.100     180.149.131.210  TCP      54 Yes  50555 > http [FIN, ACK] Seq=1 Ack=1 Win=16220 Len=0
  4 1.79331500 192.168.1.100     115.239.210.26   HTTP    645 Yes  GET / HTTP/1.1
  5 1.79357400 192.168.1.100     180.149.131.210  TCP      66 Yes  50557 > http [SYN] Seq=0 Win=8192 Len=0 MSS=1460 WS=4 SA
  6 1.85547400 180.149.131.210   192.168.1.100    TCP      66 Yes  http > 50557 [SYN, ACK] Seq=0 Ack=1 Win=8192 Len=0 MSS=1

⊞ Frame 3: 54 bytes on wire (432 bits), 54 bytes captured (432 bits) on interface 0
⊞ Ethernet II, Src: Giga-Byt_c0:4b:30 (94:de:80:c0:4b:30), Dst: Tp-LinkT_2d:a3:4c (14:e6:e4:2d:a3:4c)
⊟ Internet Protocol Version 4, Src: 192.168.1.100 (192.168.1.100), Dst: 180.149.131.210 (180.149.131.210)
    Version: 4
    Header length: 20 bytes
  ⊞ Differentiated Services Field: 0x00 (DSCP 0x00: Default; ECN: 0x00: Not-ECT (Not ECN-Capable Transport))
    Total Length: 40
    Identification: 0x1c7b (7291)
  ⊞ Flags: 0x02 (Don't Fragment)
    Fragment offset: 0
    Time to live: 64
    Protocol: TCP (6)
  ⊞ Header checksum: 0x0000 [incorrect, should be 0x23e1 (may be caused by "IP checksum offload"?)]
    Source: 192.168.1.100 (192.168.1.100)
    Destination: 180.149.131.210 (180.149.131.210)
    [Source GeoIP: Unknown]
    [Destination GeoIP: Unknown]
⊟ Transmission Control Protocol, Src Port: 50555 (50555), Dst Port: http (80), Seq: 1, Ack: 1, Len: 0
    Source port: 50555 (50555)
    Destination port: http (80)
    [Stream index: 1]
    Sequence number: 1    (relative sequence number)
    Acknowledgment number: 1    (relative ack number)
    Header length: 20 bytes
  ⊞ Flags: 0x011 (FIN, ACK)
    Window size value: 16220
    [Calculated window size: 16220]
    [Window size scaling factor: -1 (unknown)]
  ⊞ Checksum: 0xfa8e [validation disabled]
0000  14 e6 e4 2d a3 4c 94 de  80 c0 4b 30 08 00 45 00   ...-.L.. ..K0..E.
0010  00 28 1c 7b 40 00 40 06  00 00 c0 a8 01 64 b4 95   .(.{@.@. .....d..
0020  83 d2 c5 7b 00 50 6d 48  70 22 cf 66 dd 36 50 11   ...{.PmH p".f.6P.
0030  3f 5c fa 8e 00 00                                  ?\....
File: "C:\Users\ADMINI~1\AppDat  Packets: 31 · Displayed: 31 (100.0%) · Dropped: 0 (0.0%)  Profile: Default
```

图 5.7 TCP 第一次握手

继续查看第六个数据包，如图 5.8 所示，这正是 180.149.131.210 发出的 SYN/ACK 响应。

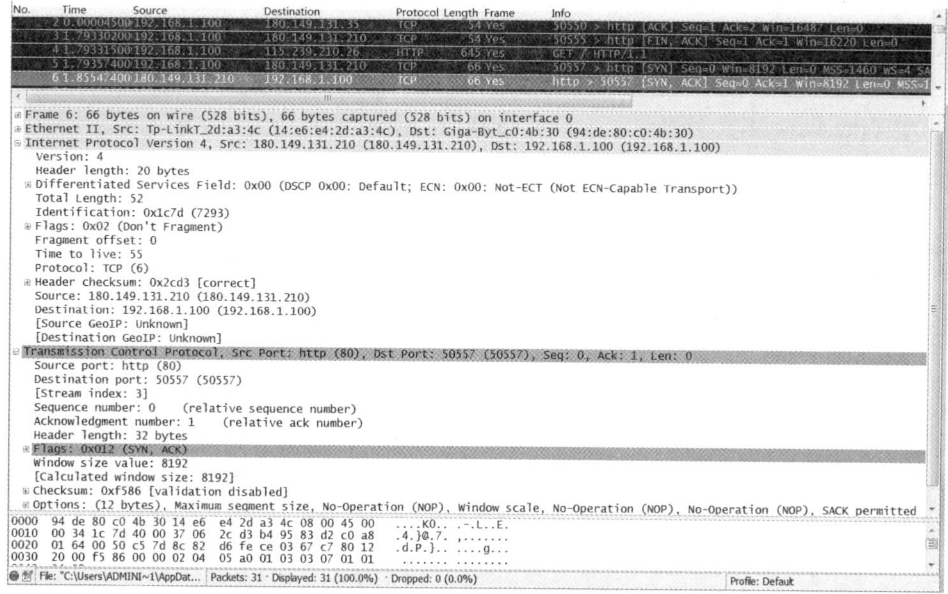

图 5.8　TCP 第二次握手

最后的数据包（如图 5.9 所示）是从 192.168.1.100 发出的 ACK 数据包。通过 Wireshark 的演示，印证了所有基于 TCP 的通信都需要以两台主机的握手开始。

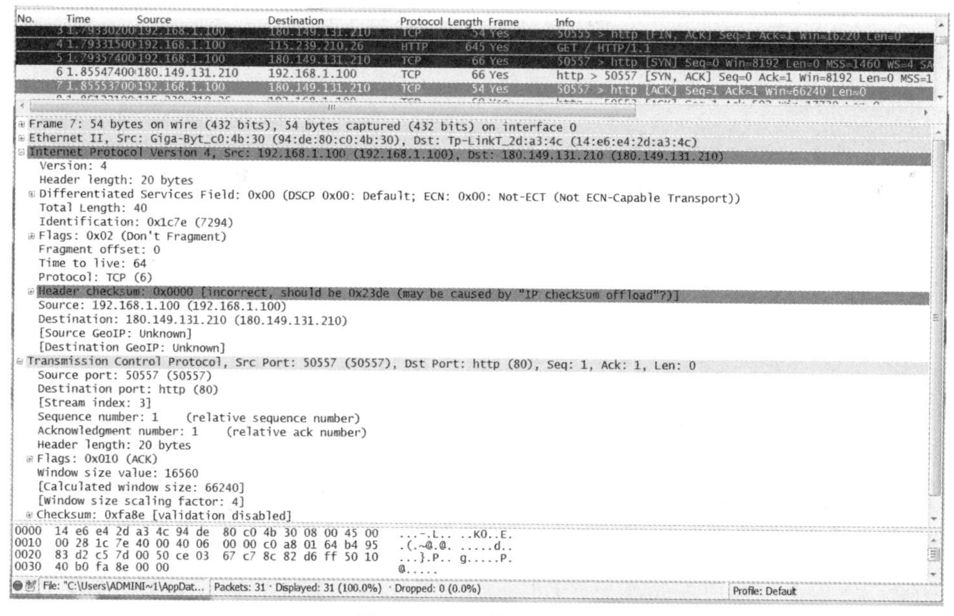

图 5.9　TCP 第三次握手

（2）Wireshark 取证调查的应用

在网络取证中，获得授权的取证人员可以通过 Wireshark 监听网络中的流量信息，从很多的数据包中分析出案件线索。尽管目前很多网络应用、网络流量是经过加密的，但有经验的取证人员也会发现其中的蛛丝马迹。

现利用 Wireshark 工具对平时常见的网络场景，比如登录 QQ、微博广播和私信等进行流量捕获的分析。

1）登录 QQ。

QQ 是常用即时通信软件，在实验中利用 QQ 软件发送信息的同时，采用 Wireshark 捕获数据包，在捕获的数据包中，就具有 OICQ 协议（如图 5.10 所示）。

410	2.63631300	111.161.48.46	192.168.1.100	TCP	60	Yes	http > 51128 [ACK] Seq=1 Ack=404 Win=6912 Len=0
411	2.63847800	111.161.48.46	192.168.1.100	HTTP	83	Yes	HTTP/1.1 304 Not Modified
412	2.63885000	192.168.1.100	111.161.48.46	TCP	54	Yes	51128 > http [FIN, ACK] Seq=404 Ack=30 Win=66208 Len=0
413	2.66742400	183.60.19.88	192.168.1.100	UDP	105	Yes	Source port: irdmi Destination port: terabase
414	2.94702200	192.168.1.100	192.168.1.255	NBNS	92	Yes	Name query NB WPAD<00>
415	3.00104300	fe80::2029:4fbe:b11	ff02::c	SSDP	208	Yes	M-SEARCH * HTTP/1.1
416	3.08724800	192.168.1.100	183.60.19.88	OICQ	81	Yes	OICQ Protocol
417	3.13724100	183.60.19.88	192.168.1.100	OICQ	297	Yes	OICQ Protocol
418	3.14873600	192.168.1.100	183.60.19.88	UDP	81	Yes	Source port: terabase Destination port: irdmi
419	3.16799100	192.168.1.100	183.60.19.88	UDP	89	Yes	Source port: terabase Destination port: irdmi
420	3.19832600	183.60.19.88	192.168.1.100	UDP	777	Yes	Source port: irdmi Destination port: terabase
421	3.21536900	183.60.19.88	192.168.1.100	UDP	129	Yes	Source port: irdmi Destination port: terabase

图 5.10　登录 QQ 数据包信息

双击序列号为 417 的数据包，在 Packet Details 中，有如图 5.11 所示的信息，其中 Frame 417 这一行是物理层信息，Ethernet 这一行是数据链路层协议，Internet Protocol Version 4 这一行是网络层协议，User Datagram Protocol 这一行是传输层协议（UDP 协议），OICQ 这一行则是应用层协议。通过分析可以得到发送者的 QQ 号码是：2781806008，但是由于 QQ 传输采用了加密技术，所以 Data 信息是加密的，图中浅色阴影部分即是数据，需要用密钥解码。采用此方法，即使取证调查人员无法获取发送信息的详细资料，但是获得发送者的 QQ 号码同样是进行案件调查的重要线索。

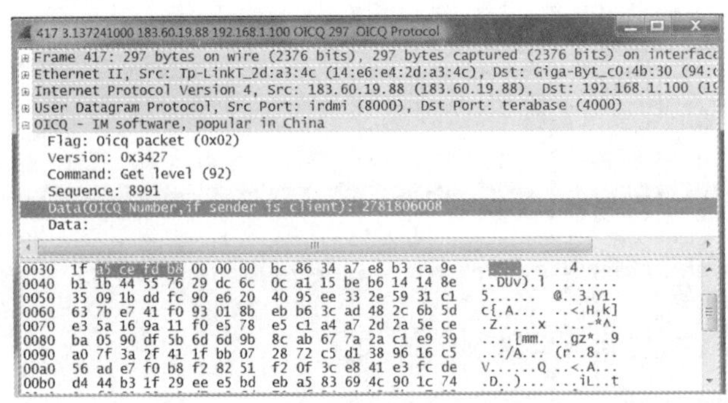

图 5.11　登录 QQ 数据包细节信息

2）微博广播和私信。

微博是一个提供微型博客服务的类Twitter网站。用户目前可以通过网页、手机，以及电子邮箱等途径使用微博。微博的用户界面如图 5.12 所示。

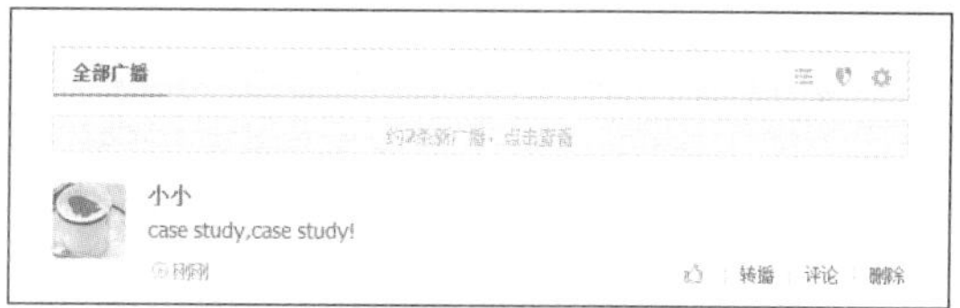

图 5.12　微博用户界面

- 对微博广播信息的分析

以腾讯微博为例，登录微博以后，在“全部广播”处，键入“case study, case study”，并且通过 Wireshark 捕获数据包，捕获结果如图 5.13 所示。

```
14 1.86578500 192.168.1.1      192.168.1.100   DNS    88 Yes   Standard query response 0xf163  A 182.131.31.23
15 1.86659400 192.168.1.100    182.131.31.23   TCP    66 Yes   53046 > http [SYN] Seq=0 Win=8192 Len=0 MSS=1460 WS=4 SACK_PERM=1
16 1.88712300 182.131.31.23    192.168.1.100   TCP    66 Yes   http > 53046 [SYN, ACK] Seq=0 Ack=1 Win=5760 Len=0 MSS=1440 SACK_PERM=1 WS=1024
17 1.88717200 192.168.1.100    182.131.31.23   TCP    54 Yes   53046 > http [ACK] Seq=1 Ack=1 Win=66240 Len=0
18 1.88762400 192.168.1.100    182.131.31.23   HTTP 1367 Yes   POST /old/publish.php HTTP/1.1  (application/x-www-form-urlencoded)
19 1.93225300 182.131.31.23    192.168.1.100   TCP    60 Yes   http > 53046 [ACK] Seq=1 Ack=1314 Win=9216 Len=0
20 2.07851700 182.131.31.23    192.168.1.100   HTTP  752 Yes   HTTP/1.1 200 OK  (text/html)
21 2.07851800 182.131.31.23    192.168.1.100   TCP    60 Yes   http > 53046 [FIN, ACK] Seq=699 Ack=1314 Win=9216 Len=0
22 2.07859500 192.168.1.100    182.131.31.23   TCP    54 Yes   53046 > http [ACK] Seq=1314 Ack=700 Win=65540 Len=0
23 2.07907700 192.168.1.100    182.131.31.23   TCP    54 Yes   53046 > http [FIN, ACK] Seq=1314 Ack=700 Win=65540 Len=0
24 2.08313900 192.168.1.100    14.17.11.254    TCP    66 Yes   53047 > http [SYN] Seq=0 Win=8192 Len=0 MSS=1460 WS=4 SACK_PERM=1
```

图 5.13　微博广播捕获数据包

双击序号为 18 的数据包，打开 Packet Details 面板，如图 5.14 所示，在该图最后一行，出现了“case study, case study！”的明文信息。

```
  Cache-Control: post-check=0,pre-check=0\r\n
  Expires: Sun, 27 Oct 2013 13:19:58 GMT\r\n
  Pragma: \r\n
  Vary: Accept-Encoding\r\n
  Content-Encoding: gzip\r\n
  Content-Length: 402\r\n
  \r\n
  [HTTP response 1/1]
  [Time since request: 0.190893000 seconds]
  [Request in frame: 18]
  Content-encoded entity body (gzip): 402 bytes -> 774 bytes
Line-based text data: text/html
  \n
  [truncated] {"result":0,"msg":"\u5e7f\u64ad\u6210\u529f","info":{"talk":[{"id":"161943050286552","content":"case study,case study!","time":"\u521a\u521a","type":1,"status":0,"image":[],"
```

图 5.14　微博广播数据包分析

- 对微博私信信息的分析

在通过微博发私信的同时，用 Wireshark 捕获数据包如图 5.15 所示。在该工具中通过对第 52 个数据包的分析，可以发现采用明文发送的微博私信，其发送者为“321912”，而接收者则是“comeonbb000”。

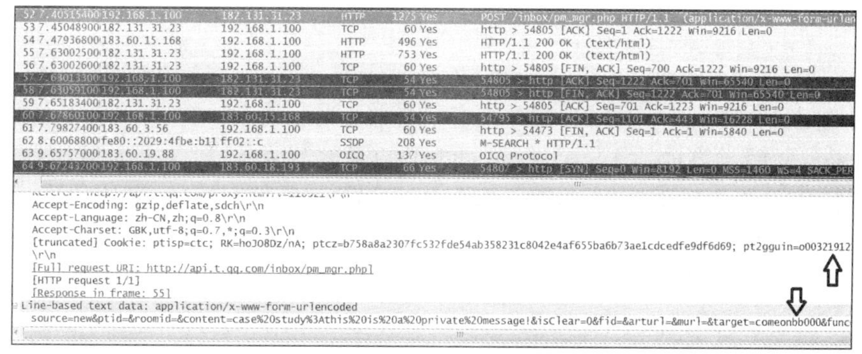

图 5.15　微博私信数据包分析

项目分析

在本章案例1中，计算机调查人员Tom在针对Adam的计算机进行取证调查时，发现Adam有使用云存储服务的嫌疑，并且怀疑Adam在云存储服务中很可能存储了一些重要的证据信息或线索。为了获取有价值的证据信息，Tom决定对Adam的计算机是否安装了云存储服务的客户端软件进行调查，并且分析本地网页浏览记录中相应云存储服务网址的痕迹，从而首先确定Adam使用了哪个提供商的云存储服务。在获取这些基本信息的基础上，对Adam的计算机中与云存储服务相关的文件夹进行重点分析，获取被调查者在进行云存储时使用的用户名等重要信息。在获取这些重要信息后，根据案件取证调查的需要以及公司利益的需求，与公司高层协商是否提起诉讼并向公安机关申请，要求相应云服务提供商配合调查。

在案例2中，调查取证人员Tom首先了解到被攻击的服务器仅仅用于公司内部网络，与广域网是物理断开的，因此基本可以确定攻击源来自于公司内部局域网，攻击者很可能是内部员工。由于攻击者在清除痕迹时对服务器日志等关键部分进行了较为充分的清理，而这台服务器没有实时的在线异地备份日志等关键信息，因此Tom预料到如果仅仅对服务器和中间设备进行调查分析，可能获取有价值的证据和线索信息较为困难。但是，Tom考虑到自己是公司高层授权进行秘密调查，很可能攻击者并不知道自己的行为已经引起了注意，并且最近一段时间服务器常受到攻击，因此Tom决定设立一个可以引诱攻击者的蜜罐，从而获取相应的证据和重要线索的信息。

项目实施

5.3 任务一：云存储取证案例分析

5.3.1 云计算基础

2007年底，IBM宣布了云计算（Cloud Computing）计划，在其技术白皮书中，对云计算进行了这样的定义：云计算一词用来同时描述一个系统平台或者一种类型的应用程序。一个云计算的平台按需进行动态地部署、配置、重新配置以及取消服务等。在云计算平台中的服务器可以是物理的服务器或者虚拟的服务器。高级的云计算中通常包含一些其他的计算资源，例如存储区域网络、网络设备、防火墙以及其他安全设备等。云计算在描述应用方面，描述了一种可以通过互联网Internet进行访问的可扩展的应用程序。云应用使用大规模的数据中心以及功能强劲的服务器来运行网络应用程序与网络服务。任何一个用户通过合适的互联网接入设备以及一个标准的浏览器就能够访问一个云计算的应用程序。

云中数据不再保存在一个确定的物理节点，而是由服务商动态提供存储空间，可能分布在不同地区或国家，因此采集完整的犯罪证据变得相当困难，在数据安全和地理位置方面增加了取证难度。因此，在使用者终端上进行取证时，除了一般取证电脑主机以外，同时要运用网络取证技术，搜集包含浏览网站信息等。

目前，国际市场上具有代表性的云计算厂商有 Amazon EC2/S3、Windows Azure、Yahoo Hadoop、Dropbox 等，国内的百度云盘、金山快盘等云存储服务也有着较为广泛的运用。云计算如果按服务来分类的话，又可以分为：SaaS（软件即服务），提供软件以供用户使用，如 Google App Engine；PaaS（平台即服务），提供开发平台（语言，API 等）来供开发者开发软件产品；IaaS（架构即服务），提供架构（硬件）给开发者进行开发，如 Amazon 产品。

5.3.2 调查云存储痕迹

本章案例 1 中，取证人员 Tom 分析被调查者 Adam 的计算机时，发现该计算机有安装百度云管家的痕迹。百度网盘提供文件的网络备份、同步和分享服务。针对这些案例基本情况，取证调查人员 Tom 进行了深入分析。

（1）安装软件信息的检查

首先，Tom 需要确定被调查者 Adam 是否使用了云计算存储空间以及使用了什么样的云计算存储空间。通常可以通过搜索被调查计算机中安装了什么样的云计算终端软件来进行确认。虽然通常云计算的存储空间可以通过浏览器的方式进行登录，但是为了使用方便，一般情况下使用者都在经常使用的计算机中安装了相应的终端软件。

在本案例中，Tom 使用 MyUninstaller 软件对目标计算机中已经安装的程序进行统计，确认百度云管家软件被安装。相对于操作系统中“控制面板”提供的程序安装信息，MyUninstaller 提供了更多诸如安装时间（具体到秒）、安装源、文件安装路径等更为详尽的信息。百度云管家软件的详细安装信息如图 5.16 所示。

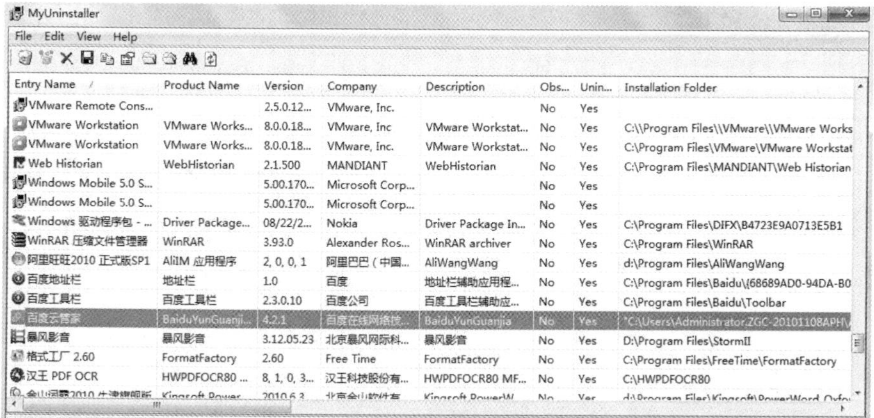

图 5.16　MyUninstaller 软件界面

（2）网络浏览记录分析

如果在取证调查的目标计算机中没有发现相应的终端软件，可以通过分析其浏览器中的网络浏览痕迹来查明是否使用了云计算存储空间，以及使用了什么样的云计算存储空间。同样通过对取证目标计算机浏览记录的分析，取证调查人员可以获知被调查者访问过哪些网站，并从中找到有价值的线索。

本案例中，Tom 利用 Web Historian 软件，查看被调查者 Adam 的 Web 浏览记录、Cookie 信息、Download 信息等。对下载历史信息进行浏览，如图 5.17 所示。

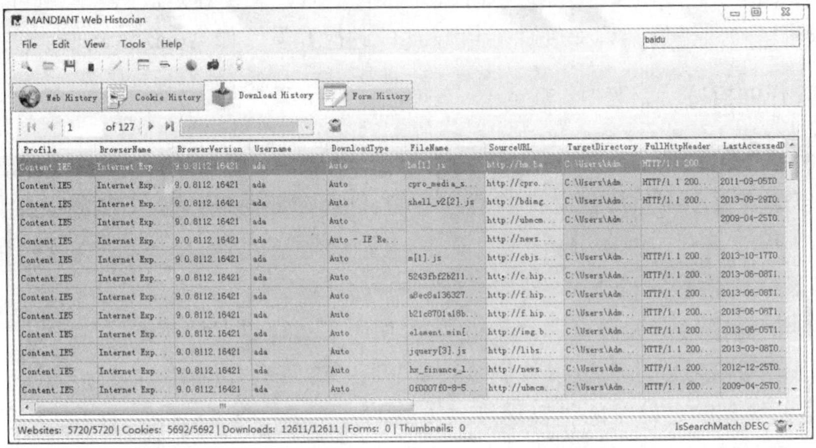

图 5.17　下载历史信息

由于 Tom 已在被调查的计算机中发现安装百度云管家的痕迹，因此除浏览下载历史信息以外，Tom 可点击 Web History 选项卡，在界面右上角输入“baidu”，从而搜索与“baidu”字符相关的信息，搜索结果见图 5.18 中浅色阴影部分。

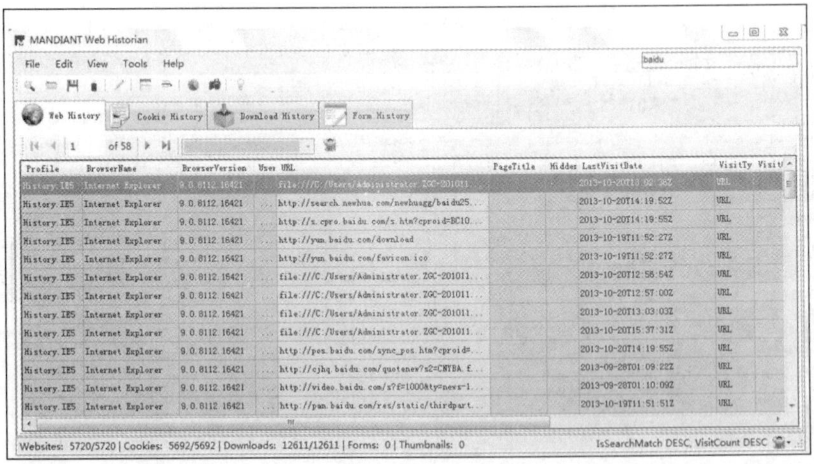

图 5.18　Web 历史信息

（3）安装路径检查

通过对取证目标计算机安装软件信息的检查和网络浏览记录的分析后，Tom 已经可以确认被调查者 Adam 使用了百度云盘，因此直接检查百度云盘客户端的安装路径。在默认情况下，百度云盘客户端的安装路径为“C:\Users\用户名\AppData\Roaming\baidu\BaiduYunGuanjia”，如图 5.19 所示。

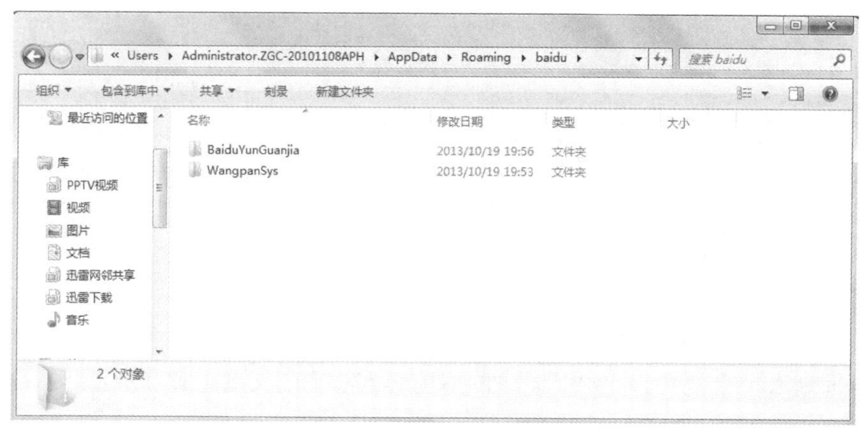

图 5.19　百度网盘安装路径

（4）注册表检查

在 Windows 环境中，注册表用来存放系统软硬件资源、使用者系统设定和执行情况等，如若在系统中安装有百度网盘，则在注册表中会有相关记录，调查人员 Tom 可以利用 Windows 操作系统的注册表编辑器（Regedit）打开注册表项，搜索和查看百度云管家的文件记录，如图 5.20 所示。

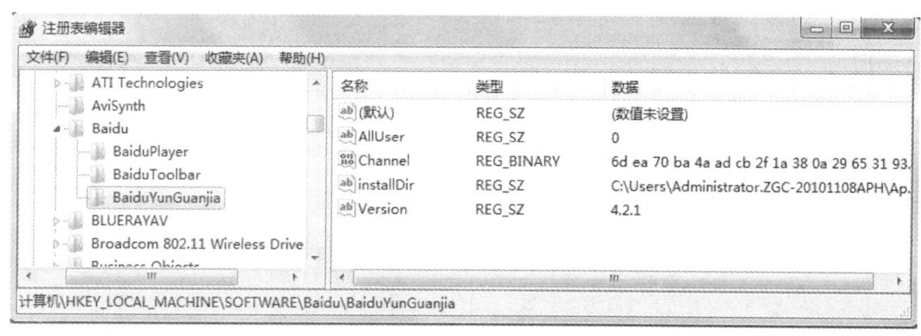

图 5.20　注册表信息中百度云管家的记录

（5）网络连接状态检查

由于百度云盘是一款云存储服务的终端工具，因此当将文件上传到网络中服务器端时，必然会产生网络连接，鉴于此，调查人员 Tom 采用 TCPView 工具查看取证目标计算机的连接状态。实时的网络连接状态如图 5.21 所示。

TCPView - Sysinternals: www.sysinternals.com

File Options Process View Help

Process /	PID	Protocol	Local Address	Local Port	Remote Address	Remote Port	State
[System P...	0	TCP	host	3464	182.35.213.225	14043	TIME_W
[System P...	0	TCP	host	3463	222.215.254.130	8539	TIME_W
[System P...	0	TCP	host	3467	119.84.72.44	http	TIME_W
[System P...	0	TCP	host	3466	61.143.18.180	25470	TIME_W
[System P...	0	TCP	host	3470	58.40.71.68	14990	TIME_W
AlipaySaf...	2068	TCP	host	3204	182.140.238.120	http	CLOSE_
BaiduYunG...	6720	TCP	HOST	12779	HOST	0	LISTEN
BaiduYunG...	6720	UDP	HOST	2654	*	*	
BaiduYunG...	6720	UDP	HOST	12779	*	*	
BaiduYunG...	6720	UDP	HOST	60891	*	*	
BaiduYunG...	6720	TCP	host	3423	180.149.132.107	5287	ESTABL
BaiduYunG...	6720	UDP	HOST	54908	*	*	
BaiduYunG...	6720	TCP	host	3449	180.149.132.99	http	ESTABL
BaiduYunG...	6720	UDP	HOST	56981	*	*	
BaiduYunG...	6720	UDP	HOST	57221	*	*	
EEventMan...	3156	TCP	HOST	2968	HOST	0	LISTEN
EEventMan...	3156	UDP	HOST	2968	*	*	
iexplore.exe	6852	UDP	HOST	54404	*	*	
iexplore.exe	6852	UDP	HOST	54408	*	*	
iexplore.exe	6852	TCP	host	3366	hg-in-f199.1e...	https	ESTABL
iexplore.exe	6852	TCP	host	3367	hg-in-f199.1e...	https	ESTABL
lsass.exe	800	TCP	HOST	1029	HOST	0	LISTEN
lsass.exe	800	TCPV6	host	1029	host	0	LISTEN
QQ.exe	1172	UDP	HOST	4000	*	*	

Endpoints: 148 Established: 13 Listening: 29 Time Wait: 8 Close Wait: 1

图 5.21　在取证目标计算机的实时网络连接状态中搜索百度云管家的相关信息

（6）百度云盘系统信息的提取

当调查取证人员采用（1）～（5）步的措施和方法确定被调查者登录过“百度云盘”后，可进一步通过分析其安装路径来调查更进一步的信息。本案例中 Tom 发现取证目标系统的 users 文件夹下有两个子文件夹和两个文件，如图 5.22 所示。

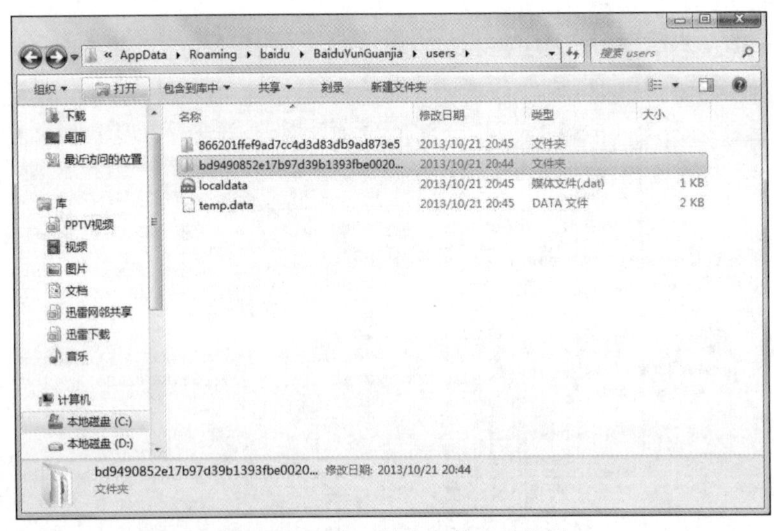

图 5.22　百度云管家安装路径分析

双击打开“bd9490852e17b97d39b1393fbe0020”文件夹，可见如图 5.23 所示的内容。Tom 通过对此处文件和文件夹使用权限的分析，确定此处应当是被调查人 Adam 登录百度云盘留下来的信息，进而可以确定其中的子文件夹名“cforensics”就是被调查人员 Adam 登录百度云盘时使用的用户名。

图 5.23 users 文件夹分析

Tom 在确定了用户名后，通过对“cforensics”文件夹中内容的分析，发现其中含有一个名为“BaiduYunGuanJia.DB”的数据库数据存放文件。随后 Tom 利用数据库查看软件 SQLite Database Browser 打开该文件进行深入分析。在 Browse Data 选项卡中的“cache_file”表中可以发现如图 5.24 所示的存留数据。

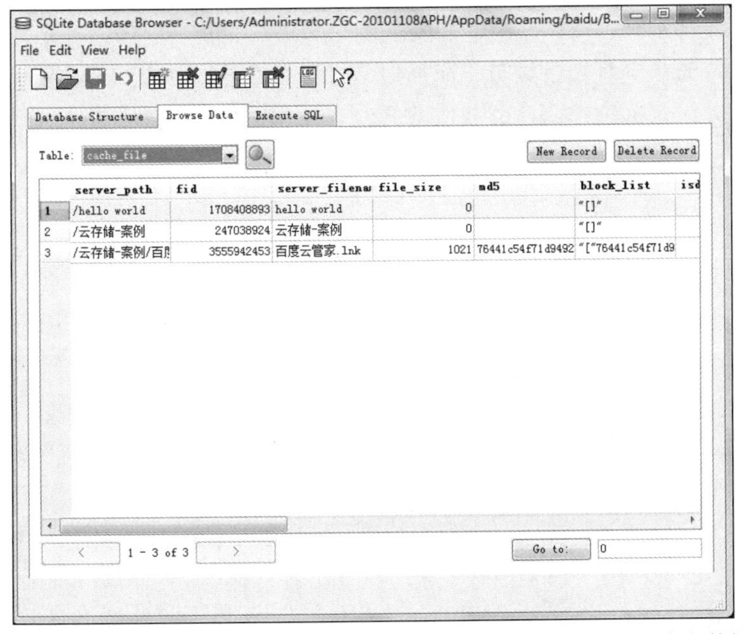

图 5.24 利用 SQLite Database Browser 分析百度云盘的 cache_file 存留数据

最后在“upload_history_file”表中发现有价值的数据，如图 5.25 所示，而这些数据均为取证目标计算机上传至百度云盘的文件和存储路径的信息，这些重要的信息数据可以作为取证调查人员分析被调查人员在百度云盘中进行文件存储和操作行为的关键信息。

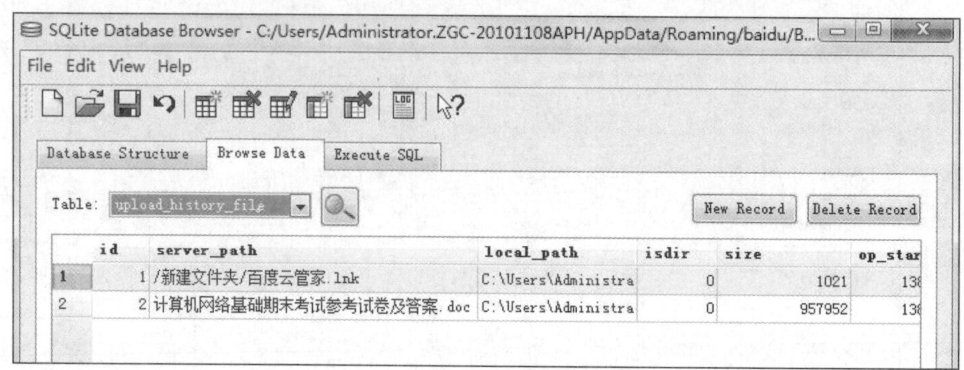

图 5.25 upload_history_file 上传历史文件

5.4 任务二：网络取证案例分析

本章案例 2 中，调查人员 Tom 得到公司高层授权可以在网络中进行适当的设置，从而调查最近一段时间利用公司内部网络对服务器进行攻击的行为。由于公司内部网络与 Internet 物理断开，因此 Tom 排除了来自公司外网攻击的可能性，认为攻击源来自内部局域网。由于公司服务器的日志没有实时备份，而服务器本机的日志被严重破坏，难以利用，但是考虑到最近一段时间该服务器即使进行备份恢复，仍然时常发现被攻击，因此 Tom 在得到授权后决定秘密采用蜜罐技术来应对这种攻击，并获取攻击源、攻击时间等关键证据信息。

5.4.1 搭建蜜罐（Honeypot）

蜜罐（Honeypot）技术是以一种欺骗的手段来引诱非法入侵者，以达到将其攻击手段及其使用的攻击工具记录下来和保护真实主机安全的技术。利用蜜罐技术可任意虚拟任何的计算机资源，如虚拟工作站、虚拟文件服务器、虚拟邮件服务器、虚拟打印机、虚拟路由器等网络设备，甚至虚拟整个网络环境。

通常蜜罐故意被部署在危险的网络环境当中，并且引诱网络攻击者攻击它，从而保护真正的网络服务器等目标，因此通常在部署了蜜罐之后并不会让其运行任何真正的业务服务，仅仅是作为欺骗攻击者的一个标靶。

在本案例中，取证调查者 Tom 利用蜜罐容易被攻击并且可以将攻击者的整个攻击过程记录下来的特点，在公司网络中部署蜜罐，从而在攻击者再次发起攻击时，还原攻击者的攻击行为，获取关键性的证据。Tom 首先利用 Honeyd 工具在 Ubuntu 系统中搭建蜜罐。

Honeyd 是由 Google 的软件工程师 Niels Provos 在 2003 年开始推出的一个 GPL 开源软件。它本身以 daemon 的方式运行在 Linux 操作系统上，可用来虚拟出大量的虚拟“主机”，每台虚拟“主机”又可以被配置成安装了 Windows 或类 UNIX（Linux 或 AIX）等操作系统。虚拟“主机”上还可以运行各种各样的网络服务（例如 ssh、http 等常规服务，或者用户自己编写的特殊虚拟服务）。另外，在 Windows 系统的平台上，由 Mike Davis 提供了一个基于 Honeyd 0.5 的移植版本。

Honeyd 软件依赖于“libevent”事件处理 API（Application Programming Interface）、“libdnet”数据包构造与发送库、“libpcap”数据包捕获库、“libdnsres”DNS 反向解析函数库以及“Arpd”工具。

（1）搭建蜜罐的准备工作

1）环境准备：系统需要安装 Ubuntu 12.04 32 位操作系统、gcc 和 g++。

2）软件工具包准备：需要准备以下工具包

- arpd-0.2.tar.gz：arp 应答，对指定的 IP 地址范围内未使用的 IP 用 Honeyd 主机的 MAC 地址做出 arp 应答。下载地址：http://www.citi.umich.edu/u/provos/honeyd/arpd-0.2.tar.gz。
- honeyd-1.5c.tar.gz。
- honeyd_kit-1.0c-a.tgz。
- libdnet-1.12.tgz：提供了跨平台的网络相关 API 函数库（主要是较底层的网络操作），包括 arp 缓存、路由表查询、IP 包及物理帧的传输等。官方网站是http://libdnet.sourceforge.net。
- libdnsres-0.1a.tar.gz。
- libevent-1.4.14b-stable.tar.gz：非同步事件通知（Asynchronous Event Notification）函数库。通过使用“libevent”，开发人员可以设定某些事件发生时所执行的函数，可以代替以往程序所使用的循环检查。该程序库的官方网站是http://www.monkey.org/~provos/libevent。
- libpcap-1.3.0.tar.gz：数据包捕获函数库，大多数网络软件都以它为基础。官方网站是http://sourceforge.net/projects/libpcap。
- zlib-1.2.8.tar.gz。

（2）安装 Honeyd 及其相关组件，构建蜜罐

1）首先安装“libevent”。

利用“tar -zxvf libevent-1.4.14b-stable.tar.gz”命令解压“libevent-1.4.14b-stable.tar.gz”文件，如图 5.26 所示，并利用“./configure”命令进行环境检查。

在如图 5.27 所示的界面中显示检查环境已具备后，使用“sudo make”命令进行预编译，如图 5.28 所示。

预编译成功后，利用“sudo make install”命令进行编译安装，如图 5.29 所示。

```
honyd@honyd-virtual-machine:~/桌面/honeyd$ tar -zxvf libevent-1.4.14b-stable.tar
.gz
libevent-1.4.14b-stable/
libevent-1.4.14b-stable/aclocal.m4
libevent-1.4.14b-stable/autogen.sh
libevent-1.4.14b-stable/buffer.c
libevent-1.4.14b-stable/ChangeLog
libevent-1.4.14b-stable/compat/
libevent-1.4.14b-stable/config.guess
libevent-1.4.14b-stable/config.h.in
libevent-1.4.14b-stable/config.sub
libevent-1.4.14b-stable/configure
libevent-1.4.14b-stable/configure.in
libevent-1.4.14b-stable/depcomp
libevent-1.4.14b-stable/devpoll.c
```

图 5.26　解压 libevent-1.4.14b-stable.tar.gz 文件

```
honyd@honyd-virtual-machine:~/桌面/honeyd$ cd libevent-1.4.14b-stable
honyd@honyd-virtual-machine:~/桌面/honeyd/libevent-1.4.14b-stable$ ./configure
checking for a BSD-compatible install... /usr/bin/install -c
checking whether build environment is sane... yes
checking for a thread-safe mkdir -p... /bin/mkdir -p
checking for gawk... no
checking for mawk... mawk
checking whether make sets $(MAKE)... yes
checking build system type... i686-pc-linux-gnu
checking host system type... i686-pc-linux-gnu
checking for gcc... gcc
checking whether the C compiler works... yes
checking for C compiler default output file name... a.out
checking for suffix of executables...
checking whether we are cross compiling... no
```

图 5.27　“libevent”安装环境检查

```
honyd@honyd-virtual-machine:~/桌面/honeyd/libevent-1.4.14b-stable$ sudo make
echo '/* event-config.h' > event-config.h
echo ' * Generated by autoconf; post-processed by libevent.' >> event-config.h
echo ' * Do not edit this file.' >> event-config.h
echo ' * Do not rely on macros in this file existing in later versions.'>> event
-config.h
echo ' */' >> event-config.h
echo '#ifndef _EVENT_CONFIG_H_' >> event-config.h
echo '#define _EVENT_CONFIG_H_' >> event-config.h
sed -e 's/#define /#define _EVENT_/' \
        -e 's/#undef /#undef _EVENT_/' \
        -e 's/#ifndef /#ifndef _EVENT_/' < config.h >> event-config.h
echo "#endif" >> event-config.h
make  all-recursive
```

图 5.28　“libevent”预编译信息

```
honyd@honyd-virtual-machine:~/桌面/honeyd/libevent-1.4.14b-stable$ sudo make ins
tall
make  install-recursive
make[1]: 正在进入目录 `/home/honyd/桌面/honeyd/libevent-1.4.14b-stable'
Making install in .
make[2]: 正在进入目录 `/home/honyd/桌面/honeyd/libevent-1.4.14b-stable'
make[3]: 正在进入目录 `/home/honyd/桌面/honeyd/libevent-1.4.14b-stable'
test -z "/usr/local/bin" || /bin/mkdir -p "/usr/local/bin"
 /usr/bin/install -c event_rpcgen.py '/usr/local/bin'
test -z "/usr/local/lib" || /bin/mkdir -p "/usr/local/lib"
 /bin/bash ./libtool   --mode=install /usr/bin/install -c   libevent.la libevent
_core.la libevent_extra.la '/usr/local/lib'
libtool: install: /usr/bin/install -c .libs/libevent-1.4.so.2.2.0 /usr/local/lib
```

图 5.29　“libevent”编译安装信息

2）安装“libevent”成功以后，进行“libdnet”的安装。

“libdnet”的安装过程与“libevent”相似，首先利用“tar -zxvf libdnet-1.12.tgz”命令对

"libdnet-1.12.tgz"文件解压，如图 5.30 所示。

```
honyd@honyd-virtual-machine:~/桌面/honeyd$ tar -zxvf libdnet-1.12.tgz
libdnet-1.12/
libdnet-1.12/acconfig.h
libdnet-1.12/aclocal.m4
libdnet-1.12/config/
libdnet-1.12/config/acinclude.m4
libdnet-1.12/config/config.guess
libdnet-1.12/config/config.sub
libdnet-1.12/config/install-sh
libdnet-1.12/config/ltmain.sh
libdnet-1.12/config/missing
libdnet-1.12/config/mkinstalldirs
libdnet-1.12/configure
```

图 5.30　解压 libdnet-1.12.tgz 文件

然后进行环境检查，如图 5.31 所示。

```
honyd@honyd-virtual-machine:~/桌面/honeyd/libdnet-1.12$ ./configure
checking for a BSD-compatible install... /usr/bin/install -c
checking whether build environment is sane... yes
checking for gawk... no
checking for mawk... mawk
checking whether make sets $(MAKE)... yes
checking whether to enable maintainer-specific portions of Makefiles... no
checking build system type... i686-pc-linux-gnu
checking host system type... i686-pc-linux-gnu
checking for gcc... gcc
checking for C compiler default output file name... a.out
```

图 5.31　"libdnet"安装环境检查

环境检查具备后，进行"libdnet"的预编译，如图 5.32 所示。

```
honyd@honyd-virtual-machine:~/桌面/honeyd/libdnet-1.12$ sudo make
Making all in include
make[1]: 正在进入目录 `/home/honyd/桌面/honeyd/libdnet-1.12/include'
make  all-recursive
make[2]: 正在进入目录 `/home/honyd/桌面/honeyd/libdnet-1.12/include'
Making all in dnet
make[3]: 正在进入目录 `/home/honyd/桌面/honeyd/libdnet-1.12/include/dnet'
make[3]: 没有什么可以做的为 `all'。
make[3]:正在离开目录 `/home/honyd/桌面/honeyd/libdnet-1.12/include/dnet'
make[3]: 正在进入目录 `/home/honyd/桌面/honeyd/libdnet-1.12/include'
make[3]:正在离开目录 `/home/honyd/桌面/honeyd/libdnet-1.12/include'
make[2]:正在离开目录 `/home/honyd/桌面/honeyd/libdnet-1.12/include'
make[1]:正在离开目录 `/home/honyd/桌面/honeyd/libdnet-1.12/include'
```

图 5.32　"libdnet"预编译信息

预编译成功后，进行"libdnet"的编译安装，如图 5.33 所示。

```
honyd@honyd-virtual-machine:~/桌面/honeyd/libdnet-1.12$ sudo make install
Making install in include
make[1]: 正在进入目录 `/home/honyd/桌面/honeyd/libdnet-1.12/include'
Making install in dnet
make[2]: 正在进入目录 `/home/honyd/桌面/honeyd/libdnet-1.12/include/dnet'
make[3]: 正在进入目录 `/home/honyd/桌面/honeyd/libdnet-1.12/include/dnet'
make[3]: 没有什么可以做的为 `install-exec-am'。
/bin/bash ../../config/mkinstalldirs /usr/local/include/dnet
mkdir -p -- /usr/local/include/dnet
 /usr/bin/install -c -m 644 addr.h /usr/local/include/dnet/addr.h
 /usr/bin/install -c -m 644 arp.h /usr/local/include/dnet/arp.h
 /usr/bin/install -c -m 644 blob.h /usr/local/include/dnet/blob.h
 /usr/bin/install -c -m 644 eth.h /usr/local/include/dnet/eth.h
 /usr/bin/install -c -m 644 fw.h /usr/local/include/dnet/fw.h
 /usr/bin/install -c -m 644 icmp.h /usr/local/include/dnet/icmp.h
```

图 5.33　"libdnet"编译安装信息

3）安装“libdnet”成功以后，进行“libpcap”的安装。

同样使用“tar -zxvf libpcap-1.3.0.tar.gz”命令对“libpcap-1.3.0.tar.gz”文件进行解压缩；并使用“./configure”命令进行环境检查；进而使用“sudo make install”命令进行预编译；预编译成功后使用“sudo make install”进行“libpcap”的编译安装。

4）安装“libpcap”成功以后，进行“zlib”的安装。

“zlib”的安装方式与前述基本相同，首先利用“tar -zxvf zlib-1.2.8.tar.gz”对“zlib-1.2.8.tar.gz”文件进行解压；随后利用“./configure”命令进行环境检查；进而利用“sudo make”命令进行“zlib”的预编译；预编译成功后利用“sudo make install”命令对“zlib”进行编译安装。

5）安装“honeyd”。

当“libevent”、“libdnet”、“libpcap”和“zlib”均已成功安装后，最后进行“honeyd”的安装。进行“honeyd”的安装时，仍然首先利用“tar -zxvf honeyd-1.5c.tar.gz”命令对“honeyd-1.5c.tar.gz”文件进行解压缩；随后利用“./configure”命令进行环境检查；进而利用“sudo make”命令进行“honeyd”的预编译；预编译成功后利用“sudo make install”命令对“honeyd”进行编译安装。

当 Tom 搭建好“Honeyd”蜜罐后，可以通过查看蜜罐所在目录检查“Honyd”蜜罐的搭建是否成功，即执行“whereis honeyd”命令进行检查，如图 5.34 所示。

```
root@honyd-virtual-machine:~/桌面/honeyd_kit-1.0c-a/logs# whereis honeyd
honeyd: /usr/bin/honeyd /usr/lib/honeyd /usr/bin/X11/honeyd /usr/include/honeyd
/usr/share/honeyd /usr/share/man/man8/honeyd.8.gz
root@honyd-virtual-machine:~/桌面/honeyd_kit-1.0c-a/logs#
```

图 5.34 “Honeyd”蜜罐搭建成功的检查

（3）构建“Honeyd”蜜罐时的出错信息处理

1）进行“libpcap”安装时的错误信息处理。

在进行“libpcap”安装时，当使用“sudo make”命令进行预编译时可能会出现“[grammar.c] 错误 127”错误，如图 5.35 所示。

```
honyd@honyd-virtual-machine:~/桌面/honeyd/libpcap-1.3.0$ sudo make
yacc -d grammar.y
make: yacc：命令未找到
make: *** [grammar.c] 错误 127
```

图 5.35 安装“libpcap”的预编译时出现出错信息

当出现这样的出错信息时，可使用“apt-get install bison”命令安装“bison”，如图 5.36 所示。“bison”安装成功后，重新进行预编译，即可解决出错的问题，如图 5.37 所示。

预编译成功后使用“sudo make install”进行“libpcap”的编译安装。

```
honyd@honyd-virtual-machine:~/桌面/honeyd/libpcap-1.3.0$ sudo apt-get install bi
son

正在读取软件包列表... 完成
正在分析软件包的依赖关系树
正在读取状态信息... 完成
下列软件包是自动安装的并且现在不需要了：
  thunderbird-globalmenu
使用'apt-get autoremove'来卸载它们
将会安装下列额外的软件包：
  libbison-dev
建议安装的软件包：
  bison-doc
```

图 5.36　安装“bison”解决预编译出错

```
honyd@honyd-virtual-machine:~/桌面/honeyd/libpcap-1.3.0$ sudo make
yacc -d grammar.y
mv y.tab.c grammar.c
mv y.tab.h tokdefs.h
gcc -O2 -fpic -I.  -DHAVE_CONFIG_H  -D_U_="__attribute__((unused))" -g -O2 -c sc
anner.c
gcc -O2 -fpic -I.  -DHAVE_CONFIG_H  -D_U_="__attribute__((unused))" -g -O2 -Dyyl
val=pcap_lval -c grammar.c
rm -f bpf_filter.c
ln -s ./bpf/net/bpf_filter.c bpf_filter.c
gcc -O2 -fpic -I.  -DHAVE_CONFIG_H  -D_U_="__attribute__((unused))" -g -O2 -c bp
```

图 5.37　重新进行安装“libpcap”的预编译

2）进行“Honeyd”安装时的错误信息处理 1。

在进行“Honeyd”的安装时，当进行到环境检查步骤时，可能会出现“configure: error: need either libedit or libreadline; install one of them”的错误信息，如图 5.38 所示。

```
checking for dnet-config... /usr/local/bin/dnet-config
checking whether libdnet is a libdumbnet... no
checking for libevent... yes
checking for event_priority_init in -levent... yes
checking for pcre-config... no
checking for libedit... no
checking for libreadline... no
configure: error: need either libedit or libreadline; install one of them
honyd@honyd-virtual-machine:~/桌面/honeyd/honeyd-1.5c$
```

图 5.38　安装“Honeyd”过程的环境检查时出错信息 1

当出现这样的错误时，可利用“sudo apt-get install libedit-dev”命令下载安装“libedit-dev”，如图 5.39 所示。

```
  thunderbird-globalmenu
使用'apt-get autoremove'来卸载它们
将会安装下列额外的软件包：
  libbsd-dev libncurses5-dev libtinfo-dev
建议安装的软件包：
  ncurses-doc
下列【新】软件包将被安装：
  libbsd-dev libedit-dev libncurses5-dev libtinfo-dev
升级了 0 个软件包，新安装了 4 个软件包，要卸载 0 个软件包，有 166 个软件包未被升
级。
需要下载 484 kB 的软件包。
解压缩后会消耗掉 1,890 kB 的额外空间。
您希望继续执行吗？[Y/n]y
```

图 5.39　安装“libedit-dev”解决环境检查出错

成功安装“libedit-dev”后再次进行环境检查即可。

3）进行“Honeyd”安装时的错误信息处理 2

在进行“Honeyd”的安装时，当进行到环境检查步骤时，可能会出现“configure: error: Couldn't figure out how to access libc”错误信息，如图 5.40 所示。

```
checking for addr_net in libdnet... yes
checking for struct sockaddr_storage... yes
checking for sa_len in sockaddr struct... no
checking if underscores are needed for symbols... no
checking if we can access libc without dlopen... no
checking if we can access libc with libc.so... no
checking if we can access libc with /usr/lib/libc.so*... no
configure: error: Couldn't figure out how to access libc
honyd@honyd-virtual-machine:~/桌面/honeyd/honeyd-1.5c$
```

图 5.40　安装“honeyd”过程的环境检查时出错信息 2

为解决这种错误，Tom 使用“sudo cp/lib/i386-linux-gnu/libc.so.6/usr/lib/”命令，将“/lib/i386-linux-gnu/”路径下的“libc.so.6”文件拷贝到“/usr/lib/”路径中。拷贝文件成功后，需要对“libpcap”重新进行编译，因此必须执行“make clean”命令，随后重新进行环境检查、预编译和“libpcap”的编译安装，最后重新安装“Honeyd”即可。

5.4.2　运用蜜罐技术进行网络取证调查

当取证调查人员 Tom 利用“Honeyd”在公司网络中搭建了一个引诱被调查者攻击的蜜罐（Honeypot）以后，就可以利用这个蜜罐进行网络取证调查。

Honeyd 的命令格式如下：

```
honeyd [-dP] [-l logfile] [-s servicelog] [-p fingerprints] [-0 p0f-file] [-x xprobe]
[-a assoc] [-f file] [-i interface] [-u uid] [-g gid] [--webserver-address address]
[--webserver-port port] [--webserver-root path] [--rrdtool-path path]
[--disable-webserver] [--disable-update] [--verify-config]
[--fix-webserver-permissions] [-V|--version] [-h|--help] [--include-dir] [--data-dir]
[net...]
```

各选项的含义如下：

- -d：非守护程序的形式，允许冗长的调试信息；
- -P：在一些系统中，pcap 不能通过 select(2)来获得事件通知，在这种情况下，honeyd 需要在轮询模式下工作，这个标志位可使轮询位有效；
- -l logfile：对日志包和日志文件的连接是被日志文件指定的；
- -s servicelog：将 honeyd 记录的服务层日志写入指定的服务日志文件中；
- -x xprobe：读 xprobe 类型的指纹，这个文件决定了 honeyd 如何响应 ICMP 指纹工具；
- -a assoc：读联系 nmap 指纹风格和 xprobe 指纹风格的文件；
- -f file：读取名为 file 的配置文件；
- -i interface：指定侦听的接口，可以指定多个接口；
- V|--version：打印出版本信息同时退出；

- -include-dir：用作插件开发，指定 Honeyd 存储它的头文件的位置；
- [--webserver-address address] [--webserver-port port] [--webserver-root path] [--rrdtool-path path] [--fix-webserver-permissions]：指定 Honeyd 软件内建 Web 服务地址、端口和根目录，以及 Web 服务依赖的 RRDTool 的位置；
- --fix-webserver-permissions：修正因 Web 目录权限设置导致网页不可读取的问题；
- net：指定 IP 地址或者网络或者 IP 地址范围，如果没有指定，Honeyd 将监视它能看见的任何 IP 地址的流量。

（1）启动 Honeyd

首先 Tom 在 Honeyd 软件宿主主机上运行 arpd，绑定同一网段中某个空闲 IP 地址，然后运行 Honeyd 软件，在此空闲 IP 地址上构建虚拟蜜罐。调查取证人员按照如下步骤进行。

1）首先使用“sudo arpd xxx”启动 arpd，其中“xxx”为点分十进制的 IPv4 地址，如图 5.41 所示。

```
honyd@honyd-virtual-machine:~/桌面/honeyd2/honeyd_kit-1.0c-a$ sudo arpd 192.168.
1.100
[sudo] password for honyd:
arpd[2716]: listening on eth0: arp and (dst 192.168.1.100) and not ether src 00:
0c:29:10:12:3a
honyd@honyd-virtual-machine:~/桌面/honeyd2/honeyd_kit-1.0c-a$
```

图 5.41　启动“arpd”工具

2）启动“arpd”成功后，查看 arpd 监听的 IP 地址，如图 5.42 所示。

```
honyd@honyd-virtual-machine:~/桌面/honeyd2/honeyd_kit-1.0c-a$ ps -ef | grep arpd
root      2721      1  0 16:03 ?        00:00:00 arpd 192.168.1.100
honyd     2723   2451  0 16:03 pts/0    00:00:00 grep --color=auto arpd
honyd@honyd-virtual-machine:~/桌面/honeyd2/honeyd_kit-1.0c-a$
```

图 5.42　查看“arpd”工具监听的 IP 地址

3）利用“sudo mkdir”命令创建 Honeyd 蜜罐的日志目录，如图 5.43 所示。

```
honyd@honyd-virtual-machine:~$ sudo mkdir /home/honyd/桌面/honeyd2/honeyd_kit-1.
0c-a/logs/honeyd
```

图 5.43　创建 Honeyd 蜜罐的日志目录

4）利用“sudo touch”的脚本程序创建 Honeyd 蜜罐的日志文件，如图 5.44 所示。

```
honyd@honyd-virtual-machine:~/桌面/honeyd2/honeyd_kit-1.0c-a$ sudo touch /home/h
onyd/桌面/honeyd2/honeyd_kit-1.0c-a/logs/honeyd.log
honyd@honyd-virtual-machine:~/桌面/honeyd2/honeyd_kit-1.0c-a$ sudo touch /home/h
onyd/桌面/honeyd2/honeyd_kit-1.0c-a/logs/web.log
honyd@honyd-virtual-machine:~/桌面/honeyd2/honeyd_kit-1.0c-a$ sudo touch /home/h
onyd/桌面/honeyd2/honeyd_kit-1.0c-a/logs/ftp.log
honyd@honyd-virtual-machine:~/桌面/honeyd2/honeyd_kit-1.0c-a$
```

图 5.44　创建 Honeyd 蜜罐的日志文件

然后通过“ls”命令在日志文件夹检查是否创建了相应的日志文件，如图 5.45 所示，Tom 创建了“honeyd.log”、“ftp.log”和“web.log”日志文件。

```
root@honyd-virtual-machine:~/桌面/honeyd_kit-1.0c-a/logs# ls -all
总用量 12
drwxrwxrwx 2 honyd honyd 4096 12月 10 14:08 .
drwxrwxrwx 5 honyd honyd 4096 12月 10 14:05 ..
-rwxrw-rw- 1 honyd honyd    0  6月  1  2005 cmdexe
-rwxrwxrwx 1 honyd honyd    0 12月 10 14:07 ftp.log
-rwxrwxrwx 1 honyd honyd 1055 12月 10 14:00 honeyd.log
-rwxrw-rw- 1 honyd honyd    0  6月 21  2005 test
-rwxrwxrwx 1 honyd honyd    0 12月 10 14:07 web.log
root@honyd-virtual-machine:~/桌面/honeyd_kit-1.0c-a/logs#
```

图 5.45　Honeyd 蜜罐日志文件列表

5）使用“sudo ./start-arpd.sh”命令启动 arpd 监听，如图 5.46 所示。

```
honyd@honyd-virtual-machine:~/桌面/honeyd2/honeyd_kit-1.0c-a$ sudo ./start-arpd.
sh
+ ./arpd 192.168.1.0/24
arpd[2741]: listening on eth0: arp and (dst net 192.168.1.0/24) and not ether sr
c 00:0c:29:10:12:3a
honyd@honyd-virtual-machine:~/桌面/honeyd2/honeyd_kit-1.0c-a$
```

图 5.46　启动 arpd 监听

6）最后运行“sudo ./start-honeyd.sh”命令，启动 Honeyd 并加载 Honeyd 的配置文件（本案例中加载 Honeyd 自带的配置文件），如图 5.47 所示。

```
honyd@honyd-virtual-machine:~/桌面/honeyd2/honeyd_kit-1.0c-a$ sudo ./start-honey
d.sh -d -f honeyd.conf -l /home/honyd/桌面/honeyd2/honeyd_kit-1.0c-a/logs/honeyd
.log -s /home/honyd/桌面/honeyd2/honeyd_kit-1.0c-a/logs/web.log
+ ./honeyd -f honeyd.conf -p nmap.prints -x xprobe2.conf -a nmap.assoc -0 pf.os
-l /var/log/honeyd 192.168.1.100-192.168.1.253
Honeyd V1.0c Copyright (c) 2002-2004 Niels Provos
honeyd[2765]: started with -f honeyd.conf -p nmap.prints -x xprobe2.conf -a nmap
.assoc -0 pf.os -l /var/log/honeyd 192.168.1.100-192.168.1.253
Warning: Impossible SI range in Class fingerprint "IBM OS/400 V4R2M0"
Warning: Impossible SI range in Class fingerprint "Microsoft Windows NT 4.0 SP3"
Floating point exception (core dumped)
honyd@honyd-virtual-machine:~/桌面/honeyd2/honeyd_kit-1.0c-a$
```

图 5.47　启动 Honeyd 并加载配置文件

（2）网络攻击者扫描和检测蜜罐简单尝试

首先攻击者尝试利用“ping”命令去检测与目标主机（即调查人员 Tom 设立的蜜罐）的连接，如图 5.48 所示。

```
正在 Ping 192.168.1.100 具有 32 字节的数据:
来自 192.168.1.100 的回复: 字节=32 时间<1ms TTL=64
来自 192.168.1.100 的回复: 字节=32 时间<1ms TTL=64
来自 192.168.1.100 的回复: 字节=32 时间<1ms TTL=64
来自 192.168.1.100 的回复: 字节=32 时间<1ms TTL=64

192.168.1.100 的 Ping 统计信息:
    数据包: 已发送 = 4，已接收 = 4，丢失 = 0 (0% 丢失)，
往返行程的估计时间(以毫秒为单位):
    最短 = 0ms，最长 = 0ms，平均 = 0ms
```

图 5.48　攻击者检测与目标地址的连接情况

接下来攻击者使用 SuperScan 工具对 192.168.1.100～192.168.1.253 的地址段（即蜜罐的虚拟地址）进行扫描，检查是否有活动主机存在，如图 5.49 所示。

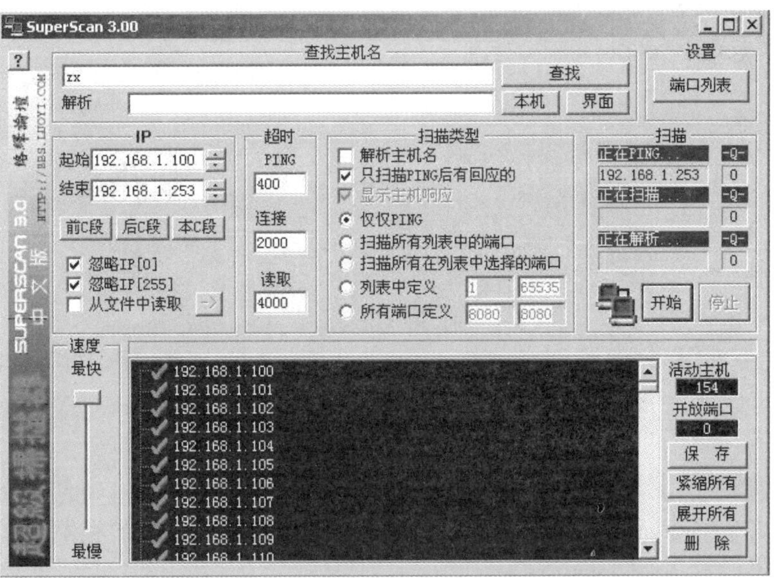

图 5.49　攻击者扫描目标地址段检查活动主机

进而攻击者使用 SuperScan 工具检测扫描网段的主机开放端口，并且选取地址为 192.168.1.100 的蜜罐虚拟主机，如图 5.50 所示。

图 5.50　攻击者检测活动主机的开放端口

根据图 5.50 的检测结果，攻击者发现蜜罐虚拟主机具有 Web 服务，于是在浏览器地址栏输入http://192.168.1.100，发现该主机上有公司内部的 OA 在线办公系统在运行（当然此处是调查取证人员在蜜罐中设置的诱饵），如图 5.51 所示。

图 5.51 蜜罐提供的虚拟 Web 服务

攻击者通过图 5.50 中所示的检测结果，还发现其攻击的蜜罐主机同时开放了虚拟的 FTP 服务，于是运行 FlashFxp 工具登录 192.168.1.100。登录成功后可以看到蜜罐提供的虚拟 FTP 服务的相关登录信息，如图 5.52 所示。

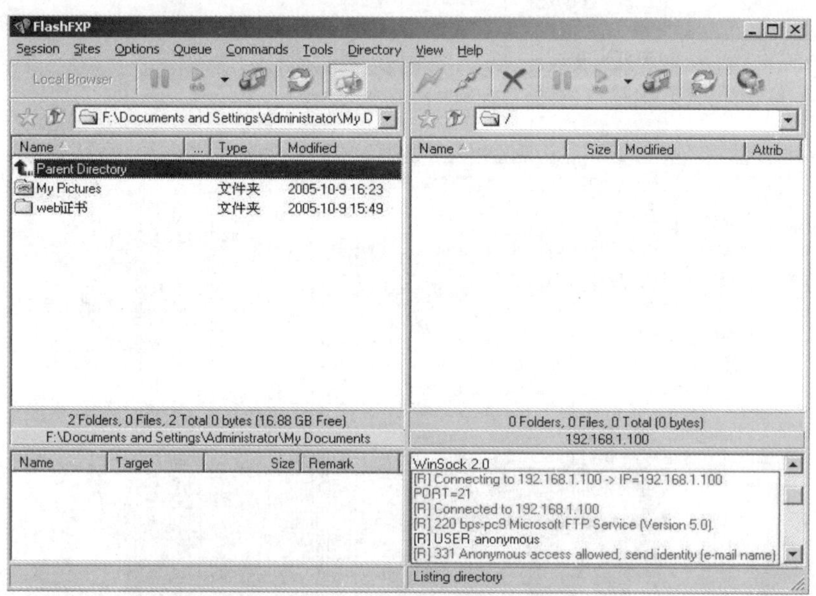

图 5.52 蜜罐提供的虚拟 FTP 服务

（3）取证调查者利用蜜罐进行调查

攻击者在进行了以上尝试后，由于种种原因没有进一步进行尝试。但是刚才的行为已经自动记录在取证调查人员设置的蜜罐日志中。在启动蜜罐前，调查人员 Tom 创建了 Honeyd 蜜罐的三个日志文件：“honeyd.log”、“ftp.log”和“web.log”日志文件，而日志文件的路径为 /honeyd_kit-1.0c-a/logs/honeyd.log。虽然攻击者没有进行进一步的尝试，但是其行为已经记载在蜜罐的三个日志文件中。

Tom 使用“cat honeyd.log”命令对蜜罐的 Honeyd 日志文件进行进一步分析，发现该日志文件记录了所有与蜜罐虚拟出的主机连接的信息，其中包括每次连接的时间戳、协议类型、源地址、目的地址、端口号、操作系统类型等，如图 5.53 所示。

```
2013-12-10-03:06:11.3345 tcp(6) - 219.153.192.254 1941 192.168.1.100 701: 48 S [
WIndows XP SP3]
2013-12-10-03:06:11.3351 tcp(6) - 219.153.192.254 1942 192.168.1.100 702: 48 S [
WIndows XP SP3]
2013-12-10-03:06:11.3359 tcp(6) - 219.153.192.254 1943 192.168.1.100 703: 48 S [
WIndows XP SP3]
2013-12-10-03:06:11.3362 tcp(6) - 219.153.192.254 1944 192.168.1.100 704: 48 S [
WIndows XP SP3]
2013-12-10-03:06:11.3370 tcp(6) - 219.153.192.254 1945 192.168.1.100 705: 48 S [
WIndows XP SP3]
2013-12-10-03:06:12.1732 tcp(6) E 219.153.192.254 1946 192.168.1.100 23: 0 0
2013-12-10-03:06:12.1748 tcp(6) S 219.153.192.254 1947 192.168.1.100 80 [WIndows
 XP SP3]
2013-12-10-03:06:12.2123 tcp(6) S 219.153.192.254 1948 192.168.1.100 21 [WIndows
 XP SP3]
2013-12-10-03:06:13.0776 tcp(6) E 219.153.192.254 1948 192.168.1.100 80: 250 587
2013-12-10-03:06:15.3212 tcp(6) E 219.153.192.254 1948 192.168.1.100 21: 91 370
2013-12-10-03:06:15.3212 udp(17) E 219.153.192.1 67 255.255.255.255 68: 328

                                                           2712,4        Bot
```

图 5.53　蜜罐 Honey.log 日志分析提供的虚拟 FTP 服务

通过对以上方式获取的“honeyd.log”日志的分析，可以看到在 03:06 的时间，蜜罐主机受到了攻击探测，而攻击源来自 219.153.192.254，方框中显示了攻击主机与蜜罐虚拟的主机建立的连接，包含了 TELNET、FTP、HTTP 等多种连接。通过对这些线索的深入分析，取证调查人员 Tom 可以在保护真正的公司服务器的前提下，及时收集攻击者的入侵线索和证据。

应用实训

5.1　实验环境：

- 安装 Windows XP 版本以上操作系统的计算机；
- 安装 Wireshark 软件。

任务：

- 启动 Wireshark 工具；
- 打开 IE 浏览器并访问任意 URL 地址网页后，利用 Wireshark 工具分析 TCP 的三次握手过程；
- 使用微博发送广播信息和私信后，利用 Wireshark 工具分析所捕获的数据包信息。

5.2　实验环境：

- 安装 Windows XP 版本以上操作系统和 VMware 7.0 以上版本的虚拟机软件的计算机一台；

- Ubuntu 12.04 32 位操作系统安装镜像并加载 gcc 和 g++；
- arpd-0.2.tar.gz、honeyd-1.5c.tar.gz、honeyd_kit-1.0c-a.tgz；
- libdnet-1.12.tgz、libdnsres-0.1a.tar.gz、libevent-1.4.14b-stable.tar.gz；
- libpcap-1.3.0.tar.gz、zlib-1.2.8.tar.gz；
- SuperScan、FlashFxp。

任务：

- 在计算机中新建虚拟机并安装 Ubuntu 12.04 32 位操作系统；
- 检查并确保虚拟机中具有 gcc 和 g++环境；
- 在虚拟机中搭建 Honeyd 蜜罐；
- 配置和启动 Honeyd 蜜罐；
- 在计算机中利用 SuperScan 对 Honeyd 蜜罐虚拟的主机进行 IP 地址和端口扫描，并利用 IE 浏览器和 FlashFxp 等工具登录 Honeyd 蜜罐虚拟主机的 Web 和 FTP 服务；
- 分析 Honeyd 蜜罐的日志文件。

拓展练习

5.1 什么是网络取证？网络取证与单机取证有何异同？

5.2 简述网络取证所获取的网络电子证据的特点。

5.3 简述网络取证中常见的证据源。

5.4 简述网络嗅探及协议分析的异同，试例举常见的网络嗅探工具。

6

针对多媒体进行取证

学习目标

- 掌握简单数据隐藏的方法和相应的取证分析方法
- 理解数字隐写术和数字隐写分析技术的概念
- 掌握简单 LSB 数字隐写方法和相应的取证分析方法
- 了解数字图像内容篡改的主要方法
- 理解数字图像内容认证的目的和意义
- 了解数字图像内容认证的三类主要方法

项目说明

案例 1：

某公司主管 Alice 怀疑部门经理 Adam 对公司有侵权行为，因此委托计算机取证调查人员 Tom 进行调查。当 Tom 在调查过程中对 Adam 的计算机磁盘镜像进行数据恢复等操作后，发现其中存在大量可疑的数码照片，以及一些文件大小异常的“普通”文件。Tom 怀疑可能有公司机密资料隐藏在这些图像文件和这些“普通”文件中，那么如何根据自己的怀疑进行进一步的深入取证调查和分析呢？

案例 2：

2005 年举办的首届华赛自然与环保类新闻单幅金奖作品“广场鸽接种禽流感疫苗”（以下

简称“广场鸽”）引起了中国新闻摄影学会部分成员和网友的纷纷质疑，认为照片中一只鸽子系另一只鸽子复制生成，如图 6.1 所示，也即其内容涉嫌人为篡改。那么如何对数码照片和视频的内容进行取证分析从而验证其来源和内容的真实性？

图 6.1 “广场鸽接种禽流感疫苗”涉嫌内容篡改

项目任务

在案例 1 中，调查取证人员 Tom 发现在被调查的计算机系统中存在一些可能隐藏有公司机密资料的大小异常的文件，以及一些可能隐藏有秘密信息的数码照片，为了对这些文件中隐藏证据信息或重要线索的可能性进行调查，Tom 需要完成以下任务：

- 对采用简单数据隐藏方式隐藏秘密信息的载体文件进行调查分析；
- 对采用数据隐写术隐藏秘密信息的载体图像进行调查分析。

在案例 2 中，由于数码照片“广场鸽”涉嫌内容篡改，因此调查取证人员需要鉴定这幅数码图像的内容真实性，即需要完成以下任务：

- 鉴定该数码图像的内容是否被篡改；
- 如果该图像的内容被篡改，找出图像中的哪些内容被篡改。

基础知识

6.1 数字多媒体基础

调查人员要进行数字多媒体取证分析，必须了解数字多媒体的一般性概念，而多媒体的基础要件即为数字图像，在数字图像中，8 位灰度图像、24 位 RGB 彩色图像以及调色板索引图像是三种最为基础的图像。

6.1.1　灰度图像

一般来说，n 位灰度数字图像就是以小于 2^n 的非负整数，按照某种方式排列而成的数字集合，换言之，就是这些数字组成的正整数矩阵。例如一个 1024*768 像素的灰度图像，也就是一个 768 行 1024 列的正整数矩阵。如图 6.2 所示，当我们提取该 8 位灰度图像的一小部分数据时，可以看到该部分实际的像素取值构成了一个数字范围为 0～(2^8-1)的正整数矩阵，其中灰度越深的地方，对应的数字就越小（0 即为纯黑色），灰度越浅的地方对应的数字就越大（255 即为纯白色）。

61	71	70	71	78	86
72	78	82	82	91	94
75	78	97	90	88	95
83	89	90	93	94	90
89	93	100	102	98	96
92	97	100	104	100	98
97	105	100	104	105	108
97	105	100	104	105	108

图 6.2　8 位灰度图像的组成

6.1.2　彩色图像

彩色图像中目前最为常见的是 24 位 RGB 图像。自然界中所有颜色都可由红、绿、蓝（R，G，B）组合而成。有的颜色含有红色成分多一些，有的少一些。在 24 位 RGB 图像中，一个像素点中红、绿、蓝三种颜色的每一种，均采用 8 个 bit 来表示，例如针对含有红色成分的多少，可分成 0～(2^8-1)（即 0～255）共 256 个等级，其中 0 级表示不含红色成分；255 级表示含有 100%的红色成分。同样，绿色和蓝色也被分成 256 级。根据红、绿、蓝各种不同组合就能表示出 256×256×256，约 1600 万种颜色。这种图叫做真彩色图（true color），又叫做 24 位色图。最为常见的颜色组合如表 6.1 所示。

表 6.1　24 位 RGB 常用颜色组合

颜色	红（R）	绿（G）	蓝（B）
红	255	0	0
绿	0	255	0
蓝	0	0	255
黄	255	255	0
紫	255	0	255
青	0	255	255

续表

颜色	红（R）	绿（G）	蓝（B）
白	255	255	255
黑	0	0	0
灰	128	128	128

因此，一个 24 位的 RGB 图像也就是由分别表示每个像素点红色成分、绿色成分和蓝色成分程度的 3 个 0～(2^8-1)的正整数矩阵组成，也即为一个立方矩阵。例如一个 1024*768 像素的 RGB 真彩色图，也就是 3 个 768 行 1024 列的正整数矩阵，或者说也就是由一个 1024×768×3 的立方矩阵组成。如图 6.3 所示，当我们提取该 24 位 RGB 图像的一小部分数据时，可以看到该部分实际的像素取值构成了 3 个数字范围为 0～(2^8-1)的分别代表红、绿、蓝三种成分的正整数矩阵，其中数值越小的地方说明该种颜色的成分越少，数值越大的地方说明该种颜色成分越多。该图提取的部分偏绿色，因此绿色矩阵的数值成分明显要大一些。

图 6.3　24 位 RGB 图像的组成

6.1.3　调色板图像

对图像进行取证分析时，调查人员常常会遇到一类调色板图像的格式。这种图像的组成方式如下：

（1）统计这幅图像需要用到的所有颜色，并且制作一张颜色索引表，将每一种颜色的红、绿、蓝三种成分组成方式存储为这个表的一行记录；

（2）图像的像素矩阵中并不存储任何颜色的组成方式，而是在像素矩阵的每一个像素点存储一个颜色索引表的行号；

（3）当计算机要显示这个图像时，对每一个像素点，按照像素矩阵中存储的特定行号，进而在颜色索引表中找到这个像素点应显示颜色的 RGB 调和方式，从而将这个像素点的颜色显示出来，如图 6.4 所示。

72	65	72	72	65
65	72	65	65	72
73	65	65	72	65
65	65	65	65	72
65	39	72	65	65
65	73	65	65	65
73	73	65	39	65
65	72	72	65	72

像素矩阵

0.7922	0.8196	0.6510
0.9647	0.9882	0.8314
0.6902	0.7020	0.5569
0.9725	0.9882	0.7882
0.9098	0.9176	0.7843
0.4549	0.4745	0.0510
0.5373	0.5529	0.1255
0.7176	0.7333	0.3255
0.8118	0.8314	0.4118
0.8784	0.8863	0.6431
0.6392	0.6392	0.2157
0.9804	0.9765	0.7098
0.9882	0.9882	0.8941
0.9882	0.9882	0.9255
0.9569	0.9569	0.8941

索引表

图 6.4　调色板图像的组成

这么做有什么优势呢？我们来看一个例子：有一个 200×200 大小，并且总共有 16 种颜色的彩色图像，如果采用 24 位 RGB 图像来表示，那么它的每个像素均需采用 R、G、B 三个分量来表示。每个分量要用 8bit，即 1byte 来表示，每个像素需要用 3byte。所以整个图像要用到 200×200×3，大约 120k 个字节。

若采用调色板图像方式来表示这幅图像，由于图中只有 16 种颜色，所以可用一个颜色索引表，表中每行记录一种颜色的 RGB 值。当表示一个像素颜色时，只需指出该颜色是在表中第几行，即该颜色在表中的索引值。这样颜色索引表需要 16 行表示 16 种颜色，即可用 4bit 来表示一个像素的颜色在索引表中的行号，即用 0.5byte。整个图像要用 200×200×0.5，约 20k 字节，再加上颜色索引表占用的 3×16=48byte。因此整幅图像的大小约为 24 位 RGB 图像的 1/6。由于调色板图像占用的存储容量较小，更有利于网络传输和存储，因此得到了广泛的使用。

6.2　数字图像内容认证技术基础

6.2.1　数字图像内容篡改的现状

随着信息化社会的到来，数字图像在人们工作生活中的使用越来越普遍，已成为个人、企业、政府乃至国家在经济、政治、民事行为中的重要依据和记录。在司法实践中，数字图像也表现出逐渐取代传统照片作为呈堂证据的趋势。然而随着功能日益强大的图像处理软件的广泛应用，人们不需要很强的专业技术即可对数字图像进行非常逼真的篡改，且篡改和伪造的效果很难通过人眼分辨。

2008 年伊朗革命卫队发布了一批导弹发射的数码照片，但专家怀疑其中一张本来只有 3 枚导弹，但经“做手脚”后，变成 4 枚导弹。如图 6.5 所示，此举可能是伊朗企图隐瞒其中一枚火箭试射失败的真相。

图 6.5　被质疑篡改的导弹试射图像

随后，伊朗政府迫于压力公布了真实的图像，如图 6.6 所示。

图 6.6　真实的导弹试射图像

2003 年，《洛杉矶时报》刊登了一组该报资深摄影记者从伊拉克战场发回的现场照片，如图 6.7（b）所示。该照片被普遍认为具有角逐普利策最佳新闻图片大奖的实力，但是随后被揭露这是一幅人工合成照片（原始照片为图 6.7（a）），该报随后进行调查，并开除了这位有着 25 年从业经历的新闻摄影记者。

(a)

(b)

图 6.7 2003《洛杉矶时报》发自伊拉克前线的报道是拼接结果

2010 年，西班牙一名议员发现美国联邦调查局最新公布的“基地”组织领导人本·拉登“近照”让他惊讶不已，如图 6.8 所示，他发现这一“近照”居然是根据自己的一张照片“加工”而成。美国联邦调查局发言人随后承认了这一事实。

本·拉登　西班牙议员　拉登“近照”

图 6.8 FBI 合成的本·拉登“近照”

在我国，照片涉嫌造假的案例也很多，例如本章案例 2 中提到的“广场鸽”照片即内容涉嫌人为篡改。

以上这些事件仅仅是图像造假问题的冰山一角，它们颠覆了人们“眼见为实”的传统观念，伪造的数字图像可能成为事实证据用于法庭举证、新闻报道、学术论文发表等场合，其导致的误判、误报道和欺诈等问题可能会引起难以估量的损失。针对数字图像内容的真实性取证是计算机取证调查人员需要了解的重要技术。数字图像取证是指对数字图像的篡改、伪造行为进行鉴别与认证，它分为主动与被动技术两种。现有的主动技术包括数字水印与数字签名技术，然而这两种方法都需要在图像中添加额外信息，目前绝大部分数码照片中并不含有数字水印或者数字摘要。因此，在这种情况下，主动方法将无能为力。被动技术也就是盲取证，仅根据待认证的图像本身判断其是否经过篡改、合成、润饰等伪造处理。另一方面，也正是由于认证条件的苛刻，使得盲取证成为更具挑战性的学术课题，对数字取证、多媒体信息安全、刑侦、虚假新闻甄别等方面具有重要实用意义。

6.2.2 数字图像的篡改方法

取证调查人员要对数字图像的内容进行认证，首先需要了解怎样对数字图像进行篡改。现在数字图像篡改的方法很多，通常可将伪造方法归纳为 6 类：

（1）合成

这是篡改者使用最多的一种方法，通常是将一幅图像中的某一部分进行复制，粘贴到不同图像的某个区域，从而达到造成某种假象或隐藏重要目标的目的。合成篡改是数字图像真实性篡改中最常用的方法，在现实生活和互联网上可以找到许多篡改例子。由于合成篡改中所应用到的两幅或多幅图往往分辨率、合成物体的大小、远近以及方位角度等均不同，因此在实际应用中，图像合成往往与图像缩放、旋转、模糊等处理结合使用以达到不被发现的目的。图 6.7 即为一个典型的合成照片的例子。

（2）图像局部信息修改

图像局部信息修改技术一般不需借助其他图像信息。典型的操作分为区域复制篡改和图像修复两种。区域复制篡改是把图像中的某一块区域进行复制并粘贴到同一图像的不同区域中，以达到去除图像中某一重要特征的目的，如图 6.9 所示。

（a）　　（b）

图 6.9　利用区域复制篡改图像（（a）为原始图像，（b）为篡改后图像）

图像修复技术（Inpainting）则可以利用图像本身纹理等信息，自动地去除同一图像中某一选定的区域，并自动填补出与背景区域相似的信息，使得篡改后的图像难以被人眼发觉，如图 6.10 所示。

原始图像

Inpainting 处理后图像

图 6.10　利用图像修复技术篡改图像

（3）润饰

润饰技术常常在影楼中使用，该技术一般不需要借助其他图像信息，只在同一幅图像内对某些细小的局部细节信息进行修改。例如人们通常希望在正式场合的照片（如婚纱照）中去掉脸上的粉刺和痤疮，而使用这一技术。

（4）变形技术

此技术需要一个源图像以及一个目标图像。一般而言，源图像与目标图像在形体上要存在一定的相似性。通过变形处理，我们可以生成从源图像向目标图像逐渐转变的一系列图像，其中得到的图像序列既有源图像的性质也同时有目标图像的性质（越靠近源图像的序列，源图像的特征就越明显）。从而可以得到一些同时具备两种形体特征的，但在现实中又不存在的物体，如图 6.11 所示。

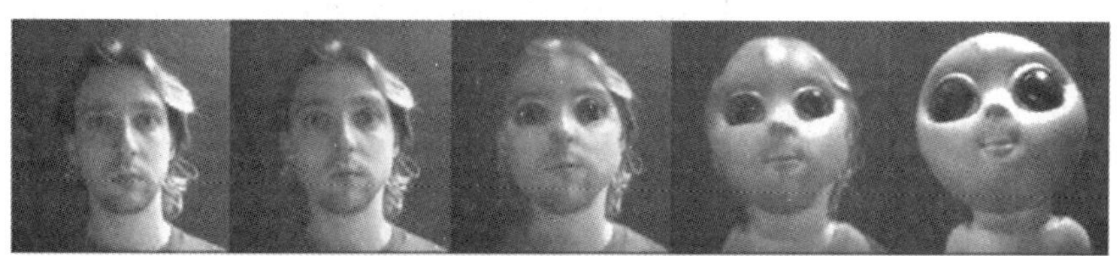

图 6.11　利用变形技术篡改图像

（5）计算机图形学技术

计算机图形学技术即通常人们所称的 CG（Computer Graphics）。CG 图像并非来源于现实物体中的光，它是由曲线或曲面构造而成，并可用数学的解析式表示。CG 完全是计算机生成的产物。计算机图形学已在工业设计等领域得到了广泛的应用。随着技术的不断发展，如今计算机产生的图形越来越逼近现实中所拍摄的图像，可以达到以假乱真的程度。与变形技术相似，CG 可以产生出一些非现实的事物或现实中难以获得的场景等，因此被广泛应用到电影设计等领域，目前许多好莱坞的大片都成功利用了图形学技术。同时，CG 也为图像篡改提供了一个有力的工具，如图 6.12 所示。

图 6.12　CG 图像

（6）绘画

这种篡改技术是指某些专业人员或者艺术家利用各种图像处理软件（如 Photoshop、GIMP 等）进行以假乱真的数字图像制作，如图 6.13 所示。

图 6.13　绘画作品

在制造虚假图像时，篡改者一般不会单一地运用以上技术，他们往往需要综合多种篡改手段或同时结合其他一些图像处理的方法，如图像增强、有损压缩、噪声去除/添加等以尽量抹去篡改痕迹。如今，一些著名的图像、图形处理工具如 Photoshop、GIMP、3ds max、Maya 等，都集成了许多常用的图像/图形处理算法，利用这些软件能够轻松地对数字图像/图形进行修改、加工等处理。

项目分析

案例 1 中，调查取证人员 Tom 在调查 Adam 的计算机时，发现被调查的计算机系统中存在一些可疑的文件，这些文件有的是文件大小异乎寻常得大，有的是一些数码图像出现的位置不寻常。Tom 怀疑这些文件中可能隐藏有公司机密资料，为了证实自己的设想，对这些文件中是否隐藏证据信息或重要线索进行调查，Tom 决定深入分析这些可疑的文件。由于采用通常的方式打开这些文件没有在所显示的文件内容中找到可用的信息，Tom 决定利用针对简单数据隐藏的分析方法对可疑文件进行分析，并且对经过简单数据隐藏分析后没有获取有用信息的可疑数字图像文件，采用隐写分析的方法进行调查。

案例 2 中，由于数码照片“广场鸽”已经被怀疑其真实内容被篡改，而且主要的怀疑点在于图 6.1 中画圈的两只鸽子被认为是同一只鸽子。因此调查取证人员在鉴定这幅数码图像的内容是否真实时，需要重点调查这两只鸽子的相似程度。由于该照片在拍摄时所用的数码相机没有产生任何对内容鉴定有帮助的信息，因此调查人员只能采用“数字图像被动认证”的方法进行鉴定。调查取证人员利用数字图像内容篡改方式方面的知识（详见 6.4.2 节），对这个案例进行初步分析后，认为该图像的篡改主要采用的方法很可能是“图像局部信息修改”，即复制同一图像中的某个部分，并粘帖到该图像的另一个区域中。基于这样的初步判断，调查人员决定采用“图像分块相关性比对”的方法进行分析和鉴定，从而确定该数码图像的内容是否被篡改，以及图像中哪些内容被篡改。

项目实施

6.3 任务一：对简单数据隐藏进行分析

取证调查人员 Tom 本项任务的目的是针对案例 1 中的可疑文件，调查分析被调查者 Adam 是否采用了常见的简单数据隐藏方法来隐藏重要信息和数据。

在计算机取证调查的实践中，被调查者为了增强其重要数据的安全性，往往将重要的文件和信息采用各种方式隐藏起来。根据数据隐藏和数据检测的难度，通常可将数据的隐藏分为简单的隐藏方法和高级的数字隐写术。对于取证分析人员而言，为了保障取证分析的深入进行，需要对这些隐藏的方式进行了解，并且针对这些方式，想出对策，从而获取证据。计算机取证的调查对象往往是非计算机专业人员，因此多数情况下取证调查人员面对的是种种简单的数据隐藏方式。

6.3.1 针对最简单的数据隐藏方式进行分析

最简单的数据隐藏方式是修改文件后缀名和修改注册表隐藏分区及文件两种方式。

（1）修改文件后缀名方式

隐藏文件数据一个最简单的办法就是修改文件的后缀名，例如将一个后缀名为“.jpg”的JPEG图片文档修改后缀名为“.dll”，使得系统不会使用图片浏览的方式打开这个文件。并且，可以在没有进行深入分析时，骗过一些取证的分析软件。而被调查者则可以通过将这个文件的后缀名改回“.jpg”的方式，使用这个文件。

对于此种隐藏方式的取证分析，主要采用文件头特征与文件后缀名比对的方式进行。通常计算机中的文件除了文件后缀名可以显示文件的类型之外，每个文件的文件头信息中均含有该文件的类型特征，取证调查人员可以利用各种取证工具搜索原始证据磁盘镜像中所有文件的文件头类型特征，找出每一个文件真正的文件类型，并且可以将其与文件的后缀名进行比对，如果出现文件头特征显示的文件类型与文件后缀名不符合的情况，就可以轻易找出这些修改了后缀名的文件，并且这些文件往往是被调查者刻意隐藏的文件，需要重点调查。

在项目4中介绍的EnCase取证工具的文件特征分析，以及X-Ways Forensics取证工具的磁盘快照均具有分析文件头类型特征，并与文件后缀名进行比对，从而找出经过隐藏处理的可疑文件的功能。这也是为什么在深入取证分析前，需要在EnCase中运行文件特征分析，或者在X-Ways Forensics中运行磁盘快照分析的原因之一。

（2）修改注册表隐藏文件或隐藏分区

在文件的属性中可设置隐藏属性，但即使设置了隐藏属性，仍可以在系统中轻易显示出隐藏文件，例如在Windows 7系统中可通过资源管理器菜单中“工具→文件夹选项”调出“文件夹选项”对话框，并选择“查看”选项卡，在其中的“高级设置”中选择“显示隐藏的文件、文件夹或驱动器”，并且取消选中“隐藏计算机文件夹中的空驱动器”和“隐藏受保护的操作系统文件（推荐）”即可显示出这些隐藏文件。

因为，通常有一定计算机知识的被调查者会采用修改注册表的方法隐藏文件。其方法是将注册表中“HKEY_LOCAL_MACHINE\SOFTWARE\Microsoft\Windows\CurrentVersion\Explorer\Advanced\Folder\Hidden\SHOWALL”下的“Check Value”子键的十六进制键值从“1”改为“0”，这样无论怎样修改显示属性都不会显示隐藏文件。当然，对于这样的隐藏行为，取证调查人员仅仅需要将这个子键的键值重新修改回“1”即可让被调查者想要隐藏的文件无所遁形。

在取证调查中，时常会遇到被调查者通过修改注册表将硬盘的某分区隐藏，以便隐藏分区中文件信息的情况。其做法是在注册表“HKEY_CURRENT_USER\SOFTWARE\Microsoft\Windows\Current Version\Policies\Explorer”中新建一个二进制键值并重命名为“NoDrives”，其默认值为“00 00 00 00”，表示不隐藏任何驱动器。这个键值由4个字节组成，每个字节的每一位对应“A～Z”的一个盘符，当这个盘符对应的位的值为“1”时，这个驱动器就在系统中隐藏了。例如如果将该子键的值修改为“30 00 00 00”，那么就将磁盘的E分区和F分区隐藏了。对于这样的隐藏分区行为，取证调查人员也仅需要在注册表相应位置，将这个键值修改为“00 00 00 00”即可显示出所有的分区。

6.3.2 插入式数据隐藏

所谓插入式数据隐藏，主要指将需要隐藏的数据信息的二进制编码直接插入到“普通的”其他文件，从而达到隐藏信息的目的。这种方式最简单的应用就是采用“copy.exe”命令的“+”选项来进行含密文件的制作，或者采用十六进制的文件编辑器，将需要隐藏的文件的十六进制编码直接插入到“普通的”文件中。通过这样的隐藏处理，由于文件头中的文件特征信息就是“普通的”载体文件的特征，并且后缀名也是载体文件的后缀名，因此采用取证分析工具的文件特征分析功能是无法发现的。

但是这样的隐藏方式通常有两个缺陷，一个是含密文件的大小要比其未含密时大很多，另一个是如果将需要隐藏的文件插入到含密文件的十六进制代码中间，会造成打开含密文件时出现不正常结果的问题，从而引起调查人员的怀疑。为了解决第一个缺陷，被调查人必须采用一些高级的信息隐藏方法（例如后面会讨论的数字隐写术）。而为了避免第二个缺陷，被调查人常常选择将需要隐藏的文件直接加载在“普通的”载体文件的十六进制代码的最后面，这样调查人员即使采用与载体文件相关的工具去打开载体文件，也不会察觉出可疑之处。

如果在取证调查中遇见这样的隐藏方式，调查人员往往需要对可疑文件进行十六进制代码的分析和编辑，从而查找和提取出真正感兴趣的信息。在本章案例1中，调查人员Tom在对Adam的计算机进行调查时，通过文件大小的比对，发现一份“.doc”文档本身的大小要比其估算的大小（例如利用MS Word打开这个文件，然后通过所显示的内容进行估算）大很多，因此Tom怀疑这份“.doc”文件是一个载体，其中可能隐藏了别的重要信息。如果Tom通过其他分析认为这个载体中很可能隐藏了一张JPEG的图片，那么他应当采用下列步骤进行深入分析。

（1）从Adam的办公计算机磁盘取证镜像中提取这个可疑的“.doc”文件；

（2）采用十六进制编辑器 WinHex（当然也可以利用任何其他带数据搜索功能的十六进制编辑器）打开这个“.doc”文件；

（3）利用WinHex的数据查找功能在打开的十六进制代码中查找“JPEG”文件的文件特征信息（例如查找JPEG图像文件起始处的十六进制标识——“FFD8H”）；

（4）当搜索到这样的标识后，将标识以前的所有十六进制代码全部删除（注意不是清零），然后保存文件，并使用图片查看工具查看是否显示出图像；

（5）如果没有显示出图像，则重复执行上面两步，直到提取出隐藏的“JPEG”图片信息。

当然，即使查找完所有的代码，都不能提取出感兴趣的信息，也不能直接否定这份文件的可疑性，调查人员应考虑是否搜索的文件标识错了，可否换一种常用的文件标识。计算机取证调查和鉴定的工作原则决定了调查分析人员不应轻易下结论，而应当验证所有的可能性。

6.4 任务二：利用隐写分析技术分析可疑图像

取证调查人员 Tom 本项任务的目的是利用高级信息隐藏技术——数字隐写术的分析技术，即数字隐写分析技术，针对案例 1 中的可疑数字图像文件（经过任务一的分析没有得出有效结果的数字图像文件），进一步调查分析是否隐藏有重要信息和数据。

6.4.1 数字隐写和隐写分析技术

我们在任务一中讨论了一些简单的信息隐藏技术以及对应的取证方法，但这些取证方法往往对于高级的信息隐藏技术——数字隐写术是无效的。高级信息隐藏是指在不对载体（图像、音频、视频、文本等）信号产生可觉察的过分影响之前提下，将额外信息嵌入载体中，并能正确提取所嵌入信息的一种信息安全技术。当代信息隐藏领域最主要的分支为数字水印技术和数字隐写术，数字水印技术主要可用于实现内容认证、版权保护、数字取证、泄漏追踪、数字多媒体的质量评估以及多媒体广告播出的自动计数和监控等，而数字隐写术则主要应用于隐秘通信。数字隐写分析技术主要作为通信的监控者和取证者，对各种看似正常的通信行为进行检测和分析，从而发现隐秘通信的存在并进一步提取隐秘信息。

隐秘通信是指将需要传输的隐秘信息，以尽可能不引起第三方怀疑的方式嵌入到“无害”的载体中，利用公共传输通道发送给接收方，而接收方则从所接收的载体中正确提取出其中隐藏的隐秘信息。用于隐秘通信的信息隐藏技术通常被称为隐写术，而对隐写术的攻击技术则常被称为隐写分析。通常隐写术所保护的不是各种与载体相关的信息，而是其隐藏的隐秘信息以及隐秘通信行为本身，相反隐写分析技术则通过对“无害”信息的分析发现隐秘通信行为，甚而提取隐藏的信息，因此隐写分析技术即为针对隐秘通信和隐写术的取证调查手段。

隐写术不仅保护了秘密信息的内容并且保护了秘密信息的存在，使得秘密信息更加安全。相反，隐写分析技术使得监控者可以在正常传输的各种“合法”信息中发现隐秘通信的行为，进而提取隐秘通信所传输的秘密信息，或者对隐秘通信进行拦截并追踪通信的发送和接收者。这两种技术的合理运用不仅在国家安全领域有着重要应用，而且在商用和普通民用领域也有着很大的应用空间，不少互联网站（如 www.stego.com 等）也针对个人和商业用户提供了各种免费或商用数字隐写和分析的工具。

6.4.2 数字图像隐写技术基础

数字图像隐写术是将隐秘信息以“不易察觉”的方式隐藏在非秘密的数字图像载体中，进行隐秘通信的技术，而数字图像隐写分析则对数字图像载体进行分析，从而发现含有隐秘信息的载体，进而提取并破译含密载体中的隐秘信息。隐写术所谓的“不易察觉”不仅指人类感知上的不易察觉，也指在隐写分析的“显微镜”下不易察觉，因此设计具有高安全性能的隐写方法是一项富有挑战性的课题。反之，由于隐写分析技术需要运用各种手段，利用隐写引起载体特征的微小变化，在大量载体信息中找出载密信息，甚至提取出隐藏的隐秘信息，也是一项极富挑战的课题。数字隐写和分析技术相互对抗共同发展，两种技术中每一种的发展均极大地促进了另一种的发展和成熟。隐写术对应隐秘通信的经典案例是由 Simmons 作为“囚犯问题”首先提出的，如图 6.14 所示。

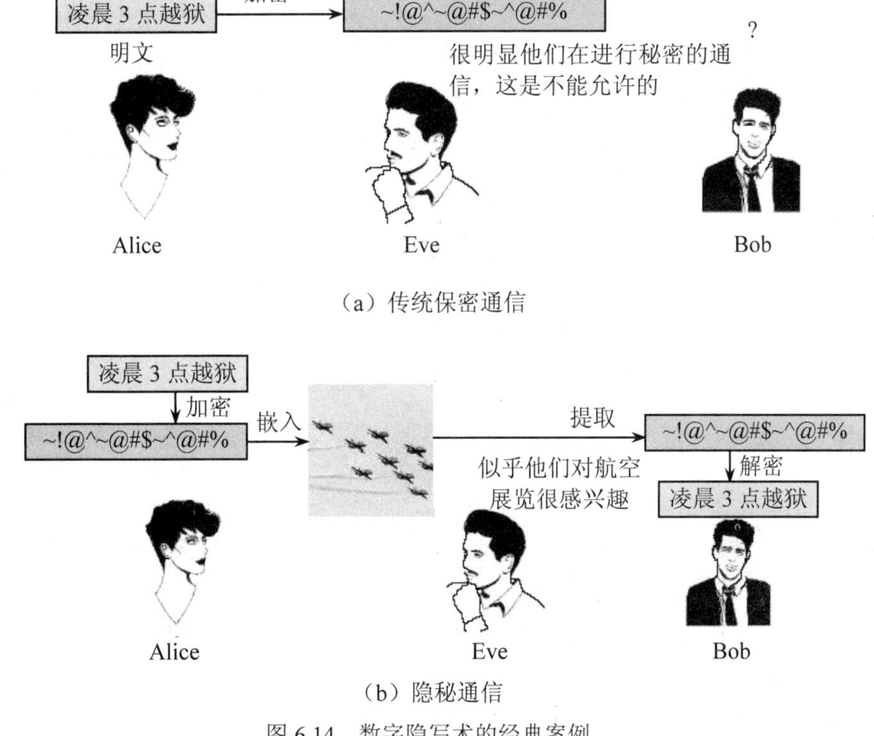

图 6.14　数字隐写术的经典案例

在图 6.14 中 Alice 和 Bob 的任何通信都必须经过监控者（也即取证调查者）Eve 的监视。当他们需要传递一条秘密信息时，若通过如图 6.14（a）所示的传统加密通信机制进行通信，尽管对传输信息的加密使得 Eve 很难破译密文从而获得秘密信息，但是异常通信行为本身暴露了“非法”通信的存在，使得 Eve 可以截留通信信息，破坏他们的通信。

Alice 和 Bob 的通信虽受到 Eve 的监控，但仍具有“合法”通信的权利，因此如图 6.14（b）所示，Alice 借助隐写术的手段将秘密信息经过加密，以不引起 Eve 察觉的方式隐藏在“合法”的载体信息（航空展览图片）中，Bob 在收到含密载体后使用相应密钥，按照约定的方式即可提取真正需要传递的秘密信息。

在这个模型中，Alice 和 Bob 分别为隐写的发送方和接收方，而 Eve 则代表了隐写分析的取证调查者的角色。从图 6.14 可以看出，与基于加密的传统保密通信技术相比，隐写术不仅可以保护通信的内容安全性，更可以在利用非安全通道进行通信时，保护秘密通信行为的存在安全性。而隐写分析技术的职责就是在对通信传输通道进行监控时，利用各种手段从大量看似“合法”的载体信息中找出“非法”信息和隐秘通信行为的存在。隐写系统的通信模型如图 6.15 所示。

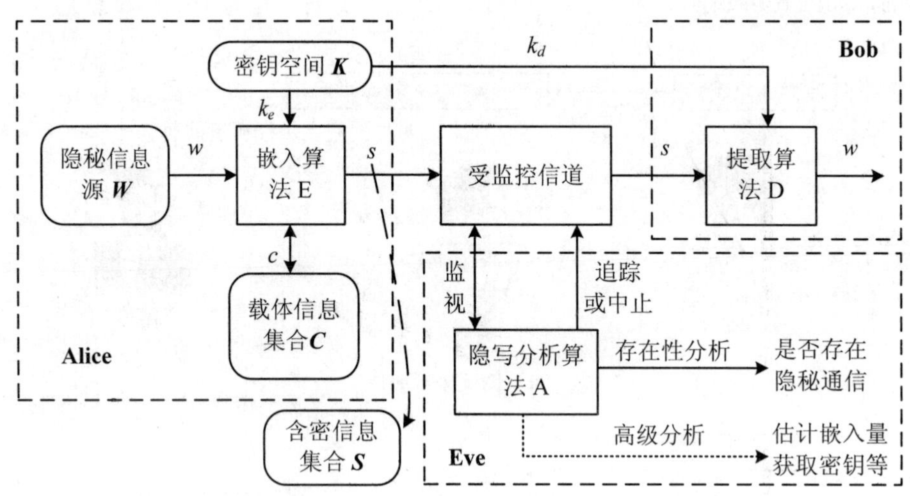

图 6.15　隐写系统通信模型

由此，我们给出隐写系统的形式化定义。

定义：称系统$\Pi=(\boldsymbol{W},\boldsymbol{C},\boldsymbol{S},\boldsymbol{K},\mathrm{E},\mathrm{D})$为隐写系统，其中 $\boldsymbol{W}$ 为隐秘信息源，$\boldsymbol{C}$ 为载体信息集合，$\boldsymbol{S}$ 为含密信息集合，$\boldsymbol{K}$ 为密钥空间，且有：

- $\mathrm{E}:\boldsymbol{W}\times\boldsymbol{C}\times\boldsymbol{K}\to\boldsymbol{S}$ 为隐写的嵌入映射；
- $\mathrm{D}:\boldsymbol{S}\times\boldsymbol{K}\to\boldsymbol{W}$ 为隐写的提取映射；
- $\forall w\in\boldsymbol{W}, c\in\boldsymbol{C}, k\in\boldsymbol{K}$，有 $\mathrm{D}(\mathrm{E}(w,c,k),k)=w$。

除了以上的要求之外，对于多媒体隐写系统而言，必须保证嵌入隐秘信息后的含密载体满足一定的感知隐蔽性和安全性限制。

在图 6.15 所描述的隐秘通信模型中，隐秘通信的发起者 Alice 通过映射 E，在密钥 k_e 的控制下，将隐秘信息 $w\in\boldsymbol{W}$ 嵌入到载体信息 $c\in\boldsymbol{C}$ 中，得到含密信息 $s\in\boldsymbol{S}$。含密信息 s 通过受隐写分析者监控的信道，传递给隐秘通信的接收者 Bob，Bob 根据所接收到的 s 和密钥 k_d，利用映射 D 提取出隐含的隐秘信息 w。在这个隐秘通信进行的过程中，s 受到隐写分析者 Eve 的监控，Eve 对信道上传输的信号 s 利用隐写分析算法 A 进行分析，检测 s 中是否含有隐秘信息，若 Eve 发现隐秘信息的存在，即可中止或干扰通信并追踪通信双方，甚或利用一些高级的分析技术获取隐写密钥并提取嵌入的隐秘信息 w。

由上述讨论可知，一旦 Eve 发现了隐秘通信的存在，则该隐写系统就不再安全。因此对于取证分析者来说，首要的任务不是提取出被调查者隐藏的秘密信息，而是找出可能含隐秘信息的图像载体。

隐写术是信息隐藏领域的重要分支。虽然与其他信息隐藏技术相比，由于运用目的不同，所关注的性能指标有所差异，但是隐写术的基本要素发源于信息隐藏技术的基本要求。目前信息隐藏技术主要通过如下几方面评价其性能：

（1）感知隐蔽性：亦称感知质量，是指嵌入信息的操作不能使载体产生明显的感知失真，也即隐藏处理后的含密载体被人类感官系统察觉的程度。对于图像、视频载体而言，要求信息的嵌入在视觉上不可觉察；而对于音频载体而言，要求在听觉上不可觉察。感知质量是多媒体信息隐藏的基本要求。

（2）安全性：信息隐藏系统的安全性是多方面的，对隐写术而言分为广义安全性和狭义安全性。广义安全性包括隐秘信息的存在性、隐秘信息存在于载体的位置和隐藏的隐秘信息大小等能够被第三方检测的程度，以及隐秘信息是否能够被第三方提取甚至破译。狭义安全性则通常指隐秘信息的存在安全性，即隐藏的信息被各种基于载体统计特性等性质的被动分析工具，分析出其存在的程度。本文中涉及的安全性通常是指狭义安全性，即存在安全性。

（3）隐藏容量：指载体可以承载的最大嵌入信息量。嵌入信息的容量一般是在给定的感知隐蔽性（感知失真度）、安全性以及鲁棒性的需要下给予定义的。由于各种载体的大小是变动的，因此隐藏容量通常指载体能够承载隐藏信息的最大相对信息量，即一般以嵌入信息大小同载体信息的大小之比来衡量，若载体为图像则常常使用嵌入率 bpp（bits per pixel）来衡量。

（4）鲁棒性：指信息隐藏系统抵抗一般信号处理操作和恶意攻击对嵌入信号破坏的能力，即承载隐藏信息的载体在经过各种有意或无意的主动攻击（如各种滤波、压缩、剪切、缩放、几何攻击等）后，隐藏信息能够被正确提取的程度。鲁棒性要求嵌入算法能够保证嵌入信息在经受一定主动攻击后的可检测性或可恢复性。

对信息隐藏系统性能的衡量除上述要素以外还有一些其他指标，例如信息隐藏系统的计算复杂度指标，指隐藏算法在时间和空间上的复杂度。该指标通常对少量载体和信息嵌入的意义不是很大，但是在大量载体嵌入操作时就是一个值得关注的要素。信息隐藏技术有着广泛的用途，而用途不同就导致使用者对性能的要求各不相同，关注的要素也有差异。隐写术通常对感知隐蔽性、存在安全性和隐藏容量更为关注。

6.4.3 利用简单的数字图像隐写术隐藏数据

LSB（Least Significant Bit，最低比特有效位）算法是一种简单而有效的信息隐藏技术，首先由 Bender 提出，许多研究者又对其进行了各种改进。设载体图像为 $\boldsymbol{C}$，$c_{j,k}$ 为 $\boldsymbol{C}$ 中像素点灰度值。$c_{j,k}$ 可以使用 8 比特的二进制数表示，其中最高位代表 128，对 $c_{j,k}$ 的贡献最大，称为 MSB（Most Significant Bit，最高比特有效位）；而最低位表示 1，对 $c_{j,k}$ 的贡献最小，称为最低比特有效位。将 $\boldsymbol{C}$ 中所有像素灰度值 $c_{j,k}$ 的 LSB 位抽取出来，就构成了一个 LSB 位平面。通常自然图像相邻像素存在较强的相关性，$c_{j,k}$ 与其周围的像素值差别往往很小，因此越是 **C** 的高位平面相邻比特的相关性就越强，而 **C** 的 LSB 位平面则类似于随机噪声。LSB 算法的基本方法就是保持载体 **C** 的高七位的位平面不变，将其 LSB 位平面替换为隐秘信息，如图 6.16 所示。

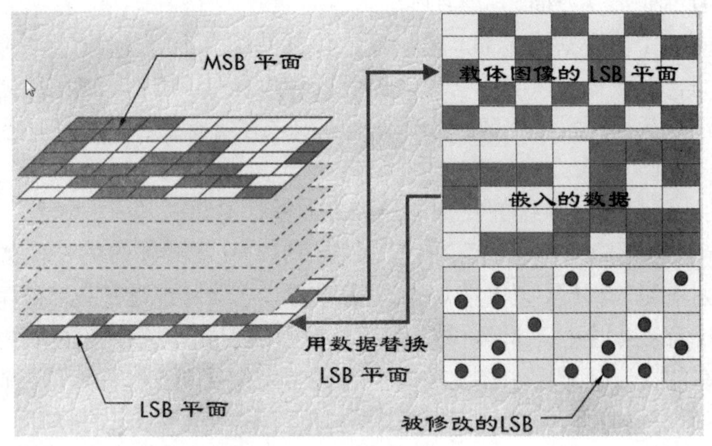

图 6.16　LSB 隐写算法原理

由于载体图像 **C** 的像素 LSB 位平面就是所有像素灰度值 $c_{j,k} \pmod 2$ 所得的平面，所以 LSB 算法即为：每一比特隐秘信息均使用 **C** 的一个像素 $c_{j,k}$ 负载，如果隐秘信息比特与 $c_{j,k} \pmod 2$ 相同则不作修改；否则，若 $c_{j,k}$ 为奇数，则 $c_{j,k} = c_{j,k} - 1$，若 $c_{j,k}$ 为偶数，则 $c_{j,k} = c_{j,k} + 1$。提取隐秘信息时只要对含密图像的载密像素灰度值模 2 求余即可。

峰值信噪比（Peak Signal to Noise Ratio，PSNR）是衡量图像感知失真的常用指标之一，由于 LSB 算法只在载体 **C** 的像素 LSB 位平面嵌入隐秘信息，因此其载密图像的感知保真度较高。对于嵌入率为 1bpp 的 LSB 算法，其引起的 PSNR 通常大于 50dB，而人眼一般不能有效察觉 PSNR 为 38dB 以上的影响。

基于这样的数字图像隐写原理，开发出了各种利用数字图像作为隐写载体的隐写软件。上海电力学院计算机科学与技术学院的魏为民先生开发的 eShow 即为其中一款，可以将重要文件隐藏在指定的载体文件中，也可以从含有隐秘信息的载体中提取出这些信息。

如果使用者需要隐藏某个文件（例如一份 pdf 的文件），首先打开 eShow 软件，并点击 Carrier…按钮选择载体图像，如图 6.17 所示。

在随之弹出的对话框中选择载体图像文件，如图 6.18 所示。

选择好载体图像后在 eShow 的界面中即出现所选择的载体的缩略图，在下方显示出该载体的幅面大小（2272×1704）和文件大小（11614518 字节），并且软件经过自动检测显示出该载体没有隐藏隐秘信息。进而点击 Message…按钮，选择需要隐藏的文件，如图 6.19 所示。

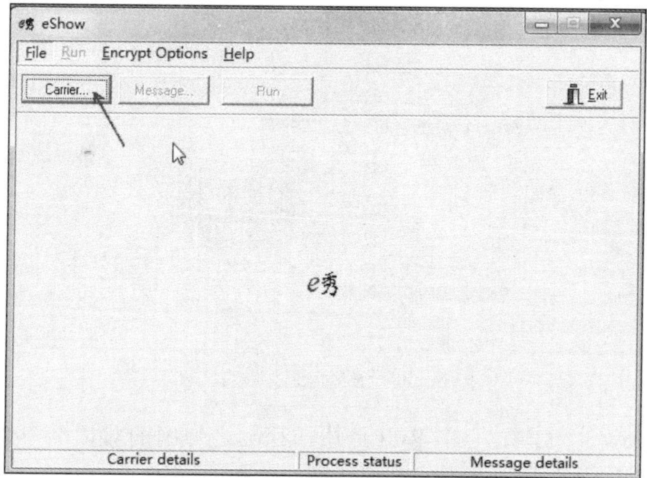

图 6.17　打开 eShow 的载体选择选项

图 6.18　选择载体图像

图 6.19　打开 eShow 的隐藏文件选择选项

在弹出的对话框中选择需要隐藏的文件，如图 6.20 所示。

图 6.20　选择需要隐藏的文件

确定后回到 eShow 主界面，点击 Run 按钮，在随之弹出的对话框中选择需创建的载密图像文件的路径和文件名，并点击“打开”按钮确认，如图 6.21 所示。

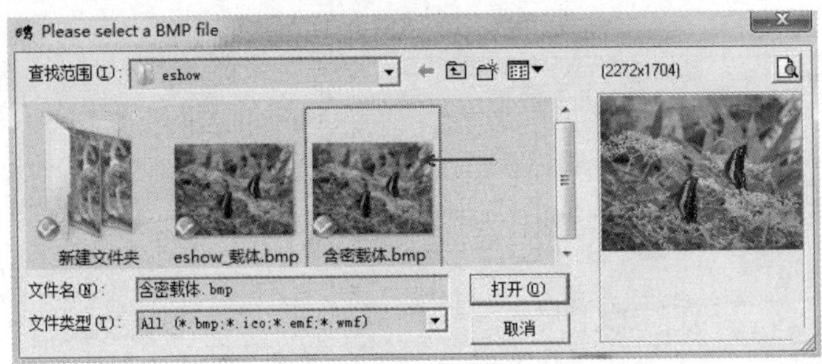

图 6.21　确定载密图像文件名

随后 eShow 开始创建含有需要隐藏的 pdf 文件的载密图像，创建成功后 eShow 的主界面出现原始载体图像和载密图像的缩略图，并且在底部信息栏显示出载密图像含有的隐秘信息量（640573 字节），如图 6.22 所示。

图 6.22　载体图像和载密图像比较

从图 6.22 可以看到原始载体图像和载密图像（隐藏了相当大小的秘密文件）用人的肉眼感知无法分辨区别，并且比较两个文件的大小和幅面也完全一致。

当需要提取隐藏文件时，同样使用 eShow 并在主界面点击 Carrier…按钮，选择载体图像，选择了隐藏有重要信息的载密图像文件后，eShow 的主界面会出现载密图像的缩略图，并且自动探测到该图像含有“640573 字节”的隐藏信息，因此 Message…按钮变成灰色，这时点击 Run 按钮，如图 6.23 所示。

图 6.23 提取载密图像中的隐藏信息

在随后出现的对话框中对提取的文件命名并确定存储路径，eShow 软件即将载密图像中隐藏的隐秘信息提取到这个文件中。如果提取的文件没有输入扩展名（或者提取时不确定该采用什么扩展名），可以根据提取后的文件头特征信息来确定提取文件的扩展名。

6.4.4 针对简单数字图像隐写术的分析取证

虽然 LSB 隐写术可以在隐藏大量信息的情况下依然保持良好的视觉感知隐蔽性，但是使用有效的统计分析工具仍然可以判断出一幅数字图像是否含有隐秘信息，而隐秘信息的存在性一旦暴露，即使隐秘信息的内容没有被提取和破译，仍然可以在许多案件的调查中为取证分析人员提供大量的重要线索。

针对一幅可疑的数字图像，取证调查者需要根据数据的统计特性来判断其中是否含有隐秘信息。以 8 位灰度图像为例，对于简单的 LSB 隐写来说，由于该算法在嵌入隐秘信息的时候，只是简单地将载体的 LSB 位替换为隐秘信息的二进制代码，也就将载体像素值在 $2i$ 与 $2i+1$ 之间翻转变化，而不能在 $2i$ 与 $2i-1$ 之间翻转变化，即像素值只能以 $0\leftrightarrow 1$，$2\leftrightarrow 3$，$4\leftrightarrow 5$，…，$254\leftrightarrow 255$ 的形式转变，而不能以 $1\leftrightarrow 2$，$3\leftrightarrow 4$，$5\leftrightarrow 6$，…，$253\leftrightarrow 254$ 的形式变化，这一缺陷导致载体像素的统计特性产生了较大的变化，取证调查者只要采用常用的图像编辑软件（如 Photoshop、GIMP 等）查看图像的灰度统计直方图，即可找出那些含有隐秘信息的载体图像。

在本章案例 1 中，调查人员 Tom 怀疑被调查者 Adam 的计算机中有一幅可疑的灰度图像，因此 Tom 利用图像分析工具提取该图像的像素灰度直方图进行分析。一幅没有含有隐秘信息的数字图像，其直方图是根据自然图像的灰度统计值自然分布的，如图 6.24 所示。

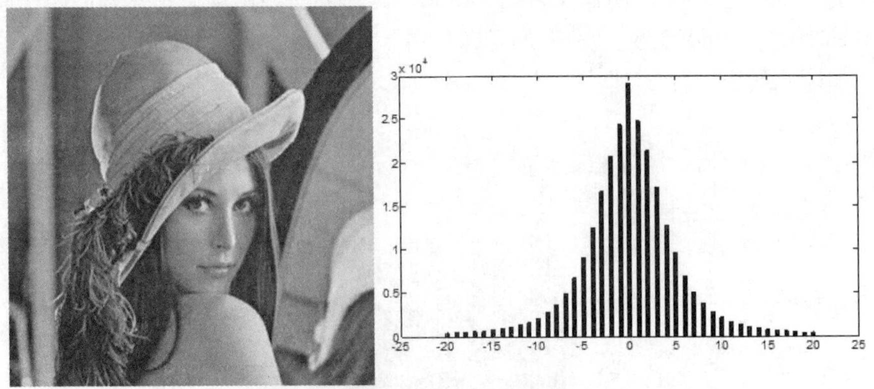

图 6.24　未载密图像和其灰度直方图

但是如果该图像含有大量的隐秘信息，就会影响其灰度直方图的统计分布，如图 6.25 所示。

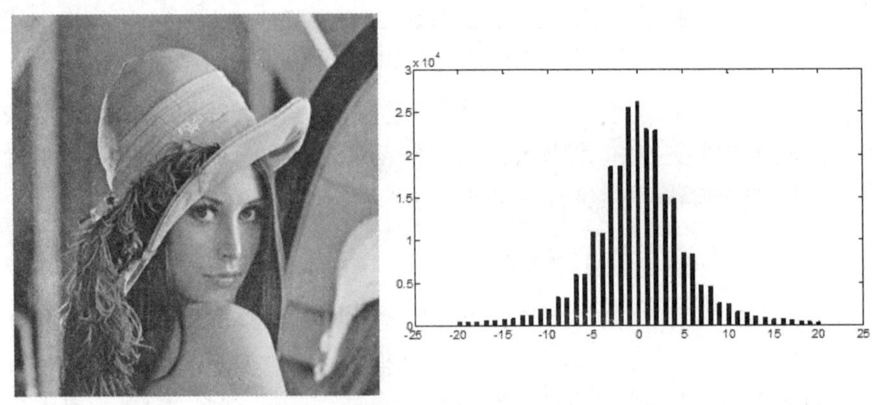

图 6.25　载密图像和其灰度直方图

从图 6.25 可以看出，由于采用了 LSB 隐写术在图像中隐藏了大量隐秘信息，虽然载密图像在视觉感知上和未载密图像没有什么区别，但是其直方图呈现出明显的阶梯状分布，即相邻的两个统计数值趋于平齐。

Tom 在提取可疑图像的灰度直方图后，观察到直方图出现了明显的阶梯状，见图 6.25，因此证实了该图像存在隐秘信息，并且隐写的方法很可能是利用简单的 LSB 算法。根据这样的判断，Tom 可以采用专业的针对简单 LSB 算法的分析工具，进行进一步的分析和取证，目前有效针对简单 LSB 隐写术的隐写分析有卡方分析法、RS 分析法、GPC 分析法等。

6.5 任务三：数字图像内容真实性认证

在本章案例 2 中，取证调查人员需要利用数字图像真实性认证的方法，鉴定“广场鸽”数码照片的内容是否存在篡改，以及篡改的具体区域。

6.5.1 数字图像内容认证技术概略

数字媒体内容认证又称数字媒体防伪认证，或数字媒体内容的取证鉴定，其目的是对多媒体文件内容的完整性、真实性和可信性进行确认。以数字图像内容认证为例，其主要目的是判断某幅数字图像的内容是否经过篡改，以及哪些部分经过篡改或经过怎样的篡改。目前数字媒体的内容认证技术主要分为数字内容的水印认证、数字内容的签名认证以及数字内容的被动认证三种，如图 6.26 所示。

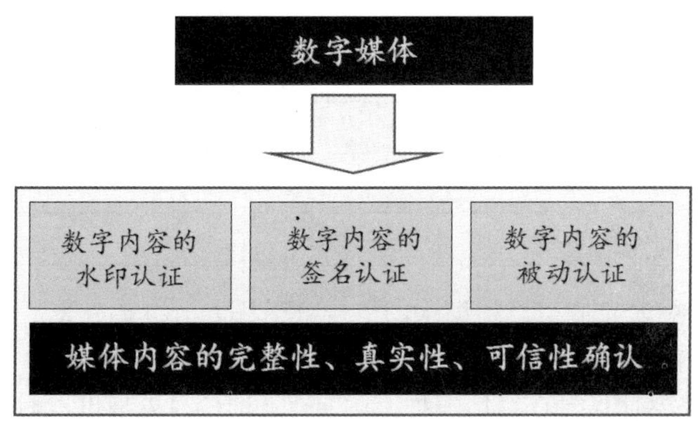

图 6.26 数字媒体内容认证技术分类

以数字媒体的基本组成——数字图像为例，目前，针对数字图像篡改的认证方法可分为三类：

- 基于数字水印的图像认证：在图像中预先嵌入脆弱或半脆弱水印，当图像遭受篡改时，水印受损部分将暴露篡改行为；
- 基于数字签名的图像认证：利用图像内容生成长度很短的认证码、数字签名或视觉哈希码，并利用这样的数字签名码来认证图像内容的真实性；
- 数字图像的被动认证：又称为数字图像的盲认证技术，既不需要事先在图像中嵌入数字水印，也不依赖其他的辅助信息，仅根据待认证的图像本身判断其是否经过篡改处理。

这三类方法中的前两种可认为是主动的认证方法，方法一需要在图像中嵌入数字水印；方法二虽然没有改动图像，但需预先产生辅助信息，且需要额外的信道传输签名。这两种方法均需要生产拍照设备的硬件厂商支持才能够大量投入使用，但至今仍没有一个可行的国际标准来指导设备生厂商遵循这种认证技术，因此还不能在数字图像取证鉴定中广泛使用这两类技术。

基于主动认证方法的局限性，当前第三种方法即被动的认证方法正在受到大量的关注。数字图像的被动认证利用了自然图像中存在着的某些统计上的性质进行取证鉴定，当篡改者对图像数据进行修改时就会造成这些统计性质的改变，由此取证鉴定者就可以判断图像是否被篡改和进行篡改内容的定位。由于实际的应用中待认证图像往往既未被嵌入数字水印，也没有数字签名信息可以利用，因此盲认证技术是更具现实性的数字图像内容认证方法。

（1）基于数字水印的图像认证

基于数字水印认证技术的基本模型如图 6.27 所示，在发送端，首先产生出水印信息，并把生成的水印信号嵌入到需要保护的原始图像中得到水印图像。在传播过程中，水印图像可能会受到一些有意或无意的干扰，如人为的恶意篡改攻击、信道噪声、图像压缩处理等。最后在接收端，检测者再根据相应的水印检测算法从接收到的图像中完全或部分恢复出水印信号，并据此对图像内容等进行认证。

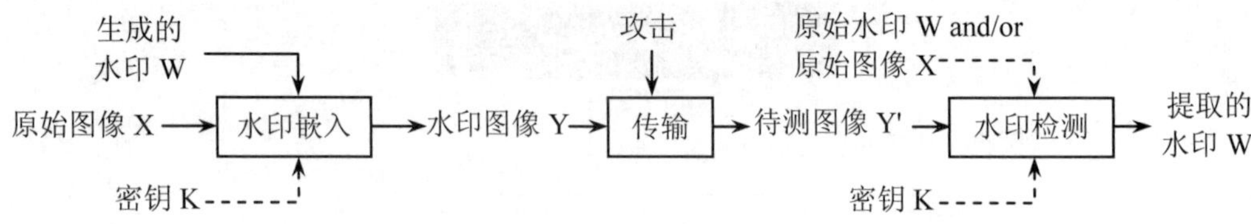

图 6.27　数字水印认证模型

在水印系统设计中，我们可以根据水印信号抗干扰能力将其分为：鲁棒水印、脆弱水印及半脆弱水印。它们在图像的认证中，有着各自的应用场合。

1）鲁棒水印：指水印信号在经历多种无意或有意的信号处理过程后，仍能保持部分完整性并能被准确鉴别。可能的信号处理过程包括信道噪声、滤波、A/D 与 D/A 转换、打印扫描、几何失真以及有损压缩等。鲁棒的水印一般用于存储媒体的版权等信息，或者用于身份认证。

2）脆弱水印：与鲁棒水印性质相反，脆弱水印要求被保护水印图像当发生任何形式的改变后，水印信号改变很大。脆弱水印主要应用在数字图像内容的完整性认证上，如果在图像中检测到一个完整的脆弱水印信息，证明该媒体没有被修改过。脆弱水印具有篡改定位功能，即把脆弱水印信息嵌入到图像不同位置上，当图像内容发生改变时，这些水印信息会发生相应改变，从而可以鉴定待测图像哪些部分被篡改。

3）半脆弱水印：这种水印的抗攻击能力介于鲁棒水印与脆弱水印之间。由于脆弱水印能检测到十分细微的变化，不允许水印图像有丝毫的失真，因此对于一些合理的失真，如图像的有损压缩、去噪等，脆弱水印则都认为是篡改。在多数情况下，脆弱水印的这种性质不符合图像内容真实性认证的要求。而半脆弱水印则允许在合理的失真后，水印信息仍然保持不变。只有当发生恶意的篡改时，水印信息才会发生较大改变。由于有这样优良的性能，因此半脆弱水印主要用于鉴别图像内容篡改的取证和认证。

（2）基于数字签名的图像认证

在数字图像的数字签名认证中，使用最广泛的技术是鲁棒 Hash 认证技术。传统的 Hash 函数（例如 MD5、SHA-1 等）不允许图像产生任何的失真，可以实现图像内容的精确认证。但是这种精确认证会带来和基于脆弱水印认证相同的问题，即不能把普通的图像处理和对内容真实性的篡改处理区分开来，从而无法在大多数取证应用中推广。

鲁棒的 Hash 算法则允许某些合理的失真，如图像去噪、有损压缩、几何变换等，只要保证图像的内容相似，它们 Hash 值间的“距离”就会很接近，而对于内容不相同的两幅图像，其 Hash 值间的“距离”将会变得很大。从抗攻击的角度上看，传统 Hash 与鲁棒 Hash 的思想和脆弱、半脆弱水印技术有相似之处。

图像 Hash 技术除了用于图像的完整性与身份认证外，还用于基于内容的图像检索、图像数据查询以及数字水印生成等其他方面。

数字图像鲁棒 Hash 码生成的基本流程如下：

- 从图像中提取特征向量；
- 量化提取出的特征向量得到二进制 Hash 串；
- 压缩二进制 Hash 串得到最终的哈希序列。

在特征提取阶段，一幅二维的图像被映射成一维的特征向量，该特征向量必须是从图像中提取出的感知特征，也就是说对于人类视觉系统来说相同的图像应该有在某种距离度量下相近的特征向量。反之，两幅截然不同的图像在该种距离度量下应该具有较大的距离。

（3）数字图像的被动认证

数字图像的被动认证是所有不需要数字水印或者数字签名等其他信息，仅仅利用自然数字图像的各种固有特征来进行内容认证的方法的总称。从原理上看，多媒体数据固有特征的提取与检测是解决这类问题的关键所在，因此要理解各种数字图像的被动认证方法，取证人员就必须了解一张自然数字图像生成的过程。

下面简单解析数码相机内部的一些常用处理操作，说明这些操作会给最后输出图像带来哪些影响。一张数码相片的生成过程如图 6.28 所示。

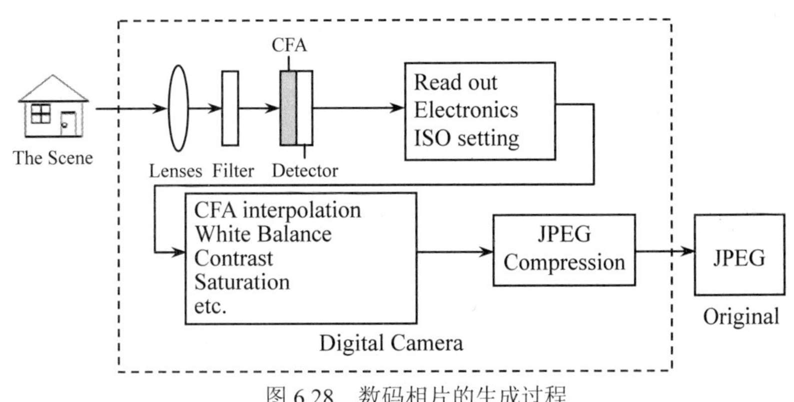

图 6.28　数码相片的生成过程

来自自然场景中的光通过透镜组（Lenses）进入到相机内部，随后彩色光会经过一个滤光器（Filter）被过滤为红、绿、蓝（R、G、B）三种原色的光。

相机会利用多个传感器将得到的光信号转变为电信号，这样就记录下了来自自然场景中光的基本信息：光的颜色及强度。对于使用单个传感器的相机，相机还需要经过 CFA（Color Filter Array）插值将被过滤掉的某些原色光填补上，才能得到场景的全部彩色信息。

由于物体颜色会因投射光线颜色产生变化，虽然人眼能够自动地修正光线的变化，但相机内部的传感器则不能，所以相机内部还需要进行白平衡（White Balance）操作，使得无论环境光线如何，让数码相机默认“白色”，就是让它能认出白色而平衡其他颜色在有色光线下的色调。

由于受到镜头等因素影响，这时得到的图像往往比较模糊而且带有一定的噪声，需要进行对比度增强（Contrast）、图像饱和去噪（Saturation）等处理。

最后，为了降低存储量，图像在输出前还需要经过压缩，其中 JPEG 压缩是市面上大部分相机都支持的一种有效的压缩方式（当然如果单反相机选择输出 RAW 文件，则不会经过图像压缩的步骤）。

从以上可知，一张数码照片在生成的过程中经过了多步处理，而每一步的处理都会造成一定的畸变并产生一定的统计特征，通常的数字图像被动认证方法就是利用这些畸变和特征来进行取证鉴别工作。

近年来，媒体信息被动认证的研究受到了世界上众多研究学者的极大关注。尽管研究历史不长，但发展十分迅速。一些有效的被动认证算法相继被提出，国际上许多重要的会议/组织也纷纷设置了相应的分会或杂志对其做深入的研究，这无疑对被动认证技术的发展起到了极大的促进作用。如今，被动认证作为一种数字媒体安全的新技术，已经成为了倍受瞩目的研究领域。

从目前的研究团体看，被动认证的研究主要集中在美国的几所著名高校，如 Dartmouth College 的 H.Farid 教授小组、Binghamton Univ.的 J.Fridrich 教授小组、Univ. of Maryland 的 M.Wu 教授小组、NJIT 的 Yun-Qing Shi 教授小组、Columbia Univ.的 Shih-Fu Chang 教授小组以及 Polytechnic University 的 N.Memon 教授小组等。国内对这方面的研究主要集中在北京电子技术应用研究所、复旦大学、大连理工大学、中山大学、上海大学、南京理工大学等。

6.5.2 数字图像内容认证案例分析

在本章案例 2 中，中国新闻摄影学会部分成员和网友纷纷质疑 2005 年举办的首届华赛自然与环保类新闻单幅金奖作品“广场鸽接种禽流感疫苗”的真实性，认为照片中右边屋顶附近的一只鸽子和左边屋顶附近的另一只鸽子（即图 6.1 中画圈的两只鸽子）极度相似，认为这两只鸽子中的一只是复制生成的，也即这张照片中的内容涉嫌人为篡改，违反了新闻摄影的真实性原则。如果这些怀疑得到证实，那么这张获得金奖的参赛作品就应当被取消比赛资格。

经过各位权威的数字图像内容真实性认定和多媒体取证专家们的专业鉴定，2008 年 4 月

2 日，中国新闻摄影学会和华赛组委召开记者招待会，取消“广场鸽”的金奖。针对这一案例，取证调查人员利用一种取证鉴定方法——基于图像分块相关性分析的伪造图像检测方法进行分析取证。

在进行取证鉴定之初，首先对被取证图像进行基本属性检测，获取被调查图像的基本信息。这样的调查可以采用读取图像的 EXIF 文件头信息而获得。

EXIF（Exchangeable Image file Format）是可交换图像文件的缩写，其专门为数码相机照片而设定，可记录数字照片的众多属性信息和拍摄当时的大量数据，是一个为数码相机使用的图像文件格式而制定的标准规格。EXIF 最初由日本电子工业发展协会在 1996 年制定，版本为 1.0；1998 年，升级到 2.1，增加了对音频文件的支持；2002 年 4 月，发表了 2.2 版。EXIF 可以附加于 JPEG、TIFF、RIFF 等图像文件之中，为其增加有关数码相机拍摄信息的内容和索引图或图像处理软件的版本信息。在 EXIF 标准中定义的元数据标签包括以下方面的信息：

- 日期和时间信息：数码相机将记录当前日期和时间，并把这些信息记录在元数据标签里；
- 相机设置：这包括静态信息，如相机型号、生产厂商，及每张照片改变的信息（方位、光圈、快门速度、焦距、测光模式和 ISO 感光速度等信息）；
- 照片拍摄地的位置信息：可以由 GPS（全球卫星定位系统）接收器连接到支持这种功能的数码相机上，来提供相关全球定位信息；
- 描述和版权信息：一些数码相机高端机型会在相机上提供允许用户编写这部分信息的功能。

针对被取证图像，读取其基本信息如图 6.29 所示。这些信息可以采用任何一款可以获取图像 EXIF 信息的软件来读取，如 Photoshop、GIMP、光影魔术手以及专门读取 EXIF 信息的小工具等。

图像名称：广场鸽.jpg
图像大小：2.60MB
图像格式：JPEG图像
图像分辨率：2069×2948
生成软件：Adobe Photoshop 7.0
生成时间：2005年2月23日 17：30：31'
YCrCb压缩模式：2：1：1
JPEG量化表：Quality factor=100
Y通道：Coeffy{8×8}={1}
CrCb通道：Coeffc{8×8}={1}

图 6.29　“广场鸽”数码相片的基本信息节选

随后取证调查者采用基于相关性分析的伪造图像检测方法来对“广场鸽”图像进行检测。该方法的主要原理是依据图像块的相关性，简单的说就是将整幅图像划分为大小一致的众多小图像块（例如划分成 16*16 像素、8*8 像素或者类似的小块），然后将每一个小块的某些统计分布特征和其余的小块的相同特征进行比较，如果相似度超过了某个阈值，则认为两个小块相同，并标记出来，当所有小块都完成比较后，就标记出了那些具有极强相似度的图像部分，从而检测出同一图像不同区域的复制伪造情况。

基于相关性分析的伪造图像检测方法对来自多幅不同图像的拼接篡改无效，但是在针对同一图像中可能存在的相同图像局部进行篡改检测效果较为理想。由于该方法在检测时存在一定的局限，即对于存在大区域相似内容的图像（如蓝天、平静的海面等）可能出现虚警，因此取证鉴定人员常常采用制定区域匹配方法，来避免大量虚警的存在。在“广场鸽”图像的鉴定中，由于鉴定的目的是为了调查疑为复制篡改的两只鸽子的相似性，因此可以仅仅比较这两只鸽子中任何一只的图像块与图像其他块的相似程度。为了验证基于相关性分析的伪造图像检测方法对于本案例的取证鉴定是否适合，可以首先将待检测的图像左侧鸽子以及最右侧的鸽子提取出来，组成一幅 640×640 幅面的 BMP 无损图像。提取左侧鸽子的翅膀图像块和身躯图像块，作为感兴趣区域进行检测，经过 50 分钟左右的比对，检测结果如图 6.30 所示。

图 6.30　两只鸽子组成的局部图像检测结果

图 6.30 左边的图像为将待检测的图像左侧鸽子以及最右侧的鸽子提取出来，组成的 640×640 幅面 BMP 无损图像，右侧为基于相关性分析的伪造图像检测方法的实验结果，从实验结果可以看出，这两只鸽子无论是翅膀部分还是躯干部分均标识为极其相似，证明该取证鉴定方法可行。

随后提取左侧鸽子的翅膀和身躯，作为感兴趣区域，对“广场鸽”的原始图像进行检测全面鉴定，经过约 22 个小时的比对，得到鉴定结果如图 6.31 所示。

图 6.31　两只鸽子组成的局部图像检测结果

图 6.31 左侧为“广场鸽”的原始图像，右侧为检测结果。实验结果清晰地显示图中有两部分（对应原图的两只鸽子）具有极高的统计相关性。其中左上白色部分的统计相关性为 1，这是可以预料的，因为图像鉴定检测时就是提取的左上鸽子的翅膀和躯干部分，所以实际上这两部分的数据是完全相同的。但是右边区域（对应原图右边可疑的鸽子）上半部分（鸽子翅膀部分）和下半部分（鸽子躯干部分）与检测比对图像块的统计相关性分别为 99.4%和 99.2%，考虑到通常情况下不会存在同一幅图像中出现如此相似的两个图像，因此对该图像的取证鉴定结果证实了人们的质疑，即这两只鸽子中的一只为区域复制篡改的结果。

应用实训

6.1 实验环境：安装 Windows XP 操作系统的计算机或虚拟机一台，硬盘需要至少两个分区。

实验准备：用修改注册表的方式隐藏除主引导分区以外的一个或多个分区。

任务：修改 Windows 注册表，将隐藏的分区显示出来。

6.2 实验环境：计算机、十六进制文件编辑器（WinHex 等）、“.jpg”图像文件。

实验准备：利用“copy”命令将准备的“.jpg”图像文件附加隐藏在一个文件的后面，并和其他的数个正常文件形成实验样本文件集。

任务：

- 利用 WinHex 等十六进制文件编辑器对实验样本文件集中的每一个文件进行搜索，判断样本集中含有隐藏文件的样本文件；
- 通过搜索“.jpg”文件的文件头信息确定需提取的“.jpg”文件的起始之处；
- 利用 WinHex 等十六进制文件编辑器在实验样本文件中提取隐藏的“.jpg”文件。

6.3 实验环境：计算机、图像编辑器、数张集体合影照图像文件、一张单人照图像文件。

实验准备：利用图像编辑器将单人照合成到一张合影照中，并和其他的集体合影照形成实验样本文件集。

任务：利用合成文件分辨率不同的特点，在实验样本文件集中找出篡改图像，并指出篡改之处。

6.4 实验环境：计算机、数码照片 EXIF 信息阅读器（如光影魔术手等就具有该功能），数张数码照片。

任务：提取每张照片的 EXIF 信息，并找出每张照片拍摄时的信息（包括：照片拍摄的时间、光圈、快门速度、感光度、相机厂商、相机型号等）。

拓展练习

6.1 简述 8 位灰度图像、24 位真彩图像和调色板图像的区别。

6.2 调查取证时如何修改 Windows 系统从而显示出所有的分区和所有的文件？
6.3 什么是数字隐写术？什么是数字隐写分析技术？
6.4 如何评价一个以数字图像为载体的信息隐藏方法的性能？
6.5 数字图像内容的篡改方法有哪几类？
6.6 数字多媒体内容认证的目的是什么？
6.7 数字多媒体取证和内容鉴定的基本方法有哪些？
6.8 数字水印主要分为哪几种，在数字多媒体内容认证中主要采用哪一种数字水印技术？
6.9 什么是数字图像被动认证技术？

参考文献

[1] 张湛，刘光杰，王俊文等．基于图像高阶 MARKOV 链模型的扩频隐写分析．电子学报，2010，38（11）：2578-2584．

[2] 麦永浩，孙国梓，许榕生．计算机取证与司法鉴定．北京：清华大学出版社，2009．

[3] 张湛，刘光杰，戴跃伟等．基于隐写编码和 Markov 模型的自适应图像隐写算法．计算机研究与发展，2012，49（8）：1668-1675．

[4] 刘品新．电子取证的法律规制．北京：中国法制出版社，2010．

[5] 张湛，刘光杰，戴跃伟等．一种基于循环码的自适应图像隐写方法．四川大学学报（自然科学版），2011，48（5）：1053-1058．

[6] 郭永健．X-Ways Forensics 快速入门．2009．http://hi.baidu.com/sprite_guo/item/ 511e3ba91730b7f315329baa．

[7] 张湛．高阶统计安全的隐写算法研究（博士学位论文）．南京：南京理工大学学报（自然科学版），2010．

[8] 何家弘．证据调查（第二版）．北京．中国人民大学出版社，2005．

[9] 张湛，刘光杰，王俊文等．基于 Markov 链安全性的量化隐写算法．光电子 •激光．2009，20（7）：944-949．

[10] Nelson B，Phillips A，Enfinger F，et al．杜江，白志，刘刚译．计算机取证调查指南（第二版）．重庆：重庆大学出版社，2009．

[11] 张湛，刘光杰，王俊文等．图像预测误差域的动态补偿安全隐写算法．南京理工大学学报（自然科学版），2010，34（2）：187-192．

[12] Steel C．吴渝，唐红等译．Windows 取证——企业计算机调查指南．北京：科学出版社，2007．

[13] 张湛，刘光杰，戴跃伟等．基于 Markov 链安全性的二阶统计保持隐写算法．中国图像图形学报，2010，15（8）：1175-1181．

[14] Farmer D，Venema W．何泾沙译．计算机取证．北京：机械工业出版社，2007．

[15] 张湛，瞿芳，刘光杰等．基于高阶 MARKOV 链模型的数字图像隐写安全性评估方法研究．信息与控制．2010，39（4）：455-461．

[16] 张湛，戴跃伟，刘光杰等．基于 Markov 链安全性的 LSB 匹配隐写算法．计算机研究与发展．2009．46（suppl）：117-122．

[17] Guangjie Liu，Zhan Zhang，Yuewei Dai，et al．GA-based LSB matching hold second-order statistics．Proceedings of International Conference on Multimedia Information Networking and Security，2009：510-513．

[18] Guangjie Liu，Zhan Zhang，Shiguo Lian，et al．Improved LSB-matching steganography for enhancing security．Journal of Multimedia - Digital Rights Management for Multimedia Content，2010．

[19] 王俊文，刘光杰，张湛等．图像区域复制篡改快速鲁棒取证．自动化学报，2009，35（12）：1488-1495．

[20] 王俊文，刘光杰，张湛等. 基于小波变换和 Zernike 矩的图像区域复制篡改鲁棒取证. 光学精密工程，2009，17（7）：1686-1693.

[21] 王俊文，刘光杰，张湛等. 基于模式噪声的数字视频篡改取证. 东南大学学报，2008，38（12A）：13-17.

[22] 王朔中，张新鹏，张开文. 数字密写和密写分析——互联网时代的信息战技术. 北京：清华大学出版社，2005.

[23] 王朔中，张新鹏，张卫明. 以数字图像为载体的隐写分析研究进展. 计算机学报，2009，32（7）：1247-1263.

[24] 刘光杰，戴跃伟，赵玉鑫等. 隐写对抗的博弈论建模. 南京理工大学学报（自然科学版），2008，32（2）：199-204.

[25] Shikata J，Matsumoto T. Uncoditionally secure steganogrpahy against active attacks. IEEE Transactions on Information Theory. 2009，54(6)：2690-2715.

[26] Cheddad A，Condell J，Curran K，et al. Digital image steganography：Survey and analysis of current methods. Signal Processing. 2010（90）：727-752.

[27] Zhang F，Pan Z G，Cao K，et al. The upper and lower bounds of the information-hiding capacity of digital images. Information Sciences. 2008（178）：2950-2959.

[28] 王朔中，张新鹏，张卫明. 以数字图像为载体的隐写分析研究进展. 计算机学报，2009，32（7）：1247-1263.

[29] Pevny T. Fridrich J. Benchmarking for steganography. Lecture Notes in Computer Science (including subseries Lecture Notes in Artificial Intelligence and Lecture Notes in Bioinformatics). 2008，5284：251-267.

[30] Fridrich J，Goljan M，Hogea D，et al. Quantitative steganalysis of digital images：esitmating the secret message length. ACM Multimedia System Journal：Special Issue on Multimedia Security. 2003，19（3）：288-302.

[31] Zhang W M，Li S Q，Cao J. Information-theoretic analysis for the difficulty of extracting hidden information. Wuhan University Journal of Natural Science. 2005，10（1）：315-318.

[32] Fridrich J，Goljan M，Soukal D，et al. Forensic Steganalysis：Determining the Stego Key in Spatial Domain Steganography. Proceedings of SPIE：Security，Steganography，and Watermarking of Multimedia Contents VII. 2005，5681：631-642.

[33] Luo X Y，Liu B，Liu F L. A dynamic compensation LSB steganography resisting RS steganalysis. Proceedings of the IEEE SoutheastCon. 2006：244-249.

[34] 戴跃伟，刘光杰，叶曙光. 基于 Hilbert 填充曲线的自适应隐写. 电子学报，2008，37（12A）：77-80.

[35] Fridrich J，Lisonek P. Grid Coloring in Steganography. IEEE Transactions on Information Theory，2007，53（4）：1547-1549.

[36] Zhang W M，Wang X. Generalization of the ZZW Embedding Construction for Steganography. IEEE Trans. Inf. Forensics Security，2009，4（3）：564-569.

[37] Bishop Y M，Fienberg S E，Holland P W. Discrete Multivariate Analysis：Theory and Practice. 2007. New York. USA：Springer-Verlag.

[38] 王俊文. 数字图像内容篡改盲取证研究（博士学位论文）. 南京：南京理工大学学报（自然科学版），2010.

[39] 牛夏牧，焦玉华. 感知哈希综述. 电子学报，2008，36（7）：1405-1411.

[40] 周琳娜，王东明，郭云彪等．基于数字图像边缘特性的形态学滤波取证技术．电子学报，2008，36（6）：1047-1051．

[41] Farid H．Exposing digital forgeries in scientific images．Proc．of ACM Multimedia and security workshop．Switzerland．2006：26-27．

[42] 周琳娜．数字图像盲取证技术研究（博士学位论文）．北京．北京邮电大学学报，2007．

[43] 魏为民，王朔中，唐振军．一类数字图像篡改的被动认证．东南大学学报，2007，37（A）：58-61．

[44] 周琳娜，王东明．数字图像取证技术．北京：北京邮电大学出版社，2008．

[45] Giordano J．Cyber Forensics：A Military Operations Perspective．International Journal of Digital Evidence．2002，1（2）．

[46] Wolfe H．Evidence Analysis．Computers and Security．2003，22（4）．

[47] Meyers M，Rogers M．Computer Forensics：The Need for Standardization and Certification．International Journal of Digital Evidence．2004，3（2）．

[48] Mark P．A framework for digital forensic science．In Digital Forensics Research Workshop (DFRWS)．2004．Baltimore．

[49] 贾治辉，徐为霞．司法鉴定学．北京：中国民主法制出版社，2006．

[50] 蒋平，黄淑华，杨莉莉．数字取证．北京：清华大学出版社，2007．

[51] 皮勇．刑事诉讼中的电子证据规则研究．北京：中国人民公安大学出版社，2005．

[52] 杨永川，蒋平，黄淑华．计算机犯罪侦查．北京：清华大学出版社，2006．

[53] 戴士剑，涂彦晖．数据恢复技术（第二版）．北京：电子工业出版社，2006．

[54] 郭永健．富华 WinFE 光盘，给执法部门制作的免费工具．2011．http://hi.baidu.com/sprite_guo/item/c68fbf1dfde8dd7f7b5f25d5．

[55] 杨永川，顾益军，张培晶．计算机取证．北京：高等教育出版社，2008．

[56] Sanders C．诸葛建伟，陈霖，许伟林译．Wireshark 数据包分析实战．北京：人民邮电出版社，2013．